Dimensionner les barres et les assemblages en bois

Guide d'application de l'Eurocode 5 à l'usage des artisans

Première édition 2012, deuxième tirage 2014

Le programme des Eurocodes structuraux comprend les normes suivantes, chacune étant en général constituée d'un certain nombre de parties :

EN 1990 Eurocode 0 : Bases de calcul des structures

EN 1991 Eurocode 1 : Actions sur les structures

EN 1992 Eurocode 2 : Calcul des structures en béton

EN 1993 Eurocode 3 : Calcul des structures en acier

EN 1994 Eurocode 4 : Calcul des structures mixtes acier-béton

EN 1995 Eurocode 5 : Calcul des structures en bois

EN 1996 Eurocode 6 : Calcul des structures en maçonnerie

EN 1997 Eurocode 7 : Calcul géotechnique

EN 1998 Eurocode 8 : Calcul des structures pour leur résistance aux séismes

EN 1999 Eurocode 9 : Calcul des structures en aluminium

Les normes Eurocodes reconnaissent la responsabilité des autorités réglementaires dans chaque État membre et ont sauvegardé le droit de celles-ci de déterminer, au niveau national, des valeurs relatives aux questions réglementaires de sécurité, là où ces valeurs continuent à différer d'un État à un autre.

Yves Benoit – Bernard Legrand – Vincent Tastet

Dimensionner les barres et les assemblages en bois

Guide d'application de l'Eurocode 5 à l'usage des artisans

EYROLLES

ÉDITIONS EYROLLES
61, bd Saint-Germain
75240 Paris Cedex 05
www.editions-eyrolles.com

AFNOR ÉDITIONS
11, rue Francis-de-Pressensé
93571 La Plaine Saint-Denis Cedex
www.boutique-livres.afnor.org

FINNFOREST France SAS, SIMPSON Strong-Tie, MBC Maison Bois Cruard, Charpentes FOURNIER, Guérin-Brémaud, FCBA, Bernard Legrand, Daniel Magnanou, Atlanbois, Guy Lot, COSYLVA et tout particulièrement LEDUC Structures bois ont précieusement contribué à l'illustration de ce livre en mettant gracieusement leurs photographies à la disposition des auteurs et de leur éditeur qui les en remercient.

Table des matières

3 Organes d'assemblage 29

Partie 2
Vérification de pièces de plancher et de toiture aux Eurocodes 33

4 Calcul des charges 35

5 Applications résolues 43

6 Panne d'aplomb ou déversée : travail en flexion simple ou déviée 57

7 Solive et sommier (ou porteuse) d'un plancher 71

15 Pointes et vis de faible diamètre, inférieur ou égal à 8 mm, pour un assemblage travaillant en simple cisaillement bois/bois

16 Résistance de la section au droit de l'assemblage

17 Assemblage par embrèvement

Partie 1

L'offre du marché

De nombreux produits sont développés pour la construction à ossature bois. Le bois massif structural, le bois rond, le bois abouté, le bois lamellé-collé, le bois massif reconstitué, le lamibois, les panneaux dérivés du bois structurel offrent une large palette de caractéristiques physiques (stabilité, dimensionnement…) et mécaniques (haute résistance). Ainsi, le potentiel architectural très vaste permet de construire des bâtiments avec des performances intéressantes.

1   Bois de structure

Les bois de structure se répartissent en de nombreux produits. Les bois massifs structuraux sciés dans des grumes, les bois ronds structuraux provenant directement de billes de faible diamètre, les bois aboutés fabriqués en collant bout à bout plusieurs lames de bois massifs, le bois lamellé-collé réalisé en collant des lamelles de bois fil sur fil, le bois massif reconstitué, comparable à du bois lamellé-collé, mais avec des lamelles de sections importantes, le lamibois (LVL) composé de placages minces et les poutres reconstituées (PSL et LSL) obtenues par collage de chutes placages.

Bois massifs structuraux

Ces éléments sont obtenus à partir de grumes ou de pièces de bois de plus fortes dimensions. Les sciages structuraux sont des pièces de bois sciés (avivés) entrant dans la constitution d'un ouvrage et ayant comme fonction principale la résistance aux sollicitations.

Dimensions courantes

Les dimensions des sciages sont définies dans le tableau 1.1 « Sections standardisées des sciages de résineux français ».

Tableau 1.1. Sections standardisées des sciages de résineux français

Épaisseur en mm	Largeurs en mm
15	25 – 40 – 75
18	63 – 75 – 100 – 115 – 125 – 150 – 160 – 175 – 200
22	75 – 100 – 115 – 125 – 150 – 160 – 175 – 200
25	25 – 40 – 100 – 115 –150 – 175 – 200 – 225
32	63 – 75 – 100 – 115 – 125 – 150 – 160 – 175 – 200 – 225
38	63 – 75 – 100 – 115 – 125 – 150 – 175 – 200 – 225
50	100 – 115 – 125 – 150 – 175 – 200 – 225
63	75 – 100 – 125 – 150 – 175 – 200 – 225
75	75 – 100 – 150 – 175 – 200 – 225
100	100 – 175 – 200
115	115
125	125
150	150
200	200
225	225

Source : NF EN 1313-1 Avril 1997 « Bois ronds et bois sciés - Écarts admissibles et dimensions préférentielles - Partie 1 : bois sciés résineux ».

Le tableau 1.2 mentionne les appellations et les sections des bois de charpente usuellement employés en charpente.

Tableau 1.2. Appellation et section des débits commercialisés (bois de charpente)

Appellation des débits	Essences	Épaisseurs	Largeurs
Feuillet et planche	Sapin, pin, épicéa	12 – 15 – 18 – 22 – 27 – 30 – 34 – 40	115 et +
Frise et planchette	Sapin, pin, épicéa	12 –15 – 18 – 22 –27 – 30 – 34 – 40	75 – 85 – 95 – 105
Latte et liteau	Sapin, pin, épicéa	14×27 ; 14×40 ; 27×27 ; 27×40	
Volige	Sapin, pin, épicéa	14×105	
Lambourde	Sapin, pin, épicéa	38×40 ; 38×60	
Chevron	Sapin, pin, épicéa	50×70 ; 60×80 ; 75×75 ; 75×105	
Bastaing	Sapin, pin, épicéa	55×155 ; 63×165 ; 63×175	
Madrier	Sapin, pin, épicéa	75×205 ; 75×225 ; 105×225	
Planche d'échafaudage	Sapin, pin, épicéa	40×205	
Planche	Sapin, pin, épicéa	27×150 ; 27×200 ou 250	

- Largeur : de 15 à 200 mm.
- Hauteur : de 25 à 300 mm.
- Longueur : jusqu'à 6,00 m.

Classement de structure

Les bois sont triés en lots homogènes de même résistance mécanique. Pour réaliser ce classement, deux méthodes existent : la méthode visuelle et la méthode par machine.

La méthode visuelle

En observant les défauts et les singularités du bois, selon la norme NF B 52-001, qui permet de trier en classes visuelles : ST-I, ST-II et STIII pour les résineux, 1 et 2 pour les feuillus. L'ensemble des normes de classement visuel, utilisées par les pays membres de l'Union européenne, sont référencées dans la norme NF EN 1912. Elle indique pour chaque essence de bois classée quelle est la classe mécanique correspondante (tableau 1.3).

Tableau 1.3. Classes visuelles correspondant aux classes mécaniques

Essences	Classe visuelle selon NF B 52-001	Classe mécanique selon NF EN 338
Sapin, épicéa, pins, douglas, mélèze, peuplier	ST-I ST-II ST-III	C 30 C 24 C 18
Chêne	1 2	D35 D30

La méthode par machine

En mesurant directement les propriétés mécaniques du bois, selon la norme NF EN 519, qui permet de trier automatiquement en classes mécaniques définies par la norme NF EN 338 : C18 à C30 pour les résineux, D30 à D70 pour les feuillus.

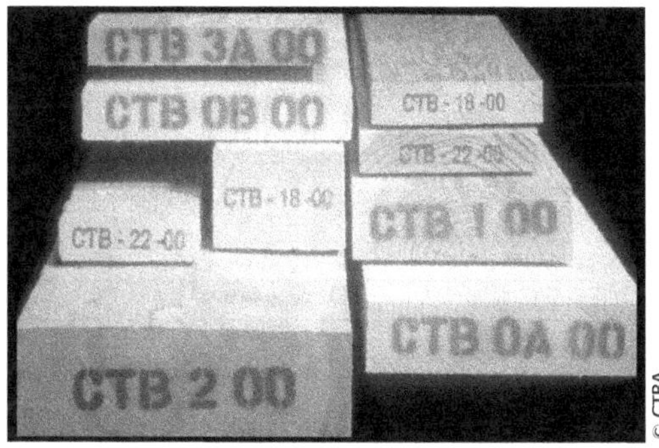

Figure 1.1. Le classement de structure est une étape indispensable pour dimensionner les sciages par le calcul.

Caractéristiques mécaniques pour le calcul

Le dimensionnement des sciages structuraux s'effectue conformément aux Eurocodes. Les contraintes, rigidités et masses volumiques sont données en fonction de l'essence de bois : résineux et peupliers (tableau 1.4), ou feuillus (tableau 1.5).

Tableau 1.4. Valeurs caractéristiques des bois massifs résineux et peupliers définies par NF EN 338, pour des calculs aux Eurocodes

Symbole E	Désignation	Unité	C14	C16	C18	C22	C24	C27	C30	C35	C40
$f_{m,k}$	Contrainte de flexion	N/mm²	14	16	18	22	24	27	30	35	40
$f_{t,0,k}$	Contrainte de traction axiale	N/mm²	8	10	11	13	14	16	18	21	24
$f_{t,90,k}$	Contrainte de traction perpendiculaire	N/mm²	0,4	0,5	0,5	0,5	0,5	0,6	0,6	0,6	0,6
$f_{c,0,k}$	Contrainte de compression axiale	N/mm²	16	17	18	20	21	22	23	25	26
$f_{c,90,k}$	Contrainte de compression perpendiculaire	N/mm²	2,0	2,2	2,2	2,4	2,5	2,6	2,7	2,8	2,9
$f_{v,k}$	Contrainte de cisaillement	N/mm²	3	3,2	3,4	3,8	4	4	4	4	4
$E_{0,mean}$	Module moyen axial	kN/mm²	7	8	9	10	11	11,5	12	13	14
$E_{0,05}$	Module axial au 5ᵉ pourcentile	kN/mm²	4,7	5,4	6,0	6,7	7,4	7,7	8,0	8,7	9,4
$E_{90,mean}$	Module moyen transversal	kN/mm²	0,23	0,27	0,30	0,33	0,37	0,38	0,40	0,43	0,47
G_{mean}	Module de cisaillement	kN/mm²	0,44	0,50	0,56	0,63	0,69	0,72	0,75	0,81	0,88
ρ_k	Masse volumique caractéristique	kg/m³	290	310	320	340	350	370	380	400	420
ρ_{mean}	Masse volumique moyenne	kg/m³	350	370	380	410	420	450	460	480	500

Tableau 1.5. Valeurs caractéristiques des bois massifs feuillus définies par NF EN 338, pour des calculs aux Eurocodes

Symbole	Désignation	Unité	D30	D35	D40	D50	D60	D07
$f_{m,k}$	Contrainte de flexion	N/mm²	14	16	18	22	24	27
$f_{t,0,k}$	Contrainte de traction axiale	N/mm²	8	10	11	13	14	16
$f_{t,90,k}$	Contrainte de traction perpendiculaire	N/mm²	0,3	0,3	0,3	0,3	0,4	0,4
$f_{c,0,k}$	Contrainte de compression axiale	N/mm²	16	17	18	20	21	22
$f_{c,90,k}$	Contrainte de compression perpendiculaire	N/mm²	4,3	4,6	2,3	4,8	5,1	5,3
$f_{v,k}$	Contrainte de cisaillement	N/mm²	1,7	1,8	2,0	2,4	2,5	2,8
$E_{0,mean}$	Module moyen axial	kN/mm²	7	8	9	10	11	12
$E_{0,05}$	Module axial au 5ᵉ pourcentile	kN/mm²	4,7	5,4	6,0	6,7	7,4	8,0
$E_{90,mean}$	Module moyen transversal	kg/m³	0,23	0,27	0,30	0,33	0,37	0,40
G_{mean}	Module de cisaillement	kg/m³	0,44	0,50	0,56	0,63	0,69	0,75
ρ_k	Masse volumique caractéristique	kg/m³	290	310	320	340	350	370
ρ_{mean}	Masse volumique moyenne	kg/m³	350	370	380	410	420	450

Tolérances dimensionnelles

Les écarts admissibles par rapport aux dimensions nominales des sections à l'humidité de référence de 20 % doivent être les suivants :

• épaisseurs et largeurs 100 mm : + 3 mm/– 1 mm ;

• épaisseurs et largeurs 100 mm : + 4 mm/– 2 mm.

Les tolérances sur la longueur des pièces doivent être fixées contractuellement, car elles ne sont pas normalisées.

Utilisations possibles

Afin d'optimiser l'utilisation des sciages classés, les utilisations possibles en structure des différentes classes sont indiquées dans le tableau 1.6.

Tableau 1.6. Utilisations en structure des différentes classes

Type de structure	ST-I C30	ST-II C24	ST-III C18
Charpente traditionnelle		X	X
Charpente industrielle		X	
Charpente lamellée-collée	X	X	
Ossature bois		X	X

Figure 1.2. Le classement visuel ST-II ou le classement associé C24 est le plus utilisé en usage structurel.

Bois ronds structuraux

Les bois ronds structuraux sont des bois abattus ébranchés, écimés et tronçonnés. Ils sont destinés à la réalisation d'équipements extérieurs tels que des clôtures, des barrières, des poteaux… Les utilisations dans les constructions se limitent essentiellement aux bâtiments en bois massifs composés de rondins empilés, et aux bâtiments agricoles. Les rondins sont employés pour la réalisation de fermes, de parois, d'échafaudages ou de poteaux. Le principal avantage réside dans la section circulaire des bois. Elle est proche de la forme de la section de la grume et permet de limiter le volume de chutes.

Toutefois, les tensions internes liées au séchage des bois ronds en place peuvent provoquer des fentes importantes. Pour les limiter, on peut par exemple réaliser des rainures longitudinales au fond desquelles se développent la plupart des fentes.

Figure 1.3. La section circulaire des bois est proche de la forme de la section de la grume
et permet de limiter le volume de chutes.

Caractéristiques et dimensionnement

Les dimensions courantes sont de 8 à 20 cm pour le diamètre et jusqu'à 6 m pour la longueur. Actuellement, il n'existe pas de classement d'aspect et de structure pour les bois ronds. Seules des normes de classement qualitatif des grumes permettent de trier et de sélectionner les bois avant usinage. Par ailleurs, un programme européen de recherche est en cours sur les techniques de caractérisation de ces bois, notamment par machine à rayons X, afin de permettre une plus grande utilisation dans les constructions.

Tolérances dimensionnelles

Les écarts admissibles par rapport aux dimensions nominales des sections à l'humidité de référence de 20 % doivent être les suivants :

- bois grossièrement arrondis : ± 5 % sur le diamètre ;
- rondins usinés : ± 2 % sur le diamètre.

Les tolérances sur la longueur des pièces doivent être fixées contractuellement, car elles ne sont pas normalisées.

Figures 1.4 et 1.5. La section circulaire des bois apporte des possibilités architecturales intéressantes.

Bois aboutés

Le bois abouté est obtenu par collage bout à bout de deux ou plusieurs lames de bois massif. Il est employé pour fabriquer des poutres en bois lamellé-collé, des membrures pour poutres en I et des pannes, des chevrons, des montants... Les essences les plus couramment utilisées sont le sapin, l'épicéa, le pin sylvestre et le douglas.

Figure 1.6. Les bois aboutés sont de plus en plus employés. Ils permettent de réaliser du bois lamellé-collé et du bois massif reconstitué.

Caractéristiques et dimensionnement

Les caractéristiques et dimensionnement des bois aboutés sont identiques aux bois employés.

Les sections des lames à abouter dépendent de leur destination :

- charpente en bois lamellé-collé : section réglementée par la norme NF EN 386 ;

- membrures pour poutres en I : section maximale de 63 × 100 mm ;

- pannes en bois massif ou de chevrons de section maximale 250 × 100 mm : section maximale des lames de 63 × 240 mm.

Bois lamellé-collé (BLC)

Le bois lamellé-collé est obtenu par collage de lamelles de bois dont le fil est généralement parallèle. On distingue le bois lamellé-collé horizontal, qui a les plans de collages perpendiculaires à la hauteur de la poutre, et le bois lamellé-collé vertical, qui a les plans de collages perpendiculaires à l'épaisseur de la poutre.

Figure 1.7. Bois lamellé-collé horizontal.

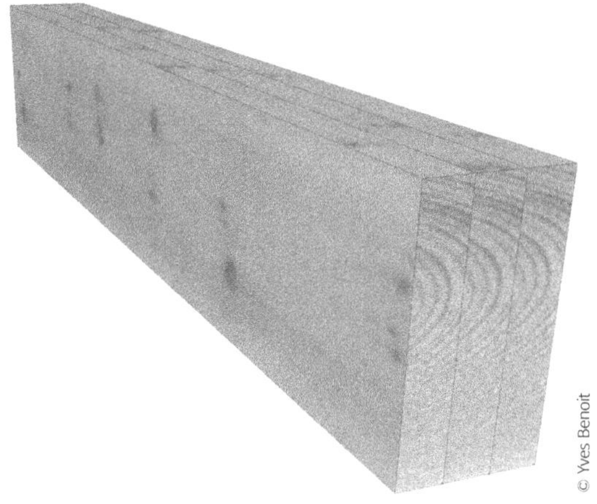

Figure 1.8. Bois lamellé-collé vertical.

Caractéristiques et dimensionnement

Les poutres en bois lamellé-collé peuvent être composées soit de lamelles de bois massif de classes mécaniques identiques (lamellé-collé homogène), soit de lamelles de bois massif et de classes mécaniques différentes (lamellé-collé combiné ou panaché). Les poutres peuvent être à inertie constante ou à inertie variable. Les essences les plus couramment utilisées sont le sapin, l'épicéa, le pin sylvestre et le douglas. Les dimensions courantes varient en largeur de 60 à 240 mm, en hauteur de 100 à 2 000 mm et en longueur jusqu'à 40 m.

L'humidité moyenne des bois est de 11 à 12 %. De nombreuses singularités sont éliminées lors de l'aboutage telles que les nœuds vicieux et non adhérents, flèches, gerces, nœuds au droit des aboutages…

Figures 1.9 et 1.10. Les éléments en bois lamellé-collé peuvent être à inertie constante ou à inertie variable.

Les fabricants proposent des poutres droites sur stock dont les sections sont présentées dans le tableau 1.7.

Tableau 1.7. Exemple de sections usuelles proposées par les fabricants pour des poutres droites

Dans le tableau ci-dessous, les cases grisées (■) indiquent les sections usuellement proposées.

Hauteur (cm)	Largeur (cm)						
	6	8	10	12	14	16	20
10			■				
12		■	■	■			
14					■		
16		■	■	■	■	■	
20		■	■	■	■	■	■
24		■		■	■	■	
28				■	■	■	
32				■	■	■	■
36					■	■	■
40							■

Le tableau 1.8 présente un exemple de sections usuelles lorsque les poutres sont de sections plus importantes. Les fabricants peuvent également fournir selon les projets des sections de poutres droites sur liste ou à façon.

Tableau 1.8. Exemple de sections usuelles lorsque les poutres sont de sections importantes

Sections standard des poutres droites en lamellé-collé (dimensions en mm)					
Sections					
Épaisseur poutre	**90** **105**	**115** et 54 refendues	**140 et 165** 65 refendues et 78 refendues	**190** **215**	**90 – 105 – 115** **140-165** **190-215** Traité à cœur type H3
Lames finies	45,5	45	44,5	33	33
Hauteur poutre	182,0	180	178,0	132	132
	227,5	225	222,5	165	165
	273,0	270	267,0	198	198
	318,5	315	311,5	231	231
	364,0	360	356,0	264	264
	409,5	405	400,5	297	297
	455,0	450	445,0	330	330
	500,5	495	489,5	363	363
	546,0	540	534,0	396	396
	591,5	585	578,5	429	429
	637,0	630	623,0	462	462
	682,5	675	667,5	495	495
	728,0	720	712,0	528	528
	773,5	765	756,5	561	561
	819,0	810	801,0	594	594
	864,5	855	845,5	627	627
	910,0	900	890,0	660	660
	955,5	945	934,5	693	693

Épaisseur poutre	Sections				
	90 105	115 et 54 refendues	140 et 165 65 refendues et 78 refendues	190 215	90 – 105 – 115 140-165 190-215 Traité à cœur type H3
	1 001,0	990	979,0	726	726
	1 046,5	1 035	1 023,5	759	759
	1 092,0	1 080	1 068,0	792	792
	1 137,5	1 125	1 112,5	825	825
	1 183,0	1 170	1 157,0	858	858
	1 228,5	1 215	1 201,5	891	891
	1 274,0	1 260	1 246,0	924	924
	1 319,5	1 305	1 290,5	957	957
	1 365,0	1 350	1 335,0	990	990
	1 410,5	1 395	1 379,5	1 023	1 023
	1 456,0	1 440	1 424,0	1 056	1 056
	1 501,5	1 485	1 468,5	1 089	1 089
	1 547,0	1 530	1 513,0	1 122	1 122
	1 592,5	1 575	1 557,5	1 155	1 155
	1 638,0	1 620	1 602,0	1 188	1 188
	1 683,5	1 665	1 646,5	1 221	1 221
	1 729,0	1 710	1 691,0	1 254	1 254
	1 774,5	1 755	1 735,5	1 287	1 287
	1 820,0	1 800	1 780,0	1 320	1 320
	1 865,5	1 845	1 824,5	1 353	1 353
	1 911,0	1 890	1 869,0	1 386	1 386
	1 956,5	1 935	1 913,5	1 419	1 419
	2 002,0	1 980	1 958,0	1 452	1 452
	2 047,5	2 025	2 002,5	1 485	1 485

Source : COSYLVA

Classes de résistances mécaniques

Les classes de résistances mécaniques des éléments en bois lamellé-collé sont définies à partir des classes de résistance des lamelles, de la manière suivante :

Classe de résistance du bois lamellé-collé	GL24	GL28	GL32
Bois lamellé-collé homogène	C24	C30	C40
Bois lamellé-collé panaché			
Lamelles extérieures	C24	C30	C40
Lamelles intérieures	C18	C24	C30

Caractéristiques mécaniques pour le calcul

Le dimensionnement des poutres en bois lamellé-collé se fait conformément aux Eurocodes (0,1 et 5). Les contraintes, rigidités et masses volumiques sont données en fonction de la qualité des lamelles, homogènes ou panachées.

Tableau 1.9. Valeurs caractéristiques des bois lamellés-collés définies par NF EN 1194

Symbole	Désignation	Unité	Lamellés-collés homogènes				Lamellés-collés panachés			
			GL24H	GL28H	GL32H	GL36H	GL24C	GL28C	GL32C	GL36C
$f_{m,g,k}$	Contrainte de flexion	N/mm²	24	28	32	36	24	28	32	36
$f_{t,0,g,k}$	Contrainte de traction axiale	N/mm²	16,5	19,5	22,5	26,0	14,0	16,5	19,5	22,5
$f_{t,90,g,k}$	Contrainte de traction perpendiculaire	N/mm²	0,40	0,45	0,50	0,60	0,35	0,40	0,45	0,50
$f_{c,0,g,k}$	Contrainte de compression axiale	N/mm²	24	26,5	29	31	21	24	26,5	29
$f_{c,90,g,k}$	Contrainte de compression perpendiculaire	N/mm²	2,7	3,0	3,3	3,6	2,4	2,7	3,0	3,3
$f_{v,g,k}$	Contrainte de cisaillement	N/mm²	2,7	3,2	3,8	4,3	2,2	2,7	3,2	3,8
$E_{0,g,mean}$	Module moyen axial	kN/mm²	11,6	12,6	13,7	14,7	11,6	12,6	13,7	14,7
$E_{0,g,05}$	Module axial au 5ᵉ pourcentile	kN/mm²	9,4	10,2	11,1	11,9	9,4	10,2	11,1	11,9
$E_{90,g,mean}$	Module moyen transversal	kN/mm²	0,39	0,42	0,46	0,49	032	0,39	0,42	0,46
$G_{g,mean}$	Module de cisaillement	kN/mm²	0,75	0,78	0,85	0,91	0,59	0,72	0,78	0,85
$\rho_{g,k}$	Masse volumique carctéristique	kg/m³	380	410	430	450	350	380	410	430

Bois massif reconstitué (BMR)

Le bois massif reconstitué est fait de lamelles de fortes épaisseurs et de sections importantes. Il existe du bois massif contrecollé et du bois lamellé-collé contrecollé. Les bois massifs reconstitués sont couverts par la norme NF B52-010 d'octobre 2006 « Bois de structure - Bois massif reconstitué (BMR) - Éléments linéaires reconstitués par collage de lames de bois massif de forte épaisseur - Définitions - Exigences – Caractéristiques ». La résistance mécanique du bois massif reconstitué est équivalente à la résistance mécanique des lamelles de bois utilisées.

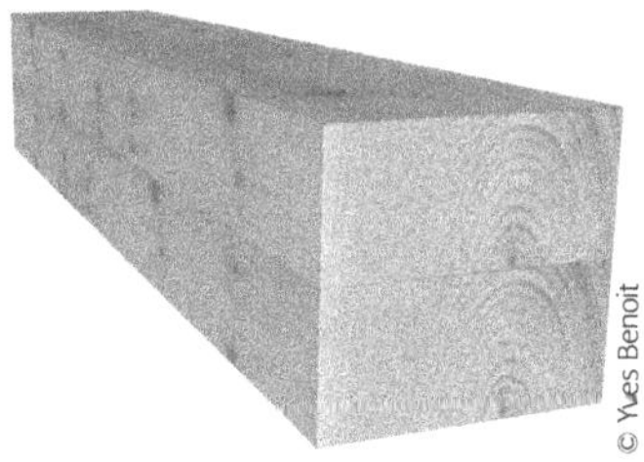

© Yves Benoit

Figure 1.11. Le bois massif contrecollé est obtenu par collage à plat de deux ou plusieurs lames de bois massifs.

Le bois massif contrecollé est obtenu par collage à plat de deux ou plusieurs lames de bois massifs dont les épaisseurs et sections unitaires ne sont pas couvertes par la norme NF EN 386 relative aux prescriptions de fabrication du lamellé-collé.

Le bois lamellé-collé contrecollé est obtenu par collage de poutres lamellées-collées élémentaires. Cela permet d'augmenter la hauteur, la largeur, de fabriquer des poutres caissons ou de réaliser des bandeaux circulaires. Les essences les plus couramment utilisées sont le sapin, l'épicéa, le pin sylvestre ou le douglas.

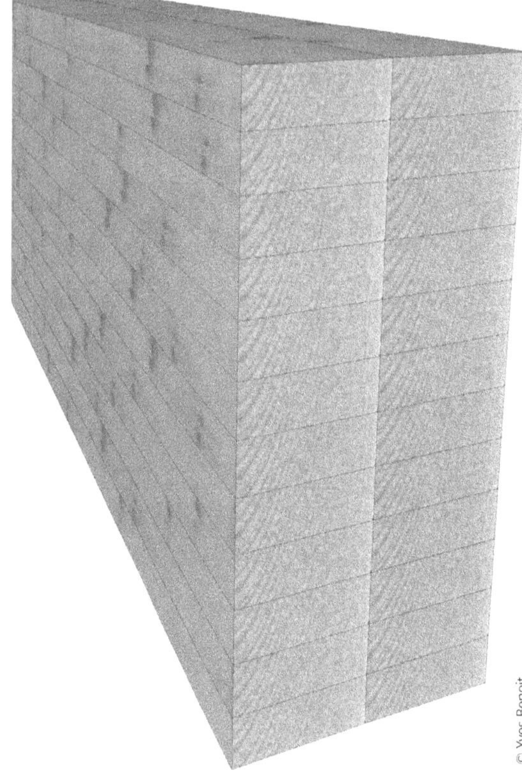

Figure 1.12. Le bois lamellé-collé contrecollé est obtenu par collage de poutres lamellées-collées élémentaires face contre face.

Figure 1.13. La résistance mécanique du bois massif reconstitué est équivalente à la résistance mécanique des lamelles de bois utilisées.

Lamibois (LVL)

Le terme « lamibois » est l'équivalent français officiel du terme LVL (*Laminated Veneer Lumber*). Composé de placages minces recollés à fil parallèle, il se présente en plateaux larges, dans une gamme d'épaisseur variant en fonction du nombre de plis assemblés (épaisseur d'un pli de l'ordre de 3 mm), et en longueurs importantes, jusqu'à 25 m. Pour obtenir ces grandes longueurs, chaque pli de placage est assemblé en bout par un scarfage (joint en sifflet) ou par un court recouvrement longitudinal sur le pli suivant.

Pour améliorer la stabilité du matériau et notamment éviter le tuilage, certains producteurs disposent quelques plis avec le fil perpendiculaire à l'axe principal du plateau.

Les caractéristiques mécaniques sont supérieures à celles du bois massif (les contraintes axiales font le double), car il est plus homogène, les zones de placage avec des défauts étant éliminées.

Ce matériau est essentiellement employé en structure. Il peut être utilisé par recoupe de plateaux en membrure de poutre composite en I, ou disposé sur chant, directement comme poutre à section rectangulaire, ou encore comme un panneau autoporteur à plat, en support de couverture ou en plancher.

Caractéristiques et dimensionnement

Les dimensions courantes sont de 25 à 75 mm pour l'épaisseur, 1,80 m pour la largeur et 18 m pour la longueur.

Le dimensionnement des éléments se fait conformément aux Eurocodes (0,1 et 5). Le lamibois permet d'obtenir des poutres avec un grand élancement (rapport entre l'épaisseur, la hauteur et la longueur libre de la poutre). Cette conception est économique, mais elle nécessite de respecter de nombreuses précautions, notamment celles qui sont liées au déversement, au fluage (influence du temps)… Par ailleurs, si un traitement de préservation contre les champignons lignivores est nécessaire, celui-ci doit être défini avec le fabricant.

Actuellement, le Kerto®, fabriqué par la société Finnforest, est disponible sur le marché. Le Kerto-S® a 100 % des placages avec le fil parallèle à la longueur et le Kerto-Q® est fabriqué avec 20 % de plis croisés à 90° pour une plus grande stabilité.

Figure 1.14. Le Kerto-S® a 100 % des placages avec le fil parallèle à la longueur.

Figure 1.15. Le Kerto-Q est fabriqué avec 20 % de plis croisés à 90° pour une plus grande stabilité.

Tableau 1.10. Dimensions du Kerto-S[®]

Épaisseur mm	Largeurs mm											
	200	225	260	300	360	400	450	500	600	1 800	2 400	2 500
27	●	●								●	●	●
33	●	●	●							●	●	●
36	●	●	●	●	●					●	●	●
39	●	●	●	●						●	●	●
45	●	●	●	●	●					●	●	●
51	●	●	●	●	●	●				●	●	●
57	●	●	●	●	●	●	●			●	●	●
63	●	●	●	●	●	●	●	●		●	●	●
75	●	●	●	●	●	●	●	●	●	●	●	●

Source : FINNFOREST France SAS

Tableau 1.11. Dimensions du Kerto-Q[®]

Épaisseur mm	Largeurs mm		
	1 800	2 400	2 500
21	Consulter le fabricant		
27	●	●	Consulter le fabricant
33	●	●	
39	●	●	●
45	●	●	●
51	●	●	●
57	●	●	●
63	●	●	●
69	●	●	●

Source : FINNFOREST France SAS

Tableau 1.12. Valeurs caractéristiques du Kerto®

Propriétés	Symbole	Valeurs caractéristiques en n/mm² ou kg/m³	
		Kerto-S Épaisseurs 27 - 75 mm	**Kerto-O** Épaisseurs 27 - 69 mm
Résistance à la flexion			
(Hauteur de référence 300 mm)			
À chant fil parallèle	$f_{m,0,chant,k}$	44,0	32,0
Paramètre d'effet de dimension	s	0,12	0,12
À plat, fil parallèle	$f_{m,0,plat,k}$	50,0	36,0
À plat, fil travers	$f_{m,0,plat,travers,k}$		8,0
Résistance à la traction			
(Longueur de référence 3000 mm)			
Parallèle au fil	$f_{t,0,k}$	35,0	26,0
Perpendiculaire au fil, à chant	$f_{t,90,chant,k}$	0,8	6,0
Perpendiculaire au fil, à plat	$f_{t,90,plat,k}$	-	-
Résistance à la compression			
Parallèle au fil	$f_{c,0,k}$	35,0	26,0
Perpendiculaire au fil, à chant	$f_{c,90,chant,k}$	6,0	9,0
Perpendiculaire au fil, à plat	$f_{c,90,plat,k}$	1,8	2,2
Résistance au cisaillement			
Relatif à la flexion à chant	$f_{v,0,chant,k}$	4,1	4,5
Relatif à la flexion à plat	$f_{v,0,plat,k}$	2,3	1,3
Module d'élasticité			
Parallèle aux fibres, fil parallèle	$E_{0,k}$	11 600	8 800
Parallèle aux fibres, fil travers	$E_{0,travers,k}$		1 700
Perpendiculaire aux fibres, à chant	$E_{90,chant,k}$	350	2 000
Perpendiculaire aux fibres, à plat	$E_{90,plat,k}$	100	100
Module de cisaillement			
Relatif à la flexion à chant	$G_{0,chant,k}$	400	400
Relatif à la flexion à plat	$G_{0,plat,k}$	400	100
Masse volumique	P_k	480	480

Source : FINNFOREST France SAS

Figure 1.16. Ces caissons Kerto-Ripa® en « T » sont ouverts dans la partie inférieure.
Les membrures verticales sont en Kerto-S® et les panneaux supérieurs, en Kerto-Q®.

Poutres reconstituées (PSL et LSL)

On considère ici deux produits relativement proches obtenus par recollage de placages, désignés par leur sigle nord-américain, en raison de leur origine, Le PSL (*Parallel Strand Lumber*) et le LSL (*Laminated Strand Lumber*).

Les PSL sont des éléments longilignes constituant, directement ou par refente, une gamme de dimensions de poutres de structure. Ils sont constitués de bandes de placages étroites et longues (chutes de placages de 3 mm par 2 400 mm) disposées à fils parallèles, encollées et pressées en continu (par exemple le « Parallam »).

Les LSL sont des éléments plans, en plateaux (comme le lamibois). Ils sont constitués de bandes de placages étroites plus courtes que celles des PSL (environ 3 × 30 × 300 mm, disposées à fils parallèles, encollées et pressées (par exemple le « Timberstrand »).

Caractéristiques et dimensionnement

Les PSL se présentent en une gamme de poutres préfabriquées de fortes sections, les LSL en plateaux larges dans une gamme d'épaisseur allant de 30 à 140 mm (par exemple).

Le PSL et LSL sont des matériaux à vocation essentiellement structurelle. Ils sont homogènes et leur processus de fabrication est maîtrisé. Leurs caractéristiques mécaniques sont élevées, notamment les contraintes de travail axiales : de l'ordre du double de celles d'un bois massif.

Les PSL sont utilisés comme poutres, tels qu'ils se présentent (hormis la mise à longueur et les usinages d'assemblages éventuels), tandis que les LSL sont surtout employés comme panneaux autoporteurs à plat.

Figure 1.17. Le PSL (Parallel Strand Lumber) est un matériau formant des poutres de structure.

Dimensions courantes du PSL : largeur : 200 mm ; hauteur : 300 mm ; longueur : jusqu'à 20 m.

Dimensions courantes du LSL : épaisseur : 30 à 140 mm ; largeur : 2,50 m ; longueur : jusqu'à 10 m.

Le dimensionnement des éléments se fait conformément aux Eurocodes (0,1 et 5). Leur diffusion reste confidentielle.

2   Panneaux dérivés du bois de structure

Les panneaux dérivés du bois sont largement utilisés dans la construction du bâtiment. Les panneaux OSB ont actuellement remplacé dans la grande majorité des applications les panneaux de particules et contreplaqués. D'autres types de panneaux, comme le panneau de fibre, ont évolué pour des applications spécifiques, l'emploi en milieu humide, l'usage en contreventement et l'isolation thermique.

Panneau OSB

Ce panneau est très largement employé en construction à ossature bois, notamment en voile travaillant (mur) et en diaphragme (plancher). Il est constitué de grandes lamelles orientées et liées entre elles par un collage organique. Les lamelles des couches externes sont disposées parallèlement à la longueur du panneau. Les lamelles de la couche interne peuvent être orientées aléatoirement ou alignées, généralement perpendiculairement à la direction des lamelles externes.

Figure 2.1. L'OSB (Oriented Strand Board) est très largement employé pour réaliser le voile travaillant.

L'appellation OSB est l'acronyme de sa dénomination anglo-saxonne (*Oriented Strand Board*). Ce produit est à différencier du *Wafer Board,* qui est aussi à grandes lamelles mais non orientées, ce qui conduit à des propriétés physiques et mécaniques similaires dans les deux directions du plan.

Classification

Les panneaux OSB peuvent être classés selon différents critères. Quatre types de panneaux peuvent se rencontrer, selon les exigences de la norme NF EN 300 :

- OSB 1 : panneau pour usage général en milieu sec (classe d'emploi 1) ;

- OSB 2 : panneau travaillant utilisé en milieu sec (classe d'emploi 1) ;

- OSB 3 : panneau travaillant utilisé en milieu humide (classe d'emploi 2) ;

- OSB 4 : panneau travaillant sous contrainte élevée en milieu humide (classe d'emploi 2).

L'OSB présente des propriétés de flexion et de variation dimensionnelle très nettement différenciées selon la direction du plan du panneau. Le rapport d'anisotropie est de l'ordre de 2.

Dimensions courantes

- Épaisseur : 6, 8, 10,12, 15, 18, 22 mm.

- Largeur : 1,20 m, 2,50 m.

- Longueur : 2,50 m, 5,00 m.

Caractéristiques mécaniques pour le calcul

Le dimensionnement des éléments se fait conformément aux Eurocodes (0,1 et 5). Les contraintes, rigidités et masses volumiques sont données dans le tableau 2.1. Elles dépendent des paramètres suivants :

- panneaux conformes à NF EN 300 ;

- qualité des panneaux travaillants : OSB/2, OSB/3 et OSB/4 ;

- sens du fil du bois : parallèle ou perpendiculaire ;

- épaisseurs des panneaux ;

- humidité des panneaux.

Les propriétés de fluage des panneaux OSB 3 et 4 sont situées entre celles du bois massif et celles des panneaux de particules classiques.

Tableau 2.1. Valeurs caractéristiques des panneaux OSB définies par NF EN 12369 (panneaux conformes à NF EN 300), pour calculs avec Eurocode 5

Symbole	Désignation	Unité	OSB 2 (sec) et 3 (humide)			OSB 4 (humide)		
			$6 < e \leq 10$	$10 < e \leq 18$	$18 < e \leq 25$	$6 < e \leq 10$	$10 < e \leq 18$	$18 < e \leq 25$
$f_{m,0,k}$	Contrainte en flexion fil du bois parallèle	N/mm^2	18,0	16,4	14,8	24,5	23.0	21,0
$f_{m,90,k}$	Contrainte en flexion fil du bois perpendiculaire	N/mm^2	9.0	8,2	7,4	13,0	12,2	11,4
$f_{t,0,k}$	Contrainte en traction fil du bois parallèle	N/mm^2	9,9	9,4	9,0	11,9	11,4	10,9
$f_{t,90,k}$	Contrainte en traction fil du bois perpendiculaire	N/mm^2	7,2	7,0	6,8	8,5	8,2	8,0
$f_{c,0,k}$	Contrainte en compression fil du bois parallèle	N/mm^2	15,9	15,4	14,8	18,1	17,6	17,0
$f_{c,90,k}$	Contrainte en compression fil du bois perpendiculaire	N/mm^2	12,9	12,7	12,4	14,3	14,0	13,7
$f_{v,k}$	Contrainte en cisaillement de voile	N/mm^2	6,8			6,9		
$f_{r,k}$	Contrainte en cisaillement roulant	N/mm^2	1,0			1,1		
$E_{m,0,mean}$	Module axial fil du bois parallèle	kN/mm^2	4,93			6,78		
$E_{m,90,mean}$	Module axial fil du bois fil du bois perpendiculaire	kN/mm^2	1,98			2,68		
$G_{v,mean}$	Module de cisaillement de voile	kN/mm^2	1,08			1,09		
$G_{r,mean}$	Module de cisaillement roulant	kN/mm^2	0,05			0,06		
ρ_{mean}	Masse volumique moyenne	kg/m^3	550			550		

Panneau de fibres

Ce panneau est constitué de fibres de bois d'une épaisseur supérieure ou égale à 1,5 mm, obtenues à partir de fibres lignocellulosiques. La cohésion provient soit du feutrage de ces fibres et de leurs propriétés adhésives intrinsèques, soit de l'addition aux fibres d'un liant synthétique.

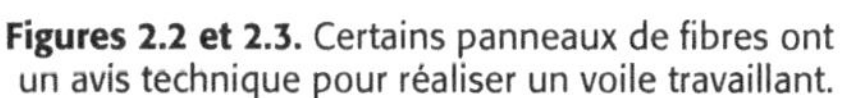

Figures 2.2 et 2.3. Certains panneaux de fibres ont un avis technique pour réaliser un voile travaillant.

Caractéristiques et dimensionnement

Les panneaux de fibres sont classés, selon leur mode de fabrication, le procédé à sec (masse volumique $\geq$ 600 kg/m³) et le procédé humide. On en distingue plusieurs types selon leur masse volumique :

- panneaux isolants (masse volumique $\leq$ 400 kg/m³) ;

- panneaux mi-durs (masse volumique $\geq$ 400 et $\leq$ 900 kg/m³). On différencie les panneaux mi-durs de faible masse volumique (400 kg/m³ à 560 kg/m³), et les panneaux mi-durs de forte masse volumique (560 à 900 kg/m³) ;

- panneaux durs (masse volumique $\geq$ 900 kg/m³).

Les panneaux dits « panneaux de fibres à moyenne densité » (MDF) sont fabriqués à l'aide d'un liant synthétique avec l'action de la chaleur et de la pression.

Différents types de panneaux peuvent se rencontrer :

- panneau pour usage général en milieu sec (classe d'emploi 1) ;

- MDF LA : panneau travaillant utilisé en milieu sec (classe d'emploi 1) ;

- MDF-HLS : panneau travaillant utilisé en milieu humide (classe d'emploi 2) ;

- panneau ignifugé dans la masse ;

- panneau cintrable ;

- panneau pour presse à membrane ;

- MDF-HDF : panneau haute densité ;

- panneau léger.

Dimensions courantes

- Épaisseur : 3 à 40 mm.
- Largeur : dimensions très variables en fonction des fabricants.
- Longueur : dimensions très variables en fonction des fabricants.

Caractéristiques mécaniques pour le calcul

Le dimensionnement des éléments se fait conformément aux Eurocodes (0,1 et 5). Les contraintes, rigidités et masses volumiques sont données en fonction des paramètres suivants :

- qualité des panneaux travaillants conformes à NF EN 622 ;

- épaisseurs des panneaux.

Panneau de particules

Ce panneau est constitué de particules de bois (grands copeaux, particules, copeaux de rabotage, sciures) et/ou d'autre matériau lignocellulosique en forme de particules (anas de chanvre, anas de lin, fragments de bagasse) avec addition d'un liant organique ou d'un liant minéral.

Figure 2.4. Le panneau de particules CTBH est autorisé en voile travaillant par le DTU 31.2.

Classification

Les panneaux de particules peuvent être classés selon différents critères selon les exigences de la norme NF EN 312 :

- P1 : panneaux pour usage général utilisés en milieu sec (classe d'emploi 1) ;
- P2 : panneaux pour agencements intérieurs, y compris meubles, utilisés en milieu sec (classe d'emploi 1) ;
- P3 : panneaux non travaillants utilisés en milieu humide (classe d'emploi 2) ;
- P4 : panneaux travaillants utilisés en milieu sec (classe d'emploi 1) ;
- P5 : panneaux travaillants utilisés en milieu humide (classe d'emploi 2) ;
- P6 : panneaux travaillants sous contrainte élevée utilisés en milieu sec (classe d'emploi 1) ;
- P7 : panneaux travaillants sous contrainte élevée utilisés en milieu humide (classe d'emploi 2).

On trouve également des panneaux spéciaux : panneaux avec résistance améliorée vis-à-vis des attaques biologiques, panneaux ignifugés, panneaux pour isolation acoustique. Les panneaux de particules liés au ciment ont un risque d'attaque par des agents lignivores insignifiants dans toutes les classes de risque.

Dimensions courantes

- Épaisseur : 6, 8, 10, 12, 15, 19, 22, 25, 30 mm.
- Largeur : 0,60 m, 0,90 m, 1,20 m.
- Longueur : 2,00 m, 2,50 m, 3,00 m.

Caractéristiques mécaniques pour le calcul

Le dimensionnement des éléments se fait conformément aux Eurocodes (0,1 et 5).

Les contraintes, rigidités et masses volumiques sont données en fonction des paramètres suivants :

- qualité des panneaux travaillants : en milieu sec (NF EN 312/P4) ou milieu humide (NF EN 312/P5) ;
- épaisseurs des panneaux.

Les panneaux de particules sont certifiés par la marque « CTB-S » pour les emplois en milieu sec et « CTB-H » si les panneaux ont un risque d'humidification temporaire.

Le comportement du panneau par rapport au classement normalisé en réaction au feu (M1 ou M2) est certifié par la marque « NF Réaction au feu ».

Tableau 2.2. Contraintes caractéristiques des panneaux de particules définies par NF EN 12369 (panneaux conformes à NF EN 312), pour calculs avec Eurocode 5

Symbole	Désignation	Unité	312-4 (sec)			312-5 (humide)		
			$6 < e \leq 13$	$13 < e \leq 20$	$20 < e \leq 25$	$6 < e \leq 13$	$13 < e \leq 20$	$20 < e \leq 25$
$f_{m,k}$	Contrainte en flexion	N/mm^2	14,2	12,5	10,8	15,0	13,3	11,7
$f_{t,k}$	Contrainte en traction	N/mm^2	8,9	7,9	6,9	9,4	8,5	7,4
$f_{c,k}$	Contrainte en compression	N/mm^2	12,0	11,1	9,6	12,7	11,8	10,3
$f_{v,k}$	Contrainte en cisaillement de voile	N/mm^2	6,6	6,1	5,5	7,0	6,5	5,9
$f_{r,k}$	Contrainte en cisaillement roulant	N/mm^2	1,8	1,6	1,4	1,9	1,7	1,5
$E_{m,mean}$	Module axial	kN/mm^2	3,2	2,9	2,7	3,5	3,3	3,0
$G_{v,mean}$	Module de cisaillement de voile	kN/mm^2	0,86	0,83	0,77	0,96	0,93	0,86
ρ_{mean}	Masse volumique moyenne	kg/m^3	650	600	550	650	600	550

Contreplaqué

Le contreplaqué peut être un panneau plat ou moulé. Il est composé par un empilage de plis de bois seuls ou associés à une âme (de panneau latté ou lamellé) ou à des feuilles de matériaux non dérivés du bois (matériau isolant, par exemple). La cohésion entre les couches de l'empilage est assurée par un liant organique. Pour l'usage courant, les placages sont obtenus par déroulage des grumes (débit sur dosse pure) ; pour les panneaux contreplaqués destinés à recevoir une finition translucide, les placages des couches de surfaces sont généralement obtenus par tranchage. Les épaisseurs courantes de placage vont de 10 à 30/10 mm. Un traitement éventuel des placages (ignifugation, préservation par biocide) peut être introduit avant le collage des plis.

© Yves Benoit

Figure 2.5. Le contreplaqué CTBX est le seul panneau dérivé du bois à pouvoir être employé en extérieur.

Classification

Le panneau contreplaqué le plus courant présente :

• une composition symétrique dans l'épaisseur ;

• les plis contigus sont croisés à 90° entre eux ;

- les plis sont constitués de placages jointés sur leurs rives, plusieurs peuvent être empilés fil sur fil pour former une couche. Si les couches fil sur fil dominent, on obtient un panneau lamibois.

Les panneaux contreplaqués peuvent être classés selon différents critères. La qualité du collage est fonction de la classe d'emploi selon les exigences de la norme NF EN 636 :

- panneaux travaillants utilisés en milieu sec (classe d'emploi 1) ;

- panneaux travaillants utilisés en milieu humide (classe d'emploi 2) ;

- panneaux travaillants utilisés en milieu extérieur (classe d'emploi 3).

Dimensions courantes

- Épaisseur : 6, 8, 10, 12, 15, 18, 22, 25, 30 mm.

- Largeur : 1,20 m, 1,50 m.

- Longueur : 2,50 m, 3,10 m.

Le fil du bois des plis extérieurs est dans la longueur du panneau.

Caractéristiques mécaniques pour le calcul

Le dimensionnement des éléments se fait conformément aux Eurocodes (0,1 et 5). Les contraintes, rigidités et masses volumiques dépendent des essences des placages et de la composition du panneau. Le contreplaqué est typiquement un panneau travaillant. La connaissance de ses propriétés mécaniques est donc primordiale. Les plus couramment utilisés font appel à la flexion (module ou contrainte). Pour certains usages (poutres en I, poutres caissons, goussets…), la connaissance des caractéristiques en cisaillement de voile est également critique.

Les contreplaqués sont certifiés par la marque « NF Extérieur CTB-X » pour un emploi extérieur et par la marque « NF Coffrage CTB-C » pour un emploi de coffrage.

Tableau 2.3. Exemples de valeurs caractéristiques de panneau de contreplaqué poncé CTBX en pin maritime pour des calculs avec l'Eurocode 5.

		Résistance caractéristique (N/m²)					Module d'élasticité moyen (N/m²)			
		Flexion	Traction	Compression	Vis, Voile	Cis, Roul	Flexion	Traction - Compression	Cis, Voile	Cis, Roul
t_{nom} nombre couches	Direction fil des faces	fm	ft	fc	fv	fr	Em	Et - Ec	Gv	Gr
7	‖	35,1	19,1	30,5	6,7	2,2	11 994	8 018	540	90
(3)	⊥	4,9	10,9	17,5	6,7	2,2	606	4 582	540	90
10	‖	29,5	19,4	31,1	6,7	2,2	10 200	8 153	540	90
(5)	⊥	12	10,6	16,9	6,7	2,2	2 400	4 447	540	90
12	‖	27,7	17,4	27,8	6,7	2,2	9 543	7 295	540	90
(5)	⊥	14,2	12,6	20,2	6,7	2,2	3 057	5 305	540	90
15	‖	25,4	18,8	30	6,7	2,2	9 311	7 875	540	90
(7)	⊥	13,5	11,3	18	6,7	2,2	3 289	4 725	540	90
18	‖	21,8	15,3	24,4	6,7	2,2	7 991	6 407	540	90
(7)	⊥	17,5	14,7	23,6	6,7	2,2	4 609	6 193	540	90
19	‖	23,3	18,5	29,6	6,7	2,2	8 457	7 774	540	90
(7)	⊥	15,5	11,5	18,4	6,7	2,2	4 143	4 826	540	90
21	‖	20,9	17,1	27,4	6,7	2,2	7 923	7 200	540	90
(7)	⊥	17,2	12,9	20,6	6,7	2,2	4 677	5 400	540	90
22	‖	21,1	16,3	26,1	6,7	2,2	8 011	6 840	540	90
(7)	⊥	15,8	13,7	21,9	6,7	2,2	4 589	5 760	540	90

Source : SMURFIT KAPPA)

3 Organes d'assemblage

De nombreux types d'assemblages sont à la disposition du concepteur. Ils sont d'un usage courant pour les structures en bois tels les pointes, clous et agrafes, vis, tirefonds, boulons, tiges filetées… D'autres sont réservés à des bâtiments plus imposants, comme les crampons et anneaux, les broches… La résistance de ces assembleurs aux Eurocodes est définie par les fabricants, comme par exemple les établissements Simpson Strong-Tie (http://www.simpson.fr/contenu/,eurocodes,34).

Les matériaux de fixation et d'assemblage doivent recevoir une protection anticorrosion en fonction de leur usage (tableau 3.1).

Tableau 3.1. Choix des protections des matériaux à utiliser en fonction de la classe de service et du type d'assemblage

Assemblages	Classe de service (2)		
	1 (intérieur sec)	2 (intérieur humide)	3 (extérieur)
Pointes et tirefonds avec $\varnothing \leqslant 4$ mm	rien	Fe/Zn 12c(1)	Fe/Zn 25c(1)
Boulons, broches, pointes et tirefonds avec $\varnothing > 4$ mm	rien		Fe/Zn 25c(1)
Agrafes	Fe/Zn 12c(1)	Fe/Zn 12c(1)	acier inoxydable
Plaques métalliques embouties et plaques à clous d'épaisseur $\leqslant 3$ mm	Fe/Zn 12c(1)	Fe/Zn 12c(1)	acier inoxydable
Plaques métalliques d'épaisseur comprises entre 3 mm et 5 mm	rien	Fe/Zn 12c(1)	Fe/Zn 25c(1)
Plaques métalliques d'épaisseur > 5 mm	rien	rien	Fe/Zn 25c(1)

(1) Si un revêtement par galvanisation à chaud est utilisé, il convient de remplacer Fe/Zn 12c par Z275 et FeZn 25c par Z350 conformément à la norme NF EN 10326
(2) Pour des conditions particulièrement corrosives, il convient d'envisager le Fe/Zn 40, un revêtement par galvanisation à chaud ou par shérardisation, ou de l'acier inoxydable

Pointes et agrafes

Dans la construction, plusieurs types de pointes sont couramment utilisés, les pointes lisses et des pointes torsadées, annelées ou cannelées si l'on recherche une plus grande résistance à l'arrachement. Le dimensionnement, est réalisé à Eurocode 5 et/ou aux PV d'essais de laboratoires. Dans certains cas, pour un voile travaillant par exemple, les agrafes peuvent remplacer les pointes.

Avec l'Eurocode 5, il est possible de reprendre des efforts d'arrachement par des pointes, mais avec des limites d'emploi, notamment la durée de la charge.

Certaines essences de bois acides nécessitent des organes de fixations en Inox ou avec un traitement anticorrosion, notamment pour le western red cedar, le chêne et le châtaignier.

Lors d'une utilisation en extérieur en zone de climat maritime (< 10 km depuis le bord de mer), il faut des organes en acier inoxydable.

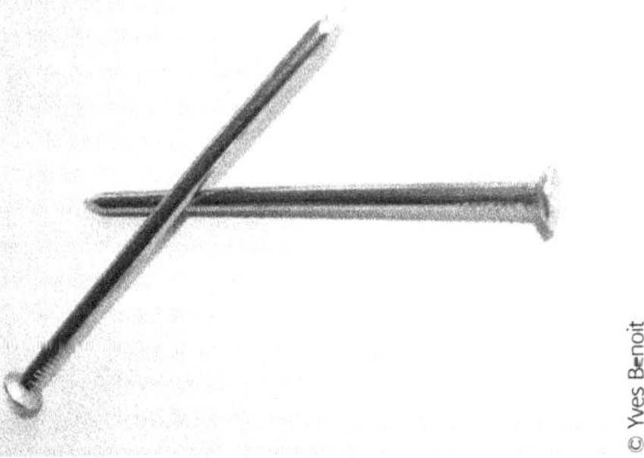

Figure 3.1. L'Eurocode 5 permet de justifier des pointes lisses travaillant en arrachement.

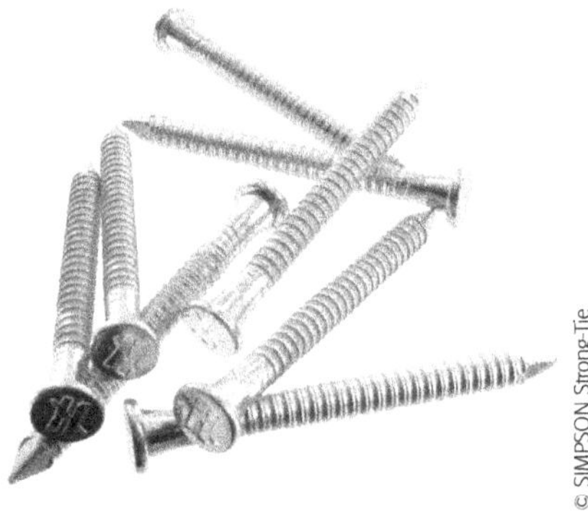

Figure 3.2. Les pointes spécifiques comme ces pointes annelées ont une meilleure résistance à l'arrachement que les pointes lisses.

Figure 3.3. Les agrafes sont fréquemment employées pour fixer le voile travaillant des maisons à ossature bois. Lorsqu'elles sont de grande longueur, elles peuvent être employées pour fixer un tasseau à travers une isolation extérieure.

Tableau 3.2. Exemples de dimensions commerciales courantes de pointes lisses à tête plate

300	×	7,0	90	×	4,0	45	×	2,7	30	×	2,0
250	×	7,0	80	×	4,0	40	×	2,7	27	×	2,0
220	×	7,0	80	×	3,5	55	×	2,5	50	×	1,8
200	×	7,0	70	×	3,5	50	×	2,5	45	×	1,8
180	×	7,0	70	×	3,0	45	×	2,5	40	×	1,8
160	×	6,5	60	×	3,0	40	×	2,5	35	×	1,8
140	×	6,0	55	×	3,0	35	×	2,5	30	×	1,8
125	×	5,5	60	×	2,7	45	×	2,2	27	×	1,8
110	×	5,0	55	×	2,7	40	×	2,2	40	×	1,5
100	×	4,5	50	×	2,7	35	×	2,0	35	×	1,5

Tirefonds et vis

Les vis sont des tiges cylindriques métalliques filetées en partie ou en totalité qui permet de reprendre des efforts de cisaillement et de traction. Au-delà de 6 mm de diamètre, une vis à bois peut être assimilée à un tirefond. Le tirefond est qualifié de grosse vis comportant un pas en rapport avec sa dimension, et avec une tête hexagonale.

Figure 3.4. L'Eurocode 5 permet de justifier les tirefonds travaillant à l'arrachement.

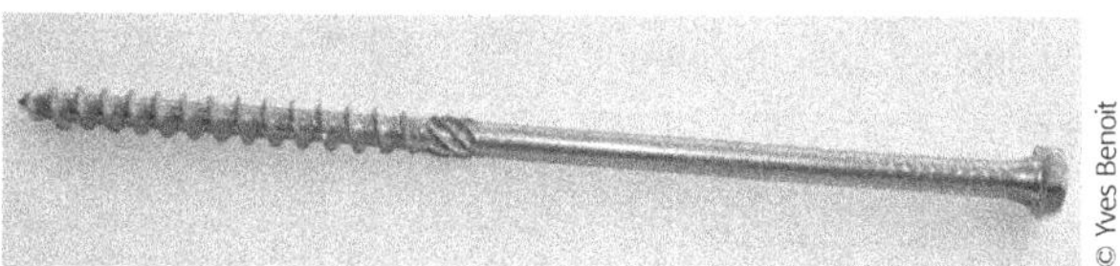

Figure 3.5. Cette vis est très résistante (f_u de 1 000 N/mm²), en outre, elle peut-être mis en œuvre sans avant-trou.

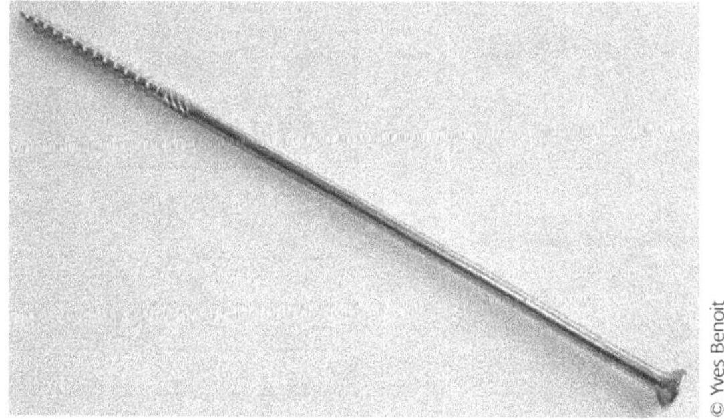

Figure 3.6. Cette vis de grande longueur est employée pour fixer un tasseau à travers une isolation extérieure.

Tableau 3.3. Exemples de dimensions commerciales courantes de vis et tirefonds

Groupe de colonnes « Longueur sous tête » (valeurs en mm). Les nombres portés dans le corps du tableau correspondent à la **Longueur filetée**.

Diamètre vis	12	16	20	25	30	35	40	45	50	55	60	65	70	80	90	100	110	120
1,6	9																	
2		10																
2,5			11															
3				12														
3,5				13														
4					14													
5						16												
6							18											
8									22									
10											26							
12												30						
14													34					
16														38				
18															42			
20															46			
22																50		
24																54		
27																	60	
30																		66

Boulons

Les boulons sont des tiges métalliques dont une extrémité porte une tête, tandis que l'autre est filetée pour recevoir un écrou. Les tiges filetées sont entièrement filetées. Les broches sont des tiges métalliques souvent lisses permettant de transmettre uniquement des efforts de cisaillement. Les fixations par tiges regroupent l'ensemble de ces moyens de fixation. Ils permettent d'assurer des liaisons mécaniques bois/bois ou bien bois/métal.

Figure 3.7. Les boulons sont très employés en structure bois. Ils peuvent reprendre des charges importantes.

© Yves Benoit

Caractéristiques et dimensionnement

Dimensions en mm		
D	**L**	**Filetage**
12	180	100
12	200	100
12	240	100
16	180	100
16	200	100
16	240	100
16	300	100
18	180	100
18	200	100
18	240	100
18	300	100
20	180	100
20	200	100
20	240	100
20	300	100

Partie 2

Vérification de pièces de plancher et de toiture aux Eurocodes

Cette partie permet de vérifier de nombreux types de pièces, tels que les éléments destinés à un plancher (solives, poutres…), à une toiture (chevrons, pannes et arbalétriers) et des poteaux. Soixante-dix tables présentent pour chaque type de pièce la charge maximale qu'elle peut supporter. Pour vérifier les pièces, Il faut calculer la charge supportée. L'étape suivante consiste à lire dans une table la charge maximale pour la section et la portée considérées. Puis il faut comparer les hypothèses de l'étude avec celles des tables pour éventuellement corriger la valeur obtenue par des coefficients. Enfin il faut vérifier que la charge supportée par la pièce reste inférieure à la valeur de charge maximale corrigée.

4   Calcul des charges

La nature des charges est différente en fonction de la destination des pièces de bois. Les éléments destinés à un plancher supportent des charges de structure comme l'ossature, le plancher, le revêtement de sol, et des charges d'exploitation liées à l'usage du local (habitation, bureau…). Les éléments destinés à une toiture supportent aussi des charges de structure comme les pannes, les chevrons, des charges climatiques, notamment la neige, et des charges apparaissant lors de l'entretien de la toiture. De nombreux tableaux et figures permettent d'estimer rapidement la valeur de ces charges. Une dernière partie présente l'influence sur les charges transmises lorsqu'une pièce est sur trois appuis.

Détermination des charges de plancher

Un plancher (avec sa structure) supporte son propre poids et les charges d'exploitation.

Charges de structure

Les charges de structure sont permanentes. Les tableaux 4.1 à 4.3 apportent des éléments pour évaluer le poids de la structure.

Le poids des poutres en bois massif en daN/m est défini dans le tableau 4.1. Les calculs sont réalisés avec une masse volumique de 420 kg/m³. Pour une autre masse volumique (mv), employez un coefficient de mv/420, soit pour du chêne de 700 kg/m³, un coefficient de 700/420 = 1,7.

Tableau 4.1. Poids des poutres en bois massif en daN/m

Hauteur (mm)	Épaisseur (mm)					
	50	63	75	100	150	200
50	2	2	2	3	4	5
60	2	2	2	3	4	6
70	2	2	3	3	5	6
80	2	3	3	4	6	7
90	2	3	3	4	6	8
100	3	3	4	5	7	9
125	3	4	4	6	8	11
150	4	4	5	7	10	13
175	4	5	6	8	12	15
200	5	6	7	9	13	17
225	5	6	8	10	15	19
250	6	7	8	11	16	21
300	7	8	10	13	19	26

N.B. : 1 daN est égal à 1 kg environ.

Le poids des poutres en bois lamellé-collé en daN/m est défini dans le tableau 4.1bis. Les calculs sont réalisés avec une masse volumique de 420 kg/m³.

Tableau 4.1bis. Poids des poutres en bois lamellé-collé en daN/m

Hauteur (mm)	Épaisseur (mm)	
	90	115
180	7	9
225	9	11
270	11	14
315	12	16
360	14	18
405	16	20
450	18	22

Hauteur (mm)	Épaisseur (mm)			
	140	165	190	210
198	12	14	16	18
264	16	19	22	24
330	20	23	27	30
396	24	28	32	35
462	28	33	37	41
528	32	37	43	47
594	35	42	48	53
660	39	46	53	59
726	43	51	58	65

Le poids des matériaux constituant le plancher est dans le tableau 4.2.

Tableau 4.2. Poids des matériaux d'un plancher

Matériaux constituant le plancher	daN/m² pour 1 cm d'épaisseur
Panneau de particules	8
OSB	7
Contreplaqué	5
Dalle béton flottante avec sous-couche	22
Chape en mortier de ciment	20

Le poids des revêtements de sol est dans le tableau 4.3.

Tableau 4.3. Poids des revêtements de sol

Revêtements de sol	daN/m²
Grès et céramique mince (4,5 mm)	22
Sol mince textile ou plastique	7
Parquet de 23 mm en chêne avec lambourdes	21
Parquet de 23 mm en sapin avec lambourdes	13
Parquet contrecollé de 13 mm avec sous-couche	7
Parquet mosaïque	6

Charges d'exploitation

Les principales charges d'exploitation sont définies dans le tableau 4.4.

Tableau 4.4. Valeurs des charges d'exploitation en fonction de l'usage du bâtiment

Catégorie	q_k (daN/m²)	Q_k (daN)
A logement		
Plancher	150	200
Balcon	250	200
Escalier	350	200
B Bureaux		
Bureaux	250	400
C Locaux publics		
C1 Locaux avec table (école, restaurant…)	250	300
C2 Locaux avec sièges fixes (théâtre, cinéma…)	400	400
C3 Locaux sans obstacles à la circulation (musée, salles d'exposition)	400	400
C4 Locaux pour activités physiques (dancing, salles de gymnastique,…)	500	700
C5 Locaux susceptibles d'être surpeuplés (salles de concert, terrasses,…)	500	450
D Commerces		
D1 Commerces de détail courants	500	500
D2 Grands magasins	500	700
E Aires de stockage et locaux industriels		
E1 Surfaces de stockage (entrepôts, bibliothèques…)	750	700
E2 Usage industriel	Voir CCTP	
H Toitures		
Si pente ≤ 15 % + étanchéité	80*	150
Autres toitures	0	150
I Toitures accessibles		
Pour les usages des catégories A à D	Charges identiques à la catégorie de l'usage	
Si aménagement paysager	≥ 300	

q : charge uniformément répartie - Q : charge ponctuelle - (*) qk sur une surface rectangulaire (A × B) de 10 m² telle que A/B ≤ 2.

Remarques

La vérification doit être effectuée soit avec la charge uniformément répartie, soit avec la charge concentrée.

Les équipements lourds (aquariums de grande capacité, cuisines de collectivité, matériels médicaux, chaufferies, etc.) ne sont pas pris en compte dans les charges indiquées dans le tableau. Le cahier des clauses administratives et particulières (CCTP) doit les préciser.

Les charges d'exploitation sur toiture ne sont pas à cumuler avec les actions de la neige ou du vent.

Détermination des charges de toiture

Une panne supporte les charges de structure (son propre poids, les chevrons, la couverture) et les actions climatiques.

Charges de structure

Les charges de structure sont permanentes. Les tableaux 4.5 et 4.6 apportent des éléments pour évaluer le poids de la structure.

Le poids des pannes, chevrons et autres poutres en bois massif en daN/m est défini dans le tableau 4.5. Les calculs sont réalisés avec une masse volumique de 420 kg/m³. Pour une autre masse volumique, employez un coefficient de mv/420, soit pour du chêne de 700 kg/m³, un coefficient de 700/420 = 1,7.

Tableau 4.5. Poids des poutres en bois massif en daN/m

Hauteur (mm)	Épaisseur (mm)					
	50	63	75	100	150	200
100	3	3	4	5	7	9
125	3	4	4	6	8	11
150	4	4	5	7	10	13
175	4	5	6	8	12	15
200	5	6	7	9	13	17
225	5	6	8	10	15	19
250	6	7	8	11	16	21
300	7	8	10	13	19	26

N.B. : 1 daN est égal à 1 kg environ.

Le poids des pannes et poutres en bois lamellé-collé en daN/m est défini dans le tableau 4.5bis. Les calculs sont réalisés avec une masse volumique de 420 kg/m³.

Tableau 4.5bis. Poids des poutres en bois lamellé-collé en daN/m

Hauteur (mm)	Épaisseur (mm)	
	90	115
180	7	9
225	9	11
270	11	14
315	12	16
360	14	18
405	16	20
450	18	22

Hauteur (mm)	Épaisseur (mm)	
	140	165
198	12	14
264	16	19
330	20	23
396	24	28
462	28	33
528	32	37
594	35	42
660	39	46
726	43	51

Le poids des matériaux constituant la couverture est dans le tableau 4.6.

Tableau 4.6. Poids des matériaux des toitures

Matériaux constituant la toiture et le plafond	daN/m²
Couverture métallique en zinc ou Inox (voligeage et tasseaux compris)	25
Couverture métallique en alu 8/10 (voligeage et tasseaux compris)	17
Couverture métallique en bac acier 75/100	7
Couvertures en ardoises naturelles ordinaires (voligeage et lattis compris)	20-35
Couverture en tuiles mécaniques à emboîtement (liteaux compris)	35-45
Couverture en tuiles plates (liteaux compris)	55-90
Couverture fibre-ciment plaques « grande ondes »	17
Plafonds plaques de plâtre BA 10	8
Plaques de plâtre BA 13	11
Isolation laine de verre (par cm d'épaisseur)	0,7
Laine de roche sous étanchéité (par cm d'épaisseur)	1,7

Charges de neige

Ce paragraphe traite d'une toiture composée de deux versants sans accumulations de neige. Dans ce cas, la charge de neige est définie par la formule :

$S = S_{k,alt} \times \mu_{i(\alpha)} \times \cos(\alpha)$ où :

- $S_{k,alt} = S_{k,200} + \Delta S$ (*snow*, neige en anglais) valeur caractéristique de la charge de neige sur le sol à l'altitude du projet (c'est-à-dire en ajoutant la majoration éventuelle ΔS, voir le tableau 4.7) ;
- μ_i : coefficient de forme appliqué à la charge de neige. Il est défini dans le tableau 4.8 ;
- $\cos(\alpha)$: coefficient permettant de transformer la charge par m² horizontal en charge par m² réel ou rampant.

Charge de neige sur le sol Sk

La carte de France de la figure 4.1 précise la charge de neige sur le sol.

Tableau 4.7. Majoration de neige liée à l'altitude

Altitude A	ΔS_1	ΔS_2
De 200 à 500 m	A/1 000 – 0,20	1,5 A/1 000 – 0,30
De 500 à 1 000 m	1,5 A/1 000 – 0,45	3,5 A/1 000 – 1,30
De 1 000 à 2 000 m	3,5 A/1 000 – 2,45	7 A/1 000 – 4,80

Remarque
Dans l'état actuel de la réglementation, le calcul de la charge accidentelle est inutile.

Coefficient de forme μ_i

Le coefficient de forme μ_i est défini dans le tableau 4.8.

Tableau 4.8. Coefficients μ_i pour une toiture sans dispositif de retenue de la neige

Angle du toit (degré)	$0 < \alpha \leq 30$	$30 < \alpha \leq 60$	$\alpha \geq 60$
μ_1 (toiture à 1 ou 2 versants)	0,8	0,8 (60 – α)/30	0
μ_2 (toiture à versants multiples)	0,8 + (0,8/30)	1,6	0

Remarque
μ_1 sera égal à 0,8 s'il y a des éléments qui empêchent la neige de glisser (barre à neige, acrotères…).
Les accumulations de neige sont définies dans les annexes des normes NF EN 1991-1-3 et NF EN 1991-1-3/NA.

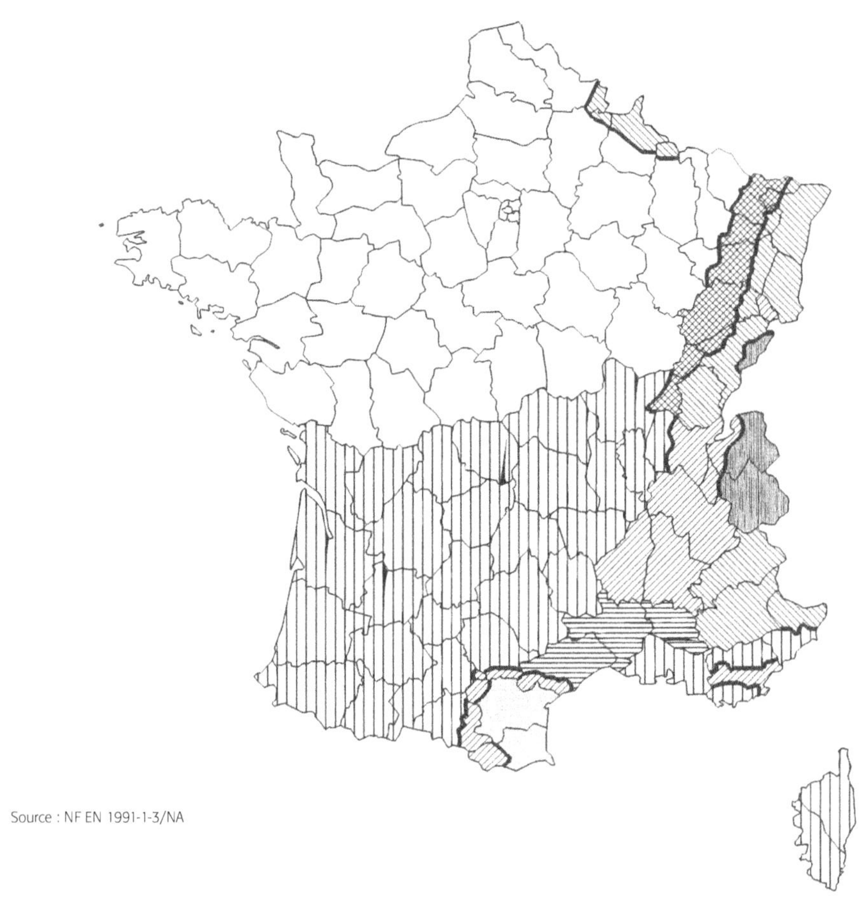

Régions :	A1	A2	B1	B2	C1	C2	D	E
Valeur caractéristique (S_k) de la charge de neige sur le sol à une altitude inférieure à 200 m :	0,45	0,45	0,55	0,55	0,65	0,65	0,90	1,40
Loi de variation de la charge caractéristique pour une altitude supérieure à 200 :	Δs_1							Δs_2

Figure 4.1. Carte de France des valeurs des charges de neige en kN/m² (1 kN/m² = 10 daN/m² = 100 kg/m²).

Cas des éléments sur trois appuis

L'appui intermédiaire reçoit 25 % d'effort en plus lorsqu'une pièce est sur trois appuis par rapport à deux poutres sur deux appuis (figures 4.2 et 4.3). Dès que la structure comprend une pièce sur trois appuis, il faut appliquer un coefficient de 1,25 aux charges de la pièce qui remplit le rôle de l'appui intermédiaire. Quelques exemples : une poutre maîtresse recevant des solives sur trois appuis, une panne recevant des chevrons sur trois appuis...

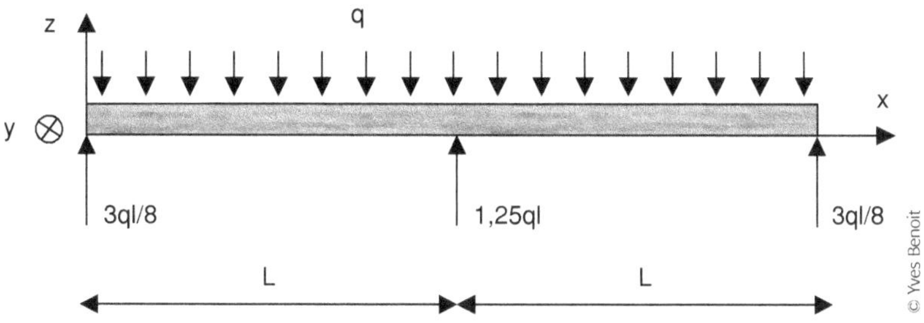

Figure 4.2. Lorsque la structure est composée d'une poutre sur trois appuis, l'appui intermédiaire reprend une charge de 1,25ql (application hyperstatique).

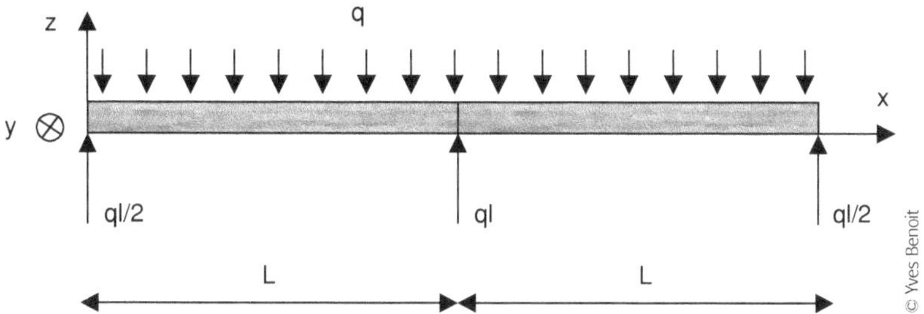

Figure 4.3. Lorsque la structure est composée de deux poutres sur trois appuis, l'appui intermédiaire reprend une charge de ql/2 à gauche et de ql/2 à droite, soit une charge de ql.

5 Applications résolues

Vérification d'une solive

Considérons une solive d'un plancher (de classe C24) dans un local chauffé d'habitation, de section 75 × 200 mm, d'entraxe 45 cm, reposant sur deux murs espacés de 5 m. Elle supporte un parquet contrecollé avec une sous-couche résiliente et un panneau OSB. Le calcul est effectué pour les valeurs de flèches limites indiquées par l'Eurocode 5 soit 1/200 sous charges totales et 1/300 sous les seules charges variables.

La première étape consiste à définir les charges de structure puis les charges d'exploitation.

La seconde étape permet la vérification. La lecture de la table 1 précise la charge totale maximale que peut supporter la solive. La lecture de la table 2 précise la charge d'exploitation maximale que peut supporter la solive.

Calcul des charges

Charges de structure

- Parquet contrecollé et la sous-couche : 7 daN/m²

- OSB de 16 mm : $7 \times 1,6 = 12$ daN/m²

- Solives de 200 × 75 : 7 daN/m

- Bande de chargement (entraxe) de 0,45 m de large

- Distance entre appuis : 5 m

Figure 5.1. La bande de chargement a une largeur de 0,45 m et une longueur de 5 m.

La largeur de la bande de chargement correspond à l'entraxe des solives. La charge est calculée pour 1 m de longueur de solive. Les charges par m² sont multipliées par la largeur de la bande de chargement, et l'on rajoute le poids de 1 m de solive.

$$G = (\text{Parquet } (daN/m^2) + \text{OSB } (daN/m^2)) \times \text{entraxe } (m) + \text{poids solive } (daN/m)$$
$$G = (7 + 12) \times 0,45 + 7 = 15,55 \ daN/m.$$

La charge totale de structure sur toute la solive s'obtient en multipliant la charge par m par sa longueur.

$$G = G \ (daN/m^2)) \times \text{longueur } (m)$$
$$G = 15,55 \times 5$$
$$G = 77,75 \ daN$$

Charges d'exploitation

La charge d'exploitation sur toute la solive s'obtient en multipliant la charge par m² par la surface de la bande de chargement, soit l'entraxe (ou la largeur de la bande de chargement) par la longueur de la solive.

$$Q = Q \ (daN/m^2) \times \text{entraxe } (m) \times \text{longueur } (m)$$
$$Q = 150 \times 0,45 \times 5$$
$$Q = 337,5 \ daN$$

Charge totale

G + Q = 77,75 + 337,5

$$G = Q = 415,25 \ daN$$

Vérification sur les tables

(Voir p. 71.)

Étape 1 : recherche de coefficients

Classement de structure (coefficient k1)

La solive est classée C24, c'est l'hypothèse de la table donc le coefficient $k_1 = 1$.

Flèche (coefficient k2)

La flèche maximale sous charge totale est de 1/200 et de 1/300 sous charge variable, ce sont les hypothèses des tables donc le coefficient $k_2 = 1$.

Nature du local et proportion entre les charges de structure (G) et les charges d'exploitation (Q) (coefficient k3 ou k3bis)

G/Q = 77,75/337,5 = 0,23.

$0,2 \leq G < 0,5 \ Q$, et le local est destiné à l'habitation, ce sont les hypothèses des tables, donc le coefficient $k_3 = 1$.

Étape 2 : lecture de la table 1 pour la recherche de la résistance de base Rd_table

Section de 75 × 200, distance entre appuis de 5 000 mm : $Rd_{table} = 514 \ daN$

Étape 3 : application des coefficients k1, k2 et k3 pour obtenir la résistance de l'élément Rd

$Rd = Rd_{table} \times k_1 \times k_2 \times k_3 = 514 \times 1 \times 1 \times 1 = 514 \ daN$

Étape 4 : comparaison de la charge totale maximale Rd par rapport à la charge totale G+Q

$$514 > 415$$
$$Rd > G+Q$$
$$\text{critère vérifié}$$

Lecture de la table 2 pour la vérification de la charge maximale par rapport à la déformation instantanée (L/300) sous charge d'exploitation

Section de 75×200, distance entre appuis de 5 000 mm :

Qmax = 494 daN ; 337,5 < 494

$$Qmax > Q$$
$$\text{critère vérifié}$$

Vérification d'une poutre porteuse

Considérons une poutre en lamellé-collé classée GL28h, portant le plancher d'un espace bureau. Le volume situé sous le plancher correspond à un espace de stockage et n'est pas chauffé. Ce volume correspond à l'ambiance à retenir pour l'étude de la poutraison. Elle repose sur trois appuis (murs espacés de 4,5 m). Les poutres sont espacées de 2 m (largeur de bande de chargement ou entraxe). Pour obtenir une bonne rigidité du plancher, la flèche recherchée est de L/500. Cette poutre supporte un revêtement de sol textile, un OSB de 22 mm d'épaisseur et des solives. La première étape consiste à définir les charges de structure puis les charges d'exploitation. La lecture de la table 7 précise la charge totale maximale que peut supporter la porteuse. La lecture de la table 8 précise la charge d'exploitation maximale que peut supporter la porteuse.

Calcul des charges

Charges de structure

- Revêtement de sol mince textile : 7 daN/m²

- OSB de 22 mm : $2,2 \times 7 = 15,4$ soit 16 daN/m²

- Solives de 50×175 mm espacées tous les 50 cm : 4 daN/m de solive

- Poutre en bois lamellé-collé GL28h sur trois appuis de 450×115 : 22 daN/m de poutre

- Bande de chargement (entraxe des poutres) de 2 m

- Longueur de la poutre, 9 m, distance entre deux travées : 4,5 m

Le poids des solives par m² de plancher est de : $\dfrac{\text{poids des solives}}{\text{entraxe}} = \dfrac{4}{0,5} = 8 \text{ daN/m}^2$

La bande de chargement a la même largeur que l'entraxe des poutres. La charge est calculée pour 1 m de poutre. Les charges par m² sont multipliées par la largeur de la bande de chargement et l'on ajoute le poids de 1 m de poutre.

$$G = (\text{revêtement} + \text{OSB} + \text{solives}) \times \text{entraxe (m)} + \text{poids poutre (daN/m)}$$
$$G = (7 + 16 + 8) \times 2 + 22 = 84 \text{ daN/m}$$

La charge totale de structure sur la poutre entre deux appuis s'obtient en multipliant la charge par m par la distance entre deux appuis.

$$G = G \text{ (daN/m)} \times \text{distance entre appuis (m)}$$
$$G = 84 \times 4,5$$
$$G = 378 \text{ daN}$$

Charges d'exploitation

La charge d'exploitation entre les deux appuis de la poutre s'obtient en multipliant la charge par m² par la surface de la bande de chargement, soit l'entraxe (ou la largeur de la bande de chargement) par la distance entre deux appuis de la poutre.

$$Q = Q \ (daN/m^2) \times entraxe \ (m) \times distance \ appuis \ (m)$$
$$Q = 250 \times 2 \times 4,5$$
$$Q = 2 \ 250 \ daN$$

Charge totale

$$G + Q = 378 + 2 \ 250$$
$$G + Q = 2 \ 628 \ daN$$

Vérification sur les tables

(Voir p. 80 et 81.)

Étape 1 : recherche de coefficients

Classement de structure (coefficient k1)

La porteuse est classée GL28h, le coefficient k1 = 1,14.

Flèche (coefficient k2)

La flèche recherchée sous charge totale est de 1/500, le coefficient k2 = 0,4.

Nature du local et proportion entre les charges de structure (G) et les charges d'exploitation (Q) (coefficient k3 et k3bis)

$$G/Q = 378/2 \ 628 = 0,14$$

0,1 Q ≤ G < 0,2 Q. Le rapport est différent de la table 7, le local est non chauffé, de réunion, le coefficient k3bis = 0,99.

Étape 2 : lecture de la table 7 pour la recherche de la résistance de base Rd_{table}

Section de 450 × 115, distance entre deux travées de 4 500 mm : Rd_{table} = 7 025 daN.

Étape 3 : application des coefficients k1, k2 et k3bis pour obtenir la résistance de l'élément Rd

Les hypothèses sont différentes de la table Rd = $Rd_{table} \times k1 \times k2 \times k3bis$ = 7 025 × 1,14 × 0,4 × 0,99 = 3 171 daN.

Étape 4 : comparaison de la charge totale maximale Rd par rapport à la charge totale G+Q

$$3 \ 171 > 2 \ 628$$
$$Rd > G + Q$$
$$critère \ vérifié$$

Lecture de la table 8 pour la vérification de la charge maximale par rapport à la déformation instantanée (L/300) sous charge d'exploitation

La poutre a été vérifiée avec une flèche de L/500 sous un chargement de structure plus exploitation (G+Q). Il n'est donc pas nécessaire de la vérifier avec une flèche de L/300 sous un chargement exploitation (Q).

> **Remarque**
> La charge de la table 8 pour une section de 115 × 450 n'est pas renseignée, car sa valeur est supérieure à 2 000 × 4,5 = 9 000 daN.

Vérification d'un chevron sur deux appuis

Considérons un chevron travaillant en flexion simple d'un bâtiment situé à La Rochelle en Charente-Maritime avec une pente de 30 %. La table 1 des chevrons (voir p. 94) correspond au cas étudié : chevron sur deux appuis en bois massif.

Calcul des charges

Charges de structure

- Couverture en tuiles mécaniques à emboîtement (liteaux compris) : 40 daN/m²
- Chevron en bois massif classe C24 de 50×70 : 2 daN/m
- Entraxe des chevrons de 0,45 m
- Entraxe des pannes (supportant les chevrons) de 2,1 m

La bande de chargement a la même largeur que l'entraxe des chevrons. La charge est calculée pour 1 m de chevron. Les charges par m² sont multipliées par la largeur de la bande de chargement et l'on ajoute le poids de 1 m de chevron.

$$G = (\text{tuile } (DaN/m^2)) \times \text{entraxe chevron (m)} + \text{poids chevron (daN/m)}$$
$$G = (40 \times 0{,}45) + 2 = 20 \text{ daN/m}$$

La charge totale de structure sur la longueur du chevron s'obtient en multipliant la charge par m par sa longueur.

$$G = G \text{ (daN/m)} \times \text{longueur (m)}$$
$$G = 20 \times 2{,}1 = 42 \text{ daN}$$

Charges de neige

(Voir p. 39.)

Une toiture composée de deux versants, sans accumulations, a une charge de neige définie par la formule :

$$S = (S_{k;200} + \Delta S_1) \times \mu_{i(\alpha)} \times \cos(\alpha)$$

- $S_{k,200}$: valeur caractéristique de la charge de neige sur le sol pour une altitude inférieure à 200 m. La Charente-Maritime est en zone A2, soit 0,45 kN/m² ou 45 daN/m² ;
- ΔS_1 : variation de neige liée à l'altitude, pour une altitude supérieure à 200 m, soit $\Delta S_1 = 0$, car l'altitude de La Rochelle est inférieure à 200 m ;
- $\mu_{i(\alpha)}$: coefficient de forme appliqué à la charge de neige. Il est défini dans le tableau 4.8, page 39. Pour une pente de 30 %, $\alpha = \tan^{-1}(30/100) = 16{,}7°$;
- $\mu_{i(\alpha)} = 0{,}8$;
- $\cos(\alpha)$: coefficient permettant de transformer la charge par m² horizontal en charge par m² réel ou rampant, $\cos(16{,}7°) = 0{,}957$.

La charge de neige sur le toit sera de :

$$S - (S_{k,200} + \Delta S_1) \times \mu_{i(\alpha)} \times \cos(a)$$
$$S = (45 + 0) \times 0{,}8 \times 0{,}957 = 34{,}5 \text{ daN/m}^2 \text{ réel}$$

La charge de neige sur toute la longueur du chevron s'obtient en multipliant la charge par m² par la surface de la bande de chargement, soit l'entraxe (ou la largeur de la bande de chargement) par la longueur chevron.

$$S = S \ (daN/m^2) \times entraxe \ (m) \times longueur \ (m)$$
$$S = 34,5 \times 0,45 \times 2,2$$
$$S = 34 \ daN$$

Charge totale

$$G + S = 42 + 34$$
$$G + S = 76 \ daN$$

Vérification sur les tables

(Voir p. 93.)

Étape 1 : recherche de coefficients

Classement de structure (coefficient k1)

Le chevron est classé C24, c'est l'hypothèse de la table donc le coefficient $k_1 = 1$

Flèche (coefficient k2)

La flèche maximale sous charge totale est de 1/150, c'est l'hypothèse de la table donc $k_2 = 1$.

Proportion entre les charges de structure (G) et les charges de neige (S) (coefficient k3)

$G/S = 42/34 = 1,24$

$0,1S \leq G < 2,2S$, hypothèse des tables, $k_3 = 1$.

Pente du toit (coefficient k4)

La pente est de 30 %, hypothèse des tables, $k_4 = 1$

Étape 2 : lecture de la table 1 pour la recherche de la charge totale maximale Rd_{table}

Section de 50×70, distance entre appuis de 2 100 mm : $Rd_{table} = 98$ daN (lecture pour une portée de 2 200 mm).

Étape 3 : application des coefficients k1, k2, k3 et k4 pour obtenir la résistance de l'élément Rd

Les hypothèses sont identiques à la table $Rd = Rd_{table} \times k_1 \times k_2 \times k_3 \times k_4 = 98 \times 1 \times 1 \times 1 \times 1 = 98$ daN.

Étape 4 : comparaison de la charge maximale Rd par rapport à la charge totale G+S

$$98 > 76$$
$$Rd > G + S$$
$$\text{critère vérifié}$$

Vérification d'une panne sur deux appuis

Considérons une panne travaillant en flexion simple d'un bâtiment situé à La Rochelle en Charente-Maritime avec une pente de 30 %. La table 1 des pannes (voir p. 100) correspond au cas étudié : panne sur deux appuis en bois massif.

Calcul des charges

Charges de structure

- Couverture en tuiles mécaniques à emboîtement (liteaux compris) : 40 daN/m²

- Chevron en bois massif classe C24 de 100×75 : 4 daN/m

- Entraxe des chevrons de 0,45 m
- Pannes en bois massif classe C24 de 225 × 75 : 8 daN/m
- Entraxe des pannes de 1,8 m
- Distance entre appuis : 4,5 m

La première étape consiste à définir la charge par m² des chevrons.

$$G_{chevron} = \frac{chevron\ (daN/m)}{entraxe\ chevron}$$

$$G_{chevron} = \frac{4}{0,45} = 8,9\ daN/m^2$$

La bande de chargement a la même largeur que l'entraxe des pannes. La charge est calculée pour 1 m de panne. Les charges par m² sont multipliées par la largeur de la bande de chargement et l'on ajoute le poids de 1 m de panne.

$$G = (tuile\ (daN/m^2) + chevron\ (daN/m^2)) \times entraxe\ panne\ (m) + poids\ panne\ (daN/m)$$

$$G = (40 + 8,9) \times 1,8 + 8 = 96\ daN/m$$

La charge totale de structure sur toute la panne s'obtient en multipliant la charge par m par sa longueur.

$$G = G\ (daN/m) \times longueur\ (m)$$
$$G = 96 \times 4,5$$
$$G = 432\ daN$$

Charges de neige

(Voir p. 39.)

Une toiture composée de deux versants, sans accumulations, a une charge de neige définie par la formule :

$$S = (S_{k,200} + \Delta S_1) \times \mu_{i(\alpha)} \times \cos(\alpha)$$

- $S_{k,200}$: valeur caractéristique de la charge de neige sur le sol pour une altitude inférieure à 200 m. La Charente-Maritime est en zone A2, soit 0,45 kN/m² ou 45 daN/m² ;
- ΔS_1 : variation de neige liée à l'altitude, pour une altitude supérieure à 200 m, soit $\Delta S_1 = 0$, car l'altitude de La Rochelle est inférieure à 200 m ;
- $\mu_{i(\alpha)}$: coefficient de forme appliqué à la charge de neige. Il est défini dans le tableau 4.8, p. 39. Pour une pente de 30 %, $\alpha = \tan^{-1}(30/100) = 16,7°$;
- $\cos(\alpha)$: coefficient permettant de transformer la charge par m² horizontal en charge par m² réel ou rampant, $\cos(16,7°) = 0,957$.

La charge de neige sur le toit sera de :

$$S - (S_{k,200} + \Delta S_1) \times \mu_{i(\alpha)} \times \cos(\alpha)$$
$$S = (45 + 0) \times 0,8 \times 0,957 = 34,5\ daN/m^2\ réel$$

La charge de neige sur toute la panne s'obtient en multipliant la charge par m² par la surface de la bande de chargement, soit l'entraxe (ou la largeur de la bande de chargement) par la longueur de la panne.

$$S = S\ (daN/m^2) \times entraxe\ (m) \times longueur\ (m)$$
$$S = 34,5 \times 1,8 \times 4,5$$
$$S = 280\ daN$$

Charge totale

$$G + S = 432 + 280$$
$$G + S = 712 \text{ daN}$$

Vérification sur les tables

(Voir p. 100.)

Étape 1 : recherche de coefficients

Classement de structure (coefficient k1)

La panne est classée C24, c'est l'hypothèse de la table donc le coefficient k1 = 1.

Flèche (coefficient k2)

La flèche recherchée sous charge totale est de L/200, c'est l'hypothèse de la table donc le coefficient k2 = 1

Proportion entre les charges de structure (G) et les charges de neige (S) (coefficient k3)

G/S = 432/280 = 1,55

0,1S ≤ G < 2,2S, hypothèse des tables, k3 = 1.

Étape 2 : lecture de la table 1 pour la recherche de la charge totale maximale Rd$_{table}$

Section de 75 × 225, distance entre appuis de 4 500 mm : Rd$_{table}$ = 840 daN

Étape 3 : application des coefficients k1, k2 et k3 pour obtenir la charge totale maximale de l'élément Rd

Les hypothèses sont identiques à la table Rd = Rd$_{table}$ × k1 × k2 × k3 = 840 × 1 × 1 × 1 = 840 daN.

Étape 4 : comparaison de la charge totale maximale de l'élément Rd par rapport à la charge totale maximale G+S

$$840 > 712$$
$$Rd > G + S$$
$$\text{critère vérifié}$$

Vérification d'une panne sur trois appuis

Considérons une panne classée GL28h reposant sur trois portiques, travaillant en flexion simple, d'un bâtiment situé à Felletin dans la Creuse à 680 m d'altitude avec une pente de 70 %. La flèche est limitée à l/300. La table 4 des pannes (voir p. 103) correspond au cas étudié : panne sur trois appuis en bois lamellé-collé.

Calcul des charges

Charges de structure

- Couverture en bac acier : 7 daN/m²

- Pannes en bois lamellé-collé classe GL28h de 180 × 90 : 7 daN/m

- Entraxe des pannes de 1,5 m

- Distance entre appuis : 5,4 m

La bande de chargement a la même largeur que l'entraxe des pannes. La charge est calculée pour 1 m de panne. Les charges par m² sont multipliées par la largeur de la bande de chargement et l'on ajoute le poids de 1 m de panne.

$$G = (\text{bac acier (daN/m²)}) \times \text{entraxe panne (m)} + \text{poids panne (daN/m)}$$
$$G = 7 \times 1{,}5 + 7 = 17{,}5 \text{ daN/m}$$

La charge totale de structure entre deux appuis s'obtient en multipliant la charge par m par la distance entre deux appuis.

$$G = G \text{ (daN/m)} \times \text{longueur (m)}$$
$$G = 17{,}5 \times 5{,}4$$
$$G = 95 \text{ daN}$$

Charges de neige

(Voir p. 39.)

Une toiture composée de deux versants (sans accumulations) a une charge de neige définie par la formule :

$$S = (S_{k,200} + \Delta S_1) \times \mu_{i(\alpha)} \times \cos(\alpha)$$

- $S_{k,200}$: valeur caractéristique de la charge de neige sur le sol pour une altitude inférieure à 200 m. La Creuse est en zone A2, soit 0,45 kN/m² ou 45 daN/m² ;

- ΔS_1 : variation de neige liée à l'altitude, pour une altitude de 680 m :

$$\Delta S_1 = \frac{1{,}5 \times A}{1\ 000} - 0{,}45 \ ; \ \Delta S_1 = \frac{1{,}5 \times 680}{1\ 000} - 0{,}45 = 0{,}57 \text{ kN/m²} = 57 \text{ daN/m²}$$

- $\mu_{i(\alpha)}$: coefficient de forme appliqué à la charge de neige. Il est défini dans le tableau 4.8.

$$\mu_{i(\alpha)} = \frac{0{,}8 \ (60 - \alpha)}{30} \ . \text{ Pour une pente de 70 \%, } \alpha = \tan^{-1}(70/100) = 35° ,$$
$$\mu_{i(\alpha)} = \frac{0{,}8 \ (60 - 35)}{30} = 0{,}667 \ ;$$

- $\cos(\alpha)$: coefficient permettant de transformer la charge par m² horizontal en charge par m² réel ou rampant, $\cos(35°) = 0{,}819$.

La charge de neige sur le toit sera de :

$$S = (S_{k,200} + \Delta S_1) \times \mu_{i(\alpha)} \times \cos(\alpha)$$
$$S = (45 + 57) \times 0{,}667 \times 0{,}819 = 55{,}7 \text{ daN/m² réel}$$

La charge de neige sur toute la panne s'obtient en multipliant la charge par m² par la surface de la bande de chargement, soit l'entraxe (ou la largeur de la bande de chargement) par la longueur de la panne.

$$S = S \text{ (daN/m²)} \times \text{entraxe (m)} \times \text{longueur (m)}$$
$$S = 55{,}7 \times 1{,}5 \times 5{,}4$$
$$S = 451 \text{ daN}$$

Charge totale

$$G + S = 95 + 451$$
$$G + S = 546 \text{ daN}$$

Vérification sur les tables

(Voir p. 93.)

Étape 1 : recherche de coefficients

Classement de structure (coefficient k1)

La porteuse est classée GL28h, le coefficient est 1,14.

Flèche (coefficient k2)

La flèche recherchée sous charge totale est de 1/300, le coefficient est 0,667.

Proportion entre les charges de structure (G) et les charges de neige (S) (coefficient k3)

$$G/S = 105/502 = 0,21$$

$$0,1S \leq G < 2,2S, \text{ hypothèse des tables, } k3 = 1.$$

Étape 2 : lecture de la table 4 pour la recherche de la charge totale maximale Rd_{table}

Section de 90 × 180, distance entre appuis de la travée de 5 400 mm : Rd_{table} = 859 daN (lecture pour 5 500 mm).

Étape 3 : application des coefficients k1, k2 et k3 pour obtenir la charge totale maximale de l'élément Rd

Les hypothèses sont différentes de la table : Rd = Rd_{table} × k1 × k2 × k3 = 859 × 1,14 × 0,667 × 1 = 653 daN.

Étape 4 : comparaison de la charge totale maximale de l'élément Rd par rapport à la charge totale G+S

$$653 > 546$$
$$Rd > G + S$$
$$\text{critère vérifié}$$

Vérification d'une panne sur deux appuis travaillant en flexion déviée

(Voir p. 105.)

Reprenons l'exemple de la panne sur deux appuis du bâtiment situé à La Rochelle en Charente-Maritime avec une pente de 30 %, mais la panne travaille cette fois en flexion déviée :

- panne en bois massif classe C24 de 225 × 75 : 8 daN/m ;

- distance entre appuis : 4,5 m.

Charge totale

$$G + S = 432 + 280$$
$$G + S = 712 \text{ daN}$$

Étape 1 : recherche de coefficients

Les coefficients sont identiques à l'application de la panne sur deux appuis, k1, k2, et k3 sont égaux à 1.

Étape 2 : lecture de la table 1 pour la recherche de la charge totale maximale Rd_{table}

Section de 75 × 225, distance entre appuis de 4 500 mm : $(G + S)_{max,table\ 1}$ = 304 daN.

Étape 3 : application des coefficients k1, k2 et k3 pour obtenir la charge totale maximale de l'élément Rd

Rd = Rd_{table} car les coefficients k1, k2, et k3 sont égaux à 1.

Étape 4 : comparaison de la charge de résistance de l'élément Rd par rapport à la charge totale G+S

$$304 < 712$$
$$Rd < G + S$$
critère non vérifié

Il est nécessaire d'augmenter la section 100×250. L'augmentation de la charge de structure est de 13,5 daN, $G + S = 445,5 + 280$.

$$G + S = 725,5 \ daN$$

Vérification sur les tables

(Voir p. 107.)

Étape 1 : recherche de coefficients

Seule la proportion entre les charges de structure (G) et les charges de neige (S) changent (coefficient k3).

$G/S = 445,5/280 = 1,6$; $0,1S \leq G < 2,2S$ l'hypothèse est identique à la table 1 ; $k3 = 1$.

Étape 2 : lecture de la table 1 pour la recherche de la charge totale maximale Rd_{table}

Section de 100×250, distance entre appuis de 4 500 mm : $Rd_{table} = 754 \ daN$.

Étape 3 : application des coefficients k1, k2 et k3 pour obtenir la charge totale maximale de l'élément Rd

$Rd = Rd_{table}$ car les coefficients k1, k2, et k3 sont égaux à 1.

Étape 4 : comparaison de la charge totale maximale de l'élément Rd par rapport à la charge totale G+S

$$754 > 725,5$$
$$Rd > G + S$$
critère vérifié

Vérification d'un arbalétrier

(Voir p. 129.)

Reprenons l'exemple du bâtiment situé à La Rochelle en Charente-Maritime avec une pente de 30 % ou un angle de 16,7°. L'arbalétrier de 140×528 est en bois lamellé-collé classé GL24h. Il repose sur deux murs distants de 8,62 m. La charge est transmise par 4 pannes équidistantes montées en œuvre.

Calcul des charges

Charges de structure

- Couverture en tuiles mécaniques à emboîtement (liteaux compris) : $40 \ daN/m^2$
- Chevron en bois massif classe C24 de 100×75 : $4 \ daN/m$
- Entraxe des chevrons de 0,45 m

- Pannes en bois massif classe C24 de 225×75 : 8 daN/m
- Entraxe réel des pannes de 1,8 m
- Arbalétrier en bois lamellé-collé de 140×462 : 28 daN/m
- Entraxe des arbalétriers : 4,5 m

La première étape consiste à définir la charge par m² des chevrons et des pannes.

$$G_{chevron} = \frac{chevron\ (daN/m)}{entraxe\ chevron}$$

$$G_{chevron} = \frac{4}{0,45} = 8,9\ daN/m^2$$

$$G_{panne} = \frac{panne\ (daN/m)}{entraxe\ panne}$$

$$G_{panne} = \frac{8}{1,8} = 4,5\ daN/m^2$$

La bande de chargement a la même largeur que l'entraxe des arbalétriers. La charge est calculée pour 1 m d'arbalétrier. Les charges par m² sont multipliées par la largeur de la bande de chargement et l'on ajoute le poids de 1 m d'arbalétrier.

$$G = (tuile\ (daN/m^2) + chevron\ (daN/m^2) + panne\ (daN/m^2)) \times entraxe\ arbalétrier\ (m)$$
$$+ poids\ arbalétrier\ (daN/m)$$

$$G = (40 + 8,9 + 4,5) \times 4,5 + 32 = 272,3\ daN/m$$

La charge totale de structure sur toute la longueur de l'arbalétrier s'obtient en multipliant la charge par m par sa longueur.

$$longueur = \frac{distance\ entre\ les\ murs}{cos\ (16,7)} = \frac{8,62}{cos\ (16,7)} = 9\ m$$

$$G = G\ (daN/m) \times longueur\ (m)$$
$$G = 272,3 \times 9$$
$$G = 2\ 451\ daN$$

Charges de neige

$$S = 34,5\ DaN/m^2\ réel$$

La charge de neige sur toute la longueur de l'arbalétrier s'obtient en multipliant la charge par m² par la surface de la bande de chargement, soit l'entraxe (ou la largeur de la bande de chargement) par la longueur de l'arbalétrier.

$$S = S\ (daN/m) \times entraxe\ (m) \times longueur\ (m)$$
$$S = 34,5 \times 4,5 \times 9$$
$$S = 1\ 397\ daN$$

Charge totale

$$G + S = 2\ 451 + 1\ 397$$
$$G + S = 3\ 848\ daN$$

Les pannes renvoient les efforts d'antiflambement et d'antidéversement sur une travée stabilisée. L'arbalétrier a donc 4 points stables. La table 6 des arbalétriers se rapproche du cas étudié :

arbalétrier sur deux appuis en bois lamellé-collé avec deux liens d'antiflambement et d'antidéversement et une pente de 30 %.

Vérification sur les tables

(Voir p. 137.)

Étape 1 : recherche de coefficients

Classement de structure (coefficient k_1)

L'arbalétrier est classé GL24h, c'est l'hypothèse de la table donc le coefficient $k_1 = 1$.

Flèche (coefficient k_2)

La flèche recherchée sous charge totale est de L/200, c'est l'hypothèse de la table donc le coefficient $k_2 = 1$.

Proportion entre les charges de structure (G) et les charges de neige (S) (coefficient k_3)

$G/S = 2\ 451/1\ 397 = 1,75$

$0,1S \leq G < 2,2S$, hypothèse des tables, $k_3 = 1$.

Étape 2 : lecture de la table 6 pour la recherche de la charge totale maximale Rd_{table}

Section de 140×528, distance entre appuis de 9 000 mm : $R_{table} = 6\ 109$ daN

Étape 3 : application des coefficients k1, k2 et k3 pour obtenir la charge totale maximale de l'élément Rd

Les hypothèses sont identiques à la table $Rd = Rd_{table} \times k_1 \times k_2 \times k_3 = 6\ 109 \times 1 \times 1 \times 1 = 6\ 109$ daN.

Étape 4 : comparaison de la charge totale maximale de l'élément Rd par rapport à la charge totale G + S

$$6\ 109 > 3\ 848$$
$$Rd > G + S$$
$$\text{critère vérifié}$$

Vérification d'un poteau

(Voir p. 85.)

Considérons une poutre continue d'une toiture terrasse soutenue par un poteau au milieu de sa longueur :

- toiture terrasse d'un bâtiment situé à moins de 1 000 m d'altitude ;

- $G = 300$ daN/m et $S = 240$ daN/m (la neige) ;

- $G + S = 540$ daN/m de poutre ;

- poteau en bois massif de 100×200 mm classé C18 et de 3 m de hauteur ;

- longueur de la porteuse : 10 m ; distance entre appuis : 5 m.

Charge reprise par le poteau

(Voir Cas des éléments sur trois appuis, p. 41)

$(G + Q)_{calcul} = 1,25 \times q\ell = 1,25 \times 540 \times 5 = 3\ 375$ DaN.

Avec :

- q = 540 daN/m, charge par m de longueur,

- ℓ = 5 m, distance entre appuis.

Étape 1 : recherche de coefficient pour hypothèses différentes des hypothèses de calcul de la table 1

Classement de structure (coefficient k1)

Le poteau est classée C18, le coefficient k1 = 0,857

Proportion entre les charges de structure (G) et les charges de neige S (coefficient k2)

$$G/S = 300/240 = 1,25$$

G > S. Le rapport est différent des hypothèses de la table 1. La charge variable est de la neige, le bâtiment est à une altitude inférieure à 1 000 m, le coefficient k2 = 1,173.

Étape 2 : lecture de la table 1 pour la recherche de la charge totale maximale Rd_{table}

Section de 100 × 200, hauteur du poteau de 3 000 mm : Rd_{table} = 4 351 daN.

Étape 3 : application des coefficients k1 et k2 pour obtenir la charge totale maximale de l'élément Rd

Les hypothèses sont différentes de la table Rd = $Rd_{table} \times$ k1 × k2 = 4 351 × 0,857 × 1,173 = 4 300 daN.

Étape 4 : comparaison de la charge totale maximale de l'élément Rd par rapport à la charge totale G + S

$$4\ 300 > 3\ 375$$
$$Rd > G + S$$
critère vérifié

6   Panne d'aplomb ou déversée : travail en flexion simple ou déviée

Une panne travaille en flexion simple lorsque la direction de l'effort qu'elle reprend est parallèle à la hauteur de la panne (ou retombée). La déformation ne se fera que par rapport à sa forte inertie. Lorsque l'effort est incliné par rapport à la hauteur de la panne, elle travaille en flexion déviée (voir la figure 6.1 et le tableau 6.1). La déformation se fera par rapport à sa forte – et surtout à sa faible – inertie. Il est toujours nettement préférable de faire travailler une panne en flexion simple par rapport à la flexion déviée. Les éléments qui définissent le mode de flexion sont le mode de pose, panne d'aplomb ou déversée, et la fixation des chevrons sur la panne faîtière et sablière.

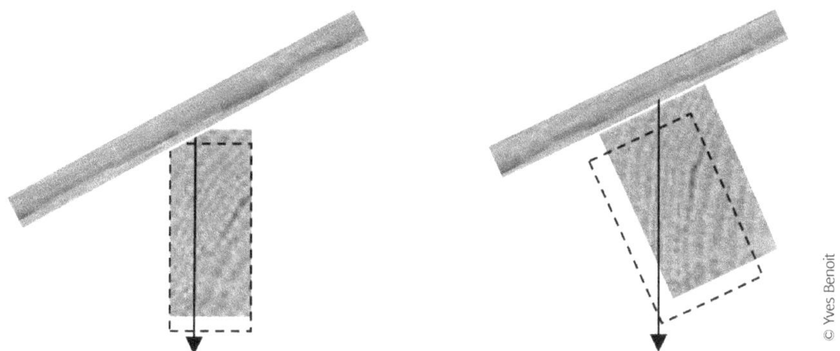

Figure 6.1. À gauche, la flexion est simple, à droite la flexion est déviée.

Tableau 6.1. Travail de la panne en flexion simple ou déviée

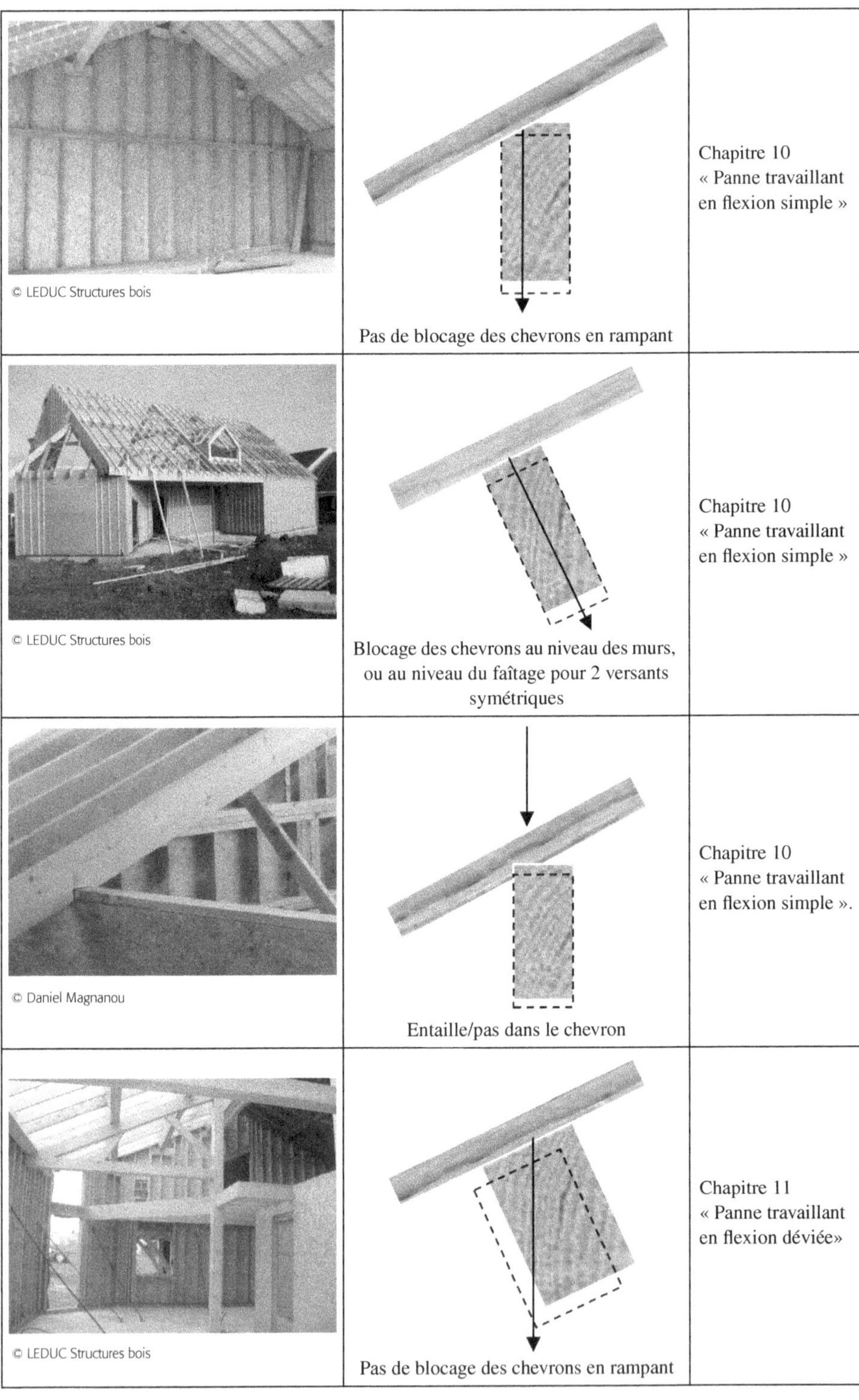

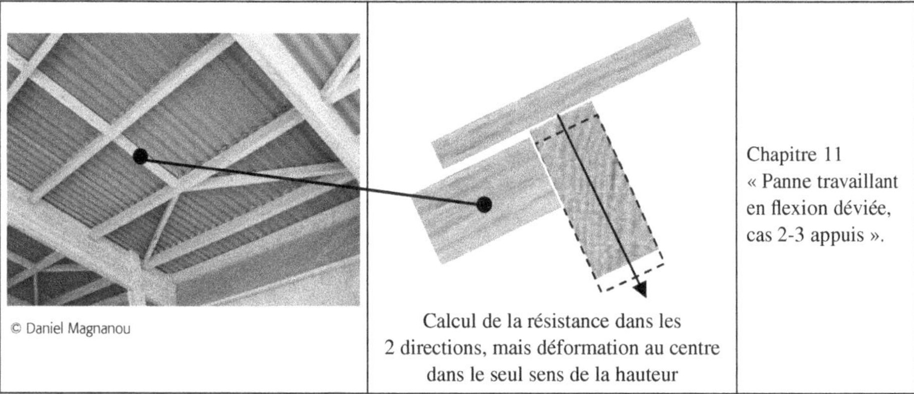

Calcul de la résistance dans les
2 directions, mais déformation au centre
dans le seul sens de la hauteur

Chapitre 11
« Panne travaillant
en flexion déviée,
cas 2-3 appuis ».

Fixation des chevrons sur les pannes pour obtenir de la flexion simple

La fixation des chevrons sur la panne faîtière et sablière dépend du mode de pose des pannes, d'aplomb ou déversées. Les tables du chapitre 10 « Panne travaillant en flexion simple » permettent de définir la charge maximale qu'elles peuvent supporter.

Panne posée d'aplomb

Les figures 6.2, 6.3 et 6.4 présentent trois possibilités d'assemblage des chevrons sur les pannes pour éviter que la panne travaille en flexion déviée :

- l'assemblage des chevrons sur la panne sablière par une patte en acier ;
- le clouage des chevrons sur toutes les pannes, sablière, intermédiaires et faîtière afin que la rigidité de l'assemblage soit identique ;
- l'usinage d'un pas dans les chevrons.

Lorsque la panne n'est pas assez rigide suivant son épaisseur, sa déformation peut entraîner les chevrons. Il est nécessaire de prendre des dispositions pour empêcher ce déplacement. Il existe trois méthodes :

- le blocage des chevrons sur la faîtière ;
- le blocage des chevrons sur la sablière ;
- la création d'un appui supplémentaire.

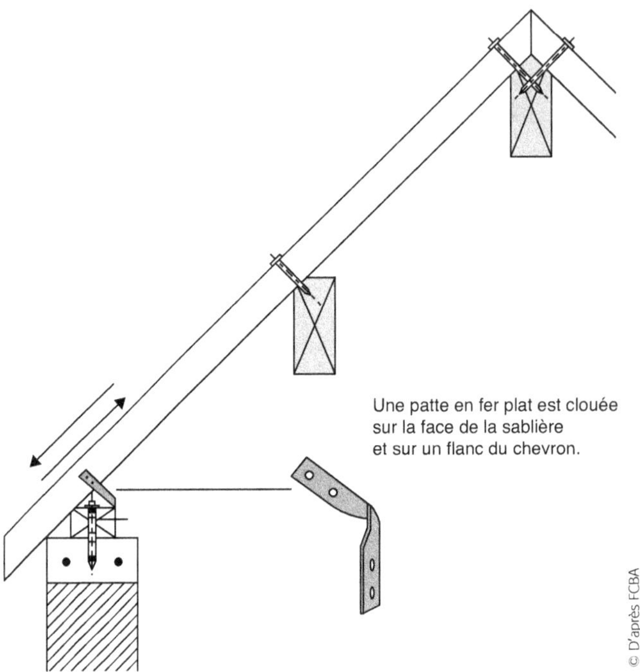

Figure 6.2. Cette patte métallique autorise un léger glissement du chevron sur la panne sablière tout en empêchant son soulèvement.

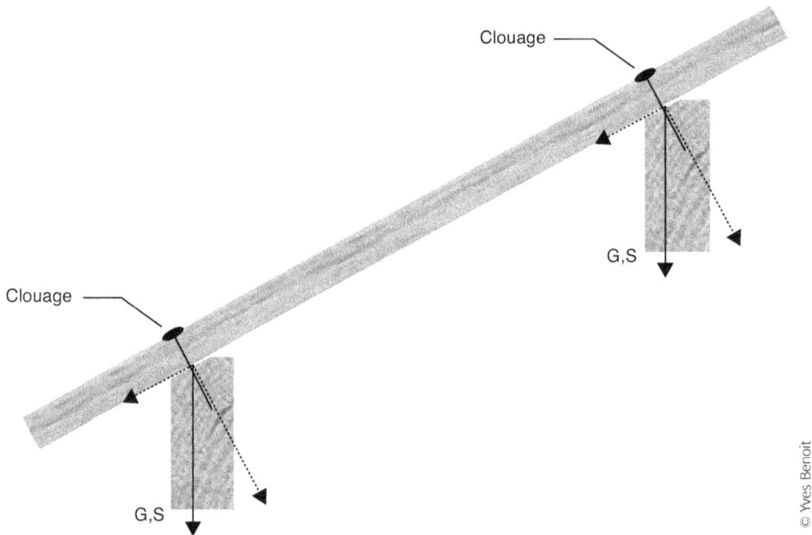

Figure 6.3. Cette panne d'aplomb délardée travaille en flexion simple car les assemblages du chevron ont la même rigidité à chaque panne.

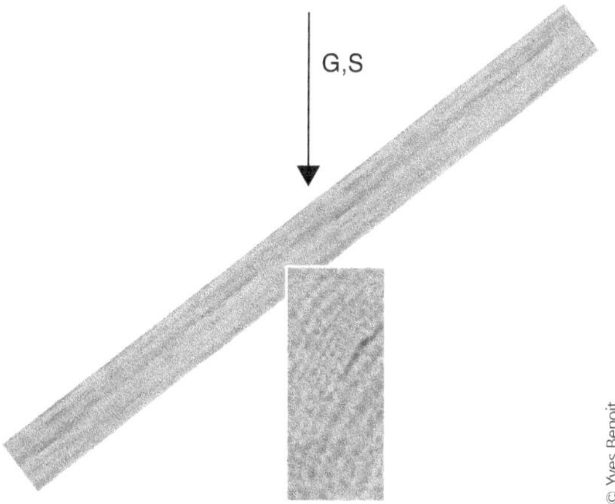

Figure 6.4. Cette panne d'aplomb travaille en flexion simple grâce au pas dans le chevron.

Panne posée déversée

Blocage des chevrons sur la faîtière

Les chevrons sont bloqués par un point résistant en partie haute de la structure. On peut employer un boulon, un connecteur, un gousset en contreplaqué, un feuillard métallique pour reporter les charges sur les chevrons symétriques en faîtage. Attention, la panne faîtière doit pouvoir reprendre les efforts du rampant (voir figure 6.6).

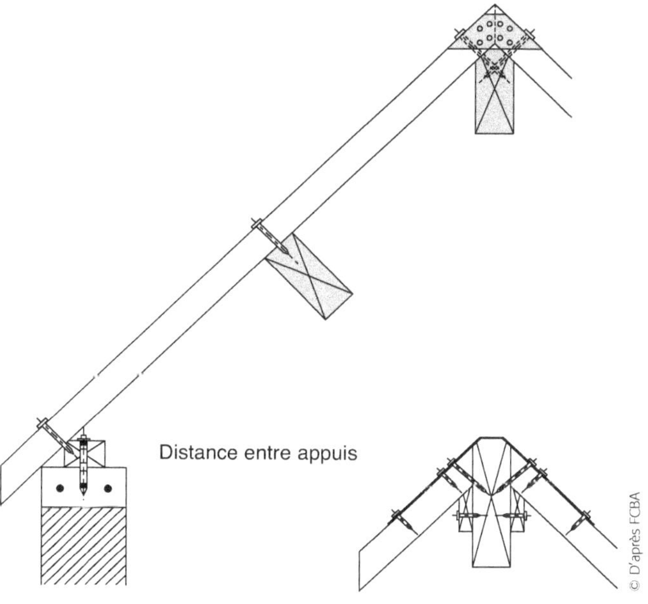

Figure 6.4bis. Les chevrons sont bloqués en faîtage.

Figure 6.5. Les chevrons sont bloqués au faîtage.

Figure 6.6. Remarquez la continuité des chevrons pour transmettre les efforts à la panne faîtière.

Blocage des chevrons sur la sablière

Les chevrons sont bloqués par un point résistant en partie basse de la structure. On peut bloquer le chevron par la partie haute du mur (figure 6.7), renforcer le clouage par un pas (entaille)… Attention le haut du mur doit être capable de reprendre l'effort de poussée provenant des chevrons.

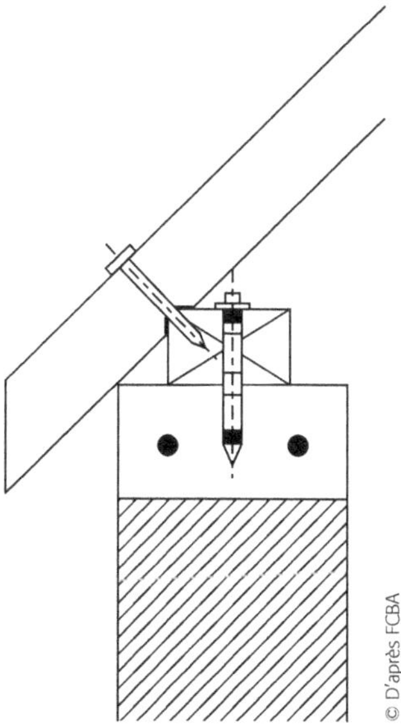

Figure 6.7. Le chevron est bloqué par le mur grâce à un clouage renforcé par une entaille.

Création d'un appui supplémentaire

Pour éviter la déformation selon le rampant, on réalise un appui supplémentaire au milieu de la panne. Ces efforts sont transmis par des butons ou étrésillons (pièces de bois) aux points durs de la structure (portiques ou arbalétrier par exemple).

Figure 6.8. La panne est renforcée par un troisième appui au milieu du rampant. Pour vérifier la panne, il faut prendre les tables du chapitre 11« Panne travaillant en flexion déviée, cas 2-3 appuis », le chargement étant plus important que le cas de la flexion simple.

Pour ce cas de figure, la panne est sollicitée en flexion déviée. Elle est sur deux appuis dans le sens de la hauteur (forte inertie) et sur trois appuis dans le sens de l'épaisseur (faible inertie). Utiliser les tables du chapitre 11 « Panne travaillant en flexion déviée, cas 2-3 appuis ».

Exemple de cas de figure où la flexion déviée est inévitable

Lorsqu'il n'y a pas de possibilité de bloquer les chevrons en partie haute (sur la panne faîtière) ou en partie basse (le haut du mur) de la structure, les pannes doivent être capables de reprendre les efforts du rampant. Les tables du chapitre 11 « Panne travaillant en flexion déviée » doivent être employées. Ce cas de figure peut se retrouver lorsque les deux pans de toiture sont à une hauteur différente par exemple (figure 6.9) ou nettement dissymétriques.

Figure 6.9. L'épaisseur de cette panne permet de reprendre les efforts de rampant en limitant sa déformation car les deux rampants sont à une hauteur différente.

Influence de la fixation des chevrons sur les efforts repris par les pannes

Les efforts repris par les pannes dépendent notamment de la fixation des chevrons, mais aussi du mode de pose des pannes, à l'aplomb ou déversées. On distingue les cas suivants :

• pannes posées à l'aplomb :

– pas (ou entaille) sur chevrons avec un clouage (chapitre 10 « Panne travaillant en flexion simple »),

– pannes délardées et clouage du chevron (chapitre 10 « Panne travaillant en flexion simple ») ;

- pannes posées déversées :
  - blocage du chevron sur faîtière (chapitre 10 « Panne travaillant en flexion simple »),
  - blocage du chevron sur sablière (chapitre 10 « Panne travaillant en flexion simple »),
  - appuis intermédiaires dans le rampant des pannes par des étrésillons (chapitre 11 « Panne travaillant en flexion déviée, cas 2-3 appuis »),
  - panne de rigidité transversale (axe faible) suffisante pour soutenir la déformation dans le rampant (chapitre 11 « Panne travaillant en flexion déviée »).

Pannes posées à l'aplomb

Pas (ou entaille) sur chevrons

Les chevrons possèdent des pas. Les pannes sont chargées verticalement. Les pointes résistent simplement au soulèvement.

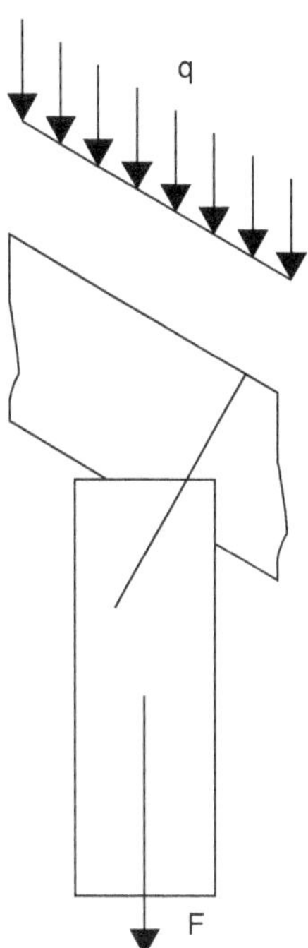

$F = q \times m \times L$ ou $1,25 \times q \times m \times l$ si le chevron est sur trois appuis

F : charge totale sur la panne en kN

q : en kN/m^2

m : entraxe en m des pannes

L : longueur de la panne

Figure 6.10. Entaille sur chevrons

Pannes délardées

Les pannes sont délardées. La souplesse de la liaison avec des pointes permet de ne pas charger les pannes transversalement (axe faible), elles subissent simplement un chargement vertical. Les pointes reprennent l'effort de glissement et résistent au soulèvement. Dans la majorité des applications, la vérification des pointes n'est pas nécessaire.

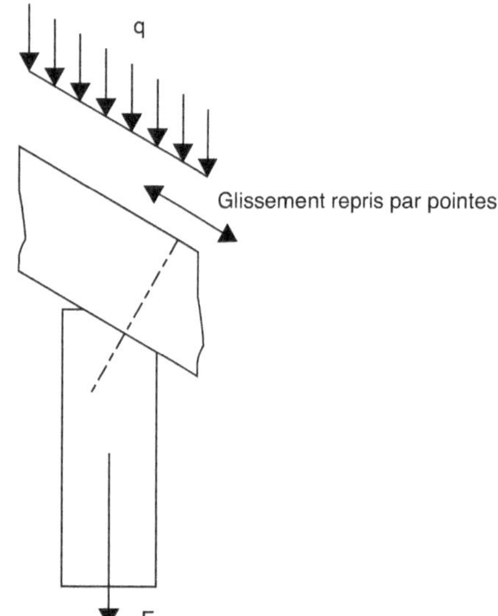

$F = q \times m \times L$ ou $1,25 \times q \times m \times L$ si le chevron est sur trois appuis.

F : charge totale sur la panne en kN

q : en kN/m^2

m : entraxe en m des pannes

L : longueur de la panne

Figure 6.11. Pannes délardées.

Pannes posées déversées

Panne de rigidité transversale insuffisante avec blocage sur faîtière

Les pannes sont déversées. Le glissement total C est repris par blocage du chevron sur la faîtière. Les pannes subissent simplement une charge P perpendiculaire au versant. Les pointes reprennent le soulèvement. Le glissement total est repris par la faîtière. Attention, la panne faîtière reprend les efforts parallèles au rampant (figure 6.12).

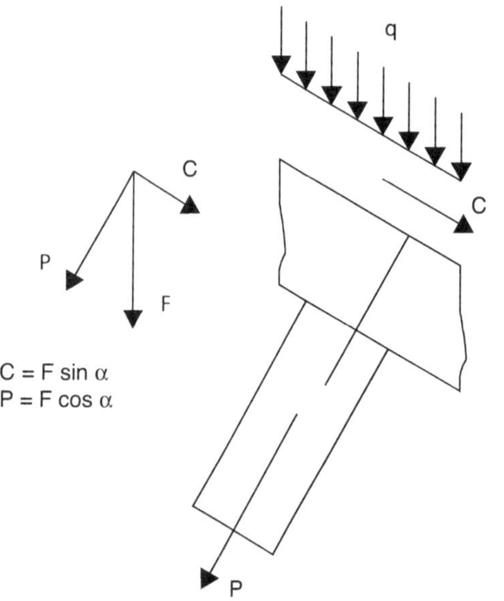

$P = q \times m \times L \times \cos(\alpha)$ ou $1,25 \times q \times m \times L \times \cos(\alpha)$ si le chevron est sur trois appuis

$C = q \times m \times L \times \sin(\alpha)$ ou $1,25 \times q \times m \times L \times \sin(\alpha)$ si le chevron est sur trois appuis

P et C : charge totale sur la panne en kN

q : en kN/m^2

m : entraxe en m des pannes

L : longueur de la panne

α : angle du versant

Figure 6.12. Panne de rigidité.

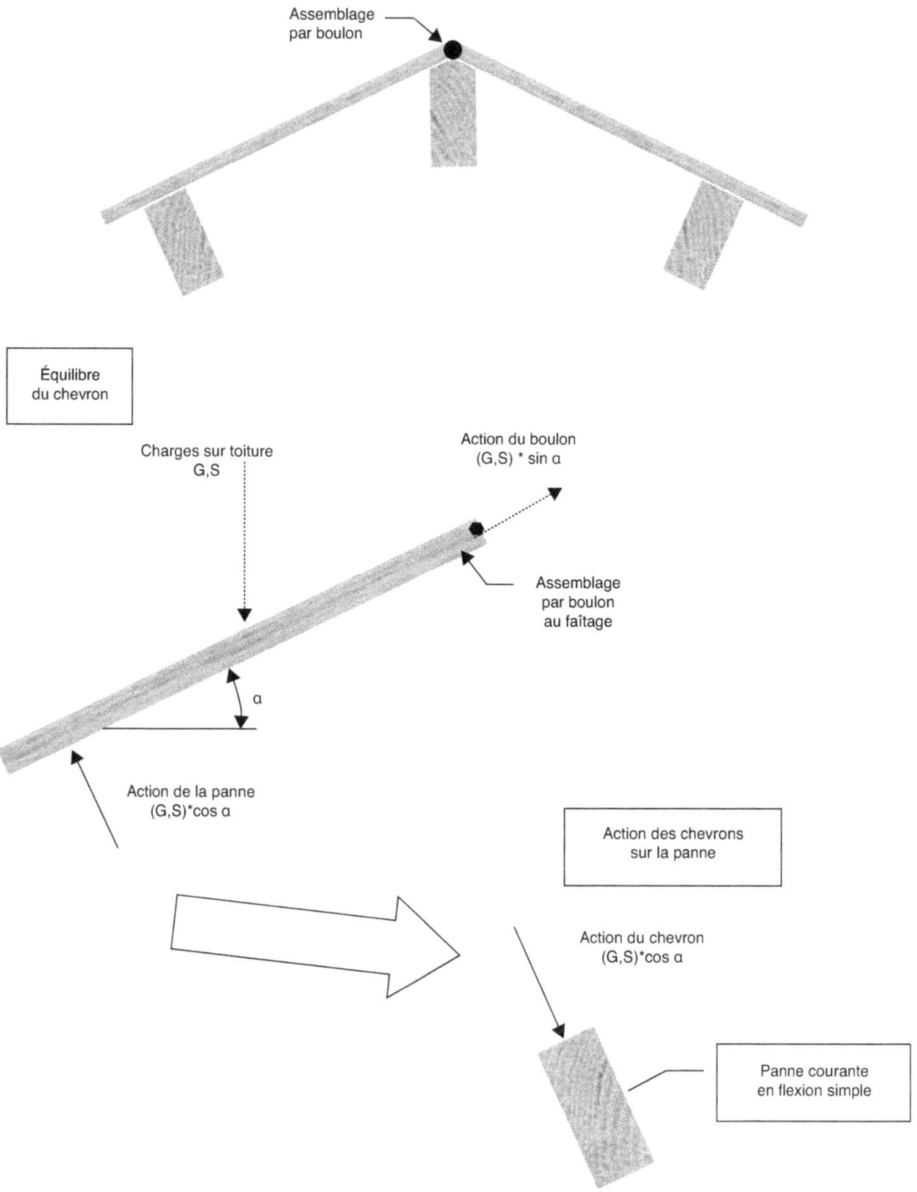

Figure 6.13. Cette panne est déversée avec des chevrons bloqués au faîtage (tirefonnage des chevrons par exemple). L'ensemble des efforts parallèles à la pente sont repris par la panne faîtière pour chaque versant ((G,S) × sin α × nombre de pannes). La panne ne reprend que les efforts perpendiculaires à la pente ((G,S) × cos α).

Panne de rigidité transversale insuffisante avec blocage sur sablière

Les pannes sont déversées. La décomposition des efforts est identique au cas des chevrons bloqués sur la panne faîtière (figure 6.13). Le glissement C est repris par blocage du chevron sur la sablière. Les pannes subissent simplement une charge P perpendiculaire au versant. Les pointes reprennent le soulèvement. Le glissement total est repris par la sablière. Attention, le mur reprend les efforts parallèles au rampant (figure 6.14).

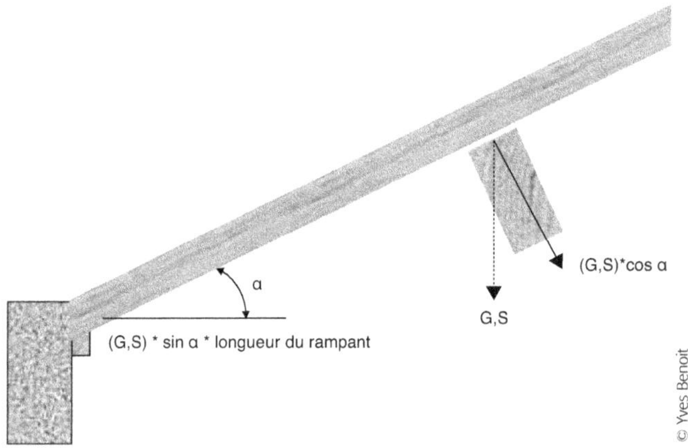

Figure 6.14. Cette panne est déversée avec des chevrons bloqués en pieds (appuis contre le mur). L'ensemble des efforts parallèles à la pente est repris par le mur ((G,S) × sin × nombre de pannes). La panne ne reprend que les efforts perpendiculaires à la pente ((G,S) × cos α).

Panne de rigidité transversale insuffisante avec blocage par étrésillon central

Les pannes étant déversées, elles subissent une charge P et C. Pour éviter une déformation transversale, elles sont bloquées par un étrésillon central.

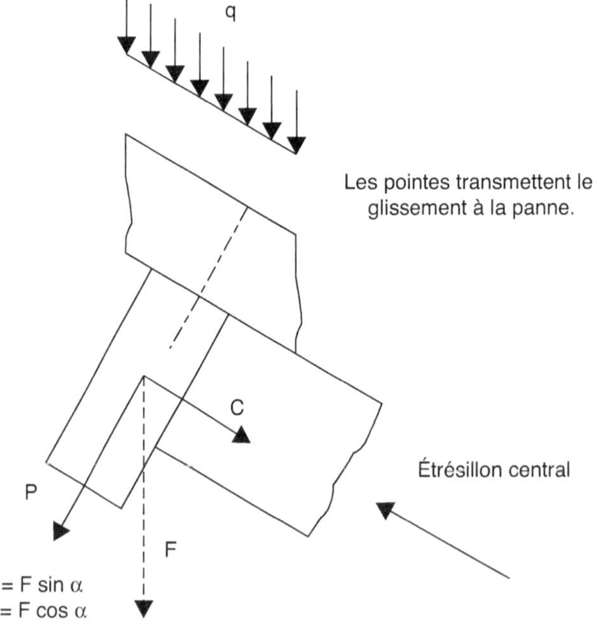

$P = q \times m \times L \times \cos(\alpha)$ ou $1{,}25 \times q \times m \times L \times \cos(\alpha)$ si le chevron est sur trois appuis

$C = q \times m \times L \times \sin(\alpha)$ ou $1{,}25 \times q \times m \times L \times \sin(\alpha)$ si le chevron est sur trois appuis, effort de glissement par panne repris par l'étrésillon

P et C : charge totale sur la panne en kN

q : en kN/m^2

m : entraxe en m des pannes

L : longueur de la panne

α : angle du versant

Figure 6.15. Panne de rigidité transversale insuffisante avec blocage par étrésillon central.

Panne de rigidité transversale suffisante

Les pannes étant déversées, elles subissent une charge P et C (figure 6.16). Ces efforts provoquent un déplacement d1 selon l'axe fort de la panne et un déplacement d2 selon l'axe faible. La charge maximale présentée par les tables du chapitre 11 est généralement limitée par le déplacement d2 exagéré de la panne dans son axe faible. Pour augmenter la possibilité de reprise de charge de la panne, il faut adopter une solution constructive précédemment décrite.

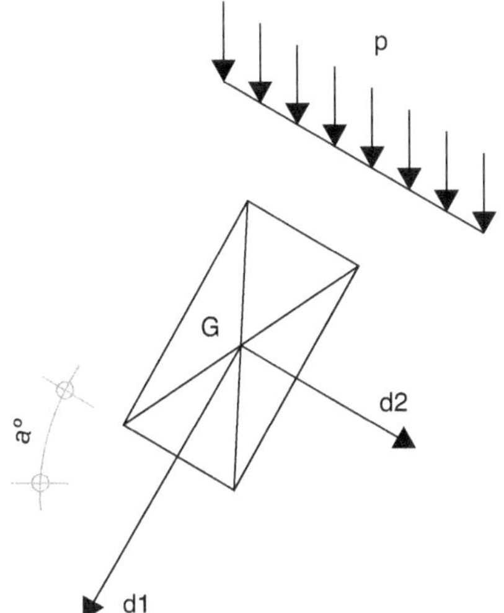

Figure 6.16. Panne de rigidité transversale suffisante.

7 Solive et sommier (ou porteuse) d'un plancher

Les tables définissent le chargement maximal que peut supporter la pièce pour une section et une distance entre appuis données. Elles sont réalisées suivant trois critères, le type de charge (totale ou uniquement la charge d'exploitation), le matériau (bois massif ou lamellé-collé) et le nombre d'appuis (2 ou 3 appuis). Les tables impaires précisent les charges totales maximum (structure et exploitation) et les tables paires précisent la charge d'exploitation maximale. La charge totale maximale est calculée en fonction de la contrainte de flexion avec risque de déversement, de la contrainte de cisaillement, et de la déformation totale (L/200) en incluant le fluage (la déformation différée). La charge d'exploitation maximale correspond à la déformation instantanée limite (la longueur de la pièce divisée par 300).

Nombre d'appuis	Matériau	Charge	Table
2	BM ou BMR	Structure + exploitation	1
		Exploitation (L/300)	2
	BLC	Structure + exploitation	3
		Exploitation (L/300)	4
3	BM ou BMR	Structure + exploitation	5
		Exploitation (L/300)	6
	BLC	Structure + exploitation	7
		Exploitation (L/300)	8

BM : bois massif. BMR : bois massif reconstitué. BLC : bois lamellé-collé.

Hypothèses des tables 1 à 8

Les calculs ont été réalisés sur la base des éléments suivants :

- poutre horizontale reposant sur deux ou trois appuis. Lorsque la poutre est sur trois appuis, la distance entre appuis est la longueur de la travée, soit la moitié de la longueur de la poutre ;

- les efforts indiqués dans les tables correspondent à la charge totale, soit la charge par mètre multipliée par la longueur ;

- pour les tables impaires, G + Q correspond aux charges de structure + exploitation ;

- pour les tables paires, Q correspond seulement aux charges d'exploitation ;

- poutre en bois massif résineux classée C24 et poutre en bois lamellé-collé GL24h ;

- poutre placée dans un local chauffé, classe de service 1 au sens de l'Eurocode 5 ;

- charges de structure comprises entre 20 % des charges d'exploitation et 50 % des charges d'exploitation $(0,2Q \leq G < 0,5Q)$;

- section de calcul à 12 % d'humidité ;

- taux de travail et de déformation de 0,95 ;

- effet système non pris en compte (hypothèse plaçant en sécurité) ;

- le risque de déversement est pris en compte, toutefois, pour respecter le DTU 31.1 la pièce doit être maintenue par des entretoises avec un espacement maximal de 60 fois son épaisseur ;

- déformation totale (Wnet,fin) : L/200 pour les tables impaires (effet de l'effort tranchant non pris en compte) ;

- déformation instantanée sous charge d'exploitation (Winst(Q)) : L/300 pour les tables paires (effet de l'effort tranchant non pris en compte) ;

- lorsque les charges d'exploitation avec une flèche de L/300 (tables paires) sont plus importantes que les charges totales (tables impaires), la charge totale est conservée ;

- les chiffres ne sont pas affichés lorsque la charge répartie maximale est inférieure à 30 daN/m et supérieure à 2 000 daN/m.

Exemple 1

Une solive de 75 × 225 mm classée C24 reposant sur deux murs espacés de 4,3 m peut supporter (lecture pour une distance entre appuis de 4,5 m) :

- table 1, charge totale, structure plus exploitation : 904 daN (ou kg) sur toute sa longueur ;

- table 2, uniquement les charges d'exploitation : 867 daN (ou kg) sur toute sa longueur.

Il faut réaliser deux vérifications :

- les charges totales supportées par la poutre doivent être inférieures à 904 daN ;

- la charge d'exploitation supportée par la poutre doit être inférieure à 867 daN.

Figure 7.1. Deux vérifications sont nécessaires, la charge totale et la charge d'exploitation.

Exemple 2

Une poutre de 90 × 315 mm en GL24h reposant sur trois murs espacés chacun de 4,5 m peut supporter :

- table 7, charge totale, structure plus exploitation : 2 739 daN (ou kg) sur toute sa longueur ;

- table 8, uniquement les charges d'exploitation : 2 739 daN (ou kg) sur toute sa longueur.

Le calcul sous charges d'exploitation donne 3 266 daN, or la charge totale, structure + exploitation est de 2 739 daN. La table 2 affiche la valeur minimale, soit 2 739 daN. Le repère « * » signale ce cas de figure dans les tables paires.

Tableaux de dimensionnement à l'Eurocode 5 des éléments de plancher (charges de résistance et charges de déformation)

Table 1 – Bois massif ou BMR

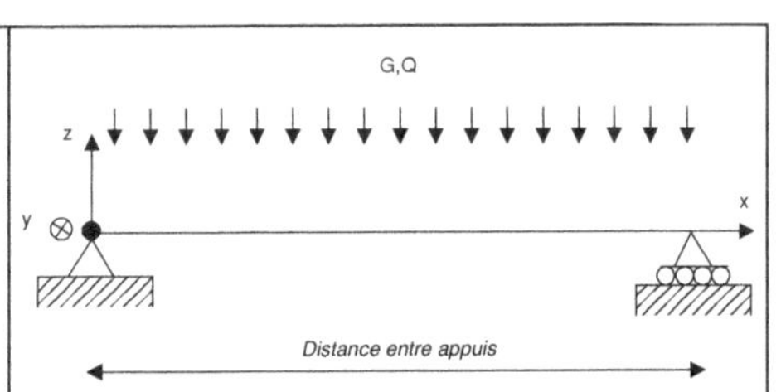

– Sur deux appuis
– Charge totale maximale en daN (G + Q)

Section standard (à 20 % d'humidité)		Distance entre appuis (mm)														
		1 000	1 500	2 000	2 500	3 000	3 250	3 500	3 750	4 000	4 250	4 500	4 750	5 000	5 500	6 000
38	100	494 -	329 -	203 ~	130 ~	90 ~										
38	125	738 -	485 -	336 -	249 -	177 ~	151 ~	130 ~	113 ~							
38	150	1 025 -	630 -	430 -	314 -	239 -	210 -	186 -	166 -	148 -	132 -					
50	100	650 -	433 -	268 ~	171 ~	119 ~	101 ~									
50	125	971 -	647 -	486 -	335 ~	232 ~	198 ~	171 ~	149 ~	131 ~						
50	150	1 020 •	899 -	674 -	516 -	402 ~	342 ~	295 ~	257 ~	226 ~	200 ~	178 ~	160 ~			
50	175	1 190 •	1 190 •	879 -	659 -	516 -	462 -	416 -	376 -	342 -	312 -	283 ~	254 ~	230 ~	190 ~	
50	200	1 360 •	1 360 •	1 090 -	812 -	630 -	561 -	503 -	453 -	410 -	372 -	339 -	310 -	283 -	239 -	202 -
50	225		1 893 -	1 309 -	967 -	744 -	660 -	589 -	527 -	475 -	429 -	388 -	352 -	320 -	267 -	226 -
63	100	819 -	546 -	337 ~	216 ~	150 ~	128 ~	110 ~								
63	125	1 224	816 -	612 -	422 ~	293 ~	250 ~	215 ~	187 ~	165 ~	146 ~					
63	150	1 285 •	1 133 -	849 -	680 -	506 ~	431 ~	372 ~	324 ~	285 ~	252 ~	225 ~	202 ~	182 ~		
63	175		1 535 -	1 152 -	921 -	763 -	685 ~	590 ~	514 ~	452 ~	400 ~	357 ~	321 ~	289 ~	239 ~	201 ~
75	150	1 530 •	1 348 -	1 011 -	809 -	602 ~	513 ~	443 ~	386 ~	339 ~	300 ~	268 ~	240 ~	217 ~	179 ~	
75	175	1 785 •	1 785 •	1 371 -	1 097 -	914 -	815 ~	703 ~	612 ~	538 ~	477 ~	425 ~	382 ~	344 ~	285 ~	239 ~
75	200		2 040 •	1 791 -	1 432 -	1 194 -	1 102 -	1 023 -	914 ~	803 ~	712 ~	635 ~	570 ~	514 ~	425 ~	357 ~
75	225		2 295 •	2 266 -	1 813 -	1 511 -	1 385 -	1 262 -	1 156 -	1 064 -	983 -	904 ~	811 ~	732 ~	605 ~	508 ~
100	200		2 720 •	2 387 -	1 910 -	1 592 -	1 469 -	1 364 -	1 219 ~	1 071 ~	949 ~	846 ~	759 ~	685 ~	566 ~	476 ~
100	225			3 022 -	2 417 -	2 014 -	1 859 -	1 727 -	1 612 -	1 511 -	1 351 ~	1 205 ~	1 081 ~	976 ~	807 ~	678 ~
100	250			3 401 •	2 984 -	2 487 -	2 296 -	2 132 -	1 990 -	1 865 -	1 755 -	1 653 ~	1 483 ~	1 339 ~	1 106 ~	930 ~
100	300				4 081 •	3 581 -	3 306 -	3 070 -	2 865 -	2 686 -	2 528 -	2 349 -	2 194 -	2 055 -	1 817 -	1 606 ~
150	200			3 581 -	2 865 -	2 387 -	2 204 -	2 046 -	1 828 ~	1 606 ~	1 423 ~	1 269 ~	1 139 ~	1 028 ~	850 ~	714 ~
150	225				3 626 -	3 022 -	2 789 -	2 590 -	2 417 -	2 266 -	2 026 ~	1 807 ~	1 622 ~	1 464 ~	1 210 ~	1 017 ~
150	250				4 476 -	3 730 -	3 443 -	3 197 -	2 984 -	2 798 -	2 633 -	2 479 ~	2 225 ~	2 008 ~	1 660 ~	1 394 ~
150	300					5 372 -	4 959 -	4 604 -	4 297 -	4 029 -	3 792 -	3 581 -	3 393 -	3 223 -	2 868 ~	2 410 ~
200	250					4 974 -	4 591 -	4 263 -	3 979 -	3 730 -	3 511 -	3 305 ~	2 967 ~	2 677 ~	2 213 ~	1 859 ~
200	300							6 139 -	5 730 -	5 372 -	5 056 -	4 775 -	4 524 -	4 297 -	3 824 ~	3 213 ~
BMR																
80	200		2 266 •	2 029 -	1 623 -	1 353 -	1 249 -	1 160 -	1 057 ~	929 ~	823 ~	734 ~	659 ~	594 ~	491 ~	413 ~
80	220		2 493 •	2 455 -	1 964 -	1 637 -	1 511 -	1 403 -	1 310 -	1 216 -	1 095 ~	977 ~	877 ~	791 ~	654 ~	549 ~
80	240		2 719 •	2 719 •	2 338 -	1 948 -	1 798 -	1 663 -	1 525 -	1 405 -	1 300 -	1 207 -	1 125 -	1 027 ~	849 ~	713 ~
100	200		2 833 •	2 537 -	2 029 -	1 691 -	1 561 -	1 450 -	1 321 ~	1 161 ~	1 029 ~	917 ~	823 ~	743 ~	614 ~	516 ~
100	220			3 069 -	2 455 -	2 046 -	1 889 -	1 754 -	1 637 -	1 535 -	1 369 -	1 221 ~	1 096 ~	989 ~	817 ~	687 ~
100	240			3 399 •	2 922 -	2 435 -	2 248 -	2 087 -	1 948 -	1 826 -	1 719 -	1 585 ~	1 423 ~	1 284 ~	1 061 ~	892 ~
120	200			3 044 -	2 435 -	2 029 -	1 873 -	1 739 -	1 585 ~	1 393 ~	1 234 ~	1 101 ~	988 ~	892 ~	737 ~	619 ~
120	220			3 683 -	2 947 -	2 455 -	2 267 -	2 105 -	1 964 -	1 842 -	1 643 ~	1 465 ~	1 315 ~	1 187 ~	981 ~	824 ~
120	240				3 507 -	2 922 -	2 697 -	2 505 -	2 338 -	2 192 -	2 063 -	1 902 ~	1 707 ~	1 541 ~	1 273 ~	1 070 ~

Élément dimensionnant : déformation : ~ ; contrainte de flexion : - ; cisaillement : •

Remarque

Les chiffres ne sont pas affichés lorsque la charge de résistance est inférieure à 30 daN par mètre et supérieure à 2 000 daN par mètre.

Exemple : une pièce de 75 × 225 de 4 500 mm de portée peut supporter une charge totale de 904 daN, soit une charge répartie de 904/4,5 = 201 daN/m de longueur.

Table 2 - Bois massif ou BMR

– Sur deux appuis
– Déformation instantanée (L/300)
– Charge d'exploitation (Q) totale en daN

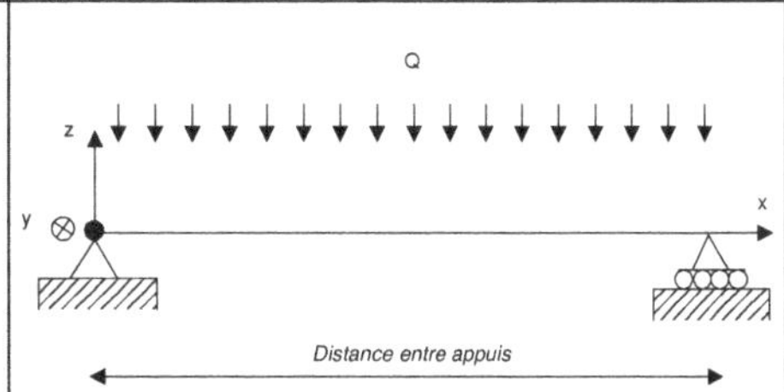

Section standard (à 20 % d'humidité)		Distance entre appuis (mm)														
		1 000	1 500	2 000	2 500	3 000	3 250	3 500	3 750	4 000	4 250	4 500	4 750	5 000	5 500	6 000
38	100	494 *	329 *	195	125											
38	125	738 *	485 *	336 *	244	170	144	125								
38	150		630 *	430 *	314 *	239 *	210 *	186 *	166 *	148 *	132 *					
50	100	650 *	433 *	257	165	114										
50	125		647 *	486 *	321	223	190	164	143	126						
50	150		899 *	674 *	516 *	386	329	283	247	217	192	171	154			
50	175		1 190 *	879 *	659 *	516 *	462 *	416 *	376 *	342 *	305	272	244	220	182	
50	200			1 090 *	812 *	630 *	561 *	503 *	453 *	410 *	372 *	339 *	310 *	283 *	239 *	202 *
50	225			1 309 *	967 *	744 *	660 *	589 *	527 *	475 *	429 *	388 *	352 *	320 *	267 *	226 *
63	100	819 *	546 *	324	207	144	123	106								
63	125		816 *	612 *	405	281	240	207	180	158	140					
63	150		1 133 *	849 *	680 *	486	414	357	311	273	242	216	194	175		
63	175			1 152 *	921 *	763 *	657	567	494	434	384	343	308	278	230	193
75	150		1 348 *	1 011 *	809 *	578	493	425	370	325	288	257	231	208	172	
75	175			1 371 *	1 097 *	914 *	783	675	588	517	458	408	366	331	273	230
75	200			1 791 *	1 432 *	1 194 *	1 102 *	1 007	877	771	683	609	547	494	408	343
75	225				1 813 *	1 511 *	1 385 *	1 262 *	1 156 *	1 064 *	973	867	779	703	581	488
100	200				1 910 *	1 592 *	1 469 *	1 343	1 170	1 028	911	812	729	658	544	457
100	225				2 417 *	2 014 *	1 859 *	1 727 *	1 612 *	1 464	1 297	1 157	1 038	937	774	651
100	250					2 487 *	2 296 *	2 132 *	1 990 *	1 865 *	1 755 *	1 587	1 424	1 285	1 062	892
100	300						3 306 *	3 070 *	2 865 *	2 686 *	2 528 *	2 349 *	2 194 *	2 055 *	1 817 *	1 542
150	200				2 865 *	2 387 *	2 204 *	2 014	1 755	1 542	1 366	1 219	1 094	987	816	685
150	225					3 022 *	2 789 *	2 590 *	2 417 *	2 196	1 945	1 735	1 557	1 405	1 161	976
150	250					3 730 *	3 443 *	3 197 *	2 984 *	2 798 *	2 633 *	2 380	2 136	1 928	1 593	1 339
150	300							4 604 *	4 297 *	4 029 *	3 792 *	3 581 *	3 393 *	3 223 *	2 753	2 313
200	250						4 591 *	4 263 *	3 979 *	3 730 *	3 511 *	3 173	2 848	2 570	2 124	1 785
200	300									5 372 *	5 056 *	4 775 *	4 524 *	4 297 *	3 671	3 084
BMR																
80	200			2 029 *	1 623 *	1 353 *	1 249 *	1 160 *	1 015	892	790	705	632	571	472	396
80	220				1 964 *	1 637 *	1 511 *	1 403 *	1 310 *	1 187	1 051	938	842	760	628	528
80	240				2 338 *	1 948 *	1 798 *	1 663 *	1 525 *	1 405 *	1 300 *	1 207 *	1 093	986	815	685
100	200				2 029 *	1 691 *	1 561 *	1 450 *	1 268	1 115	987	881	790	713	590	495
100	220				2 455 *	2 046 *	1 889 *	1 754 *	1 637 *	1 484	1 314	1 172	1 052	950	785	659
100	240				2 922 *	2 435 *	2 248 *	2 087 *	1 948 *	1 826 *	1 706	1 522	1 366	1 233	1 019	856
120	200				2 435 *	2 029 *	1 873 *	1 739 *	1 522	1 338	1 185	1 057	949	856	707	594
120	220				2 947 *	2 455 *	2 267 *	2 105 *	1 964 *	1 780	1 577	1 407	1 263	1 139	942	791
120	240					2 922 *	2 697 *	2 505 *	2 338 *	2 192 *	2 047	1 826	1 639	1 479	1 223	1 027

Remarques

Les chiffres ne sont pas affichés lorsque la charge de résistance est inférieure à 30 daN par mètre et supérieure à 2 000 daN par mètre.

*La valeur limite est donnée par la table 1 (charge totale).

Exemple : une pièce de 75 × 225 de 4 500 mm de portée peut supporter une charge d'exploitation totale de 867 daN, soit une charge répartie de 867/4,5 = 192 daN/m de longueur.

Table 3 - Bois lamellé-collé (BLC)

– Sur deux appuis
– Charge totale maximale en daN (G + Q)

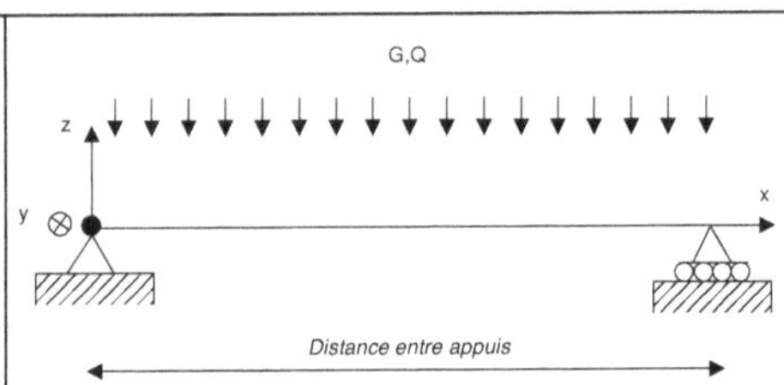

Exemple de section		Distance entre appuis (mm)														
		3 000	3 500	4 000	4 500	5 000	5 500	6 000	6 500	7 000	7 500	8 000	8 500	9 000	9 500	10 000
90	180	1 410 -	1 049 ~	803 ~	635 ~	514 ~	425 ~	357 ~	304 ~	262 ~	229 ~					
90	225	2 204 -	1 889 -	1 569 ~	1 240 ~	1 004 ~	830 ~	697 ~	594 ~	512 ~	446 ~	392 ~	347 ~	310 ~		
90	270	3 125 -	2 678 -	2 343 -	2 083 -	1 735 ~	1 434 ~	1 205 ~	1 027 ~	885 ~	771 ~	678 ~	600 ~	536 ~	481 ~	434 ~
90	315	4 188 -	3 590 -	3 141 -	2 739 -	2 397 -	2 120 -	1 891 -	1 630 ~	1 406 ~	1 225 ~	1 076 ~	953 ~	850 ~	763 ~	689 ~
90	360	4 808 •	4 613 -	3 908 -	3 365 -	2 935 -	2 587 -	2 300 -	2 059 -	1 855 -	1 680 -	1 528 -	1 395 -	1 270 ~	1 139 ~	1 028 ~
90	405	5 409 •	5 409 •	4 672 -	4 011 -	3 487 -	3 063 -	2 713 -	2 421 -	2 173 -	1 960 -	1 775 -	1 614 -	1 472 -	1 347 -	1 235 -
115	225	2 816 -	2 414 -	2 005 ~	1 584 ~	1 283 ~	1 060 ~	891 ~	759 ~	655 ~	570 ~	501 ~	444 ~	396 ~	355 ~	321 ~
115	270	3 992 -	3 422 -	2 994 -	2 662 -	2 217 ~	1 832 ~	1 540 ~	1 312 ~	1 131 ~	985 ~	866 ~	767 ~	684 ~	614 ~	554 ~
115	315	5 351 -	4 587 -	4 013 -	3 567 -	3 211 -	2 910 ~	2 445 ~	2 083 ~	1 796 ~	1 565 ~	1 375 ~	1 218 ~	1 087 ~	975 ~	880 ~
115	360		5 911 -	5 172 -	4 598 -	4 138 -	3 762 -	3 448 -	3 110 ~	2 682 ~	2 336 ~	2 053 ~	1 819 ~	1 622 ~	1 456 ~	1 314 ~
115	405		6 911 •	6 470 -	5 751 -	5 176 -	4 659 -	4 176 -	3 771 -	3 426 -	3 130 -	2 872 -	2 589 ~	2 310 ~	2 073 ~	1 871 ~
115	450			7 679 •	7 025 -	6 186 -	5 487 -	4 909 -	4 424 -	4 012 -	3 658 -	3 350 -	3 080 -	2 842 -	2 631 -	2 442 -
140	198	2 655 -	2 172 ~	1 663 ~	1 314 ~	1 065 ~	880 ~	739 ~	630 ~	543 ~	473 ~	416 ~	368 ~	329 ~	295 ~	
140	264	4 657 -	3 992 -	3 493 -	3 105 -	2 523 ~	2 085 ~	1 752 ~	1 493 ~	1 287 ~	1 121 ~	986 ~	873 ~	779 ~	699 ~	631 ~
140	330		6 100 -	5 337 -	4 744 -	4 270 -	3 882 -	3 422 ~	2 916 ~	2 514 ~	2 190 ~	1 925 ~	1 705 ~	1 521 ~	1 365 ~	1 232 ~
140	396			7 547 -	6 708 -	6 037 -	5 489 -	5 031 -	4 644 -	4 312 -	3 785 ~	3 327 ~	2 947 ~	2 628 ~	2 359 ~	2 129 ~
140	462				8 991 -	8 092 -	7 356 -	6 743 -	6 225 -	5 780 -	5 302 -	4 887 -	4 522 -	4 174 ~	3 746 ~	3 381 ~
140	528						9 481 -	8 640 -	7 820 -	7 121 -	6 520 -	5 997 -	5 539 -	5 134 -	4 774 -	4 452 -
165	330			6 290 -	5 591 -	5 032 -	4 575 -	4 034 ~	3 437 ~	2 963 ~	2 582 ~	2 269 ~	2 010 ~	1 793 ~	1 609 ~	1 452 ~
165	396				7 906 -	7 116 -	6 469 -	5 930 -	5 474 -	5 083 -	4 461 ~	3 921 ~	3 473 ~	3 098 ~	2 780 ~	2 509 ~
165	462					9 537 -	8 670 -	7 947 -	7 336 -	6 812 -	6 358 -	5 961 -	5 515 ~	4 919 ~	4 415 ~	3 985 ~
165	528							10 243 -	9 455 -	8 779 -	8 194 -	7 682 -	7 230 -	6 748 -	6 303 -	5 904 -
165	594								11 826 -	10 981 -	10 201 -	9 412 -	8 719 -	8 107 -	7 562 -	7 074 -
165	660									13 229 -	12 133 -	11 179 -	10 342 -	9 602 -	8 944 -	8 355 -
190	396					8 194 -	7 449 -	6 828 -	6 303 -	5 853 -	5 137 ~	4 515 ~	3 999 ~	3 567 ~	3 202 ~	2 889 ~
190	462						9 984 -	9 152 -	8 448 -	7 844 -	7 321 -	6 864 -	6 351 ~	5 665 ~	5 084 ~	4 588 -
190	528							11 795 -	10 887 -	10 110 -	9 436 -	8 846 -	8 326 -	7 863 -	7 449 -	6 849 ~
190	594									12 645 -	11 802 -	11 065 -	10 414 -	9 835 -	9 318 -	8 852 -
190	660										14 556 -	13 646 -	12 844 -	12 092 -	11 303 -	10 596 -
190	726												15 221 -	14 168 -	13 229 -	12 389 -
190	792													16 324 -	15 227 -	14 245 -
190	858														17 279 -	16 147-
210	462							10 115 -	9 337 -	8 670 -	8 092 -	7 586 -	7 019 ~	6 261 ~	5 619 ~	5 071 ~
210	528								12 033 -	11 174 -	10 429 -	9 777 -	9 202 -	8 691 -	8 233 -	7 570 ~
210	594									13 976 -	13 045 -	12 229 -	11 510 -	10 870 -	10 298 -	9 783 -
210	660											15 083 -	14 195 -	13 407-	12 701-	12 066 -
210	726													16 222 -	15 368 -	14 558 -

Élément dimensionnant : déformation : ~ ; contrainte de flexion : - ; cisaillement : •

Remarque

Les chiffres ne sont pas affichés lorsque la charge de résistance est inférieure à 30 daN par mètre et supérieure à 2 000 daN par mètre.

Exemple : une pièce de 90 × 225 de 4 000 mm de portée peut supporter une charge totale de 1 569 daN sur toute sa longueur, soit une charge répartie de 1 569/4 = 392,25 daN/m de longueur.

Table 4 - Bois lamellé collé (BLC)

– Sur deux appuis
– Déformation instantanée (L/300)
– Charge d'exploitation (Q) totale en daN

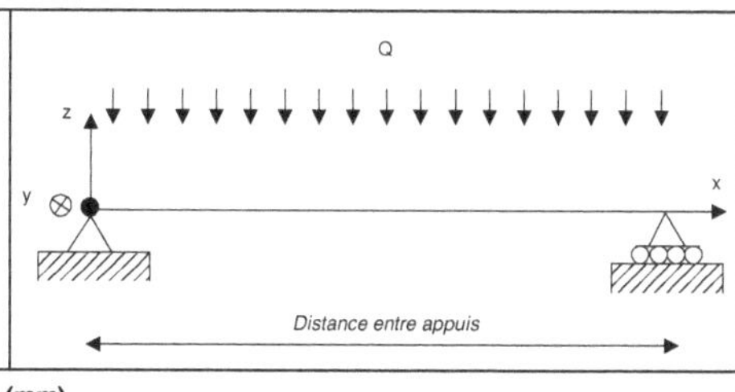

Exemple de section		Distance entre appuis (mm)														
		3 000	3 500	4 000	4 500	5 000	5 500	6 000	6 500	7 000	7 500	8 000	8 500	9 000	9 500	10 000
90	180	1 371	1 007	771	609	494	408	343	292	252						
90	225	2 204 *	1 889 *	1 506	1 190	964	797	669	570	492	428	377	334	298		
90	270	3 125 *	2 678 *	2 343 *	2 057	1 666	1 377	1 157	986	850	740	651	576	514	461	416
90	315		3 590 *	3 141 *	2 739 *	2 397 *	2 120 *	1 837	1 565	1 350	1 176	1 033	915	816	733	661
90	360			3 908 *	3 365 *	2 935 *	2 587 *	2 300 *	2059 *	1 855 *	1 680 *	1 528 *	1 366	1 219	1 094	987
90	405				4 011 *	3 487 *	3 063 *	2 713 *	2 421 *	2 173 *	1 960 *	1 775 *	1 614 *	1 472 *	1 347 *	1 235 *
115	225	2 816 *	2 414 *	1 925	1 521	1 232	1 018	855	729	628	547	481	426	380	341	308
115	270	3 992 *	3 422 *	2 994 *	2 628	2 129	1 759	1 478	1 260	1 086	946	831	737	657	590	532
115	315		4 587 *	4 013 *	3 567 *	3 211 *	2 793	2 347	2 000	1 725	1 502	1 320	1 170	1 043	936	845
115	360			5 172 *	4 598 *	4 138 *	3 762 *	3 448 *	2 986	2 574	2 242	1 971	1 746	1 557	1 398	1 261
115	405				5 751 *	5 176 *	4 659 *	4 176 *	3 771 *	3 426 *	3 130 *	2 806	2 486	2 217	1 990	1 796
115	450					6 186 *	5 487 *	4 909 *	4 424 *	4 012 *	3 658 *	3 350 *	3 080 *	2 842 *	2 631 *	2 442 *
140	198	2 655 *	2 086	1 597	1 262	1 022	845	710	605	521	454	399	354	315		
140	264		3 992 *	3 493 *	2 991	2 422	2 002	1 682	1 433	1 236	1 077	946	838	748	671	606
140	330			5 337 *	4 744 *	4 270 *	3 882 *	3 286	2 800	2 414	2 103	1 848	1 637	1 460	1 311	1 183
140	396					6 037 *	5 489 *	5 031 *	4 644 *	4 171	3 634	3 194	2 829	2 523	2 265	2 044
140	462						7 356 *	6 743 *	6 225 *	5 780 *	5 302 *	4 887 *	4 492	4 007	3 596	3 246
140	528								7 820 *	7 121 *	6 520 *	5 997 *	5 539 *	5 134 *	4 774 *	4 452 *
165	330				5 591 *	5 032 *	4 575 *	3 872	3 299	2 845	2 478	2 178	1 929	1 721	1 545	1 394
165	396					7 116 *	6 469 *	5 930 *	5 474 *	4 916	4 282	3 764	3 334	2 974	2 669	2 409
165	462							7 947 *	7 336 *	6 812 *	6 358 *	5 961 *	5 294	4 722	4 238	3 825
165	528									8 779 *	8 194 *	7 682 *	7 230 *	6 748 *	6 303 *	5 710
165	594										10 201 *	9 412 *	8 719 *	8 107 *	7 562 *	7 074 *
165	660												10 342 *	9 602 *	8 944 *	8 355 *
190	396						7 449 *	6 828 *	6 303 *	5 661	4 931	4 334	3 839	3 424	3 073	2 774
190	462								8 448 *	7 844 *	7 321 *	6 864 *	6 097	5 438	4 881	4 405
190	528									10 110 *	9 436 *	8 846 *	8 326 *	7 863 *	7 285	6 575
190	594											11 065 *	10 414 *	9 835 *	9 318 *	8 852 *
190	660													12 092 *	11 303 *	10 596 *
190	726														13 229 *	12 389 *
190	792															
190	858															
210	462								9 337 *	8 670 *	8 092 *	7 586 *	6 738	6 010	5 394	4 868
210	528										10 429 *	9 777 *	9 202 *	8 691 *	8 052	7 267
210	594												11 510 *	10 870 *	10 298 *	9 783 *
210	660													13 407 *	12 701 *	12 066 *
210	726															14 558 *

Remarques

Les chiffres ne sont pas affichés lorsque la charge de résistance est inférieure à 30 daN par mètre et supérieure à 2 000 daN par mètre.

*La valeur limite est donnée par la table 3 (charge totale).

Exemple : une pièce de 90 × 225 de 4 000 mm de portée peut supporter une charge d'exploitation de 1 506 daN sur toute sa longueur, soit une charge répartie de 1 506/4 = 376,5 daN/m de longueur.

Table 5 - Bois massif ou (BMR)

– Sur trois appuis
– Charge totale maximale entre deux appuis en daN (G + Q)

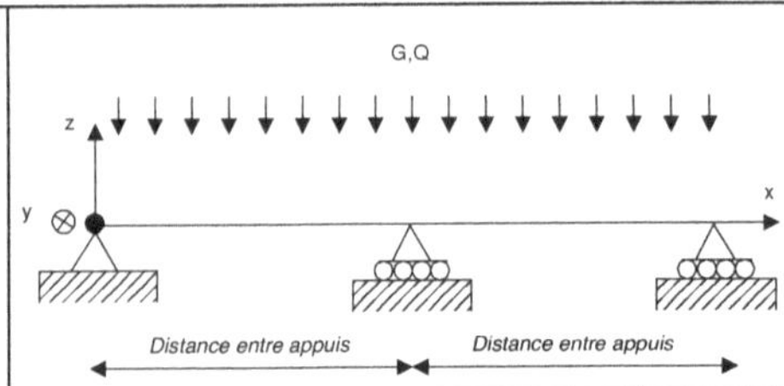

Section standard (à 20 % d'humidité)		1 000	1 500	2 000	2 500	3 000	3 250	3 500	3 750	4 000	4 250	4 500	4 750	5 000	5 500	6 000
38	100	494 -	329 -	243 -	183 -	143 -	128 -	115 -								
38	125	738 -	485 -	336 -	249 -	192 -	170 -	152 -	137 -	123 -						
38	150	1 025 -	630 -	430 -	314 -	239 -	210 -	186 -	166 -	148 -	132 -					
50	100	650 -	433 -	325 -	260 -	217 -	200 -	185 -	169 -	156 -	142 ~					
50	125	971 -	647 -	486 -	388 -	313 -	282 -	256 -	234 -	214 -	197 -	182 -	169 -	157 -		
50	150	1 020 •	899 -	674 -	516 -	407 -	366 -	330 -	300 -	274 -	251 -	231 -	213 -	197 -	170 -	
50	175	1 190 •	1 190 •	879 -	659 -	516 -	462 -	416 -	376 -	342 -	312 -	286 -	262 -	241 -	206 -	
50	200	1 360 •	1 360 •	1 090 -	812 -	630 -	561 -	503 -	453 -	410 -	372 -	339 -	310 -	283 -	239 -	202 -
50	225		1 893 -	1 309 -	967 -	744 -	660 -	589 -	527 -	475 -	429 -	388 -	352 -	320 -	267 -	226 -
63	100	819 -	546 -	409 -	328 -	273 -	252 -	234 -	218 -	202 ~	179 ~	160 ~	143 ~			
63	125	1 224 -	816 -	612 -	489 -	408 -	377 -	350 -	326 -	306 -	288 -	270 -	252 -	236 -	208 -	
63	150	1 285 •	1 133 -	849 -	680 -	566 -	523 -	485 -	446 -	411 -	380 -	353 -	328 -	307 -	269 -	239 -
63	175		1 535 -	1 152 -	921 -	763 -	690 -	628 -	574 -	527 -	486 -	450 -	418 -	390 -	341 -	300 -
75	150	1 530 •	1 348 -	1 011 -	809 -	674 -	622 -	578 -	539 -	506 -	476 -	449 -	426 -	405 -	361 -	323 -
75	175	1 785 •	1 785 •	1 371 -	1 097 -	914 -	844 -	783 -	731 -	685 -	645 -	603 -	562 -	527 -	465 -	414 -
75	200		2 040 •	1 791 -	1 432 -	1 194 -	1 102 -	1 023 -	950 -	876 -	810 -	753 -	702 -	656 -	577 -	513 -
75	225		2 295 •	2 266 -	1 813 -	1 511 -	1 385 -	1 262 -	1 156 -	1 064 -	983 -	912 -	848 -	792 -	694 -	614 -
100	200		2 720 •	2 387 -	1 910 -	1 592 -	1 469 -	1 364 -	1 273 -	1 194 -	1 124 -	1 061 -	1 005 -	955 -	868 -	796 -
100	225			3 022 -	2 417 -	2 014 -	1 859 -	1 727 -	1 612 -	1 511 -	1 422 -	1 343 -	1 272 -	1 209 -	1 099 -	1 007 -
100	250			3 401 •	2 984 -	2 487 -	2 296 -	2 132 -	1 990 -	1 865 -	1 755 -	1 658 -	1 571 -	1 492 -	1 343 -	1 203 -
100	300				4 081 •	3 581 -	3 306 -	3 070 -	2 865 -	2 686 -	2 528 -	2 349 -	2 194 -	2 055 -	1 817 -	1 621 -
150	200			3 581 -	2 865 -	2 387 -	2 204 -	2 046 -	1 910 -	1 791 -	1 685 -	1 592 -	1 508 -	1 432 -	1 302 -	1 194 -
150	225				3 626 -	3 022 -	2 789 -	2 590 -	2 417 -	2 266 -	2 133 -	2 014 -	1 908 -	1 813 -	1 648 -	1 511 -
150	250				4 476 -	3 730 -	3 443 -	3 197 -	2 984 -	2 798 -	2 633 -	2 487 -	2 356 -	2 238 -	2 035 -	1 865 -
150	300					5 372 -	4 959 -	4 604 -	4 297 -	4 029 -	3 792 -	3 581 -	3 393 -	3 223 -	2 930 -	2 686 -
200	250					4 974 -	4 591 -	4 263 -	3 979 -	3 730 -	3 511 -	3 316 -	3 141 -	2 984 -	2 713 -	2 487 -
200	300							6 139 -	5 730 -	5 372 -	5 056 -	4 775 -	4 524 -	4 297 -	3 907 -	3 581 -
BMR																
80	200		2 266 •	2 029 -	1 623 -	1 353 -	1 249 -	1 160 -	1 082 -	1 015 -	955 -	893 -	833 -	781 -	690 -	615 -
80	220		2 493 •	2 455 -	1 964 -	1 637 -	1 511 -	1 403 -	1 310 -	1 216 -	1 126 -	1 047 -	976 -	913 -	805 -	716 -
80	240		2 719 •	2 719 •	2 338 -	1 948 -	1 798 -	1 663 -	1 525 -	1 405 -	1 300 -	1 207 -	1 125 -	1 051 -	924 -	820 -
100	200		2 833 •	2 537 -	2 029 -	1 691 -	1 561 -	1 450 -	1 353 -	1 268 -	1 194 -	1 127 -	1 068 -	1 015 -	922 -	846 -
100	220			3 069 -	2 455 -	2 046 -	1 889 -	1 754 -	1 637 -	1 535 -	1 444 -	1 364 -	1 292 -	1 228 -	1 116 -	1 023 -
100	240			3 399 •	2 922 -	2 435 -	2 248 -	2 087 -	1 948 -	1 826 -	1 719 -	1 623 -	1 538 -	1 461 -	1 328 -	1 200 -
120	200			3 044 -	2 435 -	2 029 -	1 873 -	1 739 -	1 623 -	1 522 -	1 432 -	1 353 -	1 282 -	1 218 -	1 107 -	1 015 -
120	220			3 683 -	2 947 -	2 455 -	2 267 -	2 105 -	1 964 -	1 842 -	1 733 -	1 637 -	1 551 -	1 473 -	1 339 -	1 228 -
120	240				3 507 -	2 922 -	2 697 -	2 505 -	2 338 -	2 192 -	2 063 -	1 948 -	1 846 -	1 753 -	1 594 -	1 461 -

Élément dimensionnant : déformation : ~ ; contrainte de flexion : - ; cisaillement : •

Remarque

Les chiffres ne sont pas affichés lorsque la charge de résistance est inférieure à 30 daN par mètre et supérieure à 2 000 daN par mètre.

Exemple : une pièce de 75 × 225 de 3 000 mm entre deux appuis peut supporter une charge totale de 1 511 daN entre appuis, soit une charge répartie de 1 551/3 = 517 daN/m de longueur.

Table 6 - Bois massif ou (BMR)

– Sur trois appuis
– Déformation instantanée (L/300)
– Charge d'exploitation (Q) totale entre deux appuis en daN

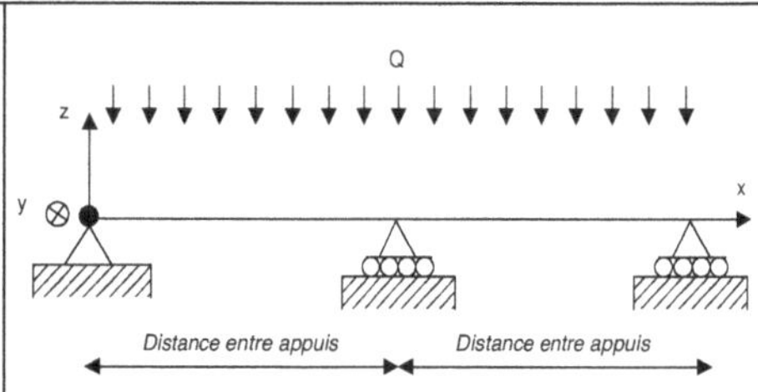

Section standard (à 20 % d'humidité)		Distance entre appuis (m)														
		1 000	1 500	2 000	2 500	3 000	3 250	3 500	3 750	4 000	4 250	4 500	4 750	5 000	5 500	6 000
38	100	494 *	329 *	243 *	183 *	143 *	128 *	115 *	133							
38	125		485 *	336 *	249 *	192 *	170 *	152 *	137 *	123 *	202	181	162			
38	150		630 *	430 *	314 *	239 *	210 *	186 *	166 *	148 *	132 *	312	280	253	209	
50	100		433 *	325 *	260 *	217 *	200 *	185 *	169 *	154	136					
50	125		647 *	486 *	388 *	313 *	282 *	256 *	234 *	214 *	197 *	182 *	169 *	157 *		
50	150			674 *	516 *	407 *	366 *	330 *	300 *	274 *	251 *	231 *	213 *	197 *	170 *	231
50	175			879 *	659 *	516 *	462 *	416 *	376 *	342 *	312 *	286 *	262 *	241 *	206 *	367
50	200				812 *	630 *	561 *	503 *	453 *	410 *	372 *	339 *	310 *	283 *	239 *	202 *
50	225				967 *	744 *	660 *	589 *	527 *	475 *	429 *	388 *	352 *	320 *	267 *	226 *
63	100		546 *	409 *	328 *	273 *	252 *	234 *	218 *	194	172	153				
63	125		816 *	612 *	489 *	408 *	377 *	350 *	326 *	306 *	288 *	270 *	252 *	236 *	200	
63	150			849 *	680 *	566 *	523 *	485 *	446 *	411 *	380 *	353 *	328 *	307 *	269 *	239 *
63	175				921 *	763 *	690 *	628 *	574 *	527 *	486 *	450 *	418 *	390 *	341 *	300 *
75	150			1 011 *	809 *	674 *	622 *	578 *	539 *	506 *	476 *	449 *	426 *	405 *	361 *	323 *
75	175				1 097 *	914 *	844 *	783 *	731 *	685 *	645 *	603 *	562 *	527 *	465 *	414 *
75	200				1 432 *	1 194 *	1 102 *	1 023 *	950 *	876 *	810 *	753 *	702 *	656 *	577 *	513 *
75	225					1 511 *	1 385 *	1 262 *	1 156 *	1 064 *	983 *	912 *	848 *	792 *	694 *	614 *
100	200					1 592 *	1 469 *	1 364 *	1 273 *	1 194 *	1 124 *	1 061 *	1 005 *	955 *	868 *	796 *
100	225						1 859 *	1 727 *	1 612 *	1 511 *	1 422 *	1 343 *	1 272 *	1 209 *	1 099 *	1 007 *
100	250							2 132 *	1 990 *	1 865 *	1 755 *	1 658 *	1 571 *	1 492 *	1 343 *	1 203 *
100	300										2 528 *	2 349 *	2 194 *	2 055 *	1 817 *	1 621 *
150	200						2 204 *	2 046 *	1 910 *	1 791 *	1 685 *	1 592 *	1 508 *	1 432 *	1 302 *	1 194 *
150	225							2 590 *	2 417 *	2 266 *	2 133 *	2 014 *	1 908 *	1 813 *	1 648 *	1 511 *
150	250									2 798 *	2 633 *	2 487 *	2 356 *	2 238 *	2 035 *	1 865 *
150	300												3 393 *	3 223 *	2 930 *	2 686 *
200	250											3 316 *	3 141 *	2 984 *	2 713 *	2 487 *
200	300														3 907 *	3 581 *
BMR																
80	200					1 353 *	1 249 *	1 160 *	1 082 *	1 015 *	955 *	893 *	833 *	781 *	690 *	615 *
80	220					1 637 *	1 511 *	1 403 *	1 310 *	1 216 *	1 126 *	1 047 *	976 *	913 *	805 *	716 *
80	240						1 798 *	1 663 *	1 525 *	1 405 *	1 300 *	1 207 *	1 125 *	1 051 *	924 *	820 *
100	200					1 691 *	1 561 *	1 450 *	1 353 *	1 268 *	1 194 *	1 127 *	1 068 *	1 015 *	922 *	846 *
100	220						1 889 *	1 754 *	1 637 *	1 535 *	1 444 *	1 364 *	1 292 *	1 228 *	1 116 *	1 023 *
100	240							2 087 *	1 948 *	1 826 *	1 719 *	1 623 *	1 538 *	1 461 *	1 328 *	1 200 *
120	200					2 029 *	1 873 *	1 739 *	1 623 *	1 522 *	1 432 *	1 353 *	1 282 *	1 218 *	1 107 *	1 015 *
120	220						2 267 *	2 105 *	1 964 *	1 842 *	1 733 *	1 637 *	1 551 *	1 473 *	1 339 *	1 228 *
120	240								2 338 *	2 192 *	2 063 *	1 948 *	1 846 *	1 753 *	1 594 *	1 461 *

Remarques

Les chiffres ne sont pas affichés lorsque la charge de résistance est inférieure à 30 daN par mètre et supérieure à 2 000 daN par mètre.

*La valeur limite est donnée par la table 5 (charge totale).

Exemple : une pièce de 75 × 225 de 3 000 mm entre deux appuis peut supporter une charge d'exploitation de 1 511 daN entre appuis, soit une charge répartie de 1 511/3 = 517 daN/m de longueur.

Table 7 - Bois lamellé-collé (BLC)

– Sur trois appuis
– Charge totale maximale entre deux appuis
en daN (G + Q)

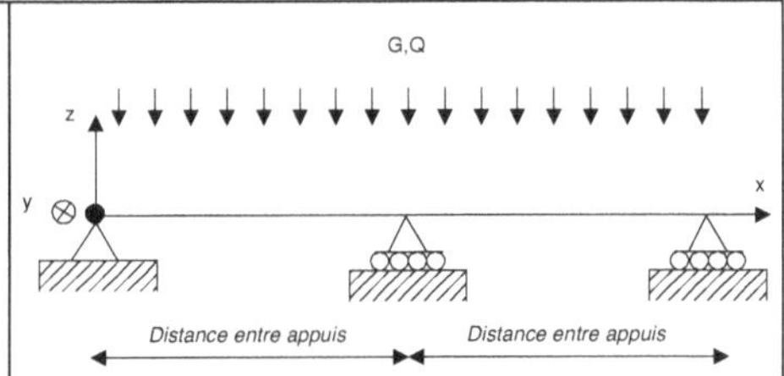

Exemple de section		Distance entre appuis (mm)														
		3 000	3 500	4 000	4 500	5 000	5 500	6 000	6 500	7 000	7 500	8 000	8 500	9 000	9 500	10 000
90	180	1 410 -	1 209 -	1 058 -	940 -	846 -	769 -	705 -	651 -	604 -	547 ~	481 ~	426 ~	380 ~	341 ~	308 ~
90	225	2 204 -	1 889 -	1 653 -	1 469 -	1 322 -	1 202 -	1 102 -	1 009 -	918 -	840 -	772 -	713 -	660 -	613 -	572 -
90	270	3 125 -	2 678 -	2 343 -	2 083 -	1 875 -	1 669 -	1 494 -	1 347 -	1 221 -	1 114 -	1 020 -	938 -	866 -	802 -	745 -
90	315	4 188 -	3 590 -	3 141 -	2 739 -	2 397 -	2 120 -	1 891 -	1 699 -	1 536 -	1 395 -	1 274 -	1 168 -	1 074 -	991 -	917 -
90	360	4 808 •	4 613 -	3 908 -	3 365 -	2 935 -	2 587 -	2 300 -	2 059 -	1 855 -	1 680 -	1 528 -	1 395 -	1 278 -	1 174 -	1 082 -
90	405	5 409 •	5 409 •	4 672 -	4 011 -	3 487 -	3 063 -	2 713 -	2 421 -	2 173 -	1 960 -	1 775 -	1 614 -	1 472 -	1 347 -	1 235 -
115	225	2 816 -	2 414 -	2 112 -	1 877 -	1 689 -	1 536 -	1 408 -	1 300 -	1 207 -	1 126 -	1 056 -	994 -	939 -	852 ~	769 ~
115	270	3 992 -	3 422	2 994 -	2 662 -	2 395 -	2 178 -	1 996 -	1 843 -	1 711 -	1 597 -	1 497 -	1 409 -	1 318 -	1 230 -	1 151 -
115	315	5 351 -	4 587 -	4 013 -	3 567 -	3 211 -	2 919 -	2 676 -	2 470 -	2 293 -	2 121 -	1 955 -	1 808 -	1 679 -	1 564 -	1 461 -
115	360		5 911 -	5 172 -	4 598 -	4 138 -	3 762 -	3 448 -	3 139 -	2 858 -	2 615 -	2 405 -	2 221 -	2 058 -	1 913 -	1 783 -
115	405		6 911 •	6 470 -	5 751 -	5 176 -	4 659 -	4 176 -	3 771 -	3 426 -	3 130 -	2 872 -	2 647 -	2 448 -	2 271 -	2 112 -
115	450			7 679 •	7 025 -	6 186 -	5 487 -	4 909 -	4 424 -	4 012 -	3 658 -	3 350 -	3 080 -	2 842 -	2 631 -	2 442 -
140	198	2 655 -	2 275 -	1 991 -	1 770 -	1 593 -	1 448 -	1 327 -	1 225 -	1 138 -	1 062 -	995 -	882 ~	787 ~	706 ~	638 ~
140	264	4 657 -	3 992 -	3 493 -	3 105 -	2 794 -	2 540 -	2 329 -	2 150 -	1 996 -	1 863 -	1 746 -	1 644 -	1 552 -	1 471 -	1 397 -
140	330		6 100 -	5 337 -	4 744 -	4 270 -	3 882 -	3 558 -	3 284 -	3 050 -	2 847 -	2 669 -	2 512 -	2 372 -	2 247 -	2 135 -
140	396			7 547 -	6 708 -	6 037 -	5 489 -	5 031 -	4 644 -	4 312 -	4 025 -	3 773 -	3 551 -	3 303 -	3 084 -	2 887 -
140	462				8 991 -	8 092 -	7 356 -	6 743 -	6 225 -	5 780 -	5 302 -	4 887 -	4 522 -	4 200 -	3 913 -	3 656 -
140	528						9 481 -	8 640 -	7 820 -	7 121 -	6 520 -	5 997 -	5 539 -	5 134 -	4 774 -	4 452 -
165	330			6 290 -	5 591 -	5 032 -	4 575 -	4 194 -	3 871 -	3 595 -	3 355 -	3 145 -	2 960 -	2 796 -	2 649 -	2 516 -
165	396				7 906 -	7 116 -	6 469 -	5 930 -	5 474 -	5 083 -	4 744 -	4 447 -	4 186 -	3 953 -	3 745 -	3 558 -
165	462					9 537 -	8 670 -	7 947 -	7 336 -	6 812 -	6 358 -	5 961 -	5 610 -	5 298 -	5 019 -	4 768 -
165	528							10 243 -	9 455 -	8 779 -	8 194 -	7 682 -	7 230 -	6 748 -	6 303 -	5 904 -
165	594								11 826 -	10 981 -	10 201 -	9 412 -	8 719 -	8 107 -	7 562 -	7 074 -
165	660									13 229 -	12 133 -	11 179 -	10 342 -	9 602 -	8 944 -	8 355 -
190	396					8 194 -	7 449 -	6 828 -	6 303 -	5 853 -	5 462 -	5 121 -	4 820 -	4 552 -	4 312 -	4 097 -
190	462						9 984 -	9 152 -	8 448 -	7 844 -	7 321 -	6 864 -	6 460 -	6 101 -	5 780 -	5 491 -
190	528							11 795 -	10 887 -	10 110 -	9 436 -	8 846 -	8 326 -	7 863 -	7 449 -	7 077 -
190	594									12 645 -	11 802 -	11 065 -	10 414 -	9 835 -	9 318 -	8 852 -
190	660										14 556 -	13 646 -	12 844 -	12 092 -	11 303 -	10 596 -
190	726												15 221 -	14 168 -	13 229 -	12 389 -
190	792													16 324 -	15 227 -	14 245 -
190	858														17 279 -	16 147 -
210	462							10 115 -	9 337 -	8 670 -	8 092 -	7 586 -	7 140 -	6 743 -	6 388 -	6 069 -
210	528								12 033 -	11 174 -	10 429 -	9 777 -	9 202 -	8 691 -	8 233 -	7 822 -
210	594									13 976 -	13 045 -	12 229 -	11 510 -	10 870 -	10 298 -	9 783 -
210	660											15 083 -	14 195 -	13 407 -	12 701 -	12 066 -
210	726													16 222 -	15 368 -	14 558 -

Élément dimensionnant : déformation : ~ ; contrainte de flexion : - ; cisaillement : •

Remarque

Les chiffres ne sont pas affichés lorsque la charge de résistance est inférieure à 30 daN par mètre et supérieure à 2 000 daN par mètre.

Exemple : une pièce de 90 × 225 de 3 500 mm entre deux appuis peut supporter une charge totale de 1 889 daN entre appuis, soit une charge répartie de 1 889/3,5 = 540 daN/m de longueur.

Table 8 - Bois lamellé-collé (BLC)

– Sur trois appuis
– Déformation instantanée (L/300)
– Charge d'exploitation (Q) totale entre deux appuis en daN.

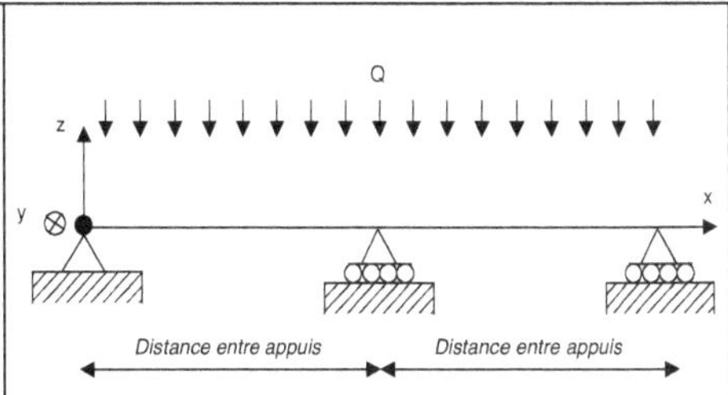

Exemple de section		Distance entre appuis (mm)														
		3 000	3 500	4 000	4 500	5 000	5 500	6 000	6 500	7 000	7 500	8 000	8 500	9 000	9 500	10 000
90	180	1 410 *	1 209 *	1 058 *	940 *	846 *	769 *	705 *	651 *	603	526	462	409	365	328	
90	225		1 889 *	1 653 *	1 469 *	1 322 *	1 202 *	1 102 *	1 009 *	918 *	840 *	772 *	713 *	660 *	613 *	572 *
90	270			2 343 *	2 083 *	1 875 *	1 669 *	1 494 *	1 347 *	1 221 *	1 114 *	1 020 *	938 *	866 *	802 *	745 *
90	315				2 739 *	2 397 *	2 120 *	1 891 *	1 699 *	1 536 *	1 395 *	1 274 *	1 168 *	1 074 *	991 *	917 *
90	360					2 935 *	2 587 *	2 300 *	2 059 *	1 855 *	1 680 *	1 528 *	1 395 *	1 278 *	1 174 *	1 082 *
90	405							2 713 *	2 421 *	2 173 *	1 960 *	1 775 *	1 614 *	1 472 *	1 347 *	1 235 *
115	225		2 414 *	2 112 *	1 877 *	1 689 *	1 536 *	1 408 *	1 300 *	1 207 *	1 126 *	1 056 *	994 *	911	818	738
115	270			2 994 *	2 662 *	2 395 *	2 178 *	1 996 *	1 843 *	1 711 *	1 597 *	1 497 *	1 409 *	1 318 *	1 230 *	1 151 *
115	315					3 211 *	2 919 *	2 676 *	2 470 *	2 293 *	2 121 *	1 955 *	1 808 *	1 679 *	1 564 *	1 461 *
115	360						3 762 *	3 448 *	3 139 *	2 858 *	2 615 *	2 405 *	2 221 *	2 058 *	1 913 *	1 783 *
115	405							4 176 *	3 771 *	3 426 *	3 130 *	2 872 *	2 647 *	2 448 *	2 271 *	2 112 *
115	450									4 012 *	3 658 *	3 350 *	3 080 *	2 842 *	2 631 *	2 442 *
140	198		2 275 *	1 991 *	1 770 *	1 593 *	1 448 *	1 327 *	1 225 *	1 138 *	1 062 *	956	847	756	678	612
140	264				3 105 *	2 794 *	2 540 *	2 329 *	2 150 *	1 996 *	1 863 *	1 746 *	1 644 *	1 552 *	1 471 *	1 397 *
140	330						3 882 *	3 558 *	3 284 *	3 050 *	2 847 *	2 669 *	2 512 *	2 372 *	2 247 *	2 135 *
140	396								4 644 *	4 312 *	4 025 *	3 773 *	3 551 *	3 303 *	3 084 *	2 887 *
140	462										5 302 *	4 887 *	4 522 *	4 200 *	3 913 *	3 656 *
140	528												5 539 *	5 134 *	4 774 *	4 452 *
165	330							4 194 *	3 871 *	3 595 *	3 355 *	3 145 *	2 960 *	2 796 *	2 649 *	2 516 *
165	396									5 083 *	4 744 *	4 447 *	4 186 *	3 953 *	3 745 *	3 558 *
165	462											5 961 *	5 610 *	5 298 *	5 019 *	4 768 *
165	528													6 748 *	6 303 *	5 904 *
165	594															7 074 *
165	660															
190	396									5 853 *	5 462 *	5 121 *	4 820 *	4 552 *	4 312 *	4 097 *
190	462												6 460 *	6 101 *	5 780 *	5 491 *
190	528														7 449 *	7 077 *
190	594															
190	660															
190	726															
190	792															
190	858															
210	462												7 140 *	6 743 *	6 388 *	6 069 *
210	528															7 822 *
210	594															
210	660															
210	726															

Remarques

Les chiffres ne sont pas affichés lorsque la charge de résistance est inférieure à 30 daN par mètre et supérieure à 2 000 daN par mètre.

*La valeur limite est donnée par la table 7 (charge totale).

Exemple : une pièce de 90 × 225 de 3 500 mm entre deux appuis peut supporter une charge d'exploitation de 1 889 daN entre appuis, soit une charge répartie de 1 889/3,5 = 540 daN/m de longueur.

Coefficients de variation des hypothèses

Les coefficients dans les tableaux suivants correspondent aux coefficients les plus défavorables en fonction de l'élément dimensionnant : la contrainte de rupture en flexion, en cisaillement ou la déformation. Le coefficient doit être appliqué à la charge précisée dans les tables lorsque le cas étudié est différent des hypothèses des tables.

Coefficient k1 : classement d'essence

C18	0,75
C30	1,09
GL28h	1,14

Exemple : une poutre de 150 × 250 avec 5 m entre appuis classée C18 pourra supporter une charge totale de 2 008 × 0,75 = 1 506 daN et une charge d'exploitation de 1 928* × 0,75 = 1 446 daN.

Coefficient k2 : déformation

Attention, ce coefficient ne s'applique qu'aux tables impaires.

1/300	0,67
1/400	0,50
1/500	0,40
1/700	0,29

Exemple : pour rigidifier un plancher, la flèche d'une poutre de 150 × 250 en bois massif avec 5 m entre appuis, est limitée à L/500 soit 5 000/500 = 10 mm. Elle pourra supporter une charge totale de 2 008 × 0,40 = 803 daN. Il n'est pas nécessaire de vérifier la déformation sous charge variable (tables paires) dès que la flèche est inférieure ou égale à L/300 (k2 différent de 1).

Coefficient k3 : destination, proportion de chargement, classe de service 1, local chauffé

		Proportion entre les charges de structure et d'exploitation				
		Bois massif ou bois lamellé-collé			Bois massif	Bois lamellé-collé
Catégorie	Type de local	$0{,}1\,Q \leq G < 0{,}2\,Q$	$0{,}2\,Q \leq G < 0{,}5\,Q$	$0{,}5\,Q \leq G < 2{,}33\,Q$	$2{,}33\,Q \leq G < 3{,}33\,Q$	$2{,}33\,Q \leq G < 3{,}33\,Q$
A ou B	Habitation/ bureau	0,992	1,000	0,896	0,878	0,588
C ou D	Réunion/ commerce	0,943	0,917	0,864	0,855	0,573
E	Stockage	0,868	0,868	0,844	0,840	0,562

Exemple : une poutre de 150 × 250 en bois massif avec 5 m entre appuis est destinée à un local de réunion. La charge de structure est égale à 0,8 fois la charge d'exploitation (G = 0,8Q). Elle pourra supporter une charge totale de 2 008 × 0,864 = 1 735 daN et une charge d'exploitation de 1 928 × 0,864 = 1 666 daN.

Coefficient k3bis : destination, proportion de chargement, classe de service 2, bois sous abris

		Proportion entre les charges de structure et d'exploitation				
		Bois massif ou bois lamellé-collé			Bois massif	Bois lamellé-collé
Catégorie	Type de local	$0{,}1\,Q\ G < 0{,}2\,Q$	$0{,}2\,Q\ G < 0{,}5\,Q$	$0{,}5\,Q\ G < 2{,}33\,Q$	$2{,}33\,Q\ G < 3{,}33\,Q$	$2{,}33\,Q\ G < 3{,}33\,Q$
A ou B	Habitation/ bureau	0,990	0,925	0,809	0,790	0,529
C ou D	Réunion/ commerce	0,861	0,832	0,775	0,765	0,512
E	Stockage	0,792	0,780	0,753	0,749	0,502

Application de plusieurs coefficients

Si plusieurs critères sont différents, il suffit de multiplier entre eux les coefficients. La charge finale est égale à la charge de la table × l'ensemble des coefficients.

Charge finale = charge table × k1 × k2 × (k3 ou k3bis).

Exemple : une poutre de 75×225 avec 4,5 m entre appuis, classée C18, une flèche limitée à $L/500$ et une charge de structure égale à 0,8 fois la charge d'exploitation ($G = 0{,}8Q$). Elle est destinée à un local de réunion. Elle pourra supporter une charge totale de $904 \times 0{,}75 \times 0{,}40 \times 0{,}864 = 234$ daN. La flèche totale étant limitée à $L/500$, la vérification de la flèche instantanée est inutile.

Remarque

L'application de ces coefficients est pénalisante, car ils correspondent aux coefficients les plus défavorables en fonction de l'élément dimensionnant : la contrainte de rupture en flexion, en cisaillement ou la déformation. Une étude complète de la pièce permettrait de définir une charge limite plus importante.

8 Poteaux

Les tables définissent le chargement maximal que peut supporter la pièce pour une section et une hauteur de poteau données. Elles sont réalisées suivant deux critères, le matériau (bois massif ou lamellé-collé) et le nombre d'appuis. La charge totale maximale est calculée en fonction de la contrainte de compression avec risque de flambement.

Le principal risque pour un poteau qui travaille en compression est le flambement. « Deux appuis » signifie que le poteau est maintenu au pied et à la tête. « Trois appuis » signifie que le poteau est maintenu par un appui intermédiaire au milieu. Ce troisième appui divise par 2 la longueur de flambement selon la faible inertie, c'est-à-dire suivant son épaisseur (figure 8.2). Ce renfort est généralement réalisé par une barre. Celle-ci, son assemblage et le point d'ancrage doivent être capables de reprendre les efforts d'antiflambement.

Nombre d'appuis	Matériau	Table
2	BM ou BMR	1
	BLC	2
3	BM ou BMR	3
	BLC	4

BM : bois massif. BMR : bois massif reconstitué. BLC : bois lamellé-collé.

Figure 8.1. La partie haute de ce poteau est maintenue, les tables sont applicables.

Figure 8.2. La barre horizontale au milieu des poteaux divise par 2 la longueur de flambement, renforce la faible inertie et transmet les efforts d'antiflambement sur la maçonnerie.

Hypothèses des tables

Les calculs ont été réalisés sur la base des éléments suivants :
- poteau vertical maintenu uniquement en pied et en tête (tables 1 et 2) ou avec un appui intermédiaire au milieu (tables 3 et 4) ;
- chargement ponctuel en tête de poteau ;
- poteau en bois massif résineux classé C24 et poteau en bois lamellé-collé classé GL24h ;
- poteau placé dans un local chauffé, classe de service 1 au sens de L'Eurocode 5 ;
- charges de structure comprises entre 10 et 100 % des charges variables ($0{,}1Q \leq G < Q$) ;
- section de calcul à 12 % d'humidité ;
- taux de travail de 0,95 ;
- liaison articulée, une très légère rotation est possible, en pied, au milieu et en tête de poteau ;
- les chiffres ne sont pas affichés lorsque l'élancement de la pièce est supérieur à 180 ;
- concernant les poteaux avec trois appuis :
  - barre d'antiflambement et son assemblage capables de reprendre les efforts d'antiflambement,
  - point d'ancrage du système d'antiflambement stable.

Exemple

Un poteau en bois massif classé C24 maintenu uniquement aux deux extrémités, de 150 × 150 mm et de 2,75 m de hauteur. Il supporte une porteuse d'un local d'habitation. La lecture de la table 1 précise qu'il peut supporter 9 739 daN (ou kg) avec des charges de structure comprises entre 10 et 100 % des charges variables ($0{,}1Q \leq G < Q$) (lecture de la hauteur de 3 m).

Tableaux de dimensionnement à l'Eurocode 5 des poteaux

Table 1 - Bois massif ou (BMR)

– Sur deux appuis
– Charge totale maximale
en daN (G + Q)

Section standard (à 20 % d'humidité)		Hauteur totale du poteau (mm)														
		1 000	1 500	2 000	2 333	2 667	3 000	3 333	3 667	4 000	4 333	4 667	5 000	5 333	5 667	6 000
50	125	2 705	1 360	794	591											
50	150	3 246	1 632	952	709											
50	175	3 787	1 904	1 111	827											
50	200	4 328	2 176	1 270	945											
50	225	4 869	2 447	1 428	1 064											
50	250	5 410	2 719	1 587	1 182											
65	125	4 809	2 806	1 687	1 266	983	785									
65	150	5 770	3 367	2 025	1 519	1 180	942									
65	175	6 732	3 928	2 362	1 773	1 376	1 098									
65	200	7 694	4 490	2 700	2 026	1 573	1 255									
65	225	8 656	5 051	3 037	2 279	1 769	1 412									
65	250	9 617	5 612	3 375	2 532	1 966	1 569									
75	125	6 140	4 058	2 523	1 908	1 487	1 190	973	810							
75	150	7 368	4 869	3 027	2 289	1 785	1 428	1 168	972							
75	175	8 596	5 681	3 532	2 671	2 082	1 666	1 363	1 134							
75	200	9 824	6 493	4 037	3 052	2 380	1 905	1 557	1 297							
75	225	11 052	7 304	4 541	3 434	2 677	2 143	1 752	1 459							
75	250	12 280	8 116	5 046	3 815	2 975	2 381	1 947	1 621							
75	300	14 736	9 739	6 055	4 579	3 570	2 857	2 336	1 945							
100	100	7 282	6 046	4 328	3 390	2 691	2 176	1 790	1 497	1 270	1 090	945	828			
100	125	9 103	7 557	5 410	4 238	3 364	2 719	2 238	1 872	1 587	1 362	1 182	1 035			
100	150	10 923	9 069	6 493	5 086	4 037	3 263	2 686	2 246	1 905	1 635	1 418	1 242			
100	175	12 744	10 580	7 575	5 933	4 709	3 807	3 133	2 620	2 222	1 907	1 654	1 448			
100	200	14 564	12 092	8 657	6 781	5 382	4 351	3 581	2 995	2 539	2 180	1 891	1 655			
150	150	17 437	16 385	14 736	13 186	11 431	9 739	8 268	7 049	6 055	5 244	4 579	4 029	3 570	3 184	2 857
200	200	31 733	30 594	29 128	27 837	26 197	24 183	21 897	19 544	17 314	15 310	13 562	12 056	10 764	9 656	8 702
250	250	50 221	48 910	47 398	46 195	44 764	43 030	40 933	38 458	35 675	32 737	29 818	27 052	24 516	22 235	20 206
BMR																
80	200	10 826	7 588	4 822	3 665	2 865	2 296	1 879	1 566	1 324						
80	220	11 909	8 346	5 305	4 031	3 151	2 526	2 067	1 722	1 457						
80	240	12 991	9 105	5 787	4 397	3 438	2 755	2 255	1 879	1 589						
100	200	14 564	12 092	8 657	6 781	5 382	4 351	3 581	2 995	2 539	2 180	1 891	1 655			
100	220	16 020	13 301	9 522	7 459	5 920	4 786	3 939	3 294	2 793	2 398	2 080	1 821			
100	240	17 477	14 510	10 388	8 137	6 459	5 221	4 297	3 593	3 047	2 616	2 269	1 986			
120	200	18 092	16 239	13 138	10 821	8 819	7 233	6 004	5 048	4 297	3 698	3 215	2 819	2 492	2 218	1 986
120	220	19 901	17 863	14 452	11 903	9 701	7 957	6 605	5 553	4 727	4 068	3 536	3 101	2 741	2 440	2 185
120	240	21 711	19 487	15 766	12 985	10 583	8 680	7 205	6 058	5 157	4 438	3 858	3 383	2 990	2 661	2 384

Remarque

Les chiffres ne sont pas affichés lorsque l'élancement est supérieur à 180.

Exemple : un poteau de 100 × 200 de 3 m peut supporter 4 351 daN.

Table 2 - Bois lamellé-collé (BLC)

– Sur deux appuis
– Charge totale maximale en daN (G + Q)

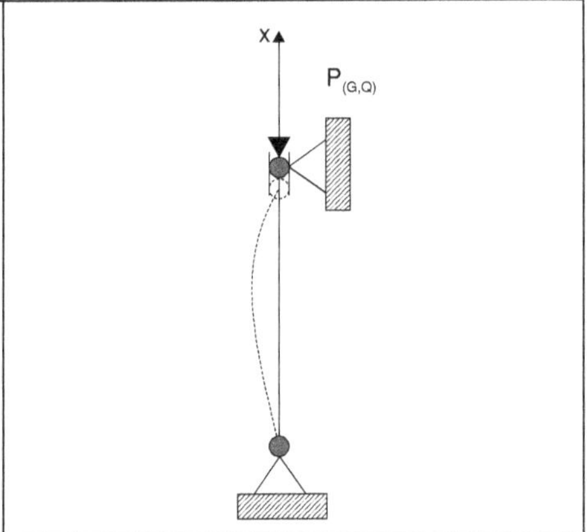

Exemple de section		Hauteur totale du poteau (mm)													
		2 000	2 333	2 667	3 000	3 500	4 000	4 500	5 000	5 500	6 000	6 500	7 000	8 000	9 000	10 000
90	180	9 080	6 946	5 427	4 341	3 227	2 489	1 977								
90	225	11 349	8 682	6 784	5 427	4 033	3 111	2 471								
90	270	13 619	10 419	8 141	6 512	4 840	3 733	2 965								
90	315	15 889	12 155	9 498	7 597	5 647	4 356	3 460								
90	360	18 159	13 891	10 855	8 683	6 453	4 978	3 954								
90	405	20 429	15 628	12 211	9 768	7 260	5 600	4 448								
115	225	20 135	16 706	13 505	10 970	8 242	6 391	5 092	4 149	3 445						
115	270	24 162	20 047	16 206	13 164	9 890	7 669	6 111	4 979	4 134						
115	315	28 189	23 388	18 907	15 358	11 539	8 948	7 129	5 809	4 823						
115	360	32 216	26 729	21 607	17 552	13 187	10 226	8 148	6 639	5 512						
115	405	36 244	30 070	24 308	19 746	14 836	11 504	9 166	7 469	6 201						
115	450	40 271	33 412	27 009	21 940	16 484	12 782	10 184	8 299	6 889						
140	198	24 409	22 378	19 507	16 473	12 687	9 940	7 962	6 508	5 414	4 572	3 911	3 383			
140	264	32 546	29 837	26 009	21 965	16 916	13 254	10 616	8 677	7 218	6 095	5 214	4 510			
140	330	40 682	37 297	32 511	27 456	21 145	16 567	13 270	10 846	9 023	7 619	6 518	5 638			
140	396	48 819	44 756	39 013	32 947	25 375	19 881	15 924	13 016	10 827	9 143	7 821	6 766			
140	462	56 955	52 215	45 515	38 438	29 604	23 194	18 578	15 185	12 632	10 667	9 125	7 893			
140	528	65 092	59 675	52 018	43 929	33 833	26 508	21 231	17 354	14 436	12 191	10 428	9 021			
165	330	50 163	48 130	44 964	40 490	32 877	26 315	21 283	17 486	14 592	12 347	10 577	9 159	7 057		
165	396	60 196	57 756	53 956	48 588	39 453	31 578	25 540	20 984	17 510	14 817	12 693	10 991	8 469		
165	462	70 228	67 383	62 949	56 686	46 028	36 841	29 796	24 481	20 428	17 286	14 808	12 823	9 880		
165	528	80 261	77 009	71 942	64 784	52 604	42 104	34 053	27 978	23 346	19 755	16 924	14 655	11 292		
165	594	90 294	86 635	80 935	72 882	59 179	47 367	38 309	31 476	26 265	22 225	19 039	16 486	12 703		
165	660	100 326	96 261	89 927	80 980	65 755	52 630	42 566	34 973	29 183	24 694	21 155	18 318	14 115		
190	396	70 837	69 136	66 689	63 080	55 131	45 965	37 869	31 397	26 331	22 350	19 185	16 637	12 844	10 207	
190	462	82 643	80 659	77 804	73 593	64 320	53 626	44 180	36 629	30 719	26 075	22 383	19 410	14 984	11 908	
190	528	94 449	92 182	88 918	84 107	73 509	61 286	50 491	41 862	35 108	29 800	25 580	22 183	17 125	13 609	
190	594	106 255	103 705	100 033	94 620	82 697	68 947	56 803	47 095	39 496	33 524	28 778	24 955	19 265	15 310	
190	660	118 061	115 227	111 148	105 133	91 886	76 608	63 114	52 328	43 885	37 249	31 975	27 728	21 406	17 011	
190	726	129 867	126 750	122 263	115 646	101 074	84 269	69 426	57 561	48 273	40 974	35 173	30 501	23 546	18 713	
190	792	141 673	138 273	133 378	126 160	110 263	91 930	75 737	62 793	52 662	44 699	38 370	33 274	25 687	20 414	
190	858	153 479	149 796	144 492	136 673	119 451	99 590	82 049	68 026	57 050	48 424	41 568	36 047	27 828	22 115	
210	462	92 319	90 691	88 504	85 433	78 323	68 273	57 657	48 386	40 838	34 791	29 935	25 999	20 111	16 001	13 026
210	528	105 507	103 646	101 147	97 638	89 512	78 026	65 894	55 299	46 672	39 761	34 211	29 714	22 984	18 286	14 887
210	594	118 695	116 602	113 791	109 843	100 701	87 780	74 131	62 211	52 506	44 732	38 487	33 428	25 857	20 572	16 748
210	660	131 884	129 558	126 434	122 047	111 890	97 533	82 367	69 123	58 340	49 702	42 764	37 142	28 729	22 858	18 609
210	726	145 072	142 514	139 078	134 252	123 079	107 286	90 604	76 036	64 174	54 672	47 040	40 856	31 602	25 144	20 470

Remarque
Les chiffres ne sont pas affichés lorsque l'élancement est supérieur à 180.

Exemple : un poteau de 90 × 225 de 3 m peut supporter 5 427 daN.

Table 3 - Bois massif ou (BMR)

– Avec trois appuis
– Charge totale maximale en daN (G + Q)

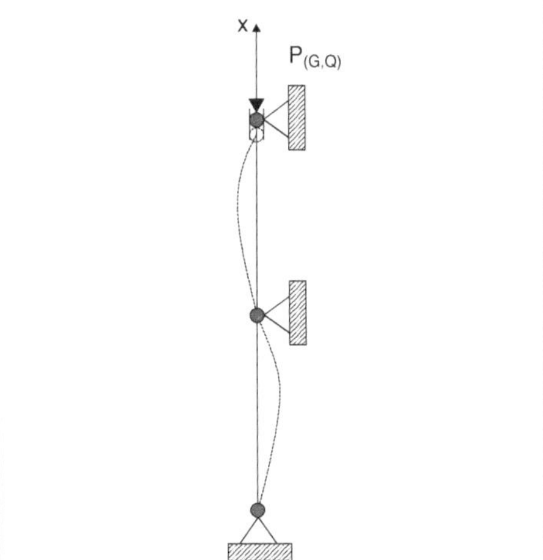

Section standard (à 20 % d'humidité)		Hauteur totale du poteau (mm)													
		2 000	2 333	2 667	3 000	3 333	3 667	4 000	4 500	5 000	5 500	6 000	6 500	7 000	7 500
50	125	2 705	2 119	1 682	1 360	1 119	936	794	634	517					
50	150	3 246	2 543	2 018	1 632	1 343	1 123	952	760	621					
50	175	3 787	2 967	2 355	1 904	1 567	1 310	1 111	887	724					
50	200	4 328	3 390	2 691	2 176	1 790	1 497	1 270	1 014	828					
50	225	4 869	3 814	3 027	2 447	2 014	1 684	1 428	1 140	931					
50	250	5 410	4 238	3 364	2 719	2 238	1 872	1 587	1 267	1 035					
65	125	4 638	3 876	3 187	2 627	2 186	1 842	1 569	1 259	1 032	860	728			
65	150	5 770	4 895	4 063	3 367	2 812	2 373	2 025	1 627	1 334	1 112	942	807		
65	175	6 732	5 711	4 741	3 928	3 280	2 769	2 362	1 898	1 556	1 298	1 098	942		
65	200	7 694	6 527	5 418	4 490	3 749	3 164	2 700	2 169	1 778	1 483	1 255	1 076		
65	225	8 656	7 342	6 095	5 051	4 218	3 560	3 037	2 440	2 001	1 669	1 412	1 211		
65	250	9 617	8 158	6 772	5 612	4 686	3 955	3 375	2 711	2 223	1 854	1 569	1 345		
75	125	5 351	4 473	3 677	3 031	2 523	2 125	1 811	1 453	1 190	992	840			
75	150	7 368	6 593	5 716	4 869	4 134	3 525	3 027	2 447	2 014	1 684	1 428	1 226	1 064	931
75	175	8 596	7 692	6 668	5 681	4 823	4 112	3 532	2 855	2 350	1 965	1 666	1 430	1 241	1 086
75	200	9 824	8 791	7 621	6 493	5 512	4 700	4 037	3 263	2 686	2 246	1 905	1 635	1 418	1 242
75	225	11 052	9 890	8 574	7 304	6 201	5 287	4 541	3 671	3 021	2 527	2 143	1 839	1 595	1 397
75	250	12 280	10 989	9 526	8 116	6 890	5 875	5 046	4 079	3 357	2 807	2 381	2 043	1 773	1 552
75	300	14 736	13 186	11 431	9 739	8 268	7 049	6 055	4 895	4 029	3 369	2 857	2 452	2 127	1 862
100	100	4 328	3 390	2 691	2 176	1 790	1 497	1 270	1 014	828					
100	125	7 135	5 964	4 903	4 041	3 364	2 833	2 415	1 937	1 587	1 323	1 119			
100	150	9 824	8 791	7 621	6 493	5 512	4 700	4 037	3 263	2 686	2 246	1 905	1 635	1 418	1 242
100	175	12 268	11 461	10 443	9 285	8 122	7 060	6 141	5 022	4 161	3 495	2 973	2 557	2 222	1 948
100	200	14 564	13 919	13 099	12 092	10 949	9 772	8 657	7 202	6 028	5 095	4 351	3 754	3 269	2 870
100	225	14 736	13 186	11 431	9 739	8 268	7 049	6 055	4 895	4 029	3 369	2 857	2 452	2 127	1 862
100	250	29 128	27 837	26 197	24 183	21 897	19 544	17 314	14 404	12 056	10 189	8 702	7 507	6 537	5 740
100	300	47 398	46 195	44 764	43 030	40 933	38 458	35 675	31 265	27 052	23 344	20 206	17 589	15 413	13 597
BMR															
80	200	10 826	9 887	8 759	7 588	6 512	5 590	4 822	3 914	3 229	2 705	2 296	1 972	1 712	1 500
80	220	11 909	10 876	9 635	8 346	7 163	6 149	5 305	4 306	3 552	2 975	2 526	2 170	1 883	1 650
80	240	12 991	11 865	10 511	9 105	7 815	6 708	5 787	4 697	3 875	3 246	2 755	2 367	2 054	1 800
100	200	14 564	13 919	13 099	12 092	10 949	9 772	8 657	7 202	6 028	5 095	4 351	3 754	3 269	2 870
100	220	16 020	15 310	14 408	13 301	12 043	10 749	9 522	7 922	6 631	5 604	4 786	4 129	3 595	3 157
100	240	17 477	16 702	15 718	14 510	13 138	11726	10 388	8 643	7 233	6 113	5 221	4 504	3 922	3 444
120	200	17 477	16 702	15 718	14 510	13 138	11 726	10 388	8 643	7 233	6 113	5 221	4 504	3 922	3 444
120	220	19 612	18 938	18 102	17 066	15 829	14 452	13 038	11 050	9 351	7 957	6 825	5 906	5 154	4 533
120	240	21 711	21 107	20 378	19 487	18 407	17 148	15 766	13 658	11 722	10 062	8 680	7 539	6 596	5 813

Remarque

Les chiffres ne sont pas affichés lorsque l'élancement est supérieur à 180.

Exemple : un poteau de 100 × 200 de 6 m peut supporter 4 351 daN.

Table 4 - Bois lamellé collé (BLC)

– Avec trois appuis
– Charge totale maximale en daN (G + Q)

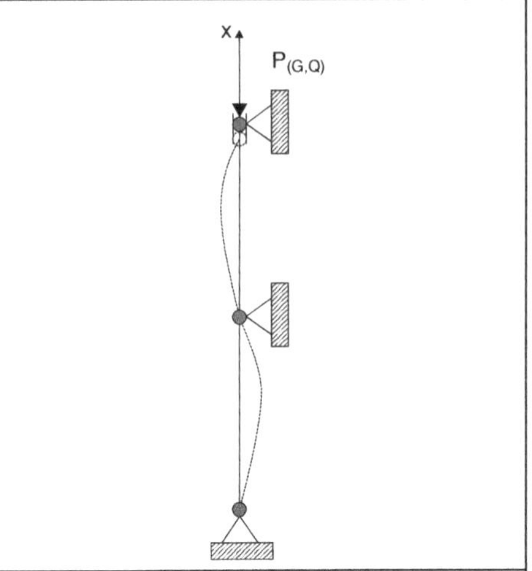

Exemple de section		Hauteur totale du poteau (mm)													
		3 000	3 500	4 000	4 500	5 000	5 500	6 000	7 000	8 000	9 000	10 000	11 000	12 000	13 000
90	180	13 078	11 099	9 080	7 415	6 121	5 122	4 341	3 227	2 489	1 977				
90	225	16 348	13 873	11 349	9 268	7 652	6 402	5 427	4 033	3 111	2 471				
90	270	19 617	16 648	13 619	11 122	9 182	7 683	6 512	4 840	3 733	2 965				
90	315	22 887	19 423	15 889	12 976	10 712	8 963	7 597	5 647	4 356	3 460				
90	360	26 156	22 197	18 159	14 829	12 243	10 244	8 683	6 453	4 978	3 954				
90	405	29 426	24 972	20 429	16 683	13 773	11 524	9 768	7 260	5 600	4 448				
115	225	23 310	21 886	19 706	17 054	14 502	12 324	10 540	7 907	6 127	4 880	3 975	3 300		
115	270	28 139	26 580	24 162	21 096	18 035	15 369	13 164	9 890	7 669	6 111	4 979	4 134		
115	315	32 829	31 010	28 189	24 612	21 041	17 931	15 358	11 539	8 948	7 129	5 809	4 823		
115	360	37 519	35 440	32 216	28 129	24 046	20 492	17 552	13 187	10 226	8 148	6 639	5 512		
115	405	42 209	39 870	36 244	31 645	27 052	23 054	19 746	14 836	11 504	9 166	7 469	6 201		
115	450	46 899	44 300	40 271	35 161	30 058	25 615	21 940	16 484	12 782	10 184	8 299	6 889		
140	198	23 782	21 233	18 010	14 967	12 462	10 474	8 902	6 636	5 127	4 076	3 317			
140	264	34 433	33 350	31 710	29 288	26 196	22 944	19 956	15 212	11 870	9 488	7 746	6 439	5 435	4 647
140	330	43 400	42 294	40 682	38 296	35 024	31 222	27 456	21 145	16 567	13 270	10 846	9 023	7 619	6 518
140	396	52 080	50 753	48 819	45 955	42 029	37 466	32 947	25 375	19 881	15 924	13 016	10 827	9 143	7 821
140	462	60 760	59 212	56 955	53 614	49 034	43 710	38 438	29 604	23 194	18 578	15 185	12 632	10 667	9 125
140	528	69 440	67 671	65 092	61 273	56 039	49 955	43 929	33 833	26 508	21 231	17 354	14 436	12 191	10 428
165	330	52 023	51 216	50 163	48 727	46 715	43 957	40 490	32 877	26 315	21 283	17 486	14 592	12 347	10 577
165	396	62 428	61 459	60 196	58 472	56 058	52 748	48 588	39 453	31 578	25 540	20 984	17 510	14 817	12 693
165	462	72 832	71 702	70 228	68 217	65 401	61 539	56 686	46 028	36 841	29 796	24 481	20 428	17 286	14 808
165	528	83 237	81 945	80 261	77 963	74 744	70 331	64 784	52 604	42 104	34 053	27 978	23 346	19 755	16 924
165	594	93 642	92 188	90 294	87 708	84 088	79 122	72 882	59 179	47 367	38 309	31 476	26 265	22 225	19 039
165	660	104 046	102 431	100 326	97 453	93 431	87 913	80 980	65 755	52 630	42 566	34 973	29 183	24 694	21 155
190	396	72 611	71 807	70 837	69 617	68 030	65 912	63 080	55 131	45 965	37 869	31 397	26 331	22 350	19 185
190	462	84 713	83 775	82 643	81 220	79 369	76 897	73 593	64 320	53 626	44 180	36 629	30 719	26 075	22 383
190	528	96 814	95 743	94 449	92 823	90 707	87 883	84 107	73 509	61 286	50 491	41 862	35 108	29 800	25 580
190	594	108 916	107 711	106 255	104 426	102 046	98 868	94 620	82 697	68 947	56 803	47 095	39 496	33 524	28 778
190	660	121 018	119 679	118 061	116 029	113 384	109 853	105 133	91 886	76 608	63 114	52 328	43 885	37 249	31 975
190	726	133 120	131 647	129 867	127 632	124 722	120 839	115 646	101 074	84 269	69 426	57 561	48 273	40 974	35 173
190	792	145 222	143 615	141 673	139 235	136 061	131 824	126 160	110 263	91 930	75 737	62 793	52 662	44 699	38 370
190	858	157 324	155 583	153 479	150 838	147 399	142 809	136 673	119 451	99 590	82 049	68 026	57 050	48 424	41 568
210	462	94 153	93 304	92 319	91 140	89 684	87 835	85 433	78 323	68 273	57 657	48 386	40 838	34 791	29 935
210	528	107 604	106 633	105 507	104 160	102 497	100 382	97 638	89 512	78 026	65 894	55 299	46 672	39 761	34 211
210	594	121 054	119 962	118 695	117 180	115 309	112 930	109 843	100 701	87 780	74 131	62 211	52 506	44 732	38 487
210	660	134 505	133 291	131 884	130 200	128 121	125 478	122 047	111 890	97 533	82 367	69 123	58 340	49 702	42 764
210	726	147 955	146 620	145 072	143 220	140 933	138 026	134 252	123 079	107 286	90 604	76 036	64 174	54 672	47 040

Remarque

Les chiffres ne sont pas affichés lorsque l'élancement est supérieur à 180.

Exemple : un poteau de 90 × 225 de 6 m peut supporter 5 427 daN.

Coefficients de variation des hypothèses

Les coefficients doivent être appliqués à la charge précisée dans les tables 1 à 4 lorsque le cas étudié est différent des hypothèses des tables.

Coefficient k1 : classement de structure

C18	0,857
C30	1,095
GL28h	1,104

Exemple : un poteau en bois massif classé C18 maintenu uniquement aux deux extrémités, de 150 × 150 mm et de 3 m de hauteur. La lecture de la table 1 précise qu'il peut supporter 9 739 daN lorsqu'il est classé C24. Avec un classement C18, il pourra porter 9 739 × 0,857 = 8 346 daN.

Coefficient k2 : proportion entre les charges de structure (G) et les charges variables (Q) en fonction du type de charge

	$0,1Q \leq G < Q$	$Q \leq G < 2,2Q$	$G \geq 2,2Q$	$G \geq 3,3Q$
Charge d'exploitation ou neige > 1 000 m	1	1,043	1,064	0,67
Neige < 1 000 m	1,125	1,173	0,67	0,67

Le coefficient de 0,67 s'applique sur les charges du tableau. La charge obtenue doit être comparée uniquement aux charges de structure.

Exemple : un poteau en bois massif classé C24 maintenu uniquement aux deux extrémités, de 150 × 150 mm de 3 m de hauteur. La lecture de la table 1 précise qu'il peut supporter une charge totale de 9 739 daN avec $0,1Q \leq G < Q$:

- si le poteau supporte des charges de neige (altitude inférieure à 1 000 m) dont la proportion par rapport aux charges de structure est comprise entre $Q \leq G < 2,2Q$, il pourra porter 9 739 × 1,173 = 11 424 daN ;

- si le même poteau supporte des charges telles que $G > 2,2Q$ il pourra supporter 9 739 × 0,67 = 6 525 daN de charges de structure. Dans ce cas particulier, la vérification ne porte que sur les charges de structure.

Application de plusieurs coefficients

Si plusieurs critères sont différents des hypothèses de calcul des tables, il suffit de multiplier entre eux les coefficients. La charge finale est égale à la charge de la table × l'ensemble des coefficients. Charge finale = charge table × k1 × k2.

Les tables définissent le chargement maximal que peut supporter la pièce pour une section et une distance entre appuis données. Elles sont réalisées en fonction du nombre d'appuis. La charge est calculée en fonction de la contrainte de flexion avec risque de déversement, de la contrainte de cisaillement et de la déformation totale en incluant le fluage (la déformation différée).

Nombre d'appuis	Matériau	Table
2	Bois massif ou bois massif reconstitué	1
3	Bois massif ou bois massif reconstitué	2

Hypothèses des tables 1 et 2

Les calculs ont été réalisés sur la base des éléments suivants :

- chevron reposant sur deux ou trois appuis avec un chargement uniformément réparti ;
- chevron en bois massif résineux classé C24 ;
- chevron sous abris ;
- charges de structure comprises entre 10 et 220 % des charges de neige ($0{,}1S \leq G < 2{,}2S$) ;
- altitude du bâtiment $\leq 1\ 000$ m ;
- pente du toit ≤ 30 % ;
- section de calcul à 12 % d'humidité ;
- les fixations ont la même rigidité sur toutes les pannes. L'influence de la traction sur la première moitié du chevron et de la compression sur la seconde moitié du chevron est négligée. Le chevron est vérifié en flexion simple ;
- taux de travail et de déformation de 0,95 ;
- déformation totale ($W_{net,fin}$) : $L/150$ (effet de l'effort tranchant non pris en compte) ;
- les chiffres ne sont pas affichés lorsque la charge maximale est inférieure à 30 daN par mètre et supérieure à 2 000 daN par mètre.

Tableaux de dimensionnement à l'Eurocode 5 des chevrons

Table 1 - Bois massif ou (BMR)

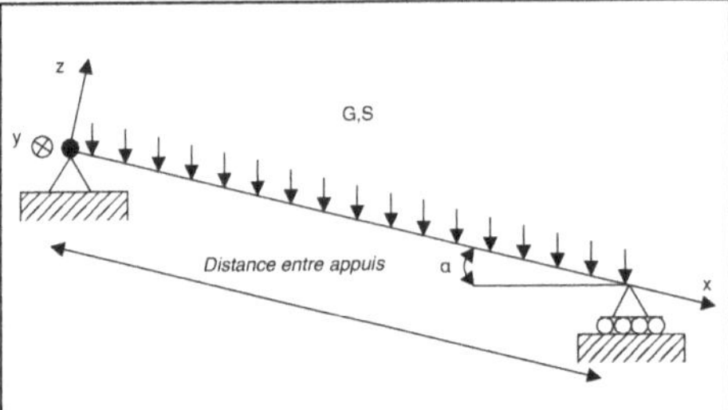

– Sur deux appuis
– Pente ≤ 30 %
– Charge totale maximale en daN (G + S)

Section standard (à 20 % d'humidité)		Distance entre appuis (mm)														
		600	700	800	900	1 000	1 100	1 200	1 300	1 400	1 500	1 600	1 800	2 000	2 200	2 400
50	50	363 -	311 -	271 ~	214 ~	173 ~	143 ~	120 ~	102 ~	88 ~	77 ~	68 ~				
50	60	503 -	431 -	378 -	336 -	299 ~	247 ~	208 ~	177 ~	153 ~	133 ~	117 ~	92 ~	75 ~		
50	70	664 -	569 -	498 -	443 -	399 -	362 -	330 ~	281 ~	242 ~	211 ~	186 ~	147 ~	119 ~	98 ~	82 ~
50	80	845 -	724 -	634 -	563 -	507 -	461 -	422 -	390 -	362 ~	315 ~	277 ~	219 ~	177 ~	147 ~	123 ~
50	90	1 044 -	895 -	783 -	696 -	627 -	570 -	522 -	482 -	448 -	418 -	392 -	312 ~	252 ~	209 ~	175 ~
50	100	1 183 •	1 082 -	947 -	842 -	757 -	689 -	631 -	583 -	541 -	505 -	473 -	421 -	346 ~	286 ~	240 ~
50	110		1 285 -	1 124 -	999 -	899 -	818 -	749 -	692 -	642 -	600 -	562 -	500 -	450 -	381 ~	320 ~
50	120			1 315 -	1 169 -	1 052 -	956 -	876 -	809 -	751 -	701 -	657 -	584 -	526 -	478 -	416 ~
60	60	604 -	518 -	453 -	403 -	359 ~	297 ~	249 ~	212 ~	183 ~	160 ~	140 ~	111 ~	90 ~	74 ~	
60	70	797 -	683 -	598 -	531 -	478 -	435 -	396 ~	337 ~	291 ~	253 ~	223 ~	176 ~	143 ~	118 ~	99 ~
60	80	1 014 -	869 -	760 -	676 -	608 -	553 -	507 -	468 -	434 ~	378 ~	332 ~	263 ~	213 ~	176 ~	148 ~
60	90		1 074 -	940 -	836 -	752 -	684 -	627 -	578 -	537 -	501 -	470 -	374 ~	303 ~	250 ~	210 ~
60	100		1 299 -	1 136 -	1 010 -	909 -	826 -	757 -	699 -	649 -	606 -	568 -	505 -	416 ~	343 ~	289 ~
60	110			1 349 -	1 199 -	1 079 -	981 -	899 -	830 -	771 -	719 -	674 -	600 -	540 -	457 ~	384 ~
60	120			1 578 -	1 402 -	1 262 -	1 147 -	1 052 -	971 -	901 -	841 -	789 -	701 -	631 -	574 -	499 ~
70	70	930 -	797 -	698 -	620 -	558 -	507 -	462 ~	394 ~	339 ~	296 ~	260 ~	205 ~	166 ~	137 ~	115 ~
70	80	1 183 -	1 014 -	887 -	789 -	710 -	645 -	591 -	546 -	507 ~	441 ~	388 ~	306 ~	248 ~	205 ~	172 ~
70	90		1 253 -	1 097 -	975 -	877 -	798 -	731 -	675 -	627 -	585 -	548 -	436 ~	353 ~	292 ~	245 ~
70	100			1 326 -	1 178 -	1 060 -	964 -	884 -	816 -	757 -	707 -	663 -	589 -	485 ~	401 ~	337 ~
70	110			1 574 -	1 399 -	1 259 -	1 145 -	1 049 -	968 -	899 -	839 -	787 -	699 -	629 -	533 ~	448 ~
70	120				1 636 -	1 472 -	1 339 -	1 227 -	1 133 -	1 052 -	982 -	920 -	818 -	736 -	669 -	582 ~
80	80		1 159 -	1 014 -	901 -	811 -	737 -	676 -	624 -	579 ~	504 ~	443 ~	350 ~	284 ~	234 ~	197 ~
80	90			1 253 -	1 114 -	1 003 -	911 -	836 -	771 -	716 -	668 -	627 -	499 ~	404 ~	334 ~	280 ~
80	100			1 515 -	1 347 -	1 212 -	1 102 -	1 010 -	932 -	866 -	808 -	757 -	673 -	554 ~	458 ~	385 ~
80	110				1 599 -	1 439 -	1 308 -	1 199 -	1 107 -	1 028 -	959 -	899 -	799 -	719 -	609 ~	512 ~
80	120					1 683 -	1 530 -	1 402 -	1 294 -	1 202 -	1 122 -	1 052 -	935 -	841 -	765 -	665 ~
90	90			1 410 -	1 253 -	1 128 -	1 025 -	940 -	868 -	806 -	752 -	705 -	561 ~	454 ~	376 ~	316 ~
90	100				1 515 -	1 363 -	1 240 -	1 136 -	1 049 -	974 -	909 -	852 -	757 -	623 ~	515 ~	433 ~
90	110					1 713 -	1 557 -	1 427 -	1 318 -	1 223 -	1 142 -	1 071 -	952 -	856 -	743 ~	625 ~
90	120						1 821 -	1 669 -	1 541 -	1 431 -	1 336 -	1 252 -	1 113 -	1 002 -	911 -	811 ~
90	130						2 103 -	1 928 -	1 780 -	1 653 -	1 543 -	1 446 -	1 285 -	1 157 -	1 052 -	964 -
100	100				1 781 -	1 603 -	1 457 -	1 336 -	1 233 -	1 145 -	1 069 -	1 002 -	891 -	751 ~	620 ~	521 ~
100	110					1 903 -	1 730 -	1 586 -	1 464 -	1 359 -	1 269 -	1 190 -	1 057 -	952 -	826 ~	694 ~
100	120						2 024 -	1 855 -	1 712 -	1 590 -	1 484 -	1 391 -	1 237 -	1 113 -	1 012 -	901 ~
100	130							2 142 -	1 978 -	1 836 -	1 714 -	1 607 -	1 428 -	1 285 -	1 169 -	1 071 -
100	140								2 260 -	2 098 -	1 958 -	1 836 -	1 632 -	1 469 -	1 335 -	1 224 -
100	150								2 559 -	2 376 -	2 217 -	2 079 -	1 848 -	1 663 -	1 512 -	1 386 -

Élément dimensionnant : déformation : ~ ; contrainte de flexion : - ; cisaillement : •

Remarque

Les chiffres ne sont pas affichés lorsque la charge de résistance est inférieure à 30 daN par mètre et supérieure à 2 000 daN par mètre.

Exemple : un chevron de 50 × 80 de 2 000 mm de portée peut supporter une charge totale de 177 daN sur toute sa longueur, soit une charge répartie de 177/2 = 88,5 daN/m de longueur.

Table 2 - Bois massif ou (BMR)

– Sur trois appuis
– Pente ≤ 30 %
– Charge totale maximale
en daN (G + S)

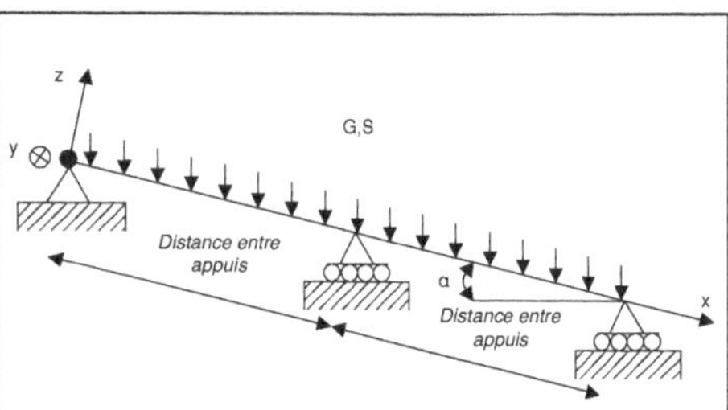

Section standard (à 20 % d'humidité)		Distance entre deux appuis (mm)														
		600	700	800	900	1 000	1 100	1 200	1 300	1 400	1 500	1 600	1 800	2 000	2 200	2 400
50	50	363 -	311 -	272 -	242 -	218 -	198 -	181 -	167 -	155 -	145 -	136 -	121 -	104 ~	86 ~	72 ~
50	60	503 -	431 -	378 -	336 -	302 -	275 -	252 -	232 -	216 -	201 -	189 -	168 -	151 -	137 -	124 ~
50	70	663 •	569 -	498 -	443 -	399 -	362 -	332 -	307 -	285 -	266 -	249 -	221 -	199 -	181 -	166 -
50	80	757 •	724 -	634 -	563 -	507 -	461 -	422 -	390 -	362 -	338 -	317 -	282 -	253 -	230 -	211 -
50	90	852 •	852 •	783 -	696 -	627 -	570 -	522 -	482 -	448 -	418 -	392 -	348 -	313 -	285 -	261 -
50	100	947 •	947 •	947 •	842 -	757 -	689 -	631 -	583 -	541 -	505 -	473 -	421 -	379 -	344 -	316 -
50	110	1 041 •	1 041 •	1 041 •	999 -	899 -	818 -	749 -	692 -	642 -	600 -	562 -	500 -	450 -	409 -	375 -
50	120	1 136 •	1 136 •	1 136 •	1 136 •	1 052 -	956 -	876 -	809 -	751 -	701 -	657 -	584 -	526 -	478 -	438 -
60	60	604 -	518 -	453 -	403 -	362 -	329 -	302 -	279 -	259 -	242 -	227 -	201 -	181 -	165 -	149 ~
60	70	795 •	683 -	598 -	531 -	478 -	435 -	399 -	368 -	342 -	319 -	299 -	266 -	239 -	217 -	199 -
60	80	909 •	869 -	760 -	676 -	608 -	553 -	507 -	468 -	435 -	406 -	380 -	338 -	304 -	277 -	253 -
60	90	1 022 •	1 022 •	940 -	836 -	752 -	684 -	627 -	578 -	537 -	501 -	470 -	418 -	376 -	342 -	313 -
60	100	1 136 •	1 136 •	1 136 •	1 010 -	909 -	826 -	757 -	699 -	649 -	606 -	568 -	505 -	454 -	413 -	379 -
60	110		1 249 •	1 249 •	1 199 -	1 079 -	981 -	899 -	830 -	771 -	719 -	674 -	600 -	540 -	491 -	450 -
60	120		1 363 •	1 363 •	1 363 •	1 262 -	1 147 -	1 052 -	971 -	901 -	841 -	789 -	701 -	631 -	574 -	526 -
70	70	928 •	797 -	698 -	620 -	558 -	507 -	465 -	429 -	399 -	372 -	349 -	310 -	279 -	254 -	233 -
70	80	1 060 •	1 014 -	887 -	789 -	710 -	645 -	591 -	546 -	507 -	473 -	444 -	394 -	355 -	323 -	296 -
70	90	1 193 •	1 193 •	1 097 -	975 -	877 -	798 -	731 -	675 -	627 -	585 -	548 -	487 -	439 -	399 -	366 -
70	100		1 325 •	1 325 •	1 178 -	1 060 -	964 -	884 -	816 -	757 -	707 -	663 -	589 -	530 -	482 -	442 -
70	110			1 458 •	1 399 -	1 259 -	1 145 -	1 049 -	968 -	899 -	839 -	787 -	699 -	629 -	572 -	525 -
70	120			1 590 •	1 590 •	1 472 -	1 339 -	1 227 -	1 133 -	1 052 -	982 -	920 -	818 -	736 -	669 -	614 -
80	80		1 159 -	1 014 -	901 -	811 -	737 -	676 -	624 -	579 -	541 -	507 -	451 -	406 -	369 -	338 -
80	90		1 363 •	1 253 -	1 114 -	1 003 -	911 -	836 -	771 -	716 -	668 -	627 -	557 -	501 -	456 -	418 -
80	100			1 514 •	1 347 -	1 212 -	1 102 -	1 010 -	932 -	866 -	808 -	757 -	673 -	606 -	551 -	505 -
80	110				1 599 -	1 439 -	1 308 -	1 199 -	1 107 -	1 028 -	959 -	899 -	799 -	719 -	654 -	600 -
80	120					1 683 -	1 530 -	1 402 -	1 294 -	1 202 -	1 122 -	1 052 -	935 -	841 -	765 -	701 -
90	90			1 410 -	1 253 -	1 128 -	1 025 -	940 -	868 -	806 -	752 -	705 -	627 -	564 -	513 -	470 -
90	100				1 515 -	1 363 -	1 240 -	1 136 -	1 049 -	974 -	909 -	852 -	757 -	682 -	620 -	568 -
90	110					1 713 -	1 557 -	1 427 -	1 318 -	1 223 -	1 142 -	1 071 -	952 -	856 -	779 -	714 -
90	120						1 821 -	1 669 -	1 541 -	1 431 -	1 336 -	1 252 -	1 113 -	1 002 -	911 -	835 -
90	130						2 103 -	1 928 -	1 780 -	1 653 -	1 543 -	1 446 -	1 285 -	1 157 -	1 052 -	964 -
100	100				1 781 -	1 603 -	1 457 -	1 336 -	1 233 -	1 145 -	1 069 -	1 002 -	891 -	802 -	729 -	668 -
100	110					1 903 -	1 730 -	1 586 -	1 464 -	1 359 -	1 269 -	1 190 -	1 057 -	952 -	865 -	793 -
100	120						2 024 -	1 855 -	1 712 -	1 590 -	1 484 -	1 391 -	1 237 -	1 113 -	1 012 -	927 -
100	130							2 142 -	1 978 -	1 836 -	1 714 -	1 607 -	1 428 -	1 285 -	1 169 -	1 071 -
100	140								2 260 -	2 098 -	1 958 -	1 836 -	1 632 -	1 469 -	1 335 -	1 224 -
100	150								2 559 -	2 376 -	2 217 -	2 079 -	1 848 -	1 663 -	1 512 -	1 386 -

Élément dimensionnant : déformation : ~ ; contrainte de flexion : - ; cisaillement . •

Remarque

Les chiffres ne sont pas affichés lorsque la charge de résistance est inférieure à 30 daN par mètre et supérieure à 2 000 daN par mètre.

Exemple : un chevron de 50 × 80 de 2 000 mm entre deux appuis peut supporter une charge totale de 253 daN entre appuis, soit une charge répartie de 253/2 = 126,5 daN/m de longueur.

Coefficients de variation des hypothèses

Les coefficients dans les tableaux suivants correspondent aux coefficients les plus défavorables en fonction de l'élément dimensionnant : la contrainte de rupture en flexion, en cisaillement ou la déformation. Le coefficient doit être appliqué à la charge précisée dans les tables lorsque le cas étudié est différent des hypothèses des tables.

Coefficient k1 : classement d'essence

C18	0,75
C30	1,09

Reprenons l'exemple de la table 1 : un chevron de 50 × 80 de 2 000 mm de portée classé C18 peut supporter une charge totale de 177 × 0,75 = 133 daN sur toute sa longueur.

Coefficient k2 : déformation

1/200	0,750
1/300	0,500
1/400	0,375

Reprenons l'exemple de la table 1 : un chevron de 50 × 80 de 2 000 mm de portée classé C24 mais avec une flèche limitée à L/300, soit 2 000/300 = 7 mm pourra supporter une charge totale de 177 × 0,5 = 88,5 daN sur toute sa longueur.

Coefficient k3 : proportions de chargement différentes ou charges de structure très élevées

Matériau	Proportion de charges de structure	Coefficient à appliquer sur les charges du tableau et à comparer uniquement aux charges de structure.
Bois massif	G ≥ 2,2S	0,667

Reprenons l'exemple de la table 1 : un chevron de 50 × 80 de 2 000 mm de portée classé C24. La charge de structure est égale à 2,5 fois la charge de neige (G = 2,5S). Il pourra supporter une charge de structure de 177 × 0,667 = 118 daN sur toute sa longueur. Cette vérification est suffisante.

Coefficient k4 : la pente change

Pente	10 %	20 %	30 %	40 %	50 %	60 %	70 %	80 %	90 %
Angle °	5,7	11,3	16,7	21,8	26,6	31,0	35,0	38,7	42,0
K4	0,963	0,977	1,000	1,032	1,071	1,117	1,169	1,227	1,289

Application de plusieurs coefficients

Si plusieurs critères sont différents, il suffit de multiplier entre eux les coefficients. La charge finale est égale à la charge de la table multipliée par l'ensemble des coefficients.

Charge finale = charge table $\times$ k1 $\times$ k2 $\times$ k3 $\times$ k4.

Reprenons l'exemple de la table 1 : un chevron de 50 $\times$ 80 de 2 000 mm de portée, classé C18, sur une toiture de 50 % de pente, une flèche limitée à L/300 et une charge de structure égale à 2,5 fois la charge de neige (G = 2,5S) pourra supporter une charge de structure seule de 177 $\times$ 0,75 $\times$ 0,5 $\times$ 0,667 $\times$ 1,071 = 47 daN sur toute sa longueur et une charge de neige de 47/2,5 = 19 daN.

Remarques

Si la charge de structure est inférieure à 2,2 fois la charge de neige (G < 2,2S), le coefficient k3 = 1, le chevron pourra supporter une charge totale (structure et neige) de 177 $\times$ 0,75 $\times$ 0,5 $\times$ 1 $\times$ 1,071 = 71 daN.

L'application de ces coefficients est pénalisante, car ils correspondent aux coefficients les plus défavorables en fonction de l'élément dimensionnant : la contrainte de rupture en flexion, en cisaillement ou la déformation. Une étude complète de la pièce permettrait de définir une charge limite plus importante.

10 Panne travaillant en flexion simple

Les tables définissent le chargement maximal que peut supporter la pièce pour une section et une distance entre appuis données. Elles sont réalisées suivant deux critères, le matériau (bois massif ou lamellé-collé) et le nombre d'appuis. La charge est calculée en fonction de la contrainte de flexion avec risque de déversement, de la contrainte de cisaillement et de la déformation totale en incluant le fluage (la déformation différée).

Nombre d'appuis	Matériau	Table
2	Bois massif ou bois massif reconstitué	1
	Bois lamellé-collé	2
3	Bois massif ou bois massif reconstitué	3
	Bois lamellé-collé	4

Hypothèses des tables 1 à 4

Les calculs ont été réalisés sur la base des éléments suivants :

* panne travaillant en flexion simple ;

* panne horizontale reposant sur deux appuis ou trois appuis avec un chargement uniformément réparti ;

* panne en bois massif résineux classée C24 et panne en bois lamellé-collé GL24h ;

* panne sous abris (classe de service 2) ;

* charges de structure comprises entre 10 et 220% des charges de neige ($0,1S \leq G < 2,2S$) ;

* altitude du bâtiment $\leq 1\ 000$ m ;

* section de calcul à 12 % d'humidité ;

* taux de travail et de déformation de 0,95 ;

* le risque de déversement est pris en compte ;

* déformation totale (Wnet,fin) : L/200 (effet de l'effort tranchant non pris en compte) ;

* les chiffres ne sont pas affichés lorsque la charge totale maximale est inférieure à 30 daN par mètre et supérieure à 2 000 daN par mètre.

Remarque

Il n'y a pas de table pour vérifier la déformation instantanée sous charge variable (la neige ou le vent). La charge de structure étant généralement assez importante par rapport à la charge de neige, la déformation instantanée sous charge variable de L/300 est rarement la plus défavorable.

Tableaux de dimensionnement à l'Eurocode 5 des pannes travaillant en flexion simple

Table 1 - Bois massif ou BMR

– Sur deux appuis
– Charge totale maximale en daN (G + S)

Section standard (à 20 % d'humidité)		Distance entre appuis (mm)														
		1 000	1 500	2 000	2 500	3 000	3 500	4 000	4 500	5 000	5 500	6 000	6 500	7 000	7 500	8 000
50	125	1 084 -	723 -	486 ~	311 ~	216 ~	159 ~	121 ~								
50	150	1 505 -	1 004 -	753 -	537 ~	373 ~	274 ~	210 ~	166 ~							
50	175	1 329 •	1 329 •	981 -	736 -	576 -	435 ~	333 ~	263 ~	213 ~	176 ~					
50	200	1 519 •	1 519 •	1 217 -	906 -	703 -	562 -	458 -	379 -	316 -	263 ~	221 ~				
50	225	1 708 •	1 708 •	1 461 -	1 079 -	831 -	657 -	530 -	433 -	357 -	298 -	252 -	216 -			
50	250	1 898 •	1 898 •	1 709 -	1 252 -	954 -	747 -	596 -	480 -	393 -	328 -	278 -	238 -			
65	125	1 409 -	940 -	632 ~	404 ~	281 ~	206 ~	158 ~								
65	150	1 957 -	1 305 -	978 -	698 ~	485 ~	356 ~	273 ~	216 ~	175 ~						
65	175	1 727 •	1 727 •	1 326 -	1 061 -	770 ~	566 ~	433 ~	342 ~	277 ~	229 ~	193 ~				
65	200	1 974 •	1 974 •	1 732 -	1 386 -	1 119 -	845 ~	647 ~	511 ~	414 ~	342 ~	287 ~	245 ~	211 ~		
65	225		2 221 •	2 193 -	1 711 -	1 357 -	1 108 -	921 ~	728 ~	589 ~	487 ~	409 ~	349 ~	301 ~	262 ~	
65	250		2 468 •	2 468 •	2 031 -	1 604 -	1 304 -	1 083 -	914 -	780 -	668 ~	561 ~	478 ~	412 ~	359 ~	316 ~
75	125	1 626 -	1 084 -	729 ~	466 ~	324 ~	238 ~	182 ~	144 ~							
75	150		1 505 -	1 129 -	806 ~	560 ~	411 ~	315 ~	249 ~	201 ~	167 ~					
75	175	1 993 •	1 993 •	1 530 -	1 224 -	889 ~	653 ~	500 ~	395 ~	320 ~	264 ~	222 ~				
75	200		2 278 •	1 999 -	1 599 -	1 327 ~	975 ~	746 ~	590 ~	478 ~	395 ~	332 ~	283 ~	244 ~		
75	225		2 563 •	2 530 -	2 024 -	1 687 -	1 388 ~	1 062 ~	840 ~	680 ~	562 ~	472 ~	402 ~	347 ~	302 ~	266 ~
75	250		2 847 •	2 847 •	2 499 -	2 037 -	1 675 -	1 408 -	1 152 ~	933 ~	771 ~	648 ~	552 ~	476 ~	415 ~	364 ~
75	300			3 417 •	3 417 •	2 738 -	2 237 -	1 866 -	1 583 -	1 359 -	1 178 -	1 030 -	906 -	801 -	712 -	630 ~
100	100	1 451	884 ~	497 ~	318 ~	221 ~	162 ~	124 ~								
100	125		1 446 -	972 ~	622 ~	432 ~	317 ~	243 ~	192 ~	155 ~						
100	150		2 007 -	1 505 -	1 075 ~	746 ~	548 ~	420 ~	332 ~	269 ~	222 ~	187 ~				
100	175		2 657 •	2 041 -	1 633 -	1 185 ~	871 ~	667 ~	527 ~	427 ~	353 ~	296 ~	252 ~	218 ~		
100	200			2 665 -	2 132 -	1 769 ~	1 300 ~	995 ~	786 ~	637 ~	526 ~	442 ~	377 ~	325 ~	283 ~	249 ~
100	225			3 373 -	2 699 -	2 249 -	1 850 ~	1 417 ~	1 119 ~	907 ~	749 ~	630 ~	536 ~	463 ~	403 ~	354 ~
100	250			3 796 •	3 332 -	2 776 -	2 380 -	1 943 ~	1 535 ~	1 244 ~	1 028 ~	864 ~	736 ~	635 ~	553 ~	486 ~
100	300				4 556 •	3 998 -	3 427 -	2 999 -	2 622	2 149 ~	1 776 ~	1 492 ~	1 272 ~	1 096 ~	955 ~	840 ~
BMR																
80	200		2 530 •	2 266 -	1 812 -	1 510 -	1 127 ~	863 ~	682 ~	552 ~	456 ~	384 ~	327 ~	282 ~	245 ~	
80	220		2 783 •	2 741 -	2 193 -	1 828 -	1 500 ~	1 149 ~	908 ~	735 ~	608 ~	510 ~	435 ~	375 ~	327 ~	287 ~
80	240			3 036 •	2 610 -	2 175 -	1 856 -	1 491 ~	1 178 ~	954 ~	789 ~	663 ~	565 ~	487 ~	424 ~	373 ~
100	200			2 832 -	2 266 -	1 888 -	1 409 ~	1 079 ~	852 ~	690 ~	571 ~	479 ~	409 ~	352 ~	307 ~	270 ~
100	220			3 427 -	2 741 -	2 284 -	1 875 ~	1 436 ~	1 134 ~	919 ~	759 ~	638 ~	544 ~	469 ~	408 ~	359 ~
100	240			3 795 •	3 262 -	2 719 -	2 330 -	1 864 ~	1 473 ~	1 193 ~	986 ~	828 ~	706 ~	609 ~	530 ~	466 ~
120	200			3 398 -	2 719 -	2 266 -	1 691 ~	1 294 ~	1 023 ~	828 ~	685 ~	575 ~	490 ~	423 ~	368 ~	324 ~
120	220				3 290 -	2 741 -	2 250 ~	1 723 ~	1 361 ~	1 103 ~	911 ~	766 ~	652 ~	563 ~	490 ~	431 ~
120	240				3 915 -	3 262 -	2 796 -	2 237 ~	1 767 ~	1 432 ~	1 183 ~	994 ~	847 ~	730 ~	636 ~	559 ~

Élément dimensionnant : déformation : ~ ; contrainte de flexion : - ; cisaillement : •

Remarque

Les chiffres ne sont pas affichés lorsque la charge de résistance est inférieure à 30 daN par mètre et supérieure à 2 000 daN par mètre.

Exemple : une panne de 65 × 175 de 3 000 mm de portée peut supporter une charge totale de 770 daN sur toute sa longueur, soit une charge répartie de 770/3 = 256,7 daN/m de longueur.

Table 2 - Bois lamellé-collé (BLC)

– Sur deux appuis
– Charge totale maximale en daN (G + S)

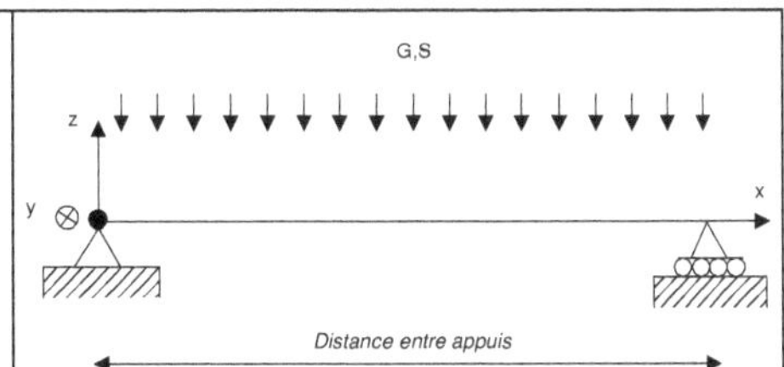

Exemple de section		Distance entre appuis (mm)														
		3 000	3 500	4 000	4 500	5 000	5 500	6 000	6 500	7 000	7 500	8 000	8 500	9 000	9 500	10 000
90	180	1 327 ~	975 ~	746 ~	590 ~	478 ~	395 ~	332 ~	283 ~	244 ~						
90	225	2 460 -	1 904 ~	1 458 ~	1 152 ~	933 ~	771 ~	648 ~	552 ~	476 ~	415 ~	364 ~	323 ~	288 ~		
90	270	3 488 -	2 990 -	2 519 ~	1 990 ~	1 612 ~	1 332 ~	1 120 ~	954 ~	823 ~	716 ~	630 ~	558 ~	498 ~	447 ~	403 ~
90	315	4 675 -	4 007 -	3 506 -	3 058 -	2 560 ~	2 116 ~	1 778 ~	1 515 ~	1 306 ~	1 138 ~	1 000 ~	886 ~	790 ~	709 ~	640 ~
90	360	5 368 •	5 150 -	4 363 -	3 757 -	3 277 -	2 888 -	2 568 -	2 261 ~	1 950 ~	1 698 ~	1 493 ~	1 322 ~	1 179 ~	1 059 ~	955 ~
90	405		6 039 •	5 216 -	4 477 -	3 893 -	3 419 -	3 029	2 703 -	2 426 -	2 188 -	1 982 -	1 802 -	1 644 -	1 504 -	1 360 ~
115	225	3 144 -	2 433 ~	1 863 ~	1 472 ~	1 192 ~	985 ~	828 ~	705 ~	608 ~	530 ~	466 ~	412 ~	368 ~	330 ~	
115	270	4 457 -	3 820 -	3 219 ~	2 543 ~	2 060 ~	1 702 ~	1 430 ~	1 219 ~	1 051 ~	916 ~	805 ~	713 ~	636 ~	571 ~	515 ~
115	315	5 974 -	5 121 -	4 480 -	3 983 -	3 271 ~	2 703 ~	2 272 ~	1 936 ~	1 669 ~	1 454 ~	1 278 ~	1 132 ~	1 010 ~	906 ~	818 ~
115	360		6 599 -	5 774 -	5 133 -	4 620 -	4 035 ~	3 391 ~	2 889 ~	2 491 ~	2 170 ~	1 907 ~	1 690 ~	1 507 ~	1 353 ~	1 221 ~
115	405			7 223 -	6 420 -	5 778 -	5 201 -	4 662 -	4 114 ~	3 547 ~	3 090 ~	2 716 ~	2 406 ~	2 146 ~	1 926 ~	1 738 ~
115	450				7 843 -	6 906 -	6 126 -	5 481 -	4 939 -	4 479 -	4 083	3 725 ~	3 300 ~	2 943 ~	2 642 ~	2 384 ~
140	198	2 747 ~	2 018 ~	1 545 ~	1 221 ~	989 ~	817 ~	687 ~	585 ~	505 ~	440 ~	386 ~	342 ~	305 ~		
140	264	5 199 -	4 457 -	3 663 ~	2 894 ~	2 344 ~	1 937 ~	1 628 ~	1 387 ~	1 196 ~	1 042 ~	916 ~	811 ~	724 ~	649 ~	586 ~
140	330		6 810 -	5 959 -	5 296 -	4 579 ~	3 784 ~	3 180 ~	2 709 ~	2 336 ~	2 035 ~	1 789 ~	1 584 ~	1 413 ~	1 268 ~	1 145 ~
140	396				7 489 -	6 740 -	6 127 -	5 494 ~	4 682 ~	4 037 ~	3 516 ~	3 091 ~	2 738 ~	2 442 ~	2 192 ~	1 978 ~
140	462					9 034 -	8 213 -	7 528 -	6 949 -	6 410 ~	5 584 ~	4 908 ~	4 347 ~	3 878 ~	3 480 ~	3 141 ~
140	528						10 584 -	9 645 -	8 730 -	7 950 -	7 279 -	6 695 -	6 183 -	5 731 -	5 195 ~	4 688 ~
165	330			7 023 -	6 242 -	5 396 ~	4 460 ~	3 747 ~	3 193 ~	2 753 ~	2 398 ~	2 108 ~	1 867 ~	1 665 ~	1 495 ~	1 349 ~
165	396				8 826 -	7 944 -	7 222 -	6 475 ~	5 518 ~	4 757 ~	4 144 ~	3 642 ~	3 226 ~	2 878 ~	2 583 ~	2 331 ~
165	462					9 679 -	8 873 -	8 190 -	7 555 ~	6 581 ~	5 784 ~	5 124 ~	4 570 ~	4 102 ~	3 702 ~	
165	528						11 435 -	10 555 -	9 801 -	9 148 -	8 576 -	7 648 ~	6 822 ~	6 123 ~	5 526 ~	

Élément dimensionnant : déformation : ~ ; contrainte de flexion : - ; cisaillement : •

Remarque
Les chiffres ne sont pas affichés lorsque la charge de résistance est inférieure à 30 daN par mètre et supérieure à 2 000 daN par mètre.

Exemple : une panne de 90 × 180 de 3 500 mm de portée peut supporter une charge totale de 975 daN sur toute sa longueur, soit une charge répartie de 975/3,5 = 278,6 daN/m de longueur.

Table 3 - Bois massif ou BMR

– Sur trois appuis
– Charge totale maximale entre deux appuis
en daN (G + S)

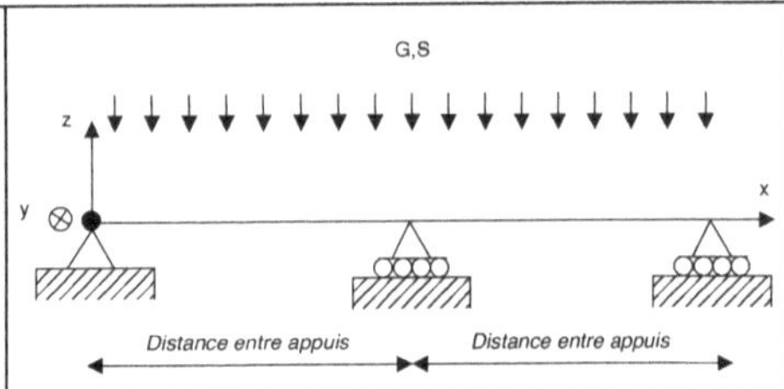

Section standard		Distance entre appuis (mm)														
(à 20 % d'humidité)		2 000	2 333	2 667	3 000	3 333	3 667	4 000	4 333	4 667	5 000	5 333	5 667	6 000	6 500	7 000
50	125	542 -	465 -	407 -	350 -	305 -	269 -	239 -	214 -	193 -	175 -					
50	150	753 -	629 -	530 -	454 -	394 -	346 -	306 -	273 -	244 -	220 -	199 -	181 -			
50	175	981 -	806 -	676 -	576 -	498 -	434 -	382 -	338 -	301 -	270 -	242 -	218 -	197 -		
50	200	1 215 •	994 -	829 -	703 -	604 -	524 -	458 -	403 -	356 -	316 -	282 -	252 -	226 -		
50	225	1 367 •	1 187 -	985 -	831 -	709 -	611 -	530 -	463 -	406 -	357 -	316 -	281 -	252 -	216 -	
50	250	1 519 •	1 381 -	1 139	954 -	809 -	692 -	596 -	516 -	448 -	393 -	348 -	310 -	278 -	238 -	
65	125	705 -	604 -	529 -	470 -	423 -	384 -	352 -	322 ~	278 ~	242 ~	213 ~	188 ~			
65	150	978 -	839 -	734 -	652 -	587 -	534 -	482 -	435 -	395 -	361 -	331 -	305 -	282 -	248 ~	213 ~
65	175	1 326 -	1 137 -	995 -	884 -	784 -	694 -	621 -	559 -	506 -	461 -	421 -	387 -	357 -	317 -	284 -
65	200	1 579 •	1 485 -	1 299 -	1 119 -	978 -	864 -	770 -	691 -	623 -	566 -	516 -	472 -	434 -	384 -	342 -
65	225	1 777 •	1 777 •	1 577 -	1 357 -	1 182 -	1 041 -	925 -	827 -	744 -	673 -	612 -	558 -	510 -	449 -	397 -
65	250	1 974 •	1 974 •	1 870 -	1 604 -	1 394 -	1 223 -	1 083 -	965 -	866 -	780 -	706 -	642 -	585 -	511 -	449 -
75	125	813 -	697 -	610 -	542 -	488 -	444 -	407 -	372 ~	321 ~	279 ~	246 ~	217 ~	194 ~		
75	150	1 129 -	968 -	847 -	753 -	677 -	616 -	565 -	521 -	484 -	452 -	419 -	376 ~	335 ~	286 ~	246 ~
75	175	1 530 -	1 312 -	1 148 -	1 020 -	918 -	835 -	765 -	706 -	642 -	588 -	541 -	499 -	463 -	415 -	375 -
75	200	1 822 •	1 713 -	1 499 -	1 333 -	1 199 -	1 090 -	977 -	882 -	802 -	732 -	672 -	619 -	572 -	512 -	461 -
75	225	2 050 •	2 050 •	1 898 -	1 687 -	1 498 -	1 328 -	1 188 -	1 070 -	970 -	884 -	809 -	744 -	686 -	611 -	548 -
75	250	2 278 •	2 278 •	2 278 •	2 037 -	1 783 -	1 578 -	1 408 -	1 265 -	1 144 -	1 040 -	950 -	871 -	801 -	711 -	635 -
75	300	2 733 •	2 733 •	2 733 •	2 733 •	2 386 -	2 101 -	1 866 -	1 669 -	1 502 -	1 359 -	1 234 -	1 126 -	1 030 -	906 -	801 -
100	100	726 -	622 -	544 -	484 -	429 ~	355 ~	298 ~	254 ~	219 ~	191 ~	168 ~				
100	125	1 084 -	929 -	813 -	723 -	651 -	591 -	542 -	496 ~	428 ~	372 ~	327 ~	290 ~	259 ~	220 ~	
100	150	1 505 -	1 290 -	1 129 -	1 004 -	903 -	821 -	753 -	695 -	645 -	602 -	565 -	501 ~	447 ~	381 ~	328 ~
100	175	2 041 -	1 749 -	1 530 -	1 360 -	1 224 -	1 113 -	1 020 -	942 -	875 -	816 -	765 -	720 -	680 -	605 ~	521 ~
100	200	2 430 •	2 285 -	1 999 -	1 777 -	1 599 -	1 454 -	1 333 -	1 230 -	1 142 -	1 066 -	1 000 -	941 -	888 -	820 -	758 -
100	225	2 733 •	2 733 •	2 530	2 249 -	2 024 -	1 840 -	1 687 -	1 557 -	1 446 -	1 349 -	1 265 -	1 191 -	1 124 -	1 016 -	924 -
100	250	3 037 •	3 037 •	3 037 •	2 776 -	2 499 -	2 272 -	2 082 -	1 922 -	1 785 -	1 666 -	1 562 -	1 444 -	1 343 -	1 211 -	1 099 -
100	300	3 644 •	3 644 •	3 644 •	3 644 •	3 598 -	3 271 -	2 999 -	2 749 -	2 505 -	2 294 -	2 111 -	1 951 -	1 810 -	1 626 -	1 470 -
BMR																
80	200	2 024 •	1 942 -	1 699 -	1 510 -	1 359 -	1 236 -	1 133 -	1 046 -	952 -	871 -	802 -	740 -	686 -	616 -	557 -
80	220	2 226 •	2 226 •	2 056 -	1 828 -	1 645 -	1495 -	1 357 -	1 226 -	1 115 -	1 020 -	936 -	864 -	799 -	716 -	645 -
80	240	2 429 •	2 429 •	2 429 •	2 175 -	1 957 -	1 751 -	1 569 -	1 416 -	1 285 -	1 173 -	1 076 -	991 -	915 -	818 -	735 -
100	200	2 530 •	2 427 -	2 124 -	1 888 -	1 699 -	1 545 -	1 416 -	1 307 -	1 214 -	1 133 -	1 062 -	999 -	944 -	871 -	809 -
100	220	2 783 •	2 783 •	2 570 -	2 284 -	2 056 -	1 869 -	1 713 -	1 582 -	1 469 -	1 371 -	1 285 -	1 209 -	1 142 -	1 045 -	951 -
100	240	3 036 •	3 036 •	3 036 •	2 719 -	2 447 -	2 224 -	2 039 -	1 882 -	1 748 -	1 631 -	1 529 -	1 439 -	1 340 -	1 209 -	1 099 -
120	200	3 036 •	2 913 -	2 549 -	2 266 -	2 039 -	1 854 -	1 699 -	1 568 -	1 456 -	1 359 -	1 274 -	1 199 -	1 133 -	1 046 -	971 -
120	220	3 339 •	3 339 •	3 084 -	2 741 -	2 467 -	2 243 -	2 056 -	1 898 -	1 762 -	1 645 -	1 542 -	1 451 -	1 371 -	1 265 -	1 175 -
120	240	3 643 •	3 643 •	3 643 •	3 262 -	2 936 -	2 669 -	2 447 -	2 259 -	2 097 -	1 957 -	1 835 -	1 727 -	1 631 -	1 506 -	1 398 -

Élément dimensionnant : déformation : ~ ; contrainte de flexion : - ; cisaillement : •

Remarque
Les chiffres ne sont pas affichés lorsque la charge de résistance est inférieure à 30 daN par mètre et supérieure à 2 000 daN par mètre.

Exemple : une panne de 75 × 175 de 3300 mm entre deux appuis peut supporter une charge totale de 918 daN entre appuis, soit une charge répartie de 918/3,3 = 278,2 daN/m de longueur.

Table 4 - Bois lamellé collé (BLC)

– Sur trois appuis
– Charge totale maximale sur la poutre entre deux appuis en daN (G + S)

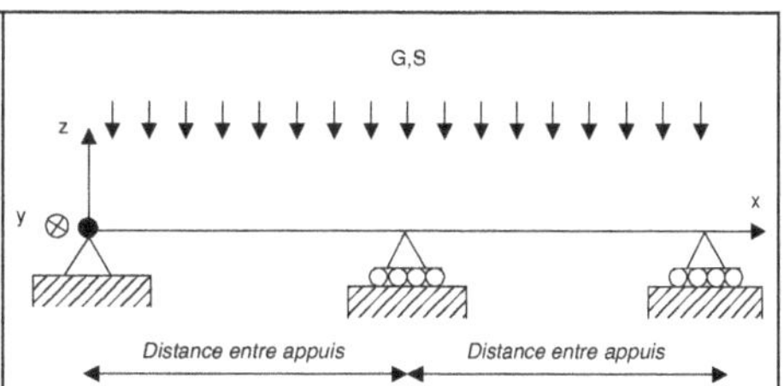

Exemple de section		Distance entre appuis (mm)														
		3 000	3 500	4 000	4 500	5 000	5 500	6 000	6 500	7 000	7 500	8 000	8 500	9 000	9 500	10 000
90	180	1 574 -	1 350 -	1 181 -	1 050 -	945 -	859 -	787 -	677 ~	584 ~	509 ~	447 ~	396 ~	353 ~	317 ~	
90	225	2 460 -	2 109 -	1 845 -	1 640 -	1 476 -	1 342 -	1 230 -	1 127 -	1 025 -	938 -	862 -	773 ~	690 ~	619 ~	559 ~
90	270	3 221 •	2 990 -	2 616 -	2 326 -	2 093 -	1 864 -	1 668 -	1 503 -	1 364 -	1 243 -	1 139 -	1 048 -	967 -	896 -	832 -
90	315	3 757 •	3 757 •	3 506 -	3 058 -	2 676 -	2 366 -	2 111 -	1 896 -	1 714 -	1 558 -	1 422 -	1 304 -	1 199 -	1 106 -	1 023 -
90	360	4 294 •	4 294 •	4 294 •	3 757 -	3 277 -	2 888 -	2 568 -	2 299 -	2 071 -	1 875 -	1 706 -	1 558 -	1 427 -	1 311 -	1 208 -
90	405	4 831 •	4 831 •	4 831 •	4 477 -	3 893 -	3 419 -	3 029 -	2 703 -	2 426 -	2 188 -	1 982 -	1 802 -	1 644 -	1 504 -	1 378 -
115	225	3 144 -	2 694 -	2 358 -	2 096 -	1 886 -	1 715 -	1 572 -	1 451 -	1 347 -	1 257 -	1 116 ~	988 ~	881 ~	791 ~	714 ~
115	270	4 115 •	3 820 -	3 343 -	2 971 -	2 674 -	2 431 -	2 229 -	2 057 -	1 910 -	1 783 -	1 671 -	1 573 -	1 471 -	1 367 ~	1 234 ~
115	315	4 801 •	4 801 •	4 480 -	3 983 -	3 584 -	3 259 -	2 987 -	2 757 -	2 560 -	2 368 -	2 182 -	2 019 -	1 874 -	1 746 -	1 631 -
115	360	5 487 •	5 487 •	5 487 •	5 133 -	4 620 -	4 200 -	3 850 -	3 504 -	3 190 -	2 920 -	2 685 -	2 479 -	2 297 -	2 136 -	1 991 -
115	405		6 173 •	6 173 •	6 173 •	5 778 -	5 201 -	4 662 -	4 210 -	3 825 -	3 494 -	3 207 -	2 955 -	2 732 -	2 535 -	2 358 -
115	450		6 859 •	6 859 •	6 859 •	6 859 •	6 126 -	5 481 -	4 939 -	4 479 -	4 083 -	3 739 -	3 438 -	3 173 -	2 937 -	2 726 -
140	198	2 964 -	2 540 -	2 223 -	1 976 -	1 778 -	1 616 -	1 482 -	1 368 -	1 209 ~	1 053 ~	926 ~	820 ~	731 ~	656 ~	592 ~
140	264	4 898 •	4 457 -	3 900 -	3 466 -	3 120 -	2 836 -	2 600 -	2 400 -	2 228 -	2 080 -	1 950 -	1 835 -	1 733 -	1 556 ~	1 404 ~
140	330		6 123 •	5 959 -	5 296 -	4 767 -	4 333 -	3 972 -	3 667 -	3 405 -	3 178 -	2 979 -	2 804 -	2 648 -	2 509 -	2 383 -
140	396			7 348 •	7 348 •	6 740 -	6 127 -	5 617 -	5 185 -	4 814 -	4 493 -	4 213 -	3 965 -	3 688 -	3 443 -	3 223 -
140	462				8 572 •	8 572 •	8 213 -	7 528 -	6 949 -	6 453 -	5 920 -	5 455 -	5 048 -	4 688 -	4 368 -	4 082 -
140	528					9 797 •	9 797 •	9 645 -	8 730 -	7 950 -	7 279 -	6 695 -	6 183 -	5 731 -	5 330 -	4 970 -
165	330			7 023 -	6 242 -	5 618 -	5 107 -	4 682 -	4 322 -	4 013 -	3 745 -	3 511 -	3 305 -	3 121 -	2 957 -	2 809 -
165	396				8 660 •	7 944 -	7 222 -	6 620 -	6 111 -	5 674 -	5 296 -	4 965 -	4 673 -	4 413 -	4 181 -	3 972 -
165	462					9 679 -	8 873 -	8 190 -	7 605 -	7 098 -	6 654 -	6 263 -	5 915 -	5 604 -	5 324 -	
165	528						11 435 -	10 555 -	9 801 -	9 148 -	8 576 -	8 072 -	7 533 -	7 037 -	6 592 -	

Élément dimensionnant : déformation : ~ ; contrainte de flexion : - ; cisaillement : •

Remarque

Les chiffres ne sont pas affichés lorsque la charge de résistance est inférieure à 30 daN par mètre et supérieure à 2 000 daN par mètre.

Exemple : une panne de 90 × 270 de 5 000 mm entre deux appuis peut supporter une charge totale de 2 093 daN entre appuis, soit une charge répartie de 2 093/5 = 418,6 daN/m de longueur.

Coefficients de variation des hypothèses

Les coefficients dans les tableaux suivants correspondent aux coefficients les plus défavorables en fonction de l'élément dimensionnant : la contrainte de rupture en flexion, en cisaillement ou la déformation. Le coefficient doit être appliqué à la charge précisée dans les tables lorsque le cas étudié est différent des hypothèses des tables.

Coefficient k1 : classement d'essence

C18	0,75
C30	1,09
GL28h	1,14

Exemple : une panne de 75 × 225 avec 4,5 m entre appuis classée C18 pourra supporter une charge totale de 840 × 0,75 = 630 daN.

Coefficient k2 : déformation

1/300	0,667
1/400	0,50

Exemple : une panne de 75 × 225 avec 4,5 m entre appuis classée C24 mais avec une flèche limitée à L/300, soit 4 500/300 = 15 mm, pourra supporter une charge totale de 840 × 0,667 = 560 daN.

Coefficient k3 : proportion de chargement différente

Matériau	Proportion de charges de structure	Coefficient à appliquer sur les charges du tableau et à comparer uniquement aux charges de structure
Bois massif	G ≥ 2,2S	0,667
Bois lamellé-collé	2,2S ≤ G < 2,33S	0,667
	G ≥ 2,33S	0,449

Exemple : une panne de 75 × 225 avec 4,5 m entre appuis, et classée C24. La charge de structure est égale à 2,5 fois la charge de neige (G = 2,5S). Elle pourra supporter une charge de structure de 840 × 0,667 = 560 daN. Cette vérification est suffisante.

Application de plusieurs coefficients

Si plusieurs critères sont différents des hypothèses de calcul des tables, il suffit de multiplier entre eux les coefficients. La charge finale est égale à la charge de la table multipliée par l'ensemble des coefficients.

Charge finale = charge table × k1 × k2 × k3.

Exemple : une panne de 75 × 225 avec 4,5 m entre appuis, classée C18, une flèche limitée à L/300 et une charge de structure égale à 2,5 fois la charge d'exploitation (G = 2,5S) pourra supporter une charge de structure totale de 840 × 0,75 × 0,667 × 0,667 = 280 daN.

> Remarques
>
> Si la charge de structure est inférieure à 2,2 fois la charge de neige (G < 2,2S), le coefficient k3 = 1, la panne pourra supporter une charge totale (structure et neige) de 840 × 0,75 × 0,667 × 1 = 420 daN.
>
> L'application de ces coefficients est pénalisante, car ils correspondent aux coefficients les plus défavorables en fonction de l'élément dimensionnant : la contrainte de rupture en flexion, en cisaillement ou la déformation. Une étude complète de la pièce permettrait de définir une charge limite plus importante.

11 Panne travaillant en flexion déviée

Les tables définissent le chargement maximal que peut supporter la pièce pour une section et une distance entre appuis données. Elles sont réalisées suivant trois critères, le matériau (bois massif ou lamellé-collé), le nombre d'appuis et la pente du toit. La charge est calculée en fonction de la contrainte de flexion, de la contrainte de cisaillement et de la déformation totale en incluant le fluage (la déformation différée).

Pente	Nombre d'appuis	Matériau	Table
30 %	2	BM ou BMR	1
		BLC	2
	3	BM ou BMR	3
		BLC	4
	2-3	BM ou BMR	5
		BLC	6
50 %	2	BM ou BMR	7
		BLC	8
	3	BM ou BMR	9
		BLC	10
	2-3	BM ou BMR	11
		BLC	12
70 %	2	BM ou BMR	13
		BLC	14
	3	BM ou BMR	15
		BLC	16
	2-3	BM ou BMR	17
		BLC	18
100 %	2-3	BM ou BMR	19
		BLC	20

BM : bois massif. BMR : bois massif reconstitué. BLC : bois lamellé-collé.

Hypothèses des tables 1 à 20

Les calculs ont été réalisés sur la base des éléments suivants :

* panne horizontale reposant sur deux ou trois appuis avec un chargement uniformément réparti. « 2-3 » appuis signifie que la panne est renforcée par une entretoise. Elle crée un

appui à mi-portée situé dans le plan du versant. Attention, cette entretoise doit être capable de transmettre les efforts sur les zones rigides de la structure, surtout lorsque la pente est importante (figure 11.1) ;

- panne en bois massif résineux C24 et panne en bois lamellé-collé GL24h ;

- panne sous abris ;

- charges de structure comprises entre 10 % et 220 % des charges de neige ($0{,}1S \leq G < 2{,}2S$) ;

- altitude du bâtiment $\leq 1\ 000$ m ;

- section de calcul à 12 % d'humidité ;

- taux de travail et de déformation de 0,95 ;

- déformation totale (Wnet,fin) : L/200 (effet de l'effort tranchant non pris en compte) ;

- les chiffres ne sont pas affichés lorsque la charge de résistance est inférieure à 30 daN par mètre et supérieure à 2 000 daN par mètre.

Remarque

Il n'y a pas de table pour vérifier la déformation instantanée sous charge variable (la neige). La charge de structure étant généralement assez importante par rapport à la charge de neige, la déformation instantanée sous charge variable de L/300 est rarement la plus défavorable.

Figure 11.1. Panne sur 2-3 appuis.

Tableaux de dimensionnement à l'Eurocode 5 des pannes travaillant en flexion déviée

Table 1 - Bois massif ou (BMR)

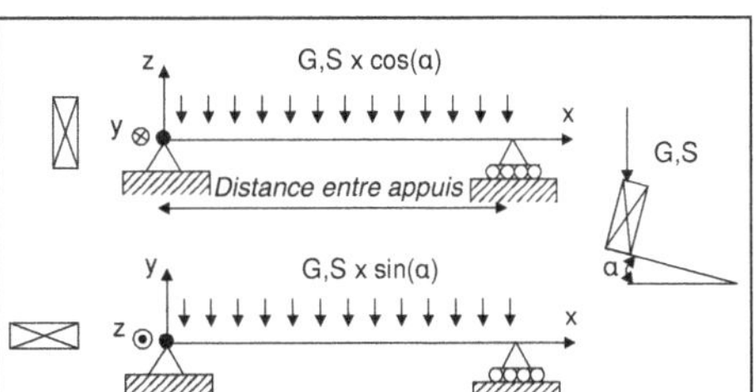

– Sur deux appuis
– Pente ≤ 30 %
– Charge totale maximale en daN (G + S)

Section standard	(à 20 % d'humidité)	Distance entre appuis (mm)														
		1 000	1 500	2 000	2 500	3 000	3 500	4 000	4 500	5 000	5 500	6 000	6 500	7 000	7 500	8 000
50	125	742 -	424 ~	239 ~	153 ~	106 ~										
50	150	964 -	541 ~	304 ~	195 ~	135 ~										
50	175	1 217 -	650 ~	365 ~	234 ~	162 ~	119 ~									
50	200	1 465 -	753 ~	424 ~	271 ~	188 ~	138 ~									
50	225	1 708 •	854 ~	480 ~	307 ~	214 ~	157 ~	120 ~								
50	250	1 898 •	953 ~	536 ~	343 ~	238 ~	175 ~	134 ~								
65	125	1 048 -	699 --	441 ~	283 ~	196 ~	144 ~									
65	150	1 376 -	917 -	605 ~	387 ~	269 ~	197 ~	151 ~								
65	175	1 727 •	1180 -	756 ~	484 ~	336 ~	247 ~	189 ~	149 ~							
65	200	1 974 •	1 465 -	897 ~	574 ~	399 ~	293 ~	224 ~	177 ~							
65	225		1 756 -	1 031 ~	660 ~	458 ~	337 ~	258 ~	204 ~	165 ~						
65	250		2 033 -	1 160 ~	742 ~	515 ~	379 ~	290 ~	229 ~	186 ~						
75	125	1 258 -	838 -	584 ~	374 ~	260 ~	191 ~	146 ~								
75	150	1 660 -	1 107 -	830 -	539 ~	374 ~	275 ~	210 ~	166 ~							
75	175	1 993 •	1 430 -	1 072 -	698 ~	484 ~	356 ~	273 ~	215 ~	174 ~						
75	200		1 784 -	1 323 ~	847 ~	588 ~	432 ~	331 ~	261 ~	212 ~	175 ~					
75	225		2 161 -	1 541 ~	986 ~	685 ~	503 ~	385 ~	304 ~	247 ~	204 ~					
75	250		2 558 -	1 749 ~	1 119 ~	777 ~	571 ~	437 ~	345 ~	280 ~	231 ~	194 ~				
75	300			2 145 ~	1 373 ~	953 ~	700 ~	536 ~	424 ~	343 ~	284 ~	238 ~	203 ~			
100	100	1 252 -	835 -	497 ~	318 ~	221 ~	162 ~	124 ~								
100	125	1 793 -	1 195 -	897 -	588 ~	408 ~	300 ~	230 ~	181 ~							
100	150		1 594 -	1 195 -	930 ~	646 ~	474 ~	363 ~	287 ~	232 ~	192 ~					
100	175		2 077 -	1 558 -	1 246 -	911 ~	669 ~	512 ~	405 ~	328 ~	271 ~	228 ~				
100	200		2 613 -	1 960 -	1 568 -	1 182 ~	869 ~	665 ~	525 ~	426 ~	352 ~	296 ~	252 ~	217 ~		
100	225			2 392 -	1 913 -	1 446 ~	1 062 ~	813 ~	643 ~	521 ~	430 ~	361 ~	308 ~	266 ~	231 ~	
100	250			2 851 -	2 281 -	1 697 ~	1 247 ~	955 ~	754 ~	611 ~	505 ~	424 ~	362 ~	312 ~	272 ~	
100	300			3 841 -	3 073 -	2 165 ~	1 590 ~	1 218 ~	962 ~	779 ~	644 ~	541 ~	461 ~	398 ~	346 ~	304 ~
BMR																
80	200		1 946 -	1 460 -	1 001 ~	695 ~	511 ~	391 ~	309 ~	250 ~	207 ~					
80	220		2 277 -	1 708 -	1 142 ~	793 ~	583 ~	446 ~	352 ~	286 ~	236 ~	198 ~				
80	240		2 622 -	1 967 -	1 277 ~	887 ~	651 ~	499 ~	394 ~	319 ~	264 ~	222 ~				
100	200		2 613 -	1 960 -	1 568 -	1 182 ~	869 ~	665 ~	525 ~	426 ~	352 ~	296 ~	252 ~	217 ~		
100	220			2 303 -	1 842 -	1 394 ~	1 024 ~	784 ~	620 ~	502 ~	415 ~	349 ~	297 ~	256 ~		
100	240			2 664 -	2 131 -	1 598 ~	1 174 ~	899 ~	710 ~	575 ~	476 ~	400 ~	340 ~	294 ~	256 ~	
120	200			2 474 -	1 979 -	1 649 -	1 251 ~	958 ~	757 ~	613 ~	507 ~	426 ~	363 ~	313 ~	272 ~	
120	220			2 917 -	2 334 -	1 945 -	1 526 ~	1 168 ~	923 ~	748 ~	618 ~	519 ~	442 ~	381 ~	332 ~	292 ~
120	240			3 386 -	2 709 -	2 258 -	1 801 ~	1 379 ~	1 090 ~	883 ~	729 ~	613 ~	522 ~	450 ~	392 ~	345 ~

Élément dimensionnant : déformation : ~ ; contrainte de flexion : - ; cisaillement : •

Remarque

Les chiffres ne sont pas affichés lorsque la charge de résistance est inférieure à 30 daN par mètre et supérieure à 2 000 daN par mètre.

Exemple : une panne de 65 × 175 de 3 000 mm de portée peut supporter une charge totale de 336 daN sur toute sa longueur, soit une charge répartie de 336/3 = 112 daN/m de longueur.

Table 2 - Bois lamellé-collé (BLC)

– Sur deux appuis
– Pente ≤ 30 %
– Charge totale maximale en daN (G + S)

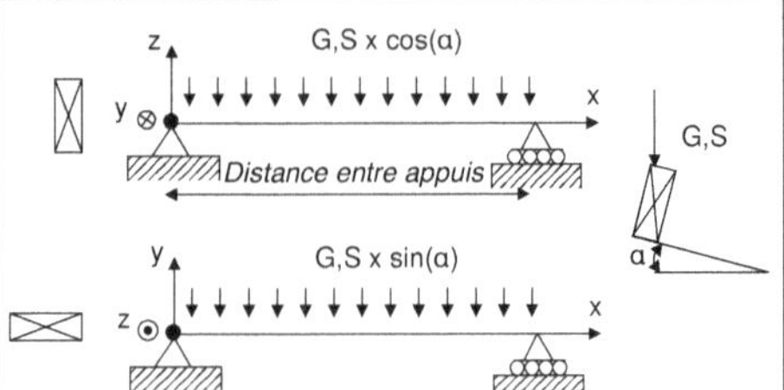

Distance entre appuis (mm)

Exemple de section		3 000	3 500	4 000	4 500	5 000	5 500	6 000	6 500	7 000	7 500	8 000	8 500	9 000	9 500	10 000
90	180	887 ~	652 ~	499 ~	394 ~	319 ~	264 ~	222 ~								
90	225	1 273 ~	935 ~	716 ~	566 ~	458 ~	379 ~	318 ~	271 ~	234 ~						
90	270	1 624 ~	1 193 ~	913 ~	722 ~	585 ~	483 ~	406 ~	346 ~	298 ~	260 ~					
90	315	1 949 ~	1 432 ~	1 096 ~	866 ~	702 ~	580 ~	487 ~	415 ~	358 ~	312 ~	274 ~				
90	360	2 260 ~	1 661 ~	1 271 ~	1 005 ~	814 ~	672 ~	565 ~	481 ~	415 ~	362 ~	318 ~	282 ~			
90	405	2 563 ~	1 883 ~	1 442 ~	1 139 ~	923 ~	763 ~	641 ~	546 ~	471 ~	410 ~	360 ~	319 ~	285 ~		
115	225	2 270 ~	1 668 ~	1 277 ~	1 009 ~	817 ~	675 ~	568 ~	484 ~	417 ~	363 ~	319 ~	283 ~			
115	270	3 091 ~	2 271 ~	1 739 ~	1 374 ~	1 113 ~	920 ~	773 ~	658 ~	568 ~	495 ~	435 ~	385 ~	343 ~	308 ~	
115	315	3 852 ~	2 830 ~	2 167 ~	1 712 ~	1 387 ~	1 146 ~	963 ~	820 ~	707 ~	616 ~	542 ~	480 ~	428 ~	384 ~	347 ~
115	360	4 560 ~	3 350 ~	2 565 ~	2 027 ~	1 642 ~	1 357 ~	1 140 ~	971 ~	838 ~	730 ~	641 ~	568 ~	507 ~	455 ~	410 ~
115	405	5 233 ~	3 845 ~	2 944 ~	2 326 ~	1 884 ~	1 557 ~	1 308 ~	1115 ~	961 ~	837 ~	736 ~	652 ~	581 ~	522 ~	471 ~
115	450	5 883 ~	4 322 ~	3 309 ~	2 615 ~	2 118 ~	1750 ~	1 471 ~	1253 ~	1081 ~	941 ~	827 ~	733 ~	654 ~	587 ~	529 ~
140	198	2 386 -	1 807 ~	1 383 ~	1 093 ~	885 ~	732 ~	615 ~	524 ~	452 ~	393 ~	346 ~	306 ~	273 ~		
140	264	3 888 -	3 333 -	2 615 ~	2 066 ~	1 674 ~	1 383 ~	1 162 ~	990 ~	854 ~	744 ~	654 ~	579 ~	517 ~	464 ~	418 ~
140	330	5 548 -	4 756 -	3 842 ~	3 036 ~	2 459 ~	2 032 ~	1 708 ~	1 455 ~	1 255 ~	1 093 ~	961 ~	851 ~	759 ~	681 ~	615 ~
140	396		6 307 -	4 964 ~	3 922 ~	3 177 ~	2 625 ~	2 206 ~	1 880 ~	1 621 ~	1 412 ~	1 241 ~	1 099 ~	980 ~	880 ~	794 ~
140	462			5 999 ~	4 740 ~	3 839 ~	3 173 ~	2 666 ~	2 272 ~	1 959 ~	1 706 ~	1 500 ~	1 328 ~	1 185 ~	1 063 ~	960 ~
140	528			6 980 ~	5 515 ~	4 467 ~	3 692 ~	3 102 ~	2 643 ~	2 279 ~	1 986 ~	1 745 ~	1 546 ~	1 379 ~	1 238 ~	1 117 ~
165	330		5 901 -	5 163 -	4 453 ~	3 607 ~	2 981 ~	2 505 ~	2 134 ~	1 840 ~	1 603 ~	1 409 ~	1 248 ~	1 113 ~	999 ~	902 ~
165	396			6 893 -	6 020 ~	4 876 ~	4 030 ~	3386 ~	2 885 ~	2 488 ~	2 167 ~	1 905 ~	1 687 ~	1 505 ~	1 351 ~	1 219 ~
165	462				7 468 ~	6 049 ~	4 999 ~	4 200 ~	3 579 ~	3 086 ~	2 688 ~	2 363 ~	2 093 ~	1 867 ~	1 676 ~	1 512 ~
165	528				8 818 ~	7 143 ~	5 903 ~	4 960 ~	4 226 ~	3 644 ~	3 175 ~	2 790 ~	2 472 ~	2 205 ~	1 979 ~	1 786 ~
190	396				7 381 -	6 643 -	5 640 ~	4 739 ~	4 038 ~	3 482 ~	3 033 ~	2 666 ~	2 361 ~	2 106 ~	1 890 ~	1 706 ~
190	462					8 473 -	7 225 ~	6 071 ~	5 173 ~	4 460 ~	3 885 ~	3 415 ~	3 025 ~	2 698 ~	2 422 ~	2 186 ~
190	528						8 703 ~	7 313 ~	6 231 ~	5 373 ~	4 680 ~	4 113 ~	3 644 ~	3 250 ~	2 917 ~	2 633 ~
190	594						10 093 ~	8 481 ~	7226 ~	6 231 ~	5 428 ~	4 771 ~	4 226 ~	3 769 ~	3 383 ~	3 053 ~
210	462					9677 -	8797 -	7 750 ~	6 603 ~	5 694 ~	4 960 ~	4 359 ~	3 862 ~	3 444 ~	3 091 ~	2 790 ~
210	528						10 848 -	9 513 ~	8 106 ~	6 989 ~	6 088 ~	5 351 ~	4 740 ~	4 228 ~	3 795 ~	3 425 ~
210	594							11 168 ~	9 516 ~	8 205 ~	7 148 ~	6 282 ~	5 565 ~	4 964 ~	4 455 ~	4 021 ~
210	660								10 853 ~	9 358 ~	8 152 ~	7 165 ~	6 347 ~	5 661 ~	5 081 ~	4 585 ~

Élément dimensionnant : déformation : ~ ; contrainte de flexion : - ; cisaillement : •

Remarque

Les chiffres ne sont pas affichés lorsque la charge de résistance est inférieure à 30 daN par mètre et supérieure à 2 000 daN par mètre.

Exemple : une panne de 90 × 180 de 3 500 mm de portée peut supporter une charge totale de 652 daN sur toute sa longueur, soit une charge répartie de 652/3,5 = 186,3 daN/m de longueur.

Table 3 - Bois massif ou (BMR)

– Sur trois appuis
– Pente ≤ 30 %
– Charge totale maximale entre deux appuis en daN (G + S)

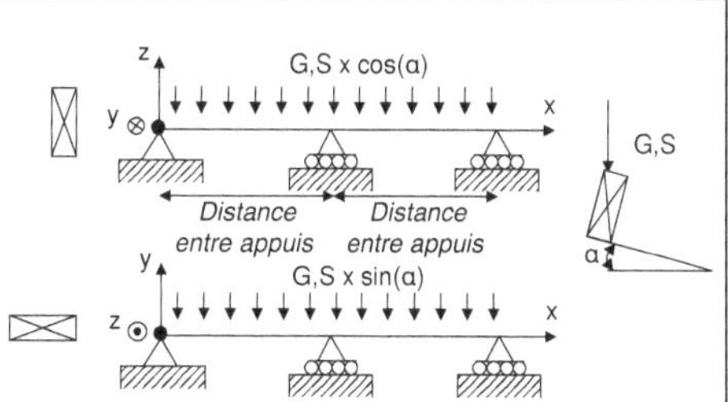

Section standard (à 20 % d'humidité)		Distance entre appuis (mm)														
		2 000	2 333	2 667	3 000	3 333	3 667	4 000	4 333	4 667	5 000	5 333	5 667	6 000	6 500	7 000
50	125	371 -	318 -	278 -	247 -	206 ~	170 ~	143 ~								
50	150	482 -	413 -	362 -	321 -	263 ~	217 ~	182 ~	155 ~							
50	175	609 -	522 -	457 -	389 ~	315 ~	260 ~	219 ~	187 ~	161 ~						
50	200	732 -	628 -	549 -	451 ~	365 ~	302 ~	254 ~	216 ~	186 ~	162 ~					
50	225	859 -	736 -	644 -	512 ~	414 ~	342 ~	288 ~	245 ~	211 ~	184 ~	162 ~				
50	250	988 -	847 -	723 ~	571 ~	463 ~	382 ~	321 ~	274 ~	236 ~	206 ~	181 ~				
65	125	524 -	449 -	393 -	349 -	314 -	286 -	262 -	225 ~	194 ~	169 ~					
65	150	688 -	590 -	516 -	459 -	413 -	375 -	344 -	309 ~	266 ~	232 ~	204 ~	180 ~			
65	175	885 -	758 -	663 -	590 -	531 -	483 -	442 -	386 ~	333 ~	290 ~	255 ~	226 ~	201 ~		
65	200	1 099 -	942 -	824 -	733 -	659 -	599 -	537 ~	458 ~	395 ~	344 ~	302 ~	268 ~	239 ~	203 ~	
65	225	1 317 -	1 129 -	988 -	878 -	790 -	718 -	617 ~	526 ~	454 ~	395 ~	347 ~	308 ~	274 ~	234 ~	
65	250	1 525 -	1 307 -	1 143 -	1 016 -	915 -	827 ~	695 ~	592 ~	510 ~	445 ~	391 ~	346 ~	309 ~	263 ~	227 ~
75	125	629 -	539 -	472 -	419 -	377 -	343 -	314 -	290 -	257 ~	224 ~	197 ~	174 ~			
75	150	830 -	711 -	623 -	553 -	498 -	453 -	415 -	383 -	356 -	323 ~	284 ~	251 ~	224 ~		
75	175	1 072 -	919 -	804 -	715 -	643 -	585 -	536 -	495 -	460 -	418 ~	367 ~	325 ~	290 ~	247 ~	213 ~
75	200	1 338 -	1 147 -	1 003 -	892 -	803 -	730 -	669 -	617 -	573 -	507 ~	446 ~	395 ~	352 ~	300 ~	259 ~
75	225	1 620 -	1 389 -	1 215 -	1 080 -	972 -	884 -	810 -	748 -	678 ~	591 ~	519 ~	460 ~	410 ~	350 ~	301 ~
75	250	1 918 -	1 644 -	1 439 -	1 279 -	1 151 -	1 046 -	959 -	885 -	770 ~	670 ~	589 ~	522 ~	466 ~	397 ~	342 ~
75	300	2 471 -	2 118 -	1 854 -	1 648 -	1 483 -	1 348 -	1 236 -	1 095 ~	944 ~	822 ~	723 ~	640 ~	571 ~	487 ~	420 ~
100	100	626 -	537 -	470 -	417 -	376 -	341 -	298 ~	254 ~	219 ~	191 ~	168 ~				
100	125	897 -	768 -	672 -	598 -	538 -	489 -	448 -	414 -	384 -	352 ~	309 ~	274 ~	245 ~	208 ~	
100	150	1 195 -	1 024 -	896 -	797 -	717 -	652 -	598 -	552 -	512 -	478 -	448 -	422 -	387 ~	330 ~	284 ~
100	175	1 558 -	1 335 -	1 168 -	1 039 -	935 -	850 -	779 -	719 -	668 -	623 -	584 -	550 -	519 -	465 ~	401 ~
100	200	1 960 -	1 680 -	1 470 -	1 306 -	1 176 -	1 069 -	980 -	904 -	840 -	784 -	735 -	692 -	653 -	603 -	520 ~
100	225	2 392 -	2 050 -	1 794 -	1 595 -	1 435 -	1 305 -	1 196 -	1 104 -	1 025 -	957 -	897 -	844 -	797 -	736 -	636 ~
100	250	2 851 -	2 444 -	2 138 -	1 901 -	1 711 -	1 555 -	1 426 -	1 316 -	1 222 -	1 140 -	1 069 -	1 006 -	950 -	866 ~	747 ~
100	300	3 644 •	3 292 -	2 881 -	2 561 -	2 305 -	2 095 -	1 921 -	1 773 -	1 646 -	1 536 -	1 440 -	1 356 -	1 280 -	1 105 ~	953 ~
BMR																
80	200	1 460 -	1 251 -	1 095 -	973 -	876 -	796 -	730 -	674 -	626 -	584 -	527 ~	467 ~	416 ~	355 ~	306 ~
80	220	1 708 -	1 464 -	1 281 -	1 138 -	1 025 -	931 -	854 -	788 -	732 -	683 -	601 ~	533 ~	475 ~	405 ~	349 ~
80	240	1 967 -	1 686 -	1 475 -	1 311 -	1 180 -	1 073 -	983 -	908 -	843 -	765 ~	672 ~	595 ~	531 ~	453 ~	390 ~
100	200	1 960 -	1 680 -	1 470 -	1 306 -	1 176 -	1 069 -	980 -	904 -	840 -	784 -	735 -	692 -	653 -	603 -	520 ~
100	220	2 303 -	1 974 -	1 727 -	1 535 -	1 382 -	1 256 -	1 152 -	1 063 -	987 -	921 -	864 -	813 -	768 -	709 -	614 ~
100	240	2 664 -	2 284 -	1 998 -	1 776 -	1 599 -	1 453 -	1 332 -	1 230 -	1 142 -	1066 -	999 -	940 -	888 -	816 ~	703 ~
120	200	2 474 -	2 120 -	1 855 -	1 649 -	1 484 -	1 349 -	1 237 -	1 142 -	1 060 -	989 -	928 -	873 -	825 -	761 -	707 -
120	220	2 917 -	2 501 -	2 188 -	1 945 -	1 750 -	1 591 -	1 459 -	1 346 -	1 250 -	1 167 -	1 094 -	1 030 -	972 -	898 -	834 -
120	240	3 386 -	2 903 -	2 540 -	2 258 -	2 032 -	1 847 -	1 693 -	1 563 -	1 451 -	1 355 -	1 270 -	1 195 -	1 129 -	1 042 -	968 -

Élément dimensionnant : déformation : ~ ; contrainte de flexion : - ; cisaillement : •

Remarque

Les chiffres ne sont pas affichés lorsque la charge de résistance est inférieure à 30 daN par mètre et supérieure à 2 000 daN par mètre.

Exemple : une panne de 75 × 175 de 3300 mm entre deux appuis peut supporter une charge totale de 715 daN entre appuis, soit une charge répartie de 715/3 = 238,3 daN/m de longueur.

Table 4 - Bois lamellé-collé (BLC)

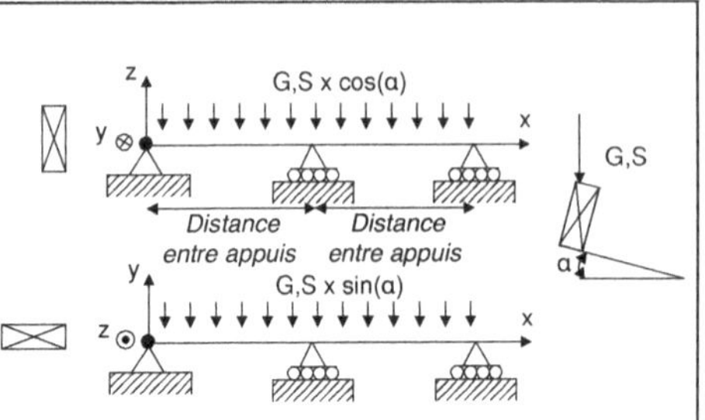

– Sur trois appuis
– Pente $\leq$ 30 %
– Charge totale maximale entre deux appuis en daN (G + S)

Exemple de section		Distance entre appuis (mm)													
		3 000	3 500	4 000	4 500	5 000	5 500	6 000	6 500	7 000	7 500	8 000	8 500	9 000	9 500	10 000
90	180	1 158 -	992 -	868 -	772 -	695 -	631 -	531 ~	453 ~	390 ~	340 ~	299 ~	265 ~			
90	225	1 684 -	1 444 -	1 263 -	1 123 -	1 011 -	908 ~	763 ~	650 ~	560 ~	488 ~	429 ~	380 ~	339 ~	304 ~	
90	270	2 234 -	1 915 -	1 676 -	1 490 -	1 341 -	1 157 ~	973 ~	829 ~	715 ~	622 ~	547 ~	485 ~	432 ~	388 ~	350 ~
90	315	2 789 -	2 391 -	2 092 -	1 859 -	1 674 -	1 389 ~	1 168 ~	995 ~	858 ~	747 ~	657 ~	582 ~	519 ~	466 ~	420 ~
90	360	3 311 -	2 838 -	2 483 -	2 207 -	1 949 ~	1 611 ~	1 354 ~	1 154 ~	995 ~	866 ~	762 ~	675 ~	602 ~	540 ~	487 ~
90	405	3 838 -	3 290 -	2 879 -	2 559 -	2 210 ~	1 827 ~	1 535 ~	1 308 ~	1 128 ~	982 ~	863 ~	765 ~	682 ~	612 ~	553 ~
115	225	2 326 -	1 994 -	1 745 -	1 551 -	1 396 -	1 269 -	1 163 -	1 074 -	997 -	870 ~	765 ~	678 ~	604 ~	542 ~	490 ~
115	270	3 117 -	2 672 -	2 338 -	2 078 -	1 870 -	1 700 -	1 558 -	1 439 -	1 336 -	1 185 ~	1 041 ~	923 ~	823 ~	739 ~	667 ~
115	315	3 959 -	3 394 -	2 970 -	2 640 -	2 376 -	2 160 -	1 980 -	1 827 -	1 695 ~	1 476 ~	1 298 ~	1 149 ~	1 025 ~	920 ~	830 ~
115	360	4 850 -	4 157 -	3 637 -	3 233 -	2 910 -	2 645 -	2 425 -	2 238 -	2 007 ~	1 748 ~	1 536 ~	1 361 ~	1 214 ~	1 089 ~	983 ~
115	405	5 724 -	4 906 -	4 293 -	3 816 -	3 434 -	3 122 -	2 862 -	2 642 -	2 303 ~	2 006 ~	1 763 ~	1 562 ~	1 393 ~	1 250 ~	1 128 ~
115	450		5 618 -	4 916 -	4 370 -	3 933 -	3 575 -	3 277 -	3 002 ~	2 589 ~	2 255 ~	1 982 ~	1 756 ~	1 566 ~	1 406 ~	1 269 ~
140	198	2 386 -	2 045 -	1 789 -	1 590 -	1 431 -	1 301 -	1 193 -	1 101 -	1 022 -	943 ~	829 ~	734 ~	655 ~	588 ~	530 ~
140	264	3 888 -	3 333 -	2 916 -	2 592 -	2 333 -	2 121 -	1 944 -	1 795 -	1 666 -	1 555 -	1 458 -	1 372 -	1 238 ~	1 111 ~	1 003 ~
140	330	5 548 -	4 756 -	4 161 -	3 699 -	3 329 -	3 026 -	2 774 -	2 561 -	2 378 -	2 219 -	2 081 -	1 958 -	1 818 ~	1 632 ~	1 473 ~
140	396		6 307 -	5 518 -	4 905 -	4 415 -	4 013 -	3 679 -	3 396 -	3 153 -	2 943 -	2 759 -	2 597 -	2 349 ~	2 108 ~	1 903 ~
140	462			6 964 -	6 190 -	5 571 -	5 065 -	4 642 -	4 285 -	3 979 -	3 714 -	3 482 -	3 183 ~	2 839 ~	2 548 ~	2 299 ~
140	528				7 375 -	6 637 -	6 034 -	5 531 -	5 106 -	4 741 -	4 425 -	4 148 -	3 704 ~	3 303 ~	2 965 ~	2 676 ~
165	330		5 901 -	5 163 -	4 590 -	4 131 -	3 755 -	3 442 -	3 177 -	2 950 -	2 754 -	2 582 -	2 430 -	2 295 -	2 174 -	2 065 -
165	396			6 893 -	6 127 -	5 514 -	5 013 -	4 595 -	4 242 -	3 939 -	3 676 -	3 446 -	32 44 -	3 064 -	2 902 -	2 757 -
165	462				7 778 -	7 000 -	6 364 -	5 833 -	5 385 -	5 000 -	4 667 -	4 375 -	4 118 -	3 889 -	3 684 -	3 500 -
165	528					8 568 -	7 789 -	7 140 -	6 591 -	6 120 -	5 712 -	5 355 -	5 040 -	4 760 -	4 510 -	4 278 ~
190	396				7 381 -	6 643 -	6 039 -	5 536 -	5 110 -	4 745 -	4 429 -	4 152 -	3 908 -	3 690 -	3 496 -	3 321 -
190	462					8 473 -	7 703 -	7 061 -	6 518 -	6 052 -	5 649 -	5 296 -	4 984 -	4 707 -	4 460 -	4 237 -
190	528						9 470 -	8 681 -	8 013 -	7 441 -	6 945 -	6 511 -	6 128 -	5 787 -	5 483 -	5 209 -
190	594							10 380 -	9 582 -	8 897 -	8 304 -	7 785 -	7 327 -	6 920 -	6 556 -	6 228 -
210	462						9 677 -	8 797 -	8 064 -	7 444 -	6 912 -	6 451 -	6 048 -	5 692 -	5 376 -	5 093 -	4 838 -
210	528							10 848 -	9 944 -	9 179 -	8 523 -	7 955 -	7 458 -	7 019 -	6 629 -	6 280 -	5 966 -
210	594								11 923	11 006 -	10 220 -	9 538 -	8 942 -	8 416 -	7 949 -	7 530 -	7 154 -
210	660										12 103 -	11 296 -	10 590 -	9 967 -	9 413 -	8 918 -	8 472 -

Élément dimensionnant : déformation : ~ ; contrainte de flexion : - ; cisaillement : •

Remarque

Les chiffres ne sont pas affichés lorsque la charge de résistance est inférieure à 30 daN par mètre et supérieure à 2 000 daN par mètre.

Exemple : une panne de 90 × 270 de 5 000 mm entre deux appuis peut supporter une charge totale de 1 341 daN entre appuis, soit une charge répartie de 1 341/5 = 268,2 daN/m de longueur.

Table 5 - Bois massif ou BMR

– Sur 2-3 appuis
– Pente ≤ 30 %
– Charge totale maximale en daN (G + S)

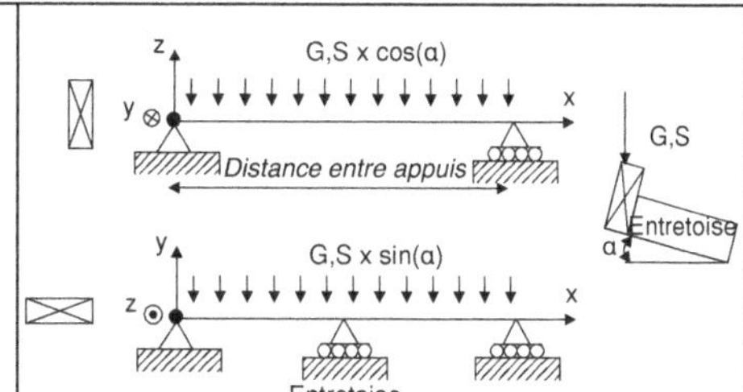

Section standard (à 20 % d'humidité)		Distance entre appuis (mm)														
		1 000	1 500	2 000	2 500	3 000	3 500	4 000	4 500	5 000	5 500	6 000	6 500	7 000	7 500	8 000
50	125	1 001 -	667 -	486 ~	311 ~	216 ~	159 ~	121 ~								
50	150	1 358 -	905 -	679 -	537 ~	373 ~	274 ~	210 ~	166 ~							
50	175	1 329 •	1 200 -	900 -	720 -	592 ~	435 ~	333 ~	263 ~	213 ~	176 ~					
50	200	1 519 •	1 519 •	1 150 -	920 -	767 -	650 ~	497 ~	393 ~	318 ~	263 ~	221 ~				
50	225	1 708 •	1 708 •	1 424 -	1140 -	950 -	814 -	708 ~	560 ~	453 ~	375 ~	315 ~	268 ~	231 ~		
50	250	1 898 •	1 898 •	1 722 -	1378 -	1148 -	984 -	861 -	765 -	622 ~	514 ~	432 ~	368 ~	317 ~	276 ~	243 ~
65	125	1 337 -	891 -	632 ~	404 ~	281 ~	206 ~	158 ~								
65	150	1 822 -	1 215 -	911 -	698 ~	485 ~	356 ~	273 ~	216 ~	175 ~						
65	175	1 727 •	1 618 -	1 213 -	971 -	770 ~	566 ~	433 ~	342 ~	277 ~	229 ~	193 ~				
65	200	1 974 •	1 974 •	1 557 -	1 246 -	1 038 -	845 ~	647 ~	511 ~	414 ~	342 ~	287 ~	245 ~	211 ~		
65	225		2 221 •	1 937 -	1 550 -	1 291 -	1 107 -	921 ~	728 ~	589 ~	487 ~	409 ~	349 ~	301 ~	262 ~	
65	250		2 468 •	2 351 -	1 881 -	1 568 -	1 344 -	1 176 -	998 ~	808 ~	668 ~	561 ~	478 ~	412 ~	359 ~	316 ~
75	125	1 561 -	1 041 -	729 ~	466 ~	324 ~	238 ~	182 ~	144 ~							
75	150		1 422 -	1 067 -	806 ~	560 ~	411 ~	315 ~	249 ~	201 ~	167 ~					
75	175	1 993 •	1 898 -	1 424 -	1 139 -	889 ~	653 ~	500 ~	395 ~	320 ~	264 ~	222 ~				
75	200		2 278 •	1 831 -	1 465 -	1 220 -	975 ~	746 ~	590 ~	478 ~	395 ~	332 ~	283 ~	244 ~		
75	225		2 563 •	2 282 -	1 826 -	1 521 -	1 304 -	1 062 ~	840 ~	680 ~	562 ~	472 ~	402 ~	347 ~	302 ~	266 ~
75	250		2 847 •	2 775 -	2 220 -	1 850 -	1 586 -	1 388 -	1 152 ~	933 ~	771 ~	648 ~	552 ~	476 ~	415 ~	364 ~
75	300			3 417 •	3 105 -	2 587 -	2 218 -	1 940 -	1 725 -	1 552 -	1 332 ~	1 119 ~	954 ~	822 ~	716 ~	630 ~
100	100	1439 -	884 ~	497 ~	318 ~	221 ~	162 ~	124 ~								
100	125		1 416 -	972 ~	622 ~	432 ~	317 ~	243 ~	192 ~	155 ~						
100	150		1 943 -	1 457 -	1 075 ~	746 ~	548 ~	420 ~	332 ~	269 ~	222 ~	187 ~				
100	175		2 602 -	1 951 -	1 561 -	1 185 ~	871 ~	667 ~	527 ~	427 ~	353 ~	296 ~	252 ~	218 ~		
100	200			2 518 -	2 015 -	1 679 -	1 300 ~	995 ~	786 ~	637 ~	526 ~	442 ~	377 ~	325 ~	283 ~	249 ~
100	225			3 150 -	2 520 -	2 100 -	1 800 -	1 417 ~	1 119 ~	907 ~	749 ~	630 ~	536 ~	463 ~	403 ~	354 ~
100	250			3 796 •	3 075 -	2 562 -	2 196 -	1 922 -	1 535 ~	1 244 ~	1 028 ~	864 ~	736 ~	635 ~	553 ~	486 ~
100	300				4 327 -	3 606 -	3 091 -	2 705 -	2 404 -	2 149 ~	1 776 ~	1 492 ~	1 272 ~	1 096 ~	955 ~	840 ~
BMR																
80	200		2 430 •	1 968 -	1 574 -	1 312 -	1 040 ~	796 ~	629 ~	509 ~	421 ~	354 ~	301 ~	260 ~	226 ~	
80	220		2 673 •	2 354 -	1 883 -	1 569 -	1 345 -	1 059 ~	837 ~	678 ~	560 ~	471 ~	401 ~	346 ~	301 ~	265 ~
80	240		2 916 •	2 769 -	2 216 -	1 846 -	1 583 -	1 375 ~	1 087 ~	880 ~	728 ~	611 ~	521 ~	449 ~	391 ~	344 ~
100	200			2 518 -	2 015 -	1 679 -	1 300 ~	995 ~	786 ~	637 ~	526 ~	442 ~	377 ~	325 ~	283 ~	249 ~
100	220			3 018 -	2 415 -	2 012 -	1 725 -	1 324 ~	1 046 ~	848 ~	700 ~	589 ~	502 ~	432 ~	377 ~	331 ~
100	240			3 559 -	2 847 -	2 372 -	2 034 -	1 719 ~	1 358 ~	1 100 ~	909 ~	764 ~	651 ~	561 ~	489 ~	430 ~
120	200			3 071 -	2 456 -	2 047 -	1 559 ~	1 194 ~	943 ~	764 ~	632 ~	531 ~	452 ~	390 ~	340 ~	298 ~
120	220			3 686 -	2 949 -	2 457 -	2 076 ~	1 589 ~	1 256 ~	1 017 ~	841 ~	706 ~	602 ~	519 ~	452 ~	397 ~
120	240			3 481 -	2 901 -	2 487 -	2 063 ~	1 630 ~	1 320 ~	1 091 ~	917 ~	781 ~	674 ~	587 ~	516 ~	

Élément dimensionnant : déformation : ~ ; contrainte de flexion : - ; cisaillement : •

Remarques

Les chiffres ne sont pas affichés lorsque la charge de résistance est inférieure à 30 daN par mètre et supérieure à 2 000 daN par mètre.

Lorsque la pente est inférieure à 30 %, prendre la table 1 du chapitre « Panne travaillant en flexion simple ».

Exemple : une panne de 75 × 175 de 3 300 mm de portée peut supporter une charge totale de 503 daN, soit une charge répartie de 503/3,3 = 152,4 daN/m de longueur.

Table 6 - Bois lamellé-collé (BLC)

– Sur 2-3 appuis (renforcés par une entretoise)
– Pente ≤ 30 %
– Charge totale maximale en daN (G + S)

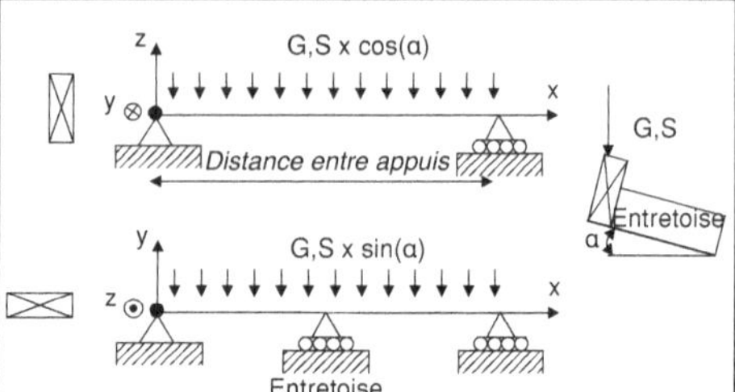

Exemple de section		Distance entre appuis (mm)													
		3 000	3 500	4 000	4 500	5 000	5 500	6 000	6 500	7 000	7 500	8 000	8 500	9 000	9 500	10 000
90	180	1 327 ~	975 ~	746 ~	590 ~	478 ~	395 ~	332 ~	283 ~	244 ~						
90	225	2 270 -	1 904 ~	1 458 ~	1 152 ~	933 ~	771 ~	648 ~	552 ~	476 ~	415 ~	364 ~	323 ~	288 ~		
90	270	3 146 -	2 697 -	2 360 -	1 990 ~	1 612 ~	1 332 ~	1 120 ~	954 ~	823 ~	716 ~	630 ~	558 ~	498 ~	447 ~	403 ~
90	315	4 123 -	3 534 -	3 093 -	2 749 -	2 474 -	2 116 ~	1 778 ~	1 515 ~	1 306 ~	1 138 ~	1 000 ~	886 ~	790 ~	709 ~	640 ~
90	360	5 199 -	4 456 -	3 899 -	3 466 -	3 119 -	2 836 -	2 600 -	2 261 ~	1 950 ~	1698 ~	1 493 ~	1 322 ~	1 179 ~	1 059 ~	955 ~
90	405		5 456 -	4 774 -	4 243 -	3 819 -	3 472 -	3 182 -	2 938 -	2 728 -	2418 ~	2 125 ~	1 883 ~	1 679 ~	1 507 ~	1 360 ~
115	225	2 976 -	2 433 ~	1 863 ~	1 472 ~	1 192 ~	985 ~	828 ~	705 ~	608 ~	530 ~	466 ~	412 ~	368 ~	330 ~	
115	270	4 143 -	3 551 -	3 107 -	2 543 ~	2 060 ~	1 702 ~	1 430 ~	1 219 ~	1 051 ~	916 ~	805 ~	713 ~	636 ~	571 ~	515 ~
115	315	5 453 -	4 674 -	4 090 -	3 635 -	3 271 ~	2 703 ~	2 272 ~	1 936 ~	1 669 ~	1 454 ~	1 278 ~	1 132 ~	1 010 ~	906 ~	818 ~
115	360		5 917 -	5 178 -	4 602 -	4 142 -	3 766 -	3 391 ~	2 889 ~	2 491 ~	2 170 ~	1 907 ~	1 690 ~	1 507 ~	1 353 ~	1 221 ~
115	405			6 364 -	5 657 -	5 091 -	4 628 -	4 243 -	3 916 -	3 547 ~	3 090 ~	2 716 ~	2 406 ~	2 146 ~	1 926 ~	1 738 ~
115	450			7 642 -	6 793 -	6 114 -	5 558 -	5 095 -	4 703 -	4 367 -	4 076 -	3 725 ~	3 300 ~	2 943 ~	2 642 ~	2 384 ~
140	198	2 747 ~	2 018 ~	1 545 ~	1 221 ~	989 ~	817 ~	687 ~	585 ~	505 ~	440 ~	386 ~	342 ~	305 ~		
140	264	4 939 -	4 234 -	3 663 ~	2 894 ~	2 344 ~	1 937 ~	1 628 ~	1 387 ~	1 196 ~	1 042 ~	916 ~	811 ~	724 ~	649 ~	586 ~
140	330		6 327 -	5 536 -	4 921 -	4 429 -	3 784 ~	3 180 ~	2 709 ~	2 336 ~	2 035 ~	1 789 ~	1 584 ~	1 413 ~	1 268 ~	1 145 ~
140	396			7 659 -	6 808 -	6 127 -	5 570 -	5 106 -	4 682 ~	4 037 ~	3 516 ~	3 091 ~	2 738 ~	2 442 ~	2 192 ~	1 978 ~
140	462				8 932 -	8 039 -	7 308 -	6 699 -	6 184 -	5 742 -	5 359 -	4 908 ~	4 347 ~	3 878 ~	3 480 ~	3 141 ~
140	528						9 224 -	8 455 -	7 805 -	7 247 -	6 764 -	6 342 -	5 969 -	5 637 -	5 195 ~	4 688 ~
165	330			6 635 -	5 898 -	5 308 -	4 460 ~	3 747 ~	3 193 ~	2 753 ~	2 398 ~	2 108 ~	1 867 ~	1 665 ~	1 495 ~	1 349 ~
165	396			8 184 -	7 366 -	6 696 -	6 138 -	5 518 ~	4 757 ~	4 144 ~	3 642 ~	3 226 ~	2 878 ~	2 583 ~	2 331 ~
165	462				9 691 -	8 810 -	8 076 -	7 455 -	6 922 -	6 461 -	5 784 ~	5 124 ~	4 570 ~	4 102 ~	3 702 ~
165	528						10 221 -	9 435 -	8 761 -	8 177 -	7 666 -	7 215 -	6 814 -	6 123 ~	5 526 ~

Élément dimensionnant : déformation : ~ ; contrainte de flexion : - ; cisaillement : •

Remarques

Les chiffres ne sont pas affichés lorsque la charge de résistance est inférieure à 30 daN par mètre et supérieure à 2 000 daN par mètre.

Lorsque la pente est inférieure à 30 %, prendre la table 1 du chapitre « Panne travaillant en flexion simple ».

Exemple : une panne de 90 × 270 de 5 000 mm de portée peut supporter une charge totale de 1 242 daN, soit une charge répartie de 1 242/5 = 248,4 daN/m de longueur.

Table 7 - Bois massif ou (BMR)

– Sur deux appuis
– 30 % < pente ≤ 50 %
– Charge totale maximale en daN (G + S)

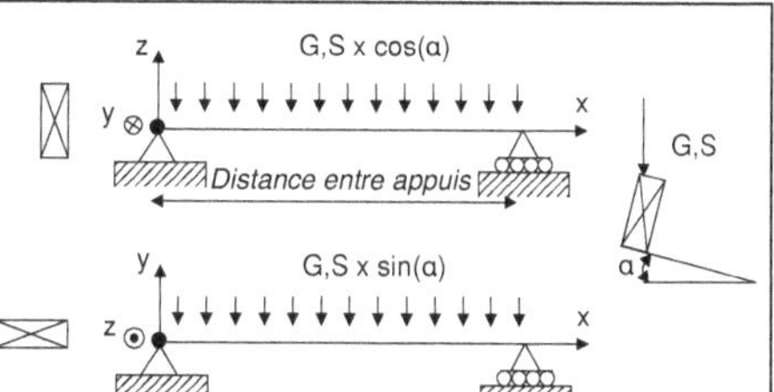

Distance entre appuis (mm)

Section standard		1 000	1 500	2 000	2 500	3 000	3 500	4 000	4 500	5 000	5 500	6 000	6 500	7 000	7 500	8 000
50	125	622 -	294 ~	166 ~	106 ~											
50	150	765 -	362 ~	204 ~	130 ~	90 ~										
50	175	931 -	427 ~	240 ~	154 ~	107 ~										
50	200	1 104 -	491 ~	276 ~	177 ~	123 ~										
50	225	1 245 ~	554 ~	311 ~	199 ~	138 ~										
50	250	1 386 ~	616 ~	347 ~	222 ~	154 ~	113 ~									
65	125	942 -	597 ~	336 ~	215 ~	149 ~	110 ~									
65	150	1 180 -	763 ~	429 ~	275 ~	191 ~	140 ~									
65	175	1 450 -	916 ~	515 ~	330 ~	229 ~	168 ~	129 ~								
65	200	1 731 -	1 063 ~	598 ~	383 ~	266 ~	195 ~	149 ~								
65	225		1 205 ~	678 ~	434 ~	301 ~	221 ~	169 ~								
65	250		1 346 ~	757 ~	484 ~	336 ~	247 ~	189 ~	150 ~							
75	125	1 148 -	766 -	476 ~	305 ~	212 ~	155 ~									
75	150	1 485 -	990 -	630 ~	403 ~	280 ~	206 ~	157 ~								
75	175	1 833 -	1 222 -	771 ~	493 ~	343 ~	252 ~	193 ~	152 ~							
75	200		1 466 -	904 ~	578 ~	402 ~	295 ~	226 ~	178 ~							
75	225		1 714 -	1 031 ~	660 ~	458 ~	337 ~	258 ~	204 ~	165 ~						
75	250		1 967 -	1 155 ~	739 ~	513 ~	377 ~	289 ~	228 ~	185 ~						
75	300		2 483 -	1 397 ~	894 ~	621 ~	456 ~	349 ~	276 ~	224 ~	185 ~					
100	100	1 202 -	801 -	497 ~	318 ~	221 ~	162 ~	124 ~								
100	125	1 686 -	1 124 -	843 --	548 ~	380 ~	280 ~	214 ~	169 ~							
100	150		1 471 -	1 104 -	798 ~	554 ~	407 ~	312 ~	246 ~	200 ~						
100	175		1 887 -	1 415 -	1 043 ~	724 ~	532 ~	407 ~	322 ~	261 ~	216 ~	181 ~				
100	200		2 337 -	1 753 -	1 274 ~	884 ~	650 ~	497 ~	393 ~	318 ~	263 ~	221 ~				
100	225		2 755 -	2 067 -	1 490 ~	1 035 ~	760 ~	582 ~	460 ~	372 ~	308 ~	259 ~	220 ~			
100	250			2 388 -	1 695 ~	1 177 ~	865 ~	662 ~	523 ~	424 ~	350 ~	294 ~	251 ~	216 ~		
100	300			3 048 -	2 085 ~	1 448 ~	1 064 ~	814 ~	644 ~	521 ~	431 ~	362 ~	308 ~	266 ~	232 ~	
BMR																
80	200		1 630 -	1 085 ~	694 ~	482 ~	354 ~	271 ~	214 ~	174 ~						
80	220		1 854 -	1 211 ~	775 ~	538 ~	396 ~	303 ~	239 ~	194 ~						
80	240		2 081 -	1 334 ~	854 ~	593 ~	436 ~	334 ~	264 ~	214 ~	176 ~					
100	200		2 337 -	1 753 -	1 274 ~	884 ~	650 ~	497 ~	393 ~	318 ~	263 ~	221 ~				
100	220		2 671 -	2 003 -	1 448 ~	1 005 ~	739 ~	565 ~	447 ~	362 ~	299 ~	251 ~	214 ~			
100	240			2 258 -	1 614 ~	1 121 ~	824 ~	631 ~	498 ~	404 ~	333 ~	280 ~	239 ~			
120	200			2 258 -	1 807 -	1 387 ~	1 019 ~	780 ~	616 ~	499 ~	413 ~	347 ~	295 ~	255 ~		
120	220			2 636 -	2 109 -	1 615 ~	1 187 ~	909 ~	718 ~	581 ~	481 ~	404 ~	344 ~	297 ~	258 ~	
120	240			3 029 -	2 423 -	1 834 ~	1 347 ~	1 032 ~	815 ~	660 ~	546 ~	458 ~	391 ~	337 ~	293 ~	258 ~

Élément dimensionnant : déformation : ~ ; contrainte de flexion : - ; cisaillement : •

Remarque
Les chiffres ne sont pas affichés lorsque la charge de résistance est inférieure à 30 daN par mètre et supérieure à 2 000 daN par mètre.

Exemple : une panne de 65 × 175 de 3 000 mm de portée peut supporter une charge totale de 229 daN sur toute sa longueur, soit une charge répartie de 229/3 = 76,3 daN/m de longueur.

Table 8 - Bois lamellé-collé (BLC)

– Sur deux appuis
– 30 % < pente ≤ 50 %
– Charge totale maximale en daN (G + S)

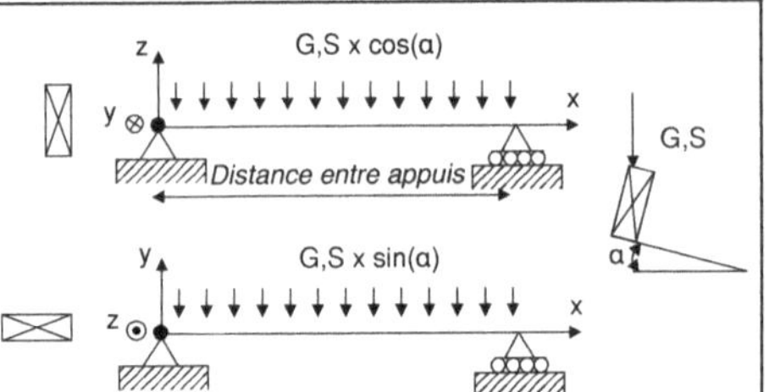

Exemple de section		Distance entre appuis (mm)														
		3 000	3 500	4 000	4 500	5 000	5 500	6 000	6 500	7 000	7 500	8 000	8 500	9 000	9 500	10 000
90	180	663 ~	487 ~	373 ~	295 ~	239 ~	197 ~									
90	225	883 ~	649 ~	497 ~	392 ~	318 ~	263 ~	221 ~								
90	270	1 086 ~	798 ~	611 ~	483 ~	391 ~	323 ~	272 ~	231 ~							
90	315	1 281 ~	941 ~	721 ~	569 ~	461 ~	381 ~	320 ~	273 ~	235 ~						
90	360	1 472 ~	1 081 ~	828 ~	654 ~	530 ~	438 ~	368 ~	314 ~	270 ~	236 ~					
90	405	1 661 ~	1 220 ~	934 ~	738 ~	598 ~	494 ~	415 ~	354 ~	305 ~	266 ~					
115	225	1 714 ~	1 260 ~	964 ~	762 ~	617 ~	510 ~	429 ~	365 ~	315 ~	274 ~	241 ~				
115	270	2 182 ~	1 603 ~	1 227 ~	970 ~	786 ~	649 ~	545 ~	465 ~	401 ~	349 ~	307 ~	272 ~			
115	315	2 617 ~	1 922 ~	1 472 ~	1 163 ~	942 ~	778 ~	654 ~	557 ~	481 ~	419 ~	368 ~	326 ~	291 ~		
115	360	3 032 ~	2 228 ~	1 706 ~	1 348 ~	1 092 ~	902 ~	758 ~	646 ~	557 ~	485 ~	426 ~	378 ~	337 ~	302 ~	
115	405	3 437 ~	2 525 ~	1 933 ~	1 528 ~	1 237 ~	1 023 ~	859 ~	732 ~	631 ~	550 ~	483 ~	428 ~	382 ~	343 ~	309 ~
115	450	3 836 ~	2 818 ~	2 158 ~	1 705 ~	1 381 ~	1 141 ~	959 ~	817 ~	705 ~	614 ~	539 ~	478 ~	426 ~	383 ~	345 ~
140	198	2 172 ~	1 596 ~	1 222 ~	965 ~	782 ~	646 ~	543 ~	463 ~	399 ~	347 ~	305 ~	271 ~			
140	264	3 502 -	2 622 ~	2 008 ~	1 586 ~	1 285 ~	1 062 ~	892 ~	760 ~	656 ~	571 ~	502 ~	445 ~	397 ~	356 ~	321 ~
140	330	4 728 -	3 538 ~	2 709 ~	2 140 ~	1 734 ~	1 433 ~	1 204 ~	1 026 ~	885 ~	771 ~	677 ~	600 ~	535 ~	480 ~	433 ~
140	396	5 940 -	4 378 ~	3 352 ~	2 648 ~	2 145 ~	1 773 ~	1 490 ~	1 269 ~	1 094 ~	953 ~	838 ~	742 ~	662 ~	594 ~	536 ~
140	462		5 178 ~	3 964 ~	3 132 ~	2 537 ~	2 097 ~	1 762 ~	1 501 ~	1 295 ~	1 128 ~	991 ~	878 ~	783 ~	703 ~	634 ~
140	528		5 958 ~	4 562 ~	3 604 ~	2 920 ~	2 413 ~	2 027 ~	1 728 ~	1 490 ~	1 298 ~	1 140 ~	1010 ~	901 ~	809 ~	730 ~
165	330		5 278 -	4 216 ~	3 331 ~	2 698 ~	2 230 ~	1 874 ~	1 597 ~	1 377 ~	1 199 ~	1 054 ~	934 ~	833 ~	747 ~	675 ~
165	396		6 678 -	5 343 ~	4 222 ~	3 420 ~	2 826 ~	2 375 ~	2 023 ~	1 745 ~	1 520 ~	1 336 ~	1 183 ~	1 055 ~	947 ~	855 ~
165	462			6 394 ~	5 052 ~	4 092 ~	3 382 ~	2 842 ~	2 421 ~	2 088 ~	1 819 ~	1 598 ~	1 416 ~	1 263 ~	1 134 ~	1 023 ~
165	528			7 402 ~	5 848 ~	4 737 ~	3 915 ~	3 290 ~	2 803 ~	2 417 ~	2 105 ~	1 850 ~	1 639 ~	1 462 ~	1 312 ~	1 184 ~
190	396			7 338 -	6 198 ~	5 021 ~	4 149 ~	3 487 ~	2 971 ~	2 562 ~	2 231 ~	1 961 ~	1 737 ~	1 550 ~	1 391 ~	1 255 ~
190	462				7 541 ~	6 108 ~	5 048 ~	4 242 ~	3 614 ~	3 116 ~	2 715 ~	2 386 ~	2 114 ~	1 885 ~	1 692 ~	1 527 ~
190	528				8 808 ~	7 134 ~	5 896 ~	4 954 ~	4 221 ~	3 640 ~	3 171 ~	2 787 ~	2 469 ~	2 202 ~	1 976 ~	1 784 ~
190	594					8 122 ~	6 713 ~	5 641 ~	4 806 ~	4 144 ~	3 610 ~	3 173 ~	2 811 ~	2 507 ~	2 250 ~	2 031 ~
210	462					8 047 ~	6 650 ~	5 588 ~	4 761 ~	4 105 ~	3 576 ~	3 143 ~	2 784 ~	2 484 ~	2 229 ~	2 012 ~
210	528					9 487 ~	7 840 ~	6 588 ~	5 614 ~	4 840 ~	4 216 ~	3 706 ~	3 283 ~	2 928 ~	2 628 ~	2 372 ~
210	594						8 975 ~	7 542 ~	6 426 ~	5 541 ~	4 827 ~	4 242 ~	3 758 ~	3 352 ~	3 008 ~	2 715 ~
210	660						10 075 ~	8 466 ~	7 213 ~	6 220 ~	5 418 ~	4 762 ~	4 218 ~	3 763 ~	3 377 ~	3 048 ~

Élément dimensionnant : déformation : ~ ; contrainte de flexion : - ; cisaillement : •

Remarque

Les chiffres ne sont pas affichés lorsque la charge de résistance est inférieure à 30 daN par mètre et supérieure à 2 000 daN par mètre.

Exemple : une panne de 90 × 180 de 3 500 mm de portée peut supporter une charge totale de 487 daN sur toute sa longueur, soit une charge répartie de 487/3,5 = 139 daN/m de longueur.

Table 9 - Bois massif ou (BMR)

– Sur trois appuis
– 10 % < pente ≤ 30 %
– Charge totale maximale entre deux appuis en daN (G + S)

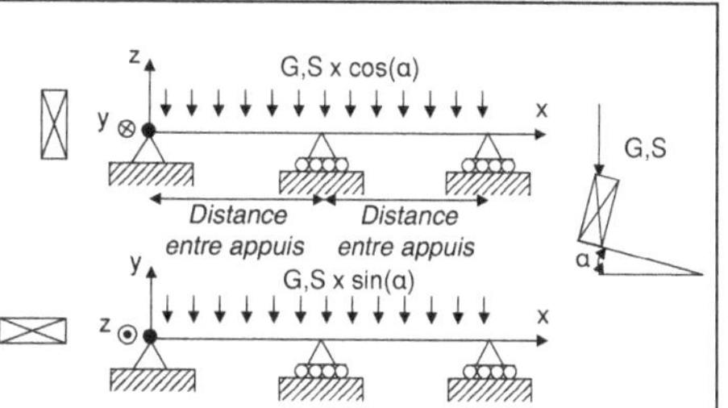

Section standard (à 20 % d'humidité)		Distance entre appuis (mm)														
		2 000	2 333	2 667	3 000	3 333	3 667	4 000	4 333	4 667	5 000	5 333	5 667	6 000	6 500	7 000
50	125	311 -	266 -	223 ~	176 ~	143 ~	118 ~									
50	150	383 -	328 -	274 ~	217 ~	176 ~	145 ~	122 ~								
50	175	466 -	399 -	324 ~	256 ~	207 ~	171 ~	144 ~								
50	200	552 -	473 -	372 ~	294 ~	238 ~	197 ~	165 ~	141 ~							
50	225	639 -	548 -	419 ~	332 ~	269 ~	222 ~	186 ~	159 ~							
50	250	728 -	610 ~	467 ~	369 ~	299 ~	247 ~	208 ~	177 ~	152 ~						
65	125	471 -	404 -	353 -	314 -	283 -	239 ~	201 ~	171 ~	148 ~						
65	150	590 -	506 -	443 -	393 -	354 -	306 ~	257 ~	219 ~	189 ~	164 ~					
65	175	725 -	621 -	544 -	483 -	435 -	367 ~	309 ~	263 ~	227 ~	198 ~	174 ~				
65	200	865 -	742 -	649 -	577 -	516 ~	426 ~	358 ~	305 ~	263 ~	229 ~	201 ~	178 ~			
65	225	1 009 -	865 -	756 -	672 -	585 ~	483 ~	406 ~	346 ~	298 ~	260 ~	228 ~	202 ~	180 ~		
65	250	1 154 -	989 -	865 -	769 -	653 ~	539 ~	453 ~	386 ~	333 ~	290 ~	255 ~	226 ~	201 ~		
75	125	574 -	492 -	431 -	383 -	345 -	313 -	285 ~	243 ~	209 ~	182 ~	160 ~				
75	150	743 -	637 -	557 -	495 -	446 -	405 -	371 -	321 ~	277 ~	241 ~	212 ~	188 ~			
75	175	917 -	786 -	687 -	611 -	550 -	500 -	458 -	393 ~	339 ~	296 ~	260 ~	230 ~	205 ~		
75	200	1 099 -	942 -	824 -	733 -	660 -	599 -	541 ~	461 ~	398 ~	346 ~	304 ~	270 ~	241 ~	205 ~	
75	225	1 286 -	1 102 -	964 -	857 -	772 -	701 -	617 ~	526 ~	454 ~	395 ~	347 ~	308 ~	274 ~	234 ~	
75	250	1 476 -	1 265 -	1 107 -	984 -	885 -	805 -	692 ~	589 ~	508 ~	443 ~	389 ~	345 ~	307 ~	262 ~	226 ~
75	300	1 862 -	1 597 -	1 397 -	1 242 -	1 118 -	996 ~	837 ~	713 ~	615 ~	536 ~	471 ~	417 ~	372 ~	317 ~	273 ~
100	100	601 -	515 -	451 -	401 -	361 -	328 -	298 ~	254 ~	219 ~	191 ~	168 ~				
100	125	843 -	723 -	632 -	562 -	506 -	460 -	422 -	389 -	361 -	328 ~	288 ~	255 ~	228 ~		
100	150	1 104 -	946 -	828 -	736 -	662 -	602 -	552 -	509 -	473 -	441 -	414 -	372 ~	332 ~	283 ~	244 ~
100	175	1 415 -	1 213 -	1 061 -	943 -	849 -	772 -	707 -	653 -	606 -	566 -	531 -	486 ~	434 ~	370 ~	319 ~
100	200	1 753 -	1 503 -	1 315 -	1 169 -	1 052 -	956 -	876 -	809 -	751 -	701 -	657 -	594 ~	530 ~	451 ~	389 ~
100	225	2 067 -	1 772 -	1 550 -	1 378 -	1 240 -	1 127 -	1 033 -	954 -	886 -	827 -	775 -	695 ~	620 ~	528 ~	455 ~
100	250	2 388 -	2 047 -	1 791 -	1 592 -	1 433 -	1 302 -	1 194 -	1 102 -	1 023 -	955 -	892 ~	790 ~	705 ~	601 ~	518 ~
100	300	3 048 -	2 613 -	2 285 -	2 032 -	1 829 -	1 662 -	1 524 -	1 407 -	1 306 -	1 219 -	1 098 ~	972 ~	867 ~	739 ~	637 ~
BMR																
80	200	1 223 -	1 048 -	917 -	815 -	734 -	667 -	611 -	554 ~	477 ~	416 ~	366 ~	324 ~	289 ~	246 ~	212 ~
80	220	1 390 -	1 192 -	1 042 -	927 -	834 -	758 -	695 -	618 ~	533 ~	464 ~	408 ~	361 ~	322 ~	275 ~	237 ~
80	240	1 560 -	1 338 -	1 170 -	1 040 -	936 -	851 -	780 -	681 ~	587 ~	512 ~	450 ~	398 ~	355 ~	303 ~	261 ~
100	200	1 753 -	1 503 -	1 315 -	1 169 -	1 052 -	956 -	876 -	809 -	751 -	701 -	657 -	594 ~	530 ~	451 ~	389 ~
100	220	2 003 -	1 717 -	1 502 -	1 335 -	1 202 -	1 093 -	1 002 -	925 -	858 -	801 -	751 -	675 ~	602 ~	513 ~	442 ~
100	240	2 258 -	1 936 -	1 694 -	1 506 -	1 355 -	1 232 -	1 129 -	1 042 -	968 -	903 -	847 -	753 ~	671 ~	572 ~	493 ~
120	200	2 258 -	1 936 -	1 694 -	1 506 -	1 355 -	1 232 -	1 129 -	1 042 -	968 -	903 -	847 -	797 -	753 -	695 -	610 ~
120	220	2 636 -	2 259 -	1 977 -	1 757 -	1 582 -	1 438 -	1 318 -	1 217 -	1 129 -	1 054 -	988 -	930 -	879 -	811 -	711 ~
120	240	3 029 -	2 597 -	2 271 -	2 019 -	1 818 -	1 652 -	1 515 -	1 398 -	1 298 -	1 212 -	1 136 -	1 069 -	1 010 -	932 -	807 ~

Élément dimensionnant : déformation : ~ ; contrainte de flexion : - ; cisaillement : •

Remarque

Les chiffres ne sont pas affichés lorsque la charge de résistance est inférieure à 30 daN par mètre et supérieure à 2 000 daN par mètre.

Exemple : une panne de 75 × 175 de 3 300 mm entre deux appuis peut supporter une charge totale de 550 daN entre appuis, soit une charge répartie de 550/3,3 = 167 daN/m de longueur.

Table 10 - Bois lamellé-collé (BLC)

– Sur trois appuis
– 10 % < pente ≤ 30 %
– Charge totale maximale entre deux appuis en daN (G + S)

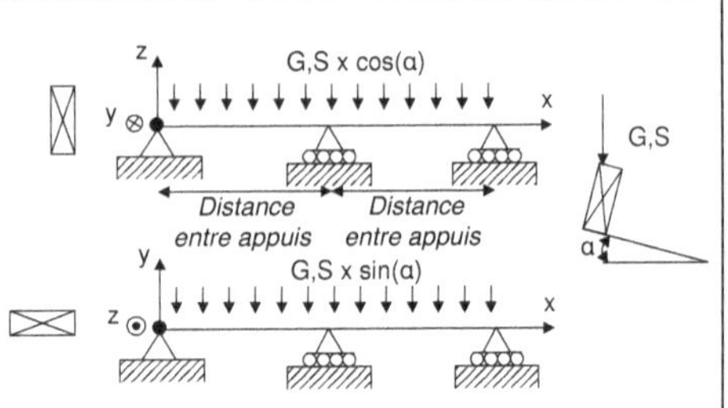

Exemple de section		Distance entre appuis (mm)														
		3 000	3 500	4 000	4 500	5 000	5 500	6 000	6 500	7 000	7 500	8 000	8 500	9 000	9 500	10 000
90	180	1 035 -	888 -	777 -	690 -	572 ~	473 ~	397 ~	339 ~	292 ~	254 ~					
90	225	1 411 -	1 209 -	1 058 -	940 ~	762 ~	629 ~	529 ~	451 ~	389 ~	339 ~	298 ~	264 ~			
90	270	1 773 -	1 519 -	1 330 -	1 156 ~	937 ~	774 ~	651 ~	554 ~	478 ~	416 ~	366 ~	324 ~	289 ~		
90	315	2 134 -	1 829 -	1 600 -	1 364 ~	1 105 ~	913 ~	767 ~	654 ~	564 ~	491 ~	432 ~	382 ~	341 ~	306 ~	
90	360	2 495 -	2 139 -	1 871 -	1 567 ~	1 270 ~	1 049 ~	882 ~	751 ~	648 ~	564 ~	496 ~	439 ~	392 ~	352 ~	317 ~
90	405	2 856 -	2 448 -	2 142 -	1 768 ~	1 432 ~	1 184 ~	995 ~	848 ~	731 ~	637 ~	560 ~	496 ~	442 ~	397 ~	358 ~
115	225	2 086 -	1 788 -	1 565 -	1 391 -	1 252 -	1 138 -	1 027 ~	875 ~	754 ~	657 ~	578 ~	512 ~	456 ~	410 ~	370 ~
115	270	2 659 -	2 279 -	1 994 -	1 773 -	1 596 -	1 451 -	1 307 ~	1 114 ~	960 ~	836 ~	735 ~	651 ~	581 ~	521 ~	470 ~
115	315	3 227 -	2 766 -	2 420 -	2 152 -	1 936 -	1 760 -	1 567 ~	1 335 ~	1 151 ~	1 003 ~	882 ~	781 ~	697 ~	625 ~	564 ~
115	360	3 800 -	3 257 -	2 850 -	2 533 -	2 280 -	2 073 -	1 816 ~	1 548 ~	1 334 ~	1 162 ~	1 022 ~	905 ~	807 ~	724 ~	654 ~
115	405	4 375 -	3 750 -	3 281 -	2 917 -	2 625 -	2 387 -	2 059 ~	1 754 ~	1 513 ~	1 318 ~	1 158 ~	1 026 ~	915 ~	821 ~	741 ~
115	450	4 951 -	4 244 -	3 713 -	3 301 -	2 971 -	2 701 -	2 298 ~	1 958 ~	1 688 ~	1 470 ~	1 292 ~	1 145 ~	1021 ~	916 ~	827 ~
140	198	2 216 -	1 900 -	1 662 -	1 478 -	1 330 -	1 209 -	1 108 -	1 023 -	950 -	832 ~	732 ~	648 ~	578 ~	519 ~	468 ~
140	264	3 502 -	3 002 -	2 626 -	2 335 -	2 101 -	1 910 -	1 751 -	1 616 -	1 501 -	1 368 ~	1 202 ~	1 065 ~	950 ~	853 ~	770 ~
140	330	4 728 -	4 053 -	3 546 -	3 152 -	2 837 -	2 579 -	2 364 -	2 182 -	2 026 -	1 846 ~	1 623 ~	1 437 ~	1 282 ~	1 151 ~	1 038 ~
140	396	5 940 -	5 092 -	4 455 -	3 960 -	3 564 -	3 240 -	2 970 -	2 742 -	2 546 -	2 284 ~	2 008 ~	1 778 ~	1 586 ~	1 424 ~	1 285 ~
140	462		6 140 -	5 372 -	4 775 -	4 298 -	3 907 -	3 582 -	3 306 -	3 070 -	2 702 ~	2 375 ~	2 103 ~	1 876 ~	1 684 ~	1 520 ~
140	528			6 293 -	5 594 -	5 034 -	4 577 -	4 195 -	3 872 -	3 569 ~	3 109 ~	2 732 ~	2 420 ~	2 159 ~	1 938 ~	1 749 ~
165	330		5 278 -	4 619 -	4 105 -	3 695 -	3 359 -	3 079 -	2 842 -	2 639 -	2 463 -	2 309 -	2 173 -	1 995 ~	1 791 ~	1 616 ~
165	396		6 678 -	5 843 -	5 194 -	4 674 -	4 250 -	3 895 -	3 596 -	3 339 -	3 116 -	2 922 -	2 750 -	2 529 ~	2 269 ~	2 048 ~
165	462			7 086 -	6 298 -	5 668 -	5 153 -	4 724 -	4 360 -	4 049 -	3 779 -	3 543 -	3 334 -	3 026 ~	2 716 ~	2 451 ~
165	528				7 411 -	6 670 -	6 064 -	5 559 -	5 131 -	4 764 -	4 447 -	4 169 -	3 924 -	3 503 ~	3 144 ~	2 837 ~
190	396			7 338 -	6 523 -	5 871 -	5 337 -	4 892 -	4 516 -	4 193 -	3 914 -	3 669 -	3 453 -	3 261 -	3 090 -	2 935 -
190	462				7 950 -	7 155 -	6 505 -	5 962 -	5 504 -	5 111 -	4 770 -	4 472 -	4 209 -	3 975 -	3 766 -	3 577 -
190	528					8 455 -	7 686 -	7 046 -	6 504 -	6 039 -	5 637 -	5 284 -	4 973 -	4 697 -	4 450 -	4 227 -
190	594					9 764 -	8 876 -	8 136 -	7 511 -	6 974 -	6 509 -	6 102 -	5 743 -	5 424 -	5 139 -	4 865 ~
210	462					8 417 -	7 652 -	7 014 -	6 474 -	6 012 -	5 611 -	5 261 -	4 951 -	4 676 -	4 430 -	4 208 -
210	528					9 977 -	9 070 -	8 314 -	7 674 -	7 126 -	6 651 -	6 235 -	5 869 -	5 543 -	5 251 -	4 988 -
210	594						10 501 -	9 626 -	8 886 -	8 251 -	7 701 -	7 220 -	6 795 -	6 417 -	6 080 -	5 776 -
210	660						11 051 -	10 201 -	9 472 -	8 841 -	8 288 -	7 801 -	7 367 -	6 979 -	6 630 -	

Élément dimensionnant : déformation : ~ ; contrainte de flexion : - ; cisaillement : •

Remarque

Les chiffres ne sont pas affichés lorsque la charge de résistance est inférieure à 30 daN par mètre et supérieure à 2 000 daN par mètre.

Exemple : une panne de 90 × 270 de 5 000 mm entre deux appuis peut supporter une charge totale de 937 daN entre appuis, soit une charge répartie de 937/5 = 187,4 daN/m de longueur.

Table 11 - Bois massif ou BMR

- Sur 2-3 appuis
- 10 % < pente ≤ 30 %
- Charge totale maximale en daN (G + S)

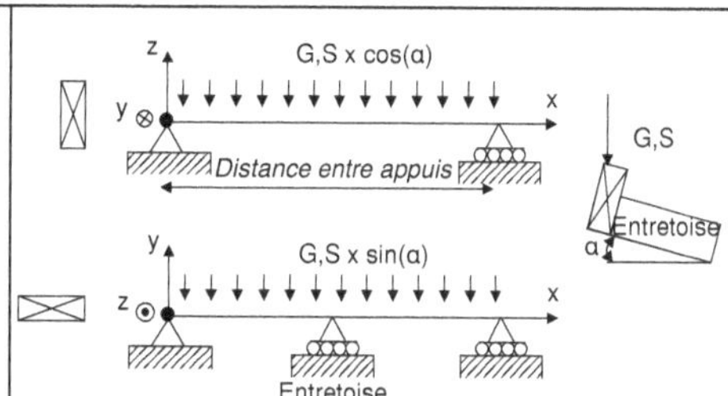

Section standard (à 20 % d'humidité)		1 000	1 500	2 000	2 500	3 000	3 500	4 000	4 500	5 000	5 500	6 000	6 500	7 000	7 500	8 000
50	125	995 -	663 -	497 -	325 ~	225 ~	166 ~	127 ~								
50	150	1 333 -	889 -	667 -	533 -	390 ~	286 ~	219 ~	173 ~							
50	175	1 379 •	1 164 -	873 -	699 -	582 -	454 ~	348 ~	275 ~	223 ~	184 ~					
50	200	1 575 •	1 472 -	1 104 -	883 -	736 -	631 -	519 ~	410 ~	332 ~	275 ~	231 ~	197 ~			
50	225	1 772 •	1 772 •	1 353 -	1 082 -	902 -	773 -	677 -	584 ~	473 ~	391 ~	329 ~	280 ~	241 ~		
50	250	1 969 •	1 969 •	1 620 -	1 296 -	1 080 -	925	810 -	720 -	648 -	537 ~	451 ~	384 ~	331 ~	289 ~	254 ~
65	125	1 349 -	899 -	659 ~	422 ~	293 ~	215 ~	165 ~								
65	150	1 820 -	1 214 -	910 -	728 -	506 ~	372 ~	285 ~	225 ~	182 ~						
65	175	1 792 •	1 600 -	1 200 -	960 -	800 -	591 ~	452 ~	357 ~	289 ~	239 ~	201 ~				
65	200		2 035 -	1 526 -	1 221 -	1 017 -	872 -	675 ~	533 ~	432 ~	357 ~	300 ~	256 ~	220 ~		
65	225		2 304 •	1 882 -	1 505 -	1 254 -	1 075 -	941 -	760 ~	615 ~	508 ~	427 ~	364 ~	314 ~	273 ~	240 ~
65	250		2 560 •	2 264 -	1 812 -	1 510 -	1 294 -	1 132 -	1 006 -	844 ~	698 ~	586 ~	499 ~	431 ~	375 ~	330 ~
75	125	1 587 -	1 058 -	761 ~	487 ~	338 ~	248 ~	190 ~	150 ~							
75	150		1 432 -	1 074 -	841 ~	584 ~	429 ~	329 ~	260 ~	210 ~	174 ~					
75	175		1 895 -	1 421 -	1 137 -	928 ~	682 ~	522 ~	412 ~	334 ~	276 ~	232 ~	198 ~			
75	200		2 363 •	1 812 -	1 450 -	1 208 -	1 018 ~	779 ~	616 ~	499 ~	412 ~	346 ~	295 ~	254 ~		
75	225		2 659 •	2 241 -	1 792 -	1 494 -	1 280 -	1 109 ~	876 ~	710 ~	587 ~	493 ~	420 ~	362 ~	316 ~	277 ~
75	250		2 954 •	2 704 -	2 163 -	1 802 -	1 545 -	1 352 -	1 202 -	974 ~	805 ~	676 ~	576 ~	497 ~	433 ~	380 ~
75	300			3 545 •	2 980 -	2 483 -	2 129 -	1 862 -	1 656 -	1 490 -	1 355 -	1 169 ~	996 ~	859 ~	748 ~	657 ~
100	100	1 492 -	923 ~	519 ~	332 ~	231 ~	170 ~	130 ~								
100	125		1 457 -	1 014 ~	649 ~	451 ~	331 ~	254 ~	200 ~	162 ~						
100	150		1 984 -	1 488 -	1 122 ~	779 ~	572 ~	438 ~	346 ~	280 ~	232 ~	195 ~				
100	175		2 638 -	1 979 -	1 583 -	1 237 ~	909 ~	696 ~	550 ~	445 ~	368 ~	309 ~	264 ~	227 ~		
100	200			2 536 -	2 029 -	1 691 -	1 357 ~	1 039 ~	821 ~	665 ~	549 ~	462 ~	393 ~	339 ~	295 ~	260 ~
100	225			3 151 -	2 521 -	2 101 -	1 801 -	1 479 ~	1 169 ~	947 ~	782 ~	657 ~	560 ~	483 ~	421 ~	370 ~
100	250			3 820 -	3 056 -	2 547 -	2 183 -	1 910 -	1 603 ~	1 298 ~	1 073 ~	902 ~	768 ~	662 ~	577 ~	507 ~
100	300				4 249 -	3 541 -	3 035 -	2 655 -	2 360 -	2 124 -	1 854 ~	1 558 ~	1 328 ~	1 145 ~	997 ~	876 ~
BMR																
80	200		2 521 •	1 956 -	1 565 -	1 304 -	1 085 ~	831 ~	657 ~	532 ~	440 ~	369 ~	315 ~	271 ~	236 ~	
80	220		2 773 •	2 325 -	1 860 -	1 550 -	1 329 -	1 106 ~	874 ~	708 ~	585 ~	492 ~	419 ~	361 ~	315 ~	277 ~
80	240			2 719 -	2 175 -	1 813 -	1 554 -	1 360 -	1 135 ~	919 ~	760 ~	638 ~	544 ~	469 ~	408 ~	359 ~
100	200			2 536 -	2 029 -	1 691 -	1 357 ~	1 039 ~	821 ~	665 ~	549 ~	462 ~	393 ~	339 ~	295 ~	260 ~
100	220			3 024 -	2 419 -	2 016 -	1 728 -	1 383 ~	1092 ~	885 ~	731 ~	614 ~	524 ~	451 ~	393 ~	346 ~
100	240			3 546 -	2 837 -	2 364 -	2 027 -	1 773 -	1 418 ~	149 ~	949 ~	798 ~	680 ~	586 ~	511 ~	449 ~
120	200			3 121 -	2 497 -	2 081 -	1 628 ~	1 247 ~	985 ~	798 ~	659 ~	554 ~	472 ~	407 ~	355 ~	312 ~
120	220			3 729 -	2 983 -	2 486 -	2 131 -	1 659 ~	1 311 ~	1 062 ~	878 ~	737 ~	628 ~	542 ~	472 ~	415 ~
120	240				3 506 -	2 922 -	2 504 -	2 154 ~	1 702 ~	1 379 ~	1 139 ~	957 ~	816 ~	703 ~	613 ~	539 ~

Élément dimensionnant : déformation : ~ ; contrainte de flexion : - ; cisaillement : •

Remarque

Les chiffres ne sont pas affichés lorsque la charge de résistance est inférieure à 30 daN par mètre et supérieure à 2 000 daN par mètre.

Exemple : une panne de 75 × 175 de 3 500 mm de portée peut supporter une charge totale de 539 daN, soit une charge répartie de 539/3,5 = 154 daN/m de longueur.

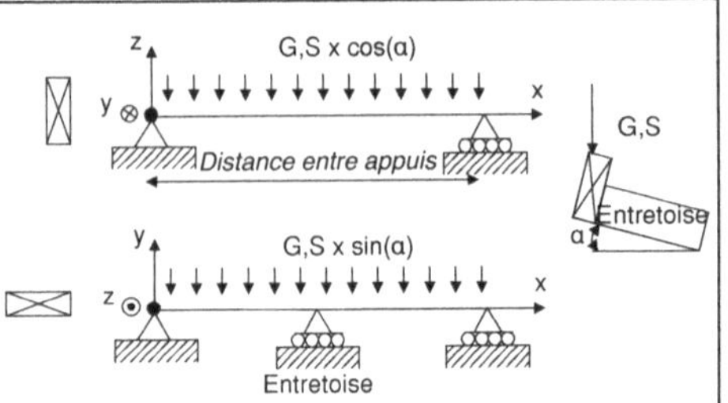

Table 12 - Bois lamellé-collé (BLC)

– Sur 2-3 appuis (renforcés par une entretoise)
– 10 % < pente ≤ 30 %
– Charge totale maximale en daN (G + S)

Exemple de section		Distance entre appuis (mm)														
		3 000	3 500	4 000	4 500	5 000	5 500	6 000	6 500	7 000	7 500	8 000	8 500	9 000	9 500	10 000
90	180	1 385 ~	1 018 ~	779 ~	616 ~	499 ~	412 ~	346 ~	295 ~	254 ~						
90	225	2 257 -	1 934 -	1 522 ~	1 202 ~	974 ~	805 ~	676 ~	576 ~	497 ~	433 ~	380 ~	337 ~	301 ~		
90	270	3 089 -	2 648 -	2 317 -	2 059 -	1 683 ~	1 391 ~	1 169 ~	996 ~	859 ~	748 ~	657 ~	582 ~	519 ~	466 ~	421 ~
90	315	4 002 -	3 430 -	3 001 -	2 668 -	2 401 -	2 183 -	1 856 ~	1581 ~	1364 ~	1188 ~	1044 ~	925 ~	825 ~	740 ~	668 ~
90	360	4 990 -	4 277 -	3 743 -	3 327 -	2 994 -	2 722 -	2 495 -	2303 -	2035 ~	1773 ~	1558 ~	1380 ~	1231 ~	1105 ~	997 ~
90	405		5 182 -	4 534 -	4 031 -	3 627 -	3 298 -	3 023 -	2790 -	2591 -	2418 -	2219 ~	1966 ~	1753 ~	1574 ~	1420 ~
115	225	3 001 -	2 540 ~	1 945 ~	1 537 ~	1 245 ~	1 029 ~	864 ~	736 ~	635 ~	553 ~	486 ~	431 ~	384 ~	345 ~	311 ~
115	270	4 134 -	3 543 -	3 101 -	2655 ~	2 151 ~	1 777 ~	1 493 ~	1 273 ~	1 097 ~	956 ~	840 ~	744 ~	664 ~	596 ~	538 ~
115	315	5 388 -	4 618 -	4 041 -	3 592 -	3 233 -	2 822 ~	2 372 ~	2 021 ~	1 742 ~	1 518 ~	1 334 ~	1 182 ~	1 054 ~	946 ~	854 ~
115	360		5 792 -	5 068 -	4 505 -	4 054 -	3 686 -	3 379 -	3 016 ~	2 601 ~	2 266 ~	1 991 ~	1 764 ~	1 573 ~	1 412 ~	1 274 ~
115	405			6 173 -	5 487 -	4 938 -	4 489 -	4 115 -	3 799 -	3 527 -	3 226 ~	2 835 ~	2 512 ~	2 240 ~	2 011 ~	1 815 ~
115	450			7 349 -	6 532 -	5 879 -	5 345 -	4899 -	4 522 -	4 199 -	3 919 -	3 674 -	3 445 ~	3 073 ~	2 758 ~	2 489 ~
140	198	2 868 ~	2 107 ~	1 613 ~	1 275 ~	1 033 ~	853 ~	717 ~	611 ~	527 ~	459 ~	403 ~	357 ~	319 ~	286 ~	
140	264	4 990 -	4 277 -	3 742 -	3 022 ~	2 447 ~	2 023 ~	1 700 ~	1 448 ~	1 249 ~	1 088 ~	956 ~	847 ~	755 ~	678 ~	612 ~
140	330		6 312 -	5 523 -	4 909 -	4 418 -	3 951 ~	3 320 ~	2 829 ~	2 439 ~	2 125 ~	1 867 ~	1 654 ~	1 475 ~	1 324 ~	1 195 ~
140	396			7 551 -	6 712 -	6041 -	5 492 -	5 034 -	4 647 -	4 214 ~	3 671 ~	3 227 ~	2 858 ~	2 549 ~	2 288 ~	2 065 ~
140	462				8 708 -	7 837 -	7 125 -	6 531 -	6 029 -	5 598 -	5 225 -	4 898 -	4 539 ~	4 048 ~	3 633 ~	3 279 ~
140	528					9 787 -	8 898 -	8 156 -	7 529 -	6 991 -	6 525 -	6 117 -	5 757 -	5 437 -	5 151 -	4 894 -
165	330			6682 -	5940 -	5 346 -	4 656 ~	3 912 ~	3 334 ~	2 874 ~	2 504 ~	2 201 ~	1 949 ~	1 739 ~	1 561 ~	1 408 ~
165	396				8156 -	7 340 -	6 673 -	6 117 -	5 646 -	4 967 ~	4 327 ~	3 803 ~	3 369 ~	3 005 ~	2 697 ~	2 434 ~
165	462					9 561 -	8 692 -	7 968 -	7 355 -	6 829 -	6 374 -	5 976 -	5 349 ~	4 771 ~	4 282 ~	3 865 ~
165	528					10 896 -	9 988 -	9 220 -	8 561 -	7 990 -	7 491 -	7 050 -	6 659 -	6 308 -	5 769 ~	

Élément dimensionnant : déformation : ~ ; contrainte de flexion : - ; cisaillement : •

Remarque
Les chiffres ne sont pas affichés lorsque la charge de résistance est inférieure à 30 daN par mètre et supérieure à 2 000 daN par mètre.

Exemple : une panne de 90 × 270 de 5 000 mm de portée peut supporter une charge totale de 1 330 daN, soit une charge répartie de 1 330/5 = 266 daN/m de longueur.

Table 13 - Bois massif ou (BMR)

– Sur deux appuis
– 50 % < pente ≤ 70 %
– Charge totale maximale en daN (G + S)

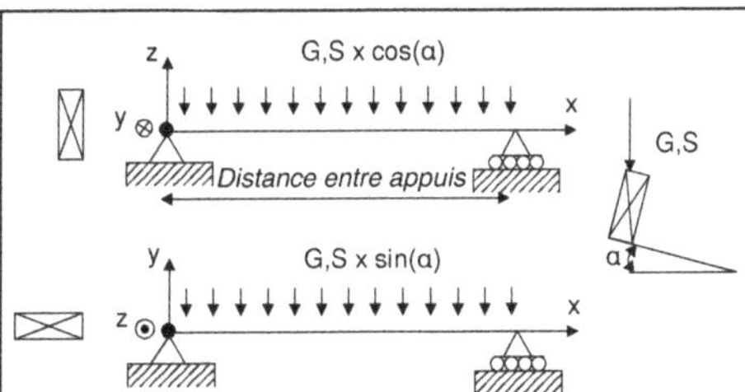

Section standard (à 20 % d'humidité)		Distance entre appuis (mm)														
		1 000	1 500	2 000	2 500	3 000	3 500	4 000	4 500	5 000	5 500	6 000	6 500	7 000	7 500	8 000
50	125	529 ~	235 ~	132 ~	85 ~											
50	150	643 ~	286 ~	161 ~	103 ~											
50	175	754 ~	335 ~	188 ~	121 ~											
50	200	864 ~	384 ~	216 ~	138 ~	96 ~										
50	225	974 ~	433 ~	243 ~	156 ~	108 ~										
50	250	1 083 ~	481 ~	271 ~	173 ~	120 ~										
65	125	841 -	494 ~	278 ~	178 ~	123 ~										
65	150	1 032 -	614 ~	345 ~	221 ~	153 ~	113 ~									
65	175	1 253 -	727 ~	409 ~	262 ~	182 ~	134 ~									
65	200	1 482 -	838 ~	471 ~	302 ~	209 ~	154 ~									
65	225	1 714 -	946 ~	532 ~	341 ~	237 ~	174 ~	133 ~								
65	250	1 948 -	1 054 ~	593 ~	379 ~	263 ~	194 ~	148 ~								
75	125	1 063 -	709 -	407 ~	260 ~	181 ~	133 ~									
75	150	1 312 -	875 -	517 ~	331 ~	230 ~	169 ~	129 ~								
75	175	1 601 -	1 068 -	619 ~	396 ~	275 ~	202 ~	155 ~								
75	200	1 901 -	1 268 -	718 ~	459 ~	319 ~	234 ~	179 ~	142 ~							
75	225		1 446 ~	813 ~	520 ~	361 ~	266 ~	203 ~	161 ~							
75	250		1 613 ~	907 ~	581 ~	403 ~	296 ~	227 ~	179 ~							
75	300		1 944 ~	1 094 ~	700 ~	486 ~	357 ~	273 ~	216 ~	175 ~						
100	100	1 189 -	793 -	497 ~	318 ~	221 ~	162 ~	124 ~								
100	125	1 641 -	1 094 -	800 ~	512 ~	356 ~	261 ~	200 ~	158 ~							
100	150		1 400 -	1 050 -	703 ~	488 ~	359 ~	275 ~	217 ~	176 ~						
100	175		1 725 -	1 294 -	881 ~	611 ~	449 ~	344 ~	272 ~	220 ~	182 ~					
100	200		2 066 -	1 549 -	1 046 ~	726 ~	534 ~	408 ~	323 ~	261 ~	216 ~	182 ~				
100	225		2 413 -	1 810 -	1 202 ~	835 ~	613 ~	470 ~	371 ~	301 ~	248 ~	209 ~				
100	250		2 767 -	2 075 -	1 353 ~	940 ~	690 ~	529 ~	418 ~	338 ~	280 ~	235 ~	200 ~			
100	300			2 570 ~	1 645 ~	1 142 ~	839 ~	643 ~	508 ~	411 ~	340 ~	286 ~	243 ~			
BMR																
80	200		1 416 -	866 ~	554 ~	385 ~	283 ~	216 ~	171 ~							
80	220		1 600 -	960 ~	615 ~	427 ~	314 ~	240 ~	190 ~	154 ~						
80	240		1 785 -	1 053 ~	674 ~	468 ~	344 ~	263 ~	208 ~	168 ~						
100	200		2 066 -	1 549 -	1 046 ~	726 ~	534 ~	408 ~	323 ~	261 ~	216 ~	182 ~				
100	220		2 343 -	1 757 -	1 171 ~	814 ~	598 ~	458 ~	362 ~	293 ~	242 ~	203 ~				
100	240		2 625 -	1 968 -	1 293 ~	898 ~	660 ~	505 ~	399 ~	323 ~	267 ~	225 ~				
120	200		2 789 -	2 092 -	1 673 -	1 185 ~	871 ~	667 ~	527 ~	427 ~	353 ~	296 ~	252 ~	218 ~		
120	220			2 382 -	1 906 -	1 349 ~	991 ~	759 ~	600 ~	486 ~	401 ~	337 ~	287 ~	248 ~		
120	240			2 677 -	2 142 -	1 506 ~	1 106 ~	847 ~	669 ~	542 ~	448 ~	376 ~	321 ~	277 ~	241 ~	

Élément dimensionnant : déformation : ~ ; contrainte de flexion : - ; cisaillement : •

Remarque

Les chiffres ne sont pas affichés lorsque la charge de résistance est inférieure à 30 daN par mètre et supérieure à 2 000 daN par mètre.

Exemple : une panne de 65 × 175 de 3 000 mm de portée peut supporter une charge totale de 182 daN sur toute sa longueur, soit une charge répartie de 182/3 = 60,7 daN/m de longueur.

Table 14 - Bois lamellé-collé (BLC)

– Sur deux appuis
– 50 % < pente ≤ 70 %
– Charge totale maximale en daN (G + S)

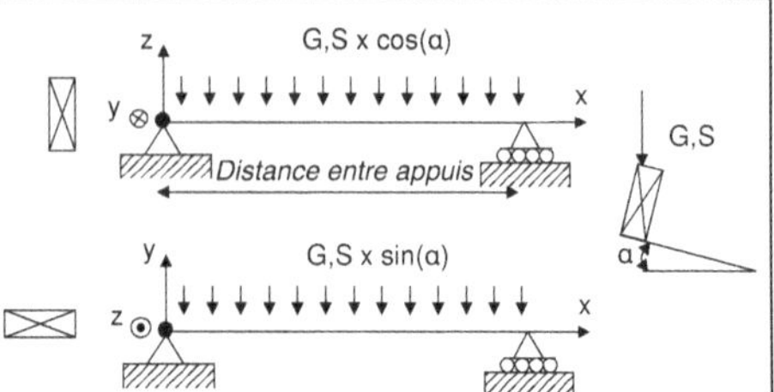

Exemple de section		Distance entre appuis (mm)														
		3 000	3 500	4 000	4 500	5 000	5 500	6 000	6 500	7 000	7 500	8 000	8 500	9 000	9 500	10 000
90	180	545 ~	400 ~	306 ~	242 ~	196 ~										
90	225	705 ~	518 ~	396 ~	313 ~	254 ~	210 ~									
90	270	857 ~	630 ~	482 ~	381 ~	308 ~	255 ~	214 ~								
90	315	1 005 ~	739 ~	566 ~	447 ~	362 ~	299 ~	251 ~	214 ~							
90	360	1 152 ~	847 ~	648 ~	512 ~	415 ~	343 ~	288 ~	245 ~	212 ~						
90	405	1 298 ~	954 ~	730 ~	577 ~	467 ~	386 ~	325 ~	277 ~	238 ~						
115	225	1 413 ~	1 038 ~	795 ~	628 ~	509 ~	420 ~	353 ~	301 ~	260 ~	226 ~					
115	270	1 752 ~	1 287 ~	986 ~	779 ~	631 ~	521 ~	438 ~	373 ~	322 ~	280 ~	246 ~				
115	315	2 075 ~	1 524 ~	1 167 ~	922 ~	747 ~	617 ~	519 ~	442 ~	381 ~	332 ~	292 ~	258 ~			
115	360	2 388 ~	1 755 ~	1 343 ~	1 061 ~	860 ~	711 ~	597 ~	509 ~	439 ~	382 ~	336 ~	297 ~			
115	405	2 697 ~	1 982 ~	1 517 ~	1 199 ~	971 ~	803 ~	674 ~	575 ~	495 ~	432 ~	379 ~	336 ~	300 ~		
115	450	3 004 ~	2 207 ~	1 690 ~	1 335 ~	1 081 ~	894 ~	751 ~	640 ~	552 ~	481 ~	422 ~	374 ~	334 ~	300 ~	
140	198	1 949 ~	1 432 ~	1 096 ~	8 66 ~	7 02 ~	580 ~	487 ~	415 ~	358 ~	312 ~	274 ~				
140	264	2 963 ~	2 177 ~	1 667 ~	1 317 ~	1 067 ~	882 ~	741 ~	631 ~	544 ~	474 ~	417 ~	369 ~	329 ~	295 ~	
140	330	3 866 ~	2 840 ~	2 175 ~	1 718 ~	1 392 ~	1 150 ~	966 ~	824 ~	710 ~	619 ~	544 ~	482 ~	430 ~	386 ~	348 ~
140	396	4 715 ~	3 464 ~	2 652 ~	2 096 ~	1 698 ~	1 403 ~	1 179 ~	1 004 ~	866 ~	754 ~	663 ~	587 ~	524 ~	470 ~	424 ~
140	462	5 541 ~	4 071 ~	3 117 ~	2 463 ~	1 995 ~	1 649 ~	1 385 ~	1 180 ~	1 018 ~	887 ~	779 ~	690 ~	616 ~	553 ~	499 ~
140	528		4 669 ~	3 574 ~	2 824 ~	2 288 ~	1 891 ~	1 589 ~	1 354 ~	1 167 ~	1017 ~	894 ~	792 ~	706 ~	634 ~	572 ~
165	330	5 443 -	4 521 ~	3 462 ~	2 735 ~	2 215 ~	1 831 ~	1 538 ~	1 311 ~	1 130 ~	985 ~	865 ~	767 ~	684 ~	614 ~	554 ~
165	396		5 592 ~	4 281 ~	3 383 ~	2 740 ~	2 264 ~	1 903 ~	1 621 ~	1 398 ~	1 218 ~	1 070 ~	948 ~	846 ~	759 ~	685 ~
165	462		6 612 ~	5 063 ~	4 000 ~	3 240 ~	2 678 ~	2 250 ~	1 917 ~	1 653 ~	1 440 ~	1 266 ~	1 121 ~	1 000 ~	898 ~	810 ~
165	528			5 825 ~	4 602 ~	3 728 ~	3 081 ~	2 589 ~	2 206 ~	1 902 ~	1 657 ~	1 456 ~	1 290 ~	1 151 ~	1 033 ~	932 ~
190	396			6 398 ~	5 055 ~	4 095 ~	3 384 ~	2 843 ~	2 423 ~	2 089 ~	1 820 ~	1 599 ~	1 417 ~	1 264 ~	1 134 ~	1 024 ~
190	462			7 638 ~	6 035 ~	4 888 ~	4 040 ~	3 394 ~	2 892 ~	2 494 ~	2 172 ~	1 909 ~	1 691 ~	1 509 ~	1 354 ~	1 222 ~
190	528				6 977 ~	5 651 ~	4 670 ~	3 924 ~	3 344 ~	2 883 ~	2 512 ~	2 208 ~	1 955 ~	1 744 ~	1 565 ~	1 413 ~
190	594				7 898 ~	6 398 ~	5 287 ~	4 443 ~	3 786 ~	3 264 ~	2 843 ~	2 499 ~	2 214 ~	1 975 ~	1 772 ~	1 599 ~
210	462				8 040 ~	6 512 ~	5 382 ~	4 522 ~	3 853 ~	3 322 ~	2 894 ~	2 544 ~	2 253 ~	2 010 ~	1 804 ~	1 628 ~
210	528					7 569 ~	6 255 ~	5 256 ~	4 479 ~	3 862 ~	3 364 ~	2 957 ~	2 619 ~	2 336 ~	2 097 ~	1 892 ~
210	594					8 594 ~	7 102 ~	5 968 ~	5 085 ~	4 385 ~	3 819 ~	3 357 ~	2 974 ~	2 652 ~	2 381 ~	2 148 ~
210	660					9 600 ~	7 934 ~	6 667 ~	5 680 ~	4 898 ~	4 267 ~	3 750 ~	3 322 ~	2 963 ~	2 659 ~	2 400 ~

Élément dimensionnant : déformation : ~ ; contrainte de flexion : - ; cisaillement : •

Remarque

Les chiffres ne sont pas affichés lorsque la charge de résistance est inférieure à 30 daN par mètre et supérieure à 2 000 daN par mètre.

Exemple : une panne de 90 × 180 de 3 500 mm de portée peut supporter une charge totale de 400 daN sur toute sa longueur, soit une charge répartie de 400/3,5 = 114,3 daN/m de longueur.

Table 15 - Bois massif ou (BMR)

– Sur trois appuis
– 50 % < pente ≤ 70 %
– Charge totale maximale entre deux appuis en daN (G + S)

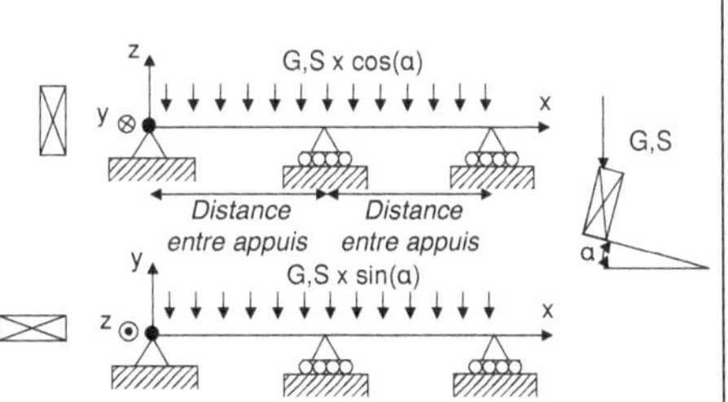

Section standard (à 20 % d'humidité)		Distance entre appuis (mm)														
		2 000	2 333	2 667	3 000	3 333	3 667	4 000	4 333	4 667	5 000	5 333	5 667	6 000	6 500	7 000
50	125	270 -	232	178 ~	141 ~	114 ~										
50	150	328 -	281	216 ~	171 ~	139 ~	114 ~									
50	175	395 -	332 ~	254 ~	201 ~	163 ~	134 ~									
50	200	465 -	380 ~	291 ~	230 ~	186 ~	154 ~	129 ~								
50	225	535 -	429 ~	328 ~	259 ~	210 ~	173 ~	146 ~								
50	250	605 -	477 ~	365 ~	288 ~	233 ~	193 ~	162 ~	138 ~							
65	125	420 -	360 -	315 -	280 -	240 ~	198 ~	166 ~	142 ~							
65	150	516 -	442 -	387 -	344 -	298 ~	246 ~	207 ~	176 ~	152 ~						
65	175	626 -	537 -	470 -	418 -	353 ~	292 ~	245 ~	209 ~	180 ~	157 ~					
65	200	741 -	635 -	556 -	494 -	406 ~	336 ~	282 ~	240 ~	207 ~	181 ~					
65	225	857 -	735 -	643 -	567 ~	459 ~	379 ~	319 ~	272 ~	234 ~	204 ~	179 ~				
65	250	974 -	835 -	730 -	631 ~	511 ~	423 ~	355 ~	303 ~	261 ~	227 ~	200 ~	177 ~			
75	125	532 -	456 -	399 -	354 -	319 -	290 ~	244 ~	208 ~	179 ~	156 ~					
75	150	656 -	563 -	492 -	437 -	394 -	358 -	310 ~	264 ~	227 ~	198 ~	174 ~				
75	175	801 -	686 -	600 -	534 -	480 -	437 -	371 ~	316 ~	273 ~	237 ~	209 ~	185 ~			
75	200	951 -	815 -	713 -	634 -	570 -	511 ~	430 ~	366 ~	316 ~	275 ~	242 ~	214 ~	191 ~		
75	225	1 103 -	946 -	827 -	735 -	662 -	580 ~	487 ~	415 ~	358 ~	312 ~	274 ~	243 ~	216 ~		
75	250	1 257 -	1 078 -	943 -	838 -	754 -	647 ~	544 ~	463 ~	399 ~	348 ~	306 ~	271 ~	242 ~	206 ~	
75	300	1 569 -	1 345 -	1 176 -	1 046 -	941 -	779 ~	655 ~	558 ~	481 ~	419 ~	368 ~	326 ~	291 ~	248 ~	214 ~
100	100	594 -	510 -	446 -	396 -	357 -	324 -	297 -	254 ~	219 ~	191 ~	168 ~				
100	125	821 -	704 -	615 -	547 -	492 -	448 -	410 -	379 -	352 -	307 ~	270 ~	239 ~	213 ~		
100	150	1 050 -	900 -	787 -	700 -	630 -	573 -	525 -	485 -	450 -	420 -	370 ~	328 ~	292 ~	249 ~	215 ~
100	175	1 294 -	1 109 -	970 -	863 -	776 -	706 -	647 -	597 -	555 -	518 -	464 ~	411 ~	366 ~	312 ~	269 ~
100	200	1 549 -	1 328 -	1 162 -	1 033 -	930 -	845 -	775 -	715 -	664 -	620 -	551 ~	488 ~	435 ~	371 ~	320 ~
100	225	1 810 -	1 552 -	1 357 -	1 207 -	1 086 -	987 -	905 -	835 -	776 -	720 ~	633 ~	561 ~	500 ~	426 ~	367 ~
100	250	2 075 -	1 779 -	1 556 -	1 383 -	1 245 -	1 132 -	1 037 -	958 -	889 -	810 ~	712 ~	631 ~	563 ~	480 ~	414 ~
100	300	2 614 -	2 241 -	1 961 -	1 743 -	1 569 -	1 426 -	1 307 -	1 207 -	1 120 -	985 ~	866 ~	767 ~	684 ~	583 ~	503 ~
BMR																
80	200	1 062 -	911 -	797 -	708 -	637 -	579 -	519 ~	442 ~	381 ~	332 ~	292 ~	258 ~	231 ~	196 ~	
80	220	1 200 -	1 029 -	900 -	800 -	720 -	654 -	575 ~	490 ~	422 ~	368 ~	324 ~	287 ~	256 ~	218 ~	
80	240	1 339 -	1 148 -	1 004 -	892 -	803 -	730 -	631 ~	537 ~	463 ~	404 ~	355 ~	314 ~	280 ~	239 ~	
100	200	1 549 -	1 328 -	1 162 -	1 033 -	930 -	845 -	775 -	715 -	664 -	620 -	551 ~	488 ~	435 ~	371 ~	320 ~
100	220	1 757 -	1 507 -	1 318 -	1 172 -	1 055 -	959 -	879 -	811 -	753 -	702 ~	617 ~	546 ~	487 ~	415 ~	358 ~
100	240	1 968 -	1 688 -	1 476 -	1 312 -	1 181 -	1 074 -	984 -	909 -	844 -	775 ~	681 ~	603 ~	538 ~	458 ~	395 ~
120	200	2 092 -	1 793 -	1 568 -	1 394 -	1 255 -	1 141 -	1 046 -	965 -	896 -	837 -	784 -	738 -	697 -	605 ~	521 ~
120	220	2 382 -	2 042 -	1 786 -	1 588 -	1 429 -	1 299 -	1 191 -	1 099 -	1 021 -	953 -	893 -	841 -	794 -	688 ~	594 ~
120	240	2677 -	2 295 -	2 008 -	1 785 -	1 606 -	1 460 -	1 339 -	1 236 -	1 147 -	1 071 -	1 004 -	945 -	892 -	769 ~	663 ~

Élément dimensionnant : déformation : ~ ; contrainte de flexion : - ; cisaillement : •

Remarque

Les chiffres ne sont pas affichés lorsque la charge de résistance est inférieure à 30 daN par mètre et supérieure à 2 000 daN par mètre.

Exemple : une panne de 75 × 175 de 3 300 mm entre deux appuis peut supporter une charge totale de 480 daN entre appuis, soit une charge répartie de 480/3,3 – 145 daN/m de longueur.

Table 16 - Bois lamellé-collé (BLC)

– Sur trois appuis
– 50 % < pente ≤ 70 %
– Charge totale maximale entre deux appuis en daN (G + S)

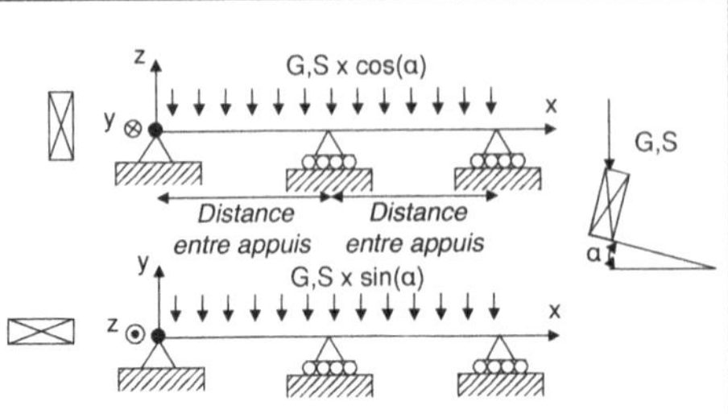

Exemple de section		Distance entre appuis (mm)														
		3 000	3 500	4 000	4 500	5 000	5 500	6 000	6 500	7 000	7 500	8 000	8 500	9 000	9 500	10 000
90	180	915 -	784 -	686 -	580 ~	470 ~	388 ~	326 ~	278 ~	240 ~						
90	225	1 226 -	1 051 -	919 -	751 ~	608 ~	502 ~	422 ~	360 ~	310 ~	270 ~					
90	270	1 521 -	1 303 -	1 141 -	912 ~	739 ~	611 ~	513 ~	437 ~	377 ~	328 ~	289 ~	256 ~			
90	315	1 812 -	1 553 -	1 355 -	1 071 ~	867 ~	717 ~	602 ~	513 ~	442 ~	385 ~	339 ~	300 ~			
90	360	2 101 -	1 801 -	1 553 -	1 227 ~	994 ~	821 ~	690 ~	588 ~	507 ~	442 ~	388 ~	344 ~	307 ~		
90	405	2 390 -	2 048 -	1 750 -	1 382 -	1 120 ~	925 ~	778 ~	663 ~	571 ~	498 ~	437 ~	387 ~	346 ~	310 ~	
115	225	1 854 -	1 589 -	1 391 -	1 236 -	1 112 -	1 007 ~	846 ~	721 ~	622 ~	542 ~	476 ~	422 ~	376 ~	338 ~	305 ~
115	270	2 322 -	1 990 -	1 741 -	1 548 -	1 393 -	1 249 ~	1 050 ~	894 ~	771 ~	672 ~	590 ~	523 ~	466 ~	419 ~	378 ~
115	315	2 786 -	2 388 -	2 090 -	1 857 -	1 672 -	1 479 ~	1 243 ~	1 059 ~	913 ~	795 ~	699 ~	619 ~	552 ~	496 ~	447 ~
115	360	3 250 -	2 786 -	2 438 -	2 167 -	1 950 -	1 702 ~	1 430 ~	1 219 ~	1 051 ~	916 ~	805 ~	713 ~	636 ~	571 ~	515 ~
115	405	3 714 -	3 183 -	2 785 -	2 476 -	2 228 -	1 923 ~	1 616 ~	1 377 ~	1 187 ~	1 034 ~	909 ~	805 ~	718 ~	644 ~	582 ~
115	450	4 176 -	3 579 -	3 132 -	2 784 -	2 505 -	2 141 ~	1 799 ~	1 533 ~	1 322 ~	1 151 ~	1 012 ~	896 ~	800 ~	718 ~	648 ~
140	198	2 137 -	1 831 -	1 603 -	1 424 -	1 282 -	1 165	1 068 -	986 -	858 ~	747 ~	657 ~	582 ~	519 ~	466 ~	420 ~
140	264	3 142 -	2 693 -	2 356 -	2 095 -	1 885 -	1 714 -	1 571 -	1 450 -	1 304 ~	1 136 ~	998 ~	884 ~	789 ~	708 ~	639 ~
140	330	4 127 -	3 537 -	3 095 -	2 751 -	2 476 -	2 251 -	2 063 -	1 905 -	1 701 ~	1 482 ~	1 302 ~	1 154 ~	1 029 ~	924 ~	834 ~
140	396	5 117 -	4 386 -	3 837 -	3 411 -	3 070 -	2 791 -	2 558 -	2 362 -	2 075 ~	1 808 ~	1 589 ~	1 407 ~	1 255 ~	1 127 ~	1 017 ~
140	462		5 234 -	4 579 -	4 071 -	3 664 -	3 330 -	3 053 -	2 818 -	2 438 ~	2 124 ~	1 867 ~	1 654 ~	1 475 ~	1 324 ~	1 195 ~
140	528		6 079 -	5 319 -	4 728 -	4 255 -	3 868 -	3 546 -	3 243 ~	2 796 ~	2 436 ~	2 141 ~	1 896 ~	1 692 ~	1 518 ~	1 370 ~
165	330	5 443 -	4 665 -	4 082 -	3 628 -	3 266 -	2 969 -	2 721 -	2 512 -	2 333 -	2 177 -	2 041 -	1 837 ~	1 638 ~	1 470 ~	1 327 ~
165	396		5 820 -	5 093 -	4 527 -	4 074 -	3 704 -	3 395 -	3 134 -	2 910 -	2 716 -	2 546 -	2 271 ~	2 026 ~	1 818 ~	1 641 ~
165	462		6 980 -	6 107 -	5 429 -	4 886 -	4 442 -	4 072 -	3 758 -	3 490 -	3 257 -	3 032 ~	2 686 ~	2 396 ~	2 150 ~	1 941 ~
165	528			7 121 -	6 330 -	5 697 -	5 179 -	4 748 -	4 382 -	4 069 -	3 798 -	3 489 ~	3 090 ~	2 757 ~	2 474 ~	2 233 ~
190	396			6 465 -	5 747 -	5 172 -	4 702 -	4 310 -	3 978 -	3 694 -	3 448 -	3 232 -	3 042 -	2 873 -	2 717 ~	2 452 ~
190	462			7 788 -	6 922 -	6 230 -	5 664 -	5 192 -	4 792 -	4 450 -	4 153 -	3 894 -	3 665 -	3 461 -	3 244 ~	2 928 ~
190	528				8 102 -	7 291 -	6 629 -	6 076 -	5 609 -	5 208 -	4 861 -	4 557 -	4 289 -	4 051 -	3 751 ~	3 385 ~
190	594					8 352 -	7 593 -	6 960 -	6 425 -	5 966 -	5 568 -	5 220 -	4 913 -	4 640 -	4 246 ~	3 832 ~
210	462				8 205 -	7 384 -	6 713 -	6 154 -	5 680 -	5 275 -	4 923 -	4 615 -	4 344 -	4 102 -	3 886 -	3 692 -
210	528					8 666 -	7 878 -	7 221 -	6 666 -	6 190 -	5 777 -	5 416 -	5 098 -	4 814 -	4 561 -	4 333 -
210	594					9 949 -	9 045 -	8 291 -	7 653 -	7 107 -	6 633 -	6 218 -	5 853 -	5 527 -	5 237 -	4 975 -
210	660						10 309 -	9 450 -	8 723 -	8 100 -	7 560 -	7 088 -	6 671 -	6 300 -	5 968 -	5 670 -

Élément dimensionnant : déformation : ~ ; contrainte de flexion : - ; cisaillement : •

Remarque
Les chiffres ne sont pas affichés lorsque la charge de résistance est inférieure à 30 daN par mètre et supérieure à 2 000 daN par mètre.

Exemple : une panne de 90 × 270 de 5 000 mm entre deux appuis peut supporter une charge totale de 739 daN entre appuis, soit une charge répartie de 739/5 = 147,8 daN/m de longueur.

Table 17 - Bois massif ou BMR

– Sur 2-3 appuis
– 50 % < pente ≤ 70 %
– Charge totale maximale en daN (G + S)

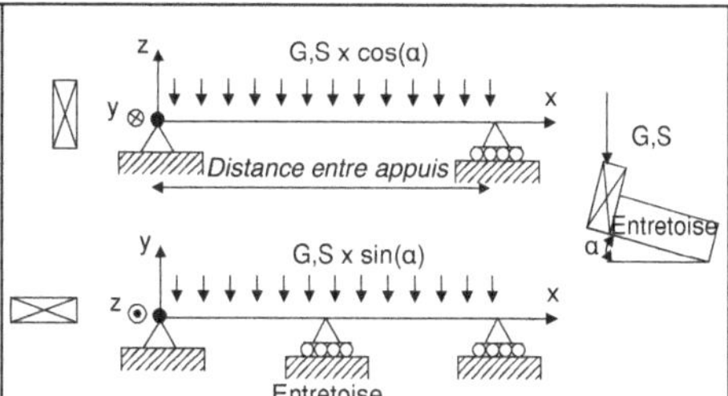

Section standard (à 20 % d'humidité)		Distance entre appuis (mm)														
		1 000	1 500	2 000	2 500	3 000	3 500	4 000	4 500	5 000	5 500	6 000	6 500	7 000	7 500	8 000
50	125	1 013 -	675 -	507 -	348 ~	241 ~	177 ~	136 ~								
50	150	1 344 -	896 -	672 -	537 -	417 ~	306 ~	235 ~	185 ~	150 ~						
50	175	1 460 •	1 162 -	872 -	697 -	581 -	487 ~	373 ~	294 ~	238 ~	197 ~					
50	200	1 669 •	1 456 -	1 092 -	873 -	728 -	624 -	546 -	439 ~	356 ~	294 ~	247 ~	211 ~			
50	225	1 877 •	1 770 -	1 327 -	1 062 -	885 -	758 -	664 -	590 -	507 ~	419 ~	352 ~	300 ~	259 ~	225 ~	
50	250		2 086 •	1 576 -	1261 -	1051 -	901 -	788 -	701 -	631 -	573 -	483 ~	411 ~	355 ~	309 ~	272 ~
65	125	1 392 -	928 -	696 -	452 ~	314 ~	231 ~	177 ~	139 ~							
65	150	1 862 -	1 242 -	931 -	745 -	542 ~	398 ~	305 ~	241 ~	195 ~						
65	175	1 898 •	1 623 -	1 218 -	974 -	812 -	633 ~	484 ~	383 ~	310 ~	256 ~	215 ~				
65	200		2 048 -	1 536 -	1229 -	1024 -	878 -	723 ~	571 ~	463 ~	382 ~	321 ~	274 ~	236 ~		
65	225		2 440 •	1 880 -	1504 -	1253 -	1074 -	940 ~	813 ~	659 ~	545 ~	458 ~	390 ~	336 ~	293 ~	257 ~
65	250		2 712 •	2 246 -	1797 -	1497 -	1283 -	1123 -	998 -	898 -	747 ~	628 ~	535 ~	461 ~	402 ~	353 ~
75	125	1 649 -	1 099 -	815 ~	521 ~	362 ~	266 ~	204 ~	161 ~							
75	150		1 476 -	1 107 -	886 -	626 ~	460 ~	352 ~	278 ~	225 ~	186 ~					
75	175		1 937 -	1 453 -	1 162 -	969 -	730 -	559 ~	442 ~	358 ~	296 ~	248 ~	212 ~			
75	200		2 452 -	1 839 -	1 471 -	1 226 -	1 051 -	834 ~	659 ~	534 ~	441 ~	371 ~	316 ~	272 ~	237 ~	
75	225		2 816 •	2 258 -	1 807 -	1 506 -	1 290 -	1 129 -	939 ~	760 ~	628 ~	528 ~	450 ~	388 ~	338 ~	297 ~
75	250			2 707 -	2 166 -	1 805 -	1 547 -	1 354 -	1 203 -	1 043 ~	862 ~	724 ~	617 ~	532 ~	464 ~	407 ~
75	300			3 685 -	2 948 -	2 456 -	2 106 -	1 842 -	1 638 -	1 474 -	1 340 -	1 228 -	1 066 ~	919 ~	801 ~	704 ~
100	100	1 578 -	989 ~	556 ~	356 ~	247 ~	182 ~	139 ~								
100	125		1 530 -	1 086 ~	695 ~	483 ~	355 ~	272 ~	215 ~	174 ~						
100	150		2 070 -	1 552 -	1 201 ~	834 ~	613 ~	469 ~	371 ~	300 ~	248 ~	209 ~				
100	175		2 735 -	2 051 -	1 641 -	1 325 ~	973 ~	745 ~	589 ~	477 ~	394 ~	331 ~	282 ~	243 ~		
100	200			2 613 -	2 091 -	1 742 -	1 453 ~	1 112 ~	879 ~	712 ~	588 ~	494 ~	421 ~	363 ~	316 ~	278 ~
100	225			3 228 -	2 582 -	2 152 -	1 845 -	1 584 ~	1 251 ~	1 014 ~	838 ~	704 ~	600 ~	517 ~	451 ~	396 ~
100	250			3 892 -	3 113 -	2 594 -	2 224 -	1 946 -	1 717 ~	1 391 ~	1 149 ~	966 ~	823 ~	709 ~	618 ~	543 ~
100	300				4 282 -	3 569 -	3 059 -	2 677 -	2 379 -	2 141 -	1 947 -	1 669 ~	1 422 ~	1 226 ~	1 068 ~	939 ~
BMR																
80	200		2 657 -	1 993 -	1 594 -	1 328 -	1 139 -	890 ~	703 ~	570 ~	471 ~	396 ~	337 ~	291 ~	253 ~	
80	220		2 937 •	2 356 -	1 885 -	1 571 -	1 346 -	1 178 -	936 ~	758 ~	627 ~	526 ~	449 ~	387 ~	337 ~	296 ~
80	240			2 741 -	2 193 -	1 827 -	1 566 -	1 370 -	1 215 ~	984 ~	813 ~	683 ~	582 ~	502 ~	437 ~	384 ~
100	200			2 613 -	2 091 -	1 742 -	1 453 ~	1 112 ~	8 79 ~	712 ~	588 ~	494 ~	421 ~	363 ~	316 ~	278 ~
100	220			3 101 -	2 481 -	2 067 -	1772 -	1 481 ~	1 170 ~	948 ~	783 ~	658 ~	561 ~	483 ~	421 ~	370 ~
100	240			3 621 -	2 896 -	2 414 -	2 069 -	1 810 -	1 519 ~	1 230 ~	1 017 ~	854 ~	728 ~	628 ~	547 ~	481 ~
120	200			3 242 -	2 594 -	2 161 -	1 744 ~	1335 ~	1 055 ~	854 ~	706 ~	593 ~	506 ~	436 ~	380 ~	334 ~
120	220			3 858 -	3 086 -	2 572 -	2 204 -	1 777 ~	1 404 ~	1 137 ~	940 ~	790 ~	673 ~	580 ~	505 ~	444 ~
120	240				3 613 -	3 010 -	2 580 -	2 258 -	1 823 ~	1 476 ~	1 220 ~	025 ~	874 ~	753 ~	656 ~	577 ~

Élément dimensionnant : déformation : ~ ; contrainte de flexion : - ; cisaillement : •

Remarque

Les chiffres ne sont pas affichés lorsque la charge de résistance est inférieure à 30 daN par mètre et supérieure à 2 000 daN par mètre.

Exemple : une panne de 75 × 175 de 3 500 mm de portée peut supporter une charge totale de 588 daN, soit une charge répartie de 588/3,5 = 168 daN/m de longueur.

Table 18 - Bois lamellé-collé (BLC)

– Sur 2-3 appuis (renforcés par une entretoise)
– 50 % < pente ≤ 70 %
– Charge totale maximale en daN (G + S)

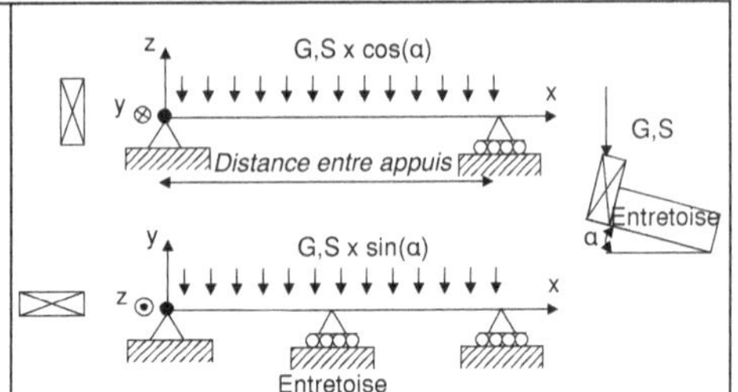

Exemple de section		\multicolumn{15}{c}{Distance entre appuis (mm)}
		3 000	3 500	4 000	4 500	5 000	5 500	6 000	6 500	7 000	7 500	8 000	8 500	9 000	9 500	10 000
90	180	1 483 ~	1 090 ~	834 ~	659 ~	534 ~	441 ~	371 ~	316 ~	272 ~	237 ~					
90	225	2 299 -	1 971 -	1 630 ~	1 288 ~	1 043 ~	862 ~	724 ~	617 ~	532 ~	464 ~	407 ~	361 ~	322 ~	289 ~	
90	270	3 114 -	2 669 -	2 335 -	2 076 -	1 802 ~	1 490 ~	1 252 ~	1 067 ~	920 ~	801 ~	704 ~	624 ~	556 ~	499 ~	451 ~
90	315	3 994 -	3 424 -	2 996 -	2 663 -	2 397 -	2 179 -	1 988 ~	1 694 ~	1 460 ~	1 272 ~	1 118 ~	990 ~	883 ~	793 ~	716 ~
90	360	4 936 -	4 231 -	3 702 -	3 291 -	2 962 -	2 693 -	2 468 -	2 278 -	2 116 -	1 899 ~	1 669 ~	1 478 ~	1 319 ~	1 183 ~	1 068 ~
90	405	5 931 -	5 083 -	4 448 -	3 954 -	3 558 -	3 235 -	2 965 -	2 737 -	2 542 -	2 372 -	2 224 -	2 093 -	1 877 ~	1 685 ~	1 521 ~
115	225	3 095 -	2 653 -	2 082 ~	1 645 ~	1 333 ~	1 101 ~	926 ~	789 ~	680 ~	592 ~	521 ~	461 ~	411 ~	369 ~	333 ~
115	270	4 225 -	3 622 -	3 169 -	2 817 -	2 303 ~	1 903 ~	1 599 ~	1 363 ~	1 175 ~	1 024 ~	900 ~	797 ~	711 ~	638 ~	576 ~
115	315	5 460 -	4 680 -	4 095 -	3 640 -	3 276 -	2 978 -	2 540 ~	2 164 ~	1 866 ~	1 625 ~	1 429 ~	1 265 ~	1 129 ~	1 013 ~	914 ~
115	360		5 823 -	5 095 -	4 529 -	4 076 -	3 705 -	3 397 -	3 135 -	2 785 ~	2 426 ~	2 132 ~	1 889 ~	1 685 ~	1 512 ~	1 365 ~
115	405			6 159 -	5 475 -	4 927 -	4 479 -	4 106 -	3 790 -	3 520 -	3 285 -	3 036 ~	2 690 ~	2 399 ~	2 153 ~	1 943 ~
115	450			7 280 -	6 472 -	5 824 -	5 295 -	4 854 -	4 480 -	4 160 -	3 883 -	3 640 -	3 426 -	3 236 -	2 954 ~	2 666 ~
140	198	3 071 ~	2 257 ~	1 728 ~	1 365 ~	1106 ~	914 ~	768 ~	654 ~	564 ~	491 ~	432 ~	383 ~	341 ~	306 ~	
140	264	5 156 -	4 419 -	3 867 -	3 236 ~	2 621 ~	2 166 ~	1 820 ~	1 551 ~	1 337 ~	1 165 ~	1 024 ~	907 ~	809 ~	726 ~	655 ~
140	330		6 450 -	5 644 -	5 017 -	4 515 -	4 105 -	3 555 ~	3 029 ~	2 612 ~	2 275 ~	2 000 ~	1 771 ~	1 580 ~	1 418 ~	1 280 ~
140	396			7 638 -	6789 -	6 110 -	5 555 -	5 092 -	4 700 -	4 364 -	3 931 ~	3 455 ~	3 061 ~	2 730 ~	2 450 ~	2 211 ~
140	462				8 725 -	7 853 -	7 139 -	6 544 -	6 041 -	5 609 -	5 235 -	4 908 -	4 619 -	4 335 ~	3 891 ~	3 512 ~
140	528					9 721 -	8 837 -	8 101 -	7 478 -	6 943 -	6 481 -	6 076 -	5 718 -	5 400 -	5 116 -	4 860 -
165	330			6 885 -	6 120 -	5 508 -	4 986 ~	4 190 ~	3 570 ~	3 078 ~	2 681 ~	2 357 ~	2 088 ~	1 862 ~	1 671 ~	1 508 ~
165	396				8 326 -	7 494 -	6 812 -	6 245 -	5 764 -	5 319 ~	4 633 ~	4 072 ~	3 607 ~	3 218 ~	2 888 ~	2 606 ~
165	462					9 677 -	8 797 -	8 064 -	7 444 -	6 912 -	6 451 -	6 048 -	5 692 -	5 110 ~	4 586 ~	4 139 ~
165	528					10 939 -	10 027 -	9 256 -	8 595 -	8 022 -	7 521 -	7 078 -	6 685 -	6 333 -	6 016 -	

Élément dimensionnant : déformation : ~ ; contrainte de flexion : - ; cisaillement : •

Remarque

Les chiffres ne sont pas affichés lorsque la charge de résistance est inférieure à 30 daN par mètre et supérieure à 2 000 daN par mètre.

Exemple : une panne de 90 × 270 de 5 000 mm de portée peut supporter une charge totale de 1 452 daN, soit une charge répartie de 1 452/5 = 290,4 daN/m de longueur.

Table 19 - Bois massif ou BMR

– Sur 2-3 appuis
– 70 % < pente ≤ 100 %
– Charge totale maximale en daN (G + S)

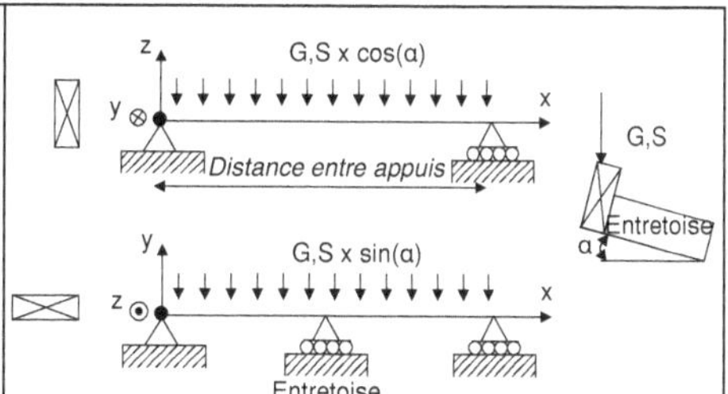

Section standard (à 20 % d'humidité)		Distance entre appuis (mm)														
		1 000	1 500	2 000	2 500	3 000	3 500	4 000	4 500	5 000	5 500	6 000	6 500	7 000	7 500	8 000
50	125	1 013 -	675 -	507 -	380 ~	264 ~	194 ~	148 ~								
50	150	1 344 -	896 -	672 -	537 -	448 -	335 ~	256 ~	202 ~	164 ~						
50	175	1 569 •	1 162 -	872 -	697 -	581 -	498 -	407 ~	321 ~	260 ~	215 ~	181 ~				
50	200	1 793 •	1 456 -	1 092 -	873 -	728 -	624 -	546 -	480 ~	389 ~	321 ~	270 ~	230 ~			
50	225		1 743 -	1 307 -	1 046 -	871 -	747 -	654 -	581 -	523 -	457 ~	384 ~	327 ~	282 ~	246 ~	
50	250		2 014 -	1 510 -	1 208 -	1 007 -	863 -	755 -	671 -	604 -	549 -	503 -	449 ~	387 ~	337 ~	297 ~
65	125	1 392 -	928 -	696 -	493 ~	343 ~	252 ~	193 ~	152 ~							
65	150	1 862 -	1 242 -	931 -	745 -	592 ~	435 ~	333 ~	263 ~	213 ~	176 ~					
65	175		1 623 -	1 218 -	974 -	812 -	691 ~	529 ~	418 ~	338 ~	280 ~	235 ~	200 ~			
65	200		2 048 -	1 536 -	1 229 -	1 024 -	878 -	768 -	624 ~	505 ~	418 ~	351 ~	299 ~	258 ~		
65	225		2 506 -	1 880 -	1 504 -	1 253 -	1 074 -	940 -	835 -	719 ~	595 ~	500 ~	426 ~	367 ~	320 ~	281 ~
65	250		2 913 •	2 246 -	1 797 -	1 497 -	1 283 -	1 123 -	998 -	898 -	816 -	685 ~	584 ~	503 ~	439 ~	385 ~
75	125	1 649 -	1 099 -	824 -	569 ~	395 ~	290 ~	222 ~	176 ~							
75	150		1 476 -	1 107 -	886 -	683 ~	502 ~	384 ~	304 ~	246 ~	203 ~					
75	175		1 937 -	1 453 -	1 162 -	969 -	797 ~	610 ~	482 ~	391 ~	323 ~	271 ~	231 ~			
75	200		2 452 -	1 839 -	1 471 -	1 226 -	1 051 -	911 ~	720 ~	583 ~	482 ~	405 ~	345 ~	297 ~	259 ~	
75	225			2 258 -	1 807 -	1 506 -	1 290 -	1 129 -	1 004 -	830 ~	686 ~	576 ~	491 ~	423 ~	369 ~	324 ~
75	250			2 707 -	2 166 -	1 805 -	1 547 -	1 354 -	1 203 -	1 083 -	941 ~	791 ~	674 ~	581 ~	506 ~	445 ~
75	300			3 685 -	2 948 -	2 456 -	2 106 -	1 842 -	1 638 -	1 474 -	1 340 -	1 228 -	1 134 -	1 004 ~	874 ~	769 ~
100	100	1 578 -	1 052 -	607 ~	389 ~	270 ~	198 ~	152 ~								
100	125		1 530 -	1 148 -	759 ~	527 ~	387 ~	297 ~	234 ~	190 ~						
100	150		2 070 -	1 552 -	1 242 -	911 ~	669 ~	512 ~	405 ~	328 ~	271 ~	228 ~				
100	175		2 735 -	2 051 -	1 641 -	1 367 -	1 063 ~	814 ~	643 ~	521 ~	430 ~	362 ~	308 ~	266 ~	231 ~	
100	200			2 613 -	2 091 -	1 742 -	1 493 -	1 215 ~	960 ~	777 ~	642 ~	540 ~	460 ~	397 ~	345 ~	304 ~
100	225			3 228 -	2 582 -	2 152 -	1 845 -	1 614 -	1 366 ~	1 107 ~	915 ~	769 ~	655 ~	565 ~	492 ~	432 ~
100	250			3 892 -	3 113 -	2 594 -	2 224 -	1 946 -	1 730 -	1 518 ~	1 255 ~	1 054 ~	898 ~	775 ~	675 ~	593 ~
100	300				4 282 -	3 569 -	3 059 -	2 677 -	2 379 -	2 141 -	1 947 -	1 784 -	1 552 ~	1 338 ~	1 166 ~	1 025 ~
BMR																
80	200		2 657 -	1 993 -	1 594 -	1 328 -	1 139 -	972 ~	768 ~	622 ~	514 ~	432 ~	368 ~	317 ~	276 ~	243 ~
80	220			2 356 -	1 885 -	1 571 -	1 346 -	1 178 -	1022 ~	828 ~	684 ~	575 ~	490 ~	422 ~	368 ~	323 ~
80	240			2 741 -	2 193 -	1 827 -	1 566 -	1 370 -	1218 -	1075 ~	888 ~	746 ~	636 ~	548 ~	478 ~	420 ~
100	200			2 613 -	2 091 -	1 742 -	1 493 -	1 215 ~	960 ~	777 ~	642 ~	540 ~	460 ~	397 ~	345 ~	304 ~
100	220			3 101 -	2 481 -	2 067 -	1 772 -	1 550 -	1 277 ~	1 035 ~	855 ~	718 ~	612 ~	528 ~	460 ~	404 ~
100	240			3 621 -	2 896 -	2 414 -	2 069 -	1 810 -	1 609 -	1 343 ~	1 110 ~	933 ~	795 ~	685 ~	597 ~	525 ~
120	200			3 242 -	2 594 -	2 161 -	1 853 -	1 457 ~	1 152 ~	933 ~	771 ~	648 ~	552 ~	476 ~	415 ~	364 ~
120	220			3 858 -	3 086 -	2 572 -	2 204 -	1 929 -	1 533 ~	1 241 ~	1 026 ~	862 ~	735 ~	633 ~	552 ~	485 ~
120	240				3 613 -	3 010 -	2 580 -	2 258 -	1 990 ~	1 612 ~	1 332 ~	1 119 ~	954 ~	822 ~	716 ~	630 ~

Élément dimensionnant : déformation : ~ ; contrainte de flexion : - ; cisaillement : •

Remarque

Les chiffres ne sont pas affichés lorsque la charge de résistance est inférieure à 30 daN par mètre et supérieure à 2 000 daN par mètre.

Exemple : une panne de 75 × 175 de 3 500 mm de portée peut supporter une charge totale de 682 daN, soit une charge répartie de 682/3,5 = 195 daN/m de longueur.

Table 20 - Bois lamellé-collé (BLC)

– Sur 2-3 appuis (renforcés par une entretoise)
– 70 % < pente ≤ 100 %
– Charge totale maximale en daN (G + S)

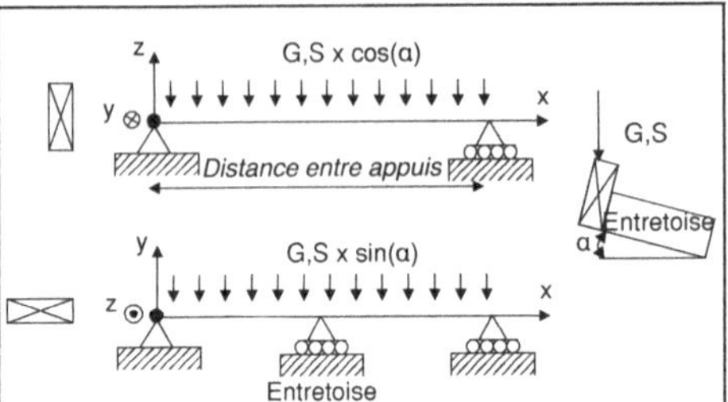

Exemple de section		Distance entre appuis (mm)														
		3 000	3 500	4 000	4 500	5 000	5 500	6 000	6 500	7 000	7 500	8 000	8 500	9 000	9 500	10 000
90	180	1 544 -	1 190 ~	911 ~	720 ~	583 ~	482 ~	405 ~	345 ~	297 ~	259 ~					
90	225	2 299 -	1 971 -	1 724 -	1 406 ~	1 139 ~	941 ~	791 ~	674 ~	581 ~	506 ~	445 ~	394 ~	351 ~	315 ~	
90	270	3 114 -	2 669 -	2 335 -	2 076 -	1 868 -	1 626 ~	1 367 ~	1 164 ~	1 004 ~	875 ~	769 ~	681 ~	607 ~	545 ~	492 ~
90	315	3 994 -	3 424 -	2 996 -	2 663 -	2 397 -	2 179 -	1 997 -	1 844 -	1 594 ~	1 389 ~	1 221 ~	1 081 ~	964 ~	866 ~	781 ~
90	360	4 936 -	4 231 -	3 702 -	3 291 -	2 962 -	2 693 -	2 468 -	2 278 -	2 116 -	1 975 -	1 822 ~	1 614 ~	1 440 ~	1 292 ~	1 166 ~
90	405	5 840 -	5 006 -	4 380 -	3 894 -	3 504 -	3 186 -	2 920 -	2 696 -	2 503 -	2 336 -	2 190 -	2 061 -	1 947 -	1 840 ~	1 660 ~
115	225	3 095 -	2 653 -	2 274 ~	1 796 ~	1 455 ~	1 203 ~	1 010 ~	861 ~	742 ~	647 ~	568 ~	504 ~	449 ~	403 ~	364 ~
115	270	4 225 -	3 622 -	3 169 -	2 817 -	2 514 ~	2 078 ~	1 746 ~	1 488 ~	1 283 ~	1 118 ~	982 ~	870 ~	776 ~	697 ~	629 ~
115	315	5 460 -	4 680 -	4 095 -	3 640 -	3 276 -	2 978 -	2 730 -	2 363 ~	2 037 ~	1 775 ~	1 560 ~	1 382 ~	1 232 ~	1 106 ~	998 ~
115	360		5 823 -	5 095 -	4 529 -	4 076 -	3 705 -	3 397 -	3 135 -	2 911 -	2 649 ~	2 328 ~	2 062 ~	1 840 ~	1 651 ~	1 490 ~
115	405			6 159 -	5 475 -	4 927 -	4 479 -	4 106 -	3 790 -	3 520 -	3 285 -	3 080 -	2 898 -	2 619 ~	2 351 ~	2 122 ~
115	450			7 280 -	6 472 -	5 824 -	5 295 -	4 854 -	4 480 -	4 160 -	3 883 -	3 640 -	3 426 -	3 236 -	3 065 -	2 910 ~
140	198	3 083 -	2 464 ~	1 886 ~	1 490 ~	1 207 ~	9 98 ~	838 ~	714 ~	616 ~	537 ~	472 ~	418 ~	373 ~	334 ~	302 ~
140	264	5 156 -	4 419 -	3 867 -	3 437 -	2 861 ~	2 365 ~	1 987 ~	1 693 ~	1 460 ~	1 272 ~	1 118 ~	990 ~	883 ~	793 ~	715 ~
140	330		6 450 -	5 644 -	5 017 -	4 515 -	4 105 -	3 762 -	3 307 ~	2 851 ~	2 484 ~	2 183 ~	1 934 ~	1 725 ~	1 548 ~	1 397 ~
140	396			7 638 -	6 789 -	6 110 -	5 555 -	5 092 -	4 700 -	4 364 -	4 074 -	3 772 ~	3 342 ~	2 981 ~	2 675 ~	2 414 ~
140	462				8 725 -	7 853 -	7 139 -	6 544 -	6 041 -	5 609 -	5 235 -	4 908 -	4 619 -	4 363 -	4 133 -	3 834 ~
140	528					9 721 -	8 837 -	8 101 -	7 478 -	6 943 -	6 481 -	6 076 -	5 718 -	5 400 -	5 116 -	4 860 -
165	330			6 885 -	6 120 -	5 508 -	5 007 -	4 574 ~	3 898 ~	3 361 ~	2 927 ~	2 573 ~	2 279 ~	2 033 ~	1 825 ~	1 647 ~
165	396				8 326 -	7 494 -	6 812 -	6 245 -	5 764 -	5 353 -	4 996 -	4 446 ~	3 938 ~	3 513 ~	3 153 ~	2 846 ~
165	462					9 677 -	8 797 -	8 064 -	7 444 -	6 912 -	6 451 -	6 048 -	5 692 -	5 376 -	5 007 ~	4 519 ~
165	528						10 939 -	10 027 -	9 256 -	8 595 -	8 022 -	7 521 -	7 078 -	6 685 -	6 333 -	6 016 -

Élément dimensionnant : déformation : ~ ; contrainte de flexion : - ; cisaillement : •

Remarque
Les chiffres ne sont pas affichés lorsque la charge de résistance est inférieure à 30 daN par mètre et supérieure à 2 000 daN par mètre.

Exemple : une panne de 90 × 270 de 5 000 mm de portée peut supporter une charge totale de 1 868 daN, soit une charge répartie de 1 868/5 = 336,6 daN/m de longueur.

Coefficients de variation des hypothèses

Les coefficients dans les tableaux suivants correspondent aux coefficients les plus défavorables en fonction de l'élément dimensionnant : la contrainte de rupture en flexion, en cisaillement ou la déformation. Le coefficient doit être appliqué à la charge précisée dans les tables lorsque le cas étudié est différent des hypothèses des tables.

Coefficient k1 : classement d'essence

C18	0,75
C30	1,09
GL28h	1,14

Reprenons l'exemple de la table 1 : une panne de 65×175 de 3 000 mm de portée classée C18 peut supporter une charge totale de $336 \times 0,75 = 252$ daN.

Coefficient k2 : déformation

l/300	0,667
l/400	0,50

Reprenons l'exemple de la table 1 : une panne de 65×175 de 3 000 mm de portée classée C24 mais avec une flèche limitée à L/300, soit 3 000/300 = 10 mm, pourra supporter une charge de structure de $336 \times 0,667 = 224$ daN.

Coefficient k3 : proportion de chargement différente

Matériau	Proportion de charge de structure	Coefficient à appliquer sur les charges du tableau et à comparer uniquement aux charges de structure
Bois massif	$G \geq 2,2S$	0,667
Bois lamellé-collé	$2,2S \leq G < 2,33S$	0,667
	$G \geq 2,33S$	0,449

Reprenons l'exemple de la table 1 : une panne de 65×175 de 3 000 mm de portée classée C24. La charge de structure est égale à 2,5 fois la charge de neige (G =2,5S). Elle pourra supporter une charge de structure de $336 \times 0,667 = 224$ daN.

Application de plusieurs coefficients

Si plusieurs critères sont différents des hypothèses de calcul des tables, il suffit de multiplier entre eux les coefficients. La charge finale est égale à la charge de la table multipliée par l'ensemble des coefficients.

Charge finale = charge table $\times$ k1 $\times$ k2 $\times$ k3.

Reprenons l'exemple de la table 1 : une panne de 65×175 de 3 000 mm de portée, classée C18, une flèche limitée à L/300 et une charge de structure égale à 2,5 fois la charge d'exploitation (G = 2,5S) pourra supporter une charge totale de $336 \times 0,75 \times 0,667 \times 0,667 = 112$ daN sur toute sa longueur.

Remarque

L'application de ces coefficients est pénalisante, car ils correspondent aux coefficients les plus défavorables en fonction de l'élément dimensionnant : la contrainte de rupture en flexion, en cisaillement ou la déformation. Une étude complète de la pièce permettrait de définir une charge limite plus importante.

12 Arbalétrier

Les tables définissent le chargement maximal que peut supporter la pièce pour une section et une distance entre appuis données. Elles sont réalisées suivant trois critères, le matériau (bois massif ou lamellé-collé), le nombre de liens d'antiflambement et d'antidéversement et la pente du toit. La charge est calculée en fonction de la contrainte de flexion avec risque de déversement, de la contrainte de cisaillement, de la contrainte de compression avec le risque de flambement et de la déformation totale en incluant le fluage (la déformation différée).

Pente	Nombre d'antiflambements et d'antidéversement	Matériau	Table
30 %	0	BM ou BMR	1
		BLC	2
	1	BM ou BMR	3
		BLC	4
	2	BM ou BMR	5
		BLC	6
	10	BM ou BMR	7
		BLC	8
50 %	0	BM ou BMR	9
		BLC	10
	1	BM ou BMR	11
		BLC	12
	2	BM ou BMR	13
		BLC	14
	10	BM ou BMR	15
		BLC	16
70 %	0	BM ou BMR	17
		BLC	18
	1	BM ou BMR	19
		BLC	20
	2	BM ou BMR	21
		BLC	22
	10	BM ou BMR	23
		BLC	24

Pente	Nombre d'antiflambements et d'antidéversement	Matériau	Table
100 %	0	BM ou BMR	25
		BLC	26
	1	BM ou BMR	27
		BLC	28
	2	BM ou BMR	29
		BLC	30
	10	BM ou BMR	31
		BLC	32

BM : bois massif. BMR : bois massif reconstitué. BLC : bois lamellé-collé.

Remarque

Lorsque la pente de l'arbalétrier est différente des tables, la recherche de la charge maximale est détaillée en fin de chapitre (coefficients de variation des hypothèses).

Hypothèses des tables 1 à 32

Les calculs ont été réalisés sur la base des éléments suivants :

- arbalétrier bloqué en pied travaillant en flexion avec risque de déversement et en compression avec risque de flambement (situation la plus défavorable) ;

- arbalétrier reposant sur deux appuis avec un chargement uniformément réparti. Pour limiter le risque de flambement et de déversement, l'arbalétrier peut être maintenu par 1 ou 2 liens d'antiflambement et/ou d'antidéversement. Lorsque l'arbalétrier n'a pas de risque de déversement et de flambement (maintien par un panneau par exemple), il faut prendre les tables avec 10 antiflambements et/ou antidéversements. Le risque de flambement par rapport à la forte inertie est pris en compte ;

- arbalétrier en bois massif résineux classé C24 et arbalétrier en bois lamellé-collé GL24h ;

- arbalétrier sous abris ;

- chargement uniformément réparti. Cette hypothèse peut être conservée dès que l'arbalétrier supporte 4 pannes ;

- charges de structure comprises entre 10 et 220 % des charges de neige ($0{,}1S \leq G < 2{,}2S$) ;

- altitude du bâtiment $\leq 1\ 000$ m ;

- section de calcul à 12 % d'humidité ;

- taux de travail et de déformation de 0,95 ;

- déformation totale (Wnet,fin) : L/200 (effet de l'effort tranchant non pris en compte) ;
- les chiffres ne sont pas affichés lorsque la charge de résistance est inférieure à 30 daN par mètre et supérieure à 2 000 daN par mètre.

Remarque

Il n'y a pas de table pour vérifier la déformation instantanée sous charge variable (la neige). La charge de structure étant généralement assez importante par rapport à la charge de neige, la déformation instantanée sous charge variable de L/300 est rarement la plus défavorable.

Figure 12.1. Ces chevrons-arbalétriers n'auront pas de risque de flambement et de déversement si les tasseaux de la couverture transmettent les efforts d'antiflambement et/ou d'antidéversement sur la zone contreventée par les panneaux.

Tableaux de dimensionnement à l'Eurocode 5 des arbalétriers

Table 1 - Bois massif ou BMR

– Sur deux appuis
– Sans lien d'antiflambement
– Pente de 30 %
– Charge totale maximale sur la poutre en daN (G + S)

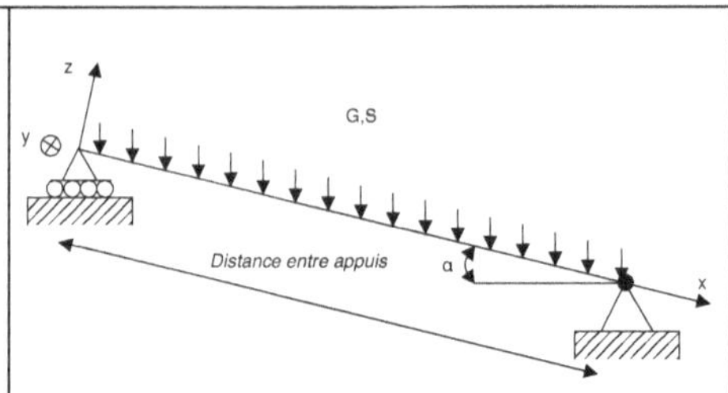

Section standard (à 20 % d'humidité)		Distance entre appuis (mm)													
		1 000	1 250	1 500	1 750	2 000	2 250	2 500	2 750	3 000	3 500	4 000	4 500	5 000	5 500	6 000
50	125	1 023 -	807 -	661 -	557 -	479 -	405 ~	328 ~								
50	150	1 399 -	1 101 -	900 -	756 -	649 -	558 -	482 -								
50	175	1 387 •	1 387 •	1 193 -	995 -	829 -	703 -	605 -								
50	200	1 585 •	1 585 •	1 502 -	1 219 -	1 012 -	855 -	732 -								
50	225	1 784 •	1 784 •	1 784 •	1 450 -	1 198 -	1 008 -	861 -								
50	250	1 982 •	1 982 •	1 982 •	1 683 -	1 386 -	1 162 -	988 -								
65	125	1 365 -	1 089 -	901 -	764 -	662 -	527 ~	427 ~	353 ~	296 ~						
65	150	1 874 -	1 495 -	1235 -	1 047 -	905 -	795 -	707 -	609 ~	512 ~						
65	175	1 803 •	1 803 •	1 649 -	1 395 -	1 204 -	1 056 -	937 -	841 -	760 -						
65	200		2 061 •	2 061 •	1 792 -	1 544 -	1 352 -	1 198 -	1 065 -	944 -						
65	225		2 319 •	2 319 •	2 231 -	1 920 -	1 678 -	1 454 -	1 275 -	1 128 -						
65	250			2 576 •	2 576 •	2 312 -	1 972 -	1 705 -	1 491 -	1 316 -						
75	125	1 586 -	1 272 -	1 057 -	900 -	769 ~	608 ~	492 ~	407 ~	342 ~	251 ~					
75	150		1 749 -	1 452 -	1 236 -	1 072 -	944 -	842 -	703 ~	591 ~	434 ~					
75	175		2 081 •	1 944 -	1 653 -	1 432 -	1 260 -	1 122 -	1 010 -	916 -	689 ~					
75	200		2 378 •	2 378 •	2 130 -	1 844 -	1 620 -	1 441 -	1 294 -	1 173 -	982 -					
75	225			2 675 •	2 660 -	2 300 -	2 018 -	1 793 -	1 609 -	1 455 -	1 191 -					
75	250			2 973 •	2 973 •	2 799 -	2 453 -	2 177 -	1 951 -	1 732 -	1 397 -					
75	300					3 567 •	3 380 -	2 933 -	2 572 -	2 277 -	1 824 -					
100	100	1 439 -	1 159 -	933 ~	686 ~	525 ~	415 ~	336 ~	278 ~	233 ~	171 ~	131 ~				
100	125		1 717 -	1 436 -	1231 -	1025 ~	810 ~	656 ~	542 ~	456 ~	335 ~	256 ~	203 ~	164 ~		
100	150		2 365 -	1 979 -	1 696 -	1 480 -	1 310 -	1 134 ~	937 ~	788 ~	579 ~	443 ~	350 ~	284 ~		
100	175			2 658 -	2 279 -	1 988 -	1 759 -	1 574 -	1 423 -	1 251 ~	919 ~	703 ~	556 ~	450 ~		
100	200				2 949 -	2 572 -	2 274 -	2 034 -	1 837 -	1 673 -	1 372 ~	1 050 ~	830 ~	672 ~		
100	225					3 224 -	2 849 -	2 547 -	2 299 -	2 092 -	1 766 -	1 495 ~	1 181 ~	957 ~		
100	250					3 943 -	3 483 -	3 112 -	2 806 -	2 551 -	2 151 -	1 850 -	1 617 -	1 313 ~		
100	300						4 388 -	3 952 -	3 588 -	3 016 -	2 587 -	2 226 -	1 922 -			
BMR																
80	200			2 641 •	2 435 -	2 111 -	1 858 -	1 654 -	1 488 -	1 350 -	1 132 -	911 ~				
80	220			2 905 •	2 905 •	2 527 -	2 222 -	1 977 -	1 777 -	1 610 -	1 348 -	1 139 -				
80	240				3 169 •	2 976 -	2 614 -	2 324 -	2 086 -	1 889 -	1 567 -	1 302 -				
100	200				3 129 -	2 728 -	2 412 -	2 158 -	1 949 -	1 774 -	1 487 ~	1 138 ~	900 ~	729 ~		
100	220					3 276 -	2 895 -	2 588 -	2 336 -	2 125 -	1 794 -	1 515 ~	1 197 ~	970 ~		
100	240					3 869 -	3 417 -	3 053 -	2 754 -	2 504 -	2 112 -	1 817 -	1 554 ~	1 259 ~		
120	200					3 327 -	2 953 -	2 649 -	2 399 -	2 190 -	1 784 ~	1 366 ~	1 079 ~	874 ~	723 ~	607 ~
120	220						3 551 -	3 185 -	2 883 -	2 630 -	2 231 -	1 818 ~	1 437 ~	1 164 ~	962 ~	808 ~
120	240						4 199 -	3 765 -	3 407 -	3 107 -	2 634 -	2 278 -	1 865 ~	1 511 ~	1 249 ~	1 049 ~

Élément dimensionnant : déformation : ~ ; contrainte de flexion : - ; cisaillement : •

Remarque

Les chiffres ne sont pas affichés lorsque la charge de résistance est inférieure à 30 daN par mètre et supérieure à 2 000 daN par mètre.

Exemple : un arbalétrier de 75 × 225 de 2 000 mm de portée peut supporter une charge totale de 2 300 daN sur toute sa longueur, soit une charge répartie de 2 300/2 = 1 150 daN/m de longueur.

Table 2 - Bois lamellé-collé

– Sur deux appuis
– Sans lien d'antiflambement
– Pente de 30 %
– Charge totale maximale en daN (G + S)

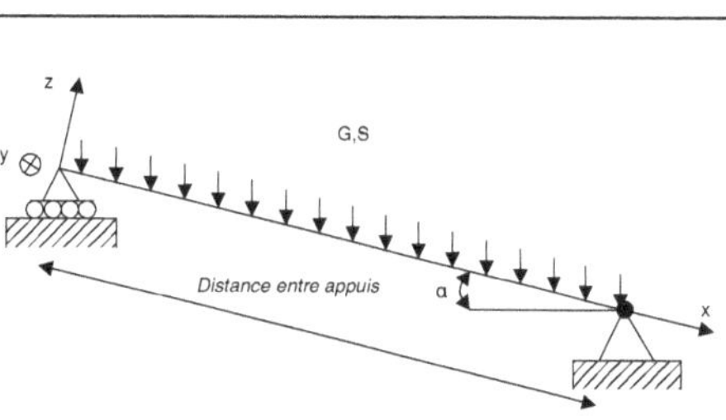

Exemple de section		Distance entre appuis (mm)														
		3 000	3 500	4 000	4 500	5 000	5 500	6 000	6 500	7 000	7 500	8 000	8 500	9 000	9 500	10 000
90	180	1 400 ~	1 029 ~	788 ~	622 ~											
90	225	2 291 -	1 932 -	1 538 ~	1 216 ~											
90	270	3 187 -	2 680 -	2 301 -	2 008 -											
90	315	4 193 -	3 518 -	3 014 -	2 584 -											
90	360	5 308 -	4 434 -	3 692 -	3 129 -											
90	405		5 256 -	4 362 -	3 685 -											
115	225	3 049 -	2 568 ~	1 966 ~	1 553 ~	1 258 ~	1 040 ~									
115	270	4 268 -	3 616 -	3 127 -	2 684 ~	2 174 ~	1 797 ~									
115	315	5 651 -	4 780 -	4 127 -	3 619 -	3 213 -	2 853 ~									
115	360		6 079 -	5 240 -	4 588 -	4 068 -	3 644 -									
115	405			6 459 -	5 648 -	5 001 -	4 437 -									
115	450			7 780 -	6 793 -	5 901 -	5 170 -									
140	198	2 899 ~	2 130 ~	1 631 ~	1 289 ~	1 044 ~	863 ~	725 ~	618 ~	533 ~						
140	264	5 106 -	4 347 -	3 775 -	3 054 ~	2 474 ~	2 045 ~	1 718 ~	1 464 ~	1 262 ~						
140	330		6 547 -	5 676 -	4 998 -	4 455 -	3 993 ~	3 356 ~	2 859 ~	2 465 ~						
140	396			7 903 -	6 948 -	6 183 -	5 558 -	5 039 -	4 600 -	4 225 -						
140	462					8 140 -	7 307 -	6 615 -	6 030 -	5 531 -						
140	528						9 243 -	8 316 -	7 451 -	6 721 -						
165	330			6 845 -	6 044 -	5 403 -	4 707 ~	3 955 ~	3 370 ~	2 906 ~	2 531 ~	2 225 ~	1 971 ~			
165	396				8 438 -	7 533 -	6 793 -	6 176 -	5 654 -	5 021 ~	4 374 ~	3 844 ~	3 405 ~			
165	462				9 961 -	8 972 -	8 148 -	7 452 -	6 856 -	6 340 -	5 890 -	5 407 ~			
165	528							10 342 -	9 449 -	8 684 -	8 023 -	7 446 -	6 938 -			
165	594							11 633 -	10 681 -	9 820 -	8 988 -	8 262 -			
165	660								12 691 -	11 539 -	10 544 -	9 677 -			
190	396					8 862 -	8 008 -	7 295 -	6 692 -	5 782 ~	5 036 ~	4 427 ~	3 921 ~	3 498 ~	3 139 ~	
190	462						10 610 -	9 658 -	8 852 -	8 161 -	7 563 -	7 029 ~	6 227 ~	5 554 ~	4 985 ~	
190	528								11 263 -	10 376 -	9 607 -	8 936 -	8 345 -	7 820 -	7 351 -	
190	594									12 807 -	11 850 -	11 013 -	10 277 -	9 623 -	9 040 -	
190	660										14 395 -	13 368 -	12 464 -	11 632 -	10 800 -	
190	726											15 842 -	14 583 -	13 476 -	12 496 -	
190	792												16 650 -	15 368 -	14 234 -	
190	858													17 296 -	16 002 -	
210	462							10 850 -	9 958 -	9 193 -	8 530 -	7 769 ~	6 882 ~	6 139 ~	5 509 ~	4 972 ~
210	528								12 696 -	11 712 -	10 860 -	10 115 -	9 458 -	8 874 -	8 224 ~	7 422 ~
210	594										13 424 -	12 495 -	11 675 -	10 948 -	10 298 -	9 714 -
210	660											15 203 -	14 197 -	13 303 -	12 505 -	11 788 -
210	726												16 938 -	15 861 -	14 900 -	14 003 -

Élément dimensionnant : déformation : ~ ; contrainte de flexion : - ; cisaillement : •

Remarque

Les chiffres ne sont pas affichés lorsque la charge de résistance est inférieure à 30 daN par mètre et supérieure à 2 000 daN par mètre.

Exemple : un arbalétrier de 90 × 225 de 3 000 mm de portée peut supporter une charge totale de 2 291 daN sur toute sa longueur, soit une charge répartie de 2 291/3 = 763,7 daN/m de longueur.

Table 3 - Bois massif ou BMR

– Sur deux appuis
– Un lien d'antiflambement
– Pente de 30 %
– Charge totale maximale en daN (G + S)

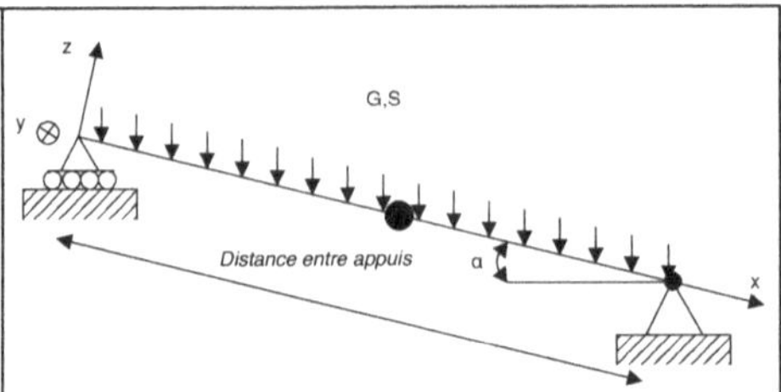

Section standard (à 20 % d'humidité)		Distance entre appuis (mm)														
		1 000	1 250	1 500	1 750	2 000	2 500	3 000	3 500	4 000	4 500	5 000	5 500	6 000	6 500	7 000
50	125	1 064 -	859 -	718 -	615 -	513 ~	328 ~	228 ~	167 ~	128 ~						
50	150	1 464 -	1 182 -	989 -	848 -	740 -	567 ~	394 ~	289 ~	221 ~	175 ~					
50	175	1 387 •	1 387 •	1 329 -	1 139 -	994 -	787 -	625 ~	459 ~	352 ~	278 ~	225 ~				
50	200	1 585 •	1 585 •	1 585 •	1 474 -	1 286 -	1 017 -	824 -	674 -	525 ~	415 ~	336 ~				
50	225	1 784 •	1 784 •	1 784 •	1 784 •	1 612 -	1 251 -	989 -	806 -	671 -	568 -	478 ~				
50	250	1 982 •	1 982 •	1 982 •	1 982 •	1 943 -	1 471 -	1 159 -	941 -	780 -	658 -	563 -				
65	125	1 387 -	1 120 -	939 -	807 -	667 ~	427 ~	296 ~	218 ~	167 ~						
65	150	1 909 -	1 544 -	1 296 -	1 115 -	977 -	737 ~	512 ~	376 ~	288 ~	228 ~	184 ~				
65	175	1 803 •	1 803 •	1 743 -	1 501 -	1 316 -	1 051 -	813 ~	597 ~	457 ~	361 ~	293 ~	242 ~	203 ~		
65	200		2 061 •	2 061 •	1 946 -	1 706 -	1 362 -	1128 -	891 ~	683 ~	539 ~	437 ~	361 ~	303 ~	258 ~	
65	225		2 319 •	2 319 •	2 319 •	2 144 -	1 712 -	1 417 -	1 204 -	972 ~	768 ~	622 ~	514 ~	432 ~	368 ~	
65	250			2 576 •	2 576 •	2 576 •	2 098 -	1 735 -	1 474 -	1 267 -	1 053 ~	853 ~	705 ~	592 ~	505 ~	
75	125	1 600 -	1 293 -	1 083 -	932 -	769 ~	492 ~	342 ~	251 ~	192 ~	152 ~					
75	150		1 785 -	1 498 -	1 290 -	1 132 -	851 ~	591 ~	434 ~	332 ~	263 ~	213 ~	176 ~			
75	175		2 081 •	2 016 -	1 737 -	1 525 -	1 223 -	938 ~	689 ~	528 ~	417 ~	338 ~	279 ~	234 ~	200 ~	
75	200		2 378 •	2 378 •	2 254 -	1 980 -	1 587 -	1 319 -	1 029 ~	788 ~	622 ~	504 ~	417 ~	350 ~	298 ~	257 ~
75	225			2 675 •	2 675 •	2 489 -	1 996 -	1 659 -	1 414 -	1 121 ~	886 ~	718 ~	593 ~	498 ~	425 ~	366 ~
75	250			2 973 •	2 973 •	2 973 •	2 450 -	2 035 -	1 734 -	1 506 -	1 215 ~	984 ~	814 ~	684 ~	583 ~	502 ~
75	300				3 567 •	3 485 -	2 893 -	2 462 -	2 136 -	1 854 -	1 617 -	1 406 ~	1 181 ~	1 007 ~	868 ~	
100	100	1 439 -	1 159 -	933 ~	686 ~	525 ~	336 ~	233 ~	171 ~	131 ~						
100	125		1 724 -	1 445 -	1 242 -	1 025 ~	656 ~	456 ~	335 ~	256 ~	203 ~	164 ~				
100	150		2 379 -	1 998 -	1 721 -	1 510 -	1 134 ~	788 ~	579 ~	443 ~	350 ~	284 ~	234 ~	197 ~		
100	175			2 692 -	2 322 -	2 040 -	1 639 -	1 251 ~	919 ~	703 ~	556 ~	450 ~	372 ~	313 ~	266 ~	230 ~
100	200				3 016 -	2 653 -	2 136 -	1 785 -	1 372 ~	1 050 ~	830 ~	672 ~	555 ~	467 ~	398 ~	343 ~
100	225					3 339 -	2 690 -	2 249 -	1 927 -	1 495 ~	1 181 ~	957 ~	791 ~	664 ~	566 ~	488 ~
100	250					3 963 •	3 305 -	2 763 -	2 368 -	2 051 ~	1 620 ~	1 313 ~	1 085 ~	912 ~	777 ~	670 ~
100	300					4 712 -	3 942 -	3 379 -	2 949 -	2 611 -	2 268 ~	1 875 ~	1 575 ~	1 342 ~	1 157 ~	
BMR																
80	200			2 641 •	2 554 -	2 245 -	1 803 -	1 500 -	1 190 ~	911 ~	720 ~	583 ~	482 ~	405 ~	345 ~	297 ~
80	220			2 905 •	2 905 •	2 703 -	2 171 -	1 807 -	1 542 -	1 212 ~	958 ~	776 ~	641 ~	539 ~	459 ~	396 ~
80	240				3 169 •	3 169 •	2 571 -	2 140 -	1 826 -	1 574 ~	1 243 ~	1 007 ~	832 ~	699 ~	596 ~	514 ~
100	200				3 202 -	2 816 -	2 268 -	1 895 -	1 487 ~	1 138 ~	900 ~	729 ~	602 ~	506 ~	431 ~	372 ~
100	220					3 392 -	2 733 -	2 284 -	1 958 -	1 515 ~	1 197 ~	970 ~	801 ~	673 ~	574 ~	495 ~
100	240					3 962 •	3 239 -	2 708 -	2 321 -	1 967 ~	1 554 ~	1 259 ~	1 041 ~	874 ~	745 ~	642 ~
120	200					3 380 -	2 722 -	2 274 -	1 784 ~	1 366 ~	1 079 ~	874 ~	723 ~	607 ~	517 ~	446 ~
120	220					3 285 -	2 749 -	2 359 -	1 818 ~	1 437 ~	1 164 ~	962 ~	808 ~	689 ~	594 ~	
120	240					3 899 -	3 266 -	2 806 -	2 361 ~	1 865 ~	1 511 ~	1 249 ~	1 049 ~	894 ~	771 ~	

Élément dimensionnant : déformation : ~ ; contrainte de flexion : - ; cisaillement : •

Remarque

Les chiffres ne sont pas affichés lorsque la charge de résistance est inférieure à 30 daN par mètre et supérieure à 2 000 daN par mètre.

Exemple : un arbalétrier de 75 × 225 de 2 000 mm de portée peut supporter une charge totale de 2 489 daN sur toute sa longueur, soit une charge répartie de 2 489/2 = 1 244,5 daN/m de longueur.

Table 4 - Bois lamellé-collé

– Sur deux appuis
– Un lien d'antiflambement
– Pente de 30 %
– Charge totale maximale en daN (G + S)

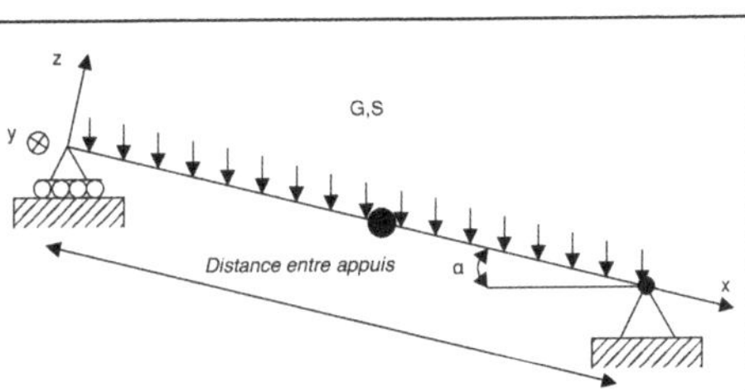

Exemple de section		Distance entre appuis (mm)													
		3 000	3 500	4 000	4 500	5 000	5 500	6 000	6 500	7 000	8 000	9 000	10 000	11 000	12 000	13 000
90	180	1 400 ~	1 029 ~	788 ~	622 ~	504 ~	417 ~	350 ~	298 ~	257 ~						
90	225	2 469 -	2 009 ~	1 538 ~	1 216 ~	985 ~	814 ~	684 ~	583 ~	502 ~	385 ~	304 ~				
90	270	3 477 -	2 979 -	2 598 -	2 100 ~	1 701 ~	1 406 ~	1 182 ~	1 007 ~	868 ~	665 ~	525 ~				
90	315	4 629 -	3 966 -	3 457 -	3 058 -	2 702 ~	2 233 ~	1 876 ~	1 599 ~	1 378 ~	1 055 ~	834 ~				
90	360	5 604 •	5 077 -	4 424 -	3 911 -	3 499 -	3 161 -	2 801 ~	2 386 ~	2 058 ~	1 575 ~	1 245 ~				
90	405		6 304 •	5 496 -	4 856 -	4 341 -	3 919 -	3 540 -	3 192 -	2 896 -	2 243 ~	1 772 ~				
115	225	3 168 -	2 568 ~	1 966 ~	1 553 ~	1 258 ~	1 040 ~	874 ~	744 ~	642 ~	491 ~	388 ~	315 ~			
115	270	4 465 -	3 841 -	3 366 -	2 684 ~	2 174 ~	1 797 ~	1 510 ~	1 286 ~	1 109 ~	849 ~	671 ~	543 ~	449 ~		
115	315	5 948 -	5 121 -	4 488 -	3 986 -	3 452 ~	2 853 ~	2 397 ~	2 043 ~	1 761 ~	1 349 ~	1 065 ~	863 ~	713 ~		
115	360		6 564 -	5 754 -	5 110 -	4 588 -	4 157 -	3 579 ~	3 049 ~	2 629 ~	2 013 ~	1 590 ~	1 288 ~	1 065 ~		
115	405			7 160 -	6 359 -	5 707 -	5 170 -	4 720 -	4 339 -	3 743 ~	2 866 ~	2 265 ~	1 834 ~	1 516 ~		
115	450				7 729 -	6 935 -	6 280 -	5 732 -	5 266 -	4 867	3 932 ~	3 106 ~	2 516 ~	2 079 ~		
140	198	2 899 ~	2 130 ~	1 631 ~	1 289 ~	1 044 ~	863 ~	725 ~	618 ~	533 ~	408 ~	322 ~				
140	264	5 218 -	4 493 -	3 866 ~	3 054 ~	2 474 ~	2 045 ~	1 718 ~	1 464 ~	1 262 ~	966 ~	764 ~	619 ~	511 ~	430 ~	
140	330		6 817 -	5 987 -	5 333 -	4 802 -	3 993 ~	3 356 ~	2 859 ~	2 465 ~	1 888 ~	1 491 ~	1 208 ~	998 ~	839 ~	715 ~
140	396			7 493 -	6 748 -	6 130 -	5 609 -	4 941 ~	4 260 ~	3 262 ~	2 577 ~	2 087 ~	1 725 ~	1 450 ~	1 235 ~	
140	462					8 990 -	8 165 -	7 470 -	6 877 -	6 367 -	5 179 ~	4 092 ~	3 315 ~	2 740 ~	2 302 ~	1 961 ~
140	528						10 459 -	9 566 -	8 804 -	8 148 -	7 079 -	6 109 ~	4 948 ~	4 089 ~	3 436 ~	2 928 ~
165	330			7 068 -	6 302 -	5 683 -	4 707 ~	3 955 ~	3 370 ~	2 906 ~	2 225 ~	1758 ~	1 424 ~	1 177 ~	989 ~	842 ~
165	396				8 859 -	7 992 -	7 274 -	6 669 -	5 823 ~	5 021 ~	3 844 ~	3 037 ~	2 460 ~	2 033 ~	1 709 ~	1 456 ~
165	462						9 699 -	8 892 -	8 202 -	7 605 -	6 104 ~	4 823 ~	3 907 ~	3 229 ~	2 713 ~	2 312 ~
165	528							11 402 -	10 515 -	9 749 -	8 493 -	7 200 ~	5 832 ~	4 820 ~	4 050 ~	3 451 ~
165	594									12 129 -	10 562 -	9 335 -	8 303 ~	6 862 ~	5 766 ~	4 913 ~
165	660										12 945 -	11 435 -	10 225 -	9 234 -	7 910 ~	6 740 ~
190	396					9 220 -	8 399 -	7 710 -	6 705 ~	5 782 ~	4 427 ~	3 498 ~	2 833 ~	2 341 ~	1 967 ~	1 676 ~
190	462							10 286 -	9 502 -	8 823 -	7 029 ~	5 554 ~	4 499 ~	3 718 ~	3 124 ~	2 662 ~
190	528								12 191-	11 320 -	9 886	8 290 ~	6 715 ~	5 550 ~	4 663 ~	3 974 ~
190	594										12 308 -	10 901-	9 561 ~	7 902 ~	6 640 ~	5 658 ~
190	660										15 104 -	13 373 -	11 980 -	10 838 -	9 108 ~	7 761 ~
190	726											16 094 -	14 412 -	13 032 -	11 880 -	10 330 ~
190	792												17 052 -	15 412 -	14 044 -	12 886 -
190	858												19 898 -	17 976 -	16 373 -	14 805 -
210	462							11 388 -	10 527 -	9 783 -	7 769 ~	6 139 ~	4 972 ~	4 109 ~	3 453 ~	2 942 ~
210	528									12 557 -	10 986 -	9 163 ~	7 422 ~	6 134 ~	5 154 ~	4 392 ~
210	594										13 686 -	12 140 -	10 568 ~	8 734 ~	7 339 ~	6253 ~
210	660											14 904 -	13 369 -	11 980 ~	10 067 ~	8 578 ~
210	726											17 951 -	16 097 -	14 573 -	13 300 -	11 417 ~

Élément dimensionnant : déformation : ~ ; contrainte de flexion : - ; cisaillement : •

Remarque

Les chiffres ne sont pas affichés lorsque la charge de résistance est inférieure à 30 daN par mètre et supérieure à 2 000 daN par mètre.

Exemple : un arbalétrier de 90 × 225 de 3 000 mm de portée peut supporter une charge totale de 2 469 daN sur toute sa longueur, soit une charge répartie de 2 469/3 = 823 daN/m de longueur.

Table 5 - Bois massif ou BMR

– Sur deux appuis
– Deux liens d'antiflambement
– Pente de 30 %
– Charge totale maximale en daN (G + S)

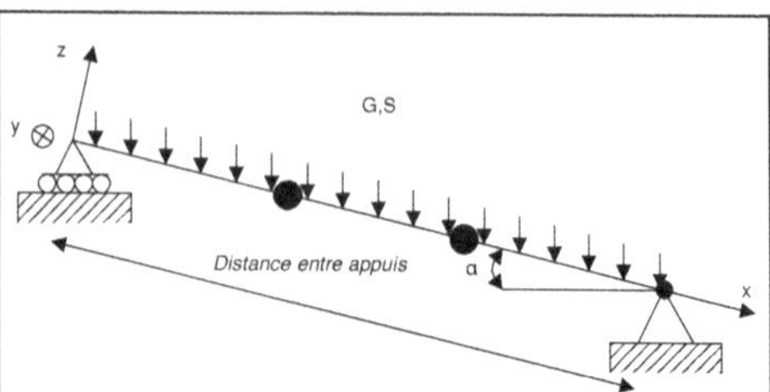

Section standard (à 20 % d'humidité)		Distance entre appuis (mm)														
		1 000	1 500	2 000	2 500	3 000	3 500	4 000	4 500	5 000	5 500	6 000	6 500	7 000	7 500	8 000
50	125	1 067 -	722 -	513 ~	328 ~	228 ~	167 ~	128 ~								
50	150	1 470 -	999 -	755 -	567 ~	394 ~	289 ~	221 ~	175 ~							
50	175	1 387 •	1 344 -	1 017 -	815 -	625 ~	459 ~	352 ~	278 ~	225 ~	186 ~					
50	200	1 585 •	1 585 •	1 320 -	1 058 -	879 -	686 ~	525 ~	415 ~	336 ~	278 ~	233 ~	199 ~			
50	225	1 784 •	1 784 •	1 660 -	1 331 -	1 106 -	938 -	748 ~	591 ~	478 ~	395 ~	332 ~	283 ~	244 ~		
50	250	1 982 •	1 982 •	1 982 •	1 633 -	1 336 -	1 106 -	934 -	802 -	656 ~	542 ~	456 ~	388 ~	335 ~	292 ~	
65	125	1 387 -	939 -	667 ~	427 ~	296 ~	218 ~	167 ~								
65	150	1 911 -	1 298 -	981 -	737 ~	512 ~	376 ~	288 ~	228 ~	184 ~						
65	175	1 803 •	1 750 -	1 326 -	1 066 -	813 ~	597 ~	457 ~	361 ~	293 ~	242 ~	203 ~				
65	200		2 061 •	1 724 -	1 388 -	1 159 -	891 ~	683 ~	539 ~	437 ~	361 ~	303 ~	258 ~	223 ~		
65	225		2 319 •	2 169 -	1 748 -	1 460 -	1 251 -	972 ~	768 ~	622 ~	514 ~	432 ~	368 ~	317 ~	276 ~	243 ~
65	250		2 576 •	2 576 •	2 147 -	1 794 -	1 537 -	1 333 ~	1 053 ~	853 ~	705 ~	592 ~	505 ~	435 ~	379 ~	333 ~
75	125	1 600 -	1 083 -	769 ~	492 ~	342 ~	251 ~	192 ~	152 ~							
75	150		1 498 -	1 132 -	851 ~	591 ~	434 ~	332 ~	263 ~	213 ~	176 ~					
75	175		2 019 -	1 530 -	1 230 -	938 ~	689 ~	528 ~	417 ~	338 ~	279 ~	234 ~	200 ~			
75	200		2 378 •	1 990 -	1 602 -	1 339 -	1 029 ~	788 ~	622 ~	504 ~	417 ~	350 ~	298 ~	257 ~		
75	225		2 675 •	2 507 -	2 022 -	1 692 -	1 453 -	1 121 ~	886 ~	718 ~	593 ~	498 ~	425 ~	366 ~	319 ~	280 ~
75	250		2 973 •	2 973 •	2 484 -	2 080 -	1 786 -	1 538 ~	1 215 ~	984 ~	814 ~	684 ~	583 ~	502 ~	438 ~	385 ~
75	300			3 567 •	3 543 -	2 969 -	2 551 -	2 231 -	1 979 -	1 701 ~	1 406 ~	1 181 ~	1 007 ~	868 ~	756 ~	664 ~
100	100	1 439 -	933 ~	525 ~	336 ~	233 ~	171 ~	131 ~								
100	125		1 445 -	1 025 ~	656 ~	456 ~	335 ~	256 ~	203 ~	164 ~						
100	150		1 998 -	1 510 -	1 134 ~	788 ~	579 ~	443 ~	350 ~	284 ~	234 ~	197 ~				
100	175		2 692 -	2 040 -	1 639 -	1 251 ~	919 ~	703 ~	556 ~	450 ~	372 ~	313 ~	266 ~	230 ~		
100	200			2 653 -	2 136 -	1 785 -	1 372 ~	1 050 ~	830 ~	672 ~	555 ~	467 ~	398 ~	343 ~	299 ~	263 ~
100	225			3 343 -	2 696 -	2 256 -	1 937 -	1 495 ~	1 181 ~	957 ~	791 ~	664 ~	566 ~	488 ~	425 ~	374 ~
100	250			3 963 •	3 317 -	2 779 -	2 389 -	2 051 ~	1 620 ~	1 313 ~	1 085 ~	912 ~	777 ~	670 ~	583 ~	513 ~
100	300				4 741 -	3 980 -	3 428 -	3 008 -	2 678 -	2 268 ~	1 875 ~	1 575 ~	1 342 ~	1 157 ~	1 008 ~	886 ~
BMR																
80	200		2 641 •	2 253 -	1 814 -	1 516 -	1 190 -	911 ~	720 ~	583 ~	482 ~	405 ~	345 ~	297 ~	259 ~	
80	220		2 905 •	2 716 -	2 190 -	1 833 -	1 573 -	1 212 ~	958 ~	776 ~	641 ~	539 ~	459 ~	396 ~	345 ~	303 ~
80	240			3 169 •	2 599 -	2 177 -	1 871 -	1 574 -	1 243 ~	1 007 ~	832 ~	699 ~	596 ~	514 ~	448 ~	393 ~
100	200			2 816 -	2 268 -	1 895 -	1 487 -	1 138 -	00 ~	729 ~	602 ~	506 ~	431 ~	372 ~	324 ~	285 ~
100	220			3 395 -	2 738 -	2 291 -	1 966 -	1 515 -	1 197 ~	970 ~	801 ~	673 ~	574 ~	495 ~	431 ~	379 ~
100	240			3 962 •	3 249 -	2 722 -	2 339 -	1 967 -	1 554 -	1 259 ~	1 041 ~	874 ~	745 ~	642 ~	560 ~	492 ~
120	200			3 380 -	2 722 -	2 274 -	1 784 -	1 366 -	1 079 ~	874 ~	723 ~	607 ~	517 ~	446 ~	389 ~	342 ~
120	220				3 285 -	2 749 -	2 359 -	1 818 -	1 437 ~	1 164 ~	962 ~	808 ~	689 ~	594 ~	517 ~	455 ~
120	240				3 899 -	3 266 -	2 806 -	2 361 -	1 865 -	1 511 ~	1 249 ~	1 049 ~	894 ~	771 ~	671 ~	590 ~

Élément dimensionnant : déformation : ~ ; contrainte de flexion : - ; cisaillement : •

Remarque

Les chiffres ne sont pas affichés lorsque la charge de résistance est inférieure à 30 daN par mètre et supérieure à 2 000 daN par mètre.

Exemple : un arbalétrier de 75 × 225 de 2 000 mm de portée peut supporter une charge totale de 2 507 daN sur toute sa longueur, soit une charge répartie de 2 507/2 = 1 253,5 daN/m de longueur.

Table 6 - Bois lamellé-collé

– Sur deux appuis
– Deux liens d'antiflambement
– Pente de 30 %
– Charge totale maximale en daN (G + S)

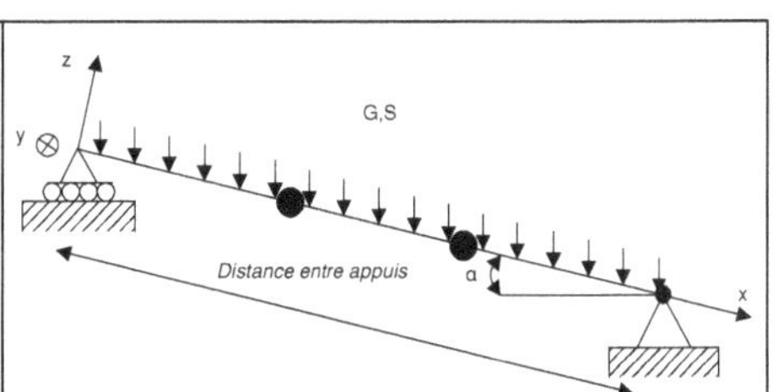

Exemple de section		Distance entre appuis (mm)														
		3 000	3 500	4 000	4 500	5 000	5 500	6 000	6 500	7 000	8 000	9 000	10 000	11 000	12 000	13 000
90	180	1 400 ~	1 029 ~	788 ~	622 ~	504 ~	417 ~	350 ~	298 ~	257 ~						
90	225	2 479 -	2 009 ~	1 538 ~	1 216 ~	985 ~	814 ~	684 ~	583 ~	502 ~	385 ~	304 ~				
90	270	3 499 -	3 013 -	2 644 -	2 100 ~	1 701 ~	1 406 ~	1 182 ~	1 007 ~	868 ~	665 ~	525 ~	425 ~	352 ~		
90	315	4 662 -	4 017 -	3 527 -	3 140 -	2 702 ~	2 233 ~	1 876 ~	1 599 ~	1 378 ~	1 055 ~	834 ~	675 ~	558 ~	469 ~	400 ~
90	360	5 604 •	5 151 -	4 524 -	4 029 -	3 626 -	3 293 -	2 801 ~	2 386 ~	2 058 ~	1 575 ~	1 245 ~	1 008 ~	833 ~	700 ~	597 ~
90	405		6 304 •	5 633 -	5 017 -	4 516 -	4 100 -	3 750 -	3 398 ~	2 930 ~	2 243 ~	1 772 ~	1 436 ~	1 186 ~	997 ~	849 ~
115	225	3 168 -	2 568 ~	1 966 ~	1 553 ~	1 258 ~	1 040 ~	874 ~	744 ~	642 ~	491 ~	388 ~	315 ~			
115	270	4 470 -	3 850 -	3 378 -	2 684 ~	2 174 ~	1 797 ~	1 510 ~	1 286 ~	1 109 ~	849 ~	671 ~	543 ~	449 ~	377 ~	
115	315	5 961 -	5 139 -	4 515 -	4 024 -	3 452 ~	2 853 ~	2 397 ~	2 043 ~	1 761 ~	1 349 ~	1 065 ~	863 ~	713 ~	599 ~	511 ~
115	360		6 593 -	5 797 -	5 170 -	4 664 -	4 247 -	3 579 ~	3 049 ~	2 629 ~	2 013 ~	1 590 ~	1 288 ~	1 065 ~	895 ~	762 ~
115	405			7 219 -	6 442 -	5 813 -	5 293 -	4 855 -	4 342 ~	3 743 ~	2 866 ~	2 265 ~	1 834 ~	1 516 ~	1 274 ~	1 085 ~
115	450				7 839 -	7 076 -	6 444 -	5 911 -	5 455 -	5 060	3 932 ~	3 106 ~	2 516 ~	2 079 ~	1 747 ~	1 489 ~
140	198	2 899 ~	2 130 ~	1 631 ~	1 289 ~	1 044 ~	863 ~	725 ~	618 ~	533 ~	408 ~	322 ~				
140	264	5 218 -	4 493 -	3 866 ~	3 054 ~	2 474 ~	2 045 ~	1 718 ~	1 464 ~	1 262 ~	966 ~	764 ~	619 ~	511 ~	430 ~	
140	330		6 824 -	5 997 -	5 347 -	4 822 -	3 993 ~	3 356 ~	2 859 ~	2 465 ~	1 888 ~	1 491 ~	1 208 ~	998 ~	839 ~	715 ~
140	396				7 528 -	6 796 -	6 192 -	5 685 -	4 941 ~	4 260 ~	3 262 ~	2 577 ~	2 087 ~	1 725 ~	1 450 ~	1 235 ~
140	462					9 066 -	8 265 -	7 592 -	7 018 -	6 522 -	5 179 ~	4 092 ~	3 315 ~	2 740 ~	2 302 ~	1 961 ~
140	528						10 603 -	9 742 -	9 007 -	8 371 -	7 324 -	6 109 ~	4 948 ~	4 089 ~	3 436 ~	2 928 ~
165	330			7 068 -	6 302 -	5 683 -	4 707 ~	3 955 ~	3 370 ~	2 906 ~	2 225 ~	1 758 ~	14 24 ~	1 177 ~	989 ~	842 ~
165	396				8 872 -	8 009 -	7 298 -	6 700 -	5 823 ~	5 021 ~	3 844 ~	3 037 ~	2 460 ~	2 033 ~	1 709 ~	1 456 ~
165	462						9 748 -	8 957 -	8 283 -	7 701 -	6 104 ~	4 823 ~	3 907 ~	3 229 ~	2 713 ~	2 312 ~
165	528							11 501 -	10 640 -	9 897 -	8 678 -	7 200 ~	5 832 ~	4 820 ~	4 050 ~	3 451 ~
165	594									12 334 -	10 817 -	9 619 -	8 303 ~	6 862 ~	5 766 ~	4 913 ~
165	660										13 291 -	11 820 -	10 626 -	9 413 ~	7 910 ~	6 740 ~
190	396					9 223 -	8 404 -	7 716 -	6 705 ~	5 782 ~	4 427 ~	3 498 ~	2 833 ~	2 341 ~	1 967 ~	1 676 ~
190	462							10 314 -	9 538 -	8 868 -	7 029 ~	5 554 ~	4 499 ~	3 718 ~	3 124 ~	2 662 ~
190	528								12 259 -	11 404 -	10 004 -	8 290 ~	6 715 ~	5 550 ~	4 663 ~	3 974 ~
190	594										12 485 -	11 119 -	9 561 ~	7 902 ~	6 640 ~	5 658 ~
190	660										15 345 -	13 669 -	12 311 -	10 839 ~	9 108 ~	7 761 ~
190	726											16 484 -	14 848 -	13 491 -	12 123 ~	10 330 ~
190	792												17 613 -	16 003 -	14 648 -	13 411 ~
190	858													18 721 -	17 133 -	15 780 -
210	462							11 400 -	10 542 -	9 801 -	7 769 ~	6 139 ~	4 972 ~	4 109 ~	3 453 ~	2 942 ~
210	528									12 605 -	11 057 -	9 163 ~	7 422 ~	6 134 ~	5 154 ~	4 392 ~
210	594										13 805 -	12 298 -	10 568 -	8 734 ~	7 339 ~	6 253 ~
210	660											15 132-	13 641 -	11 980 -	10 067 ~	8 578 ~
210	726												16 456 -	14 970 -	13 399 ~	11 417 ~

Élément dimensionnant : déformation : ~ ; contrainte de flexion : - ; cisaillement : •

Remarque

Les chiffres ne sont pas affichés lorsque la charge de résistance est inférieure à 30 daN par mètre et supérieure à 2 000 daN par mètre.

Exemple : un arbalétrier de 90 × 270 de 4 000 mm de portée peut supporter une charge totale de 2 644 daN sur toute sa longueur, soit une charge répartie de 2 644/4 = 661 daN/m de longueur.

Table 7 - Bois massif ou en BMR

– Sur deux appuis
– Avec voile travaillant
– Pente de 30 %
– Charge totale maximale en daN (G + S)

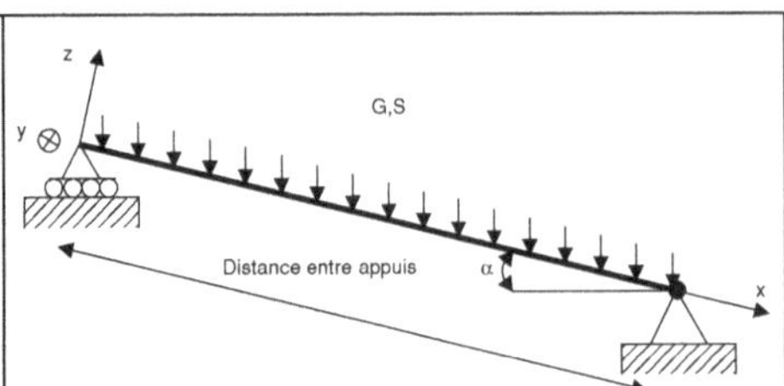

Section standard		Distance entre appuis (mm)														
(à 20 % d'humidité)		1 000	1 500	2 000	2 500	3 000	3 500	4 000	4 500	5 000	5 500	6 000	6 500	7 000	7 500	8 000
50	125	1 067 -	722 -	513 ~	328 ~	228 ~	167 ~	128 ~								
50	150	1 470 -	999 -	755 -	567 ~	394 ~	289 ~	221 ~	175 ~							
50	175	1 387 •	1 346	1 020 -	820 -	625 ~	459 ~	352 ~	278 ~	225 ~	186 ~					
50	200	1 585 •	1 585 •	1 327 -	1 068 -	893 -	686 ~	525 ~	415 ~	336 ~	278 ~	233 ~	199 ~			
50	225	1 784 •	1 784 •	1 671 -	1 348 -	1 128 -	968 -	748 ~	591 ~	478 ~	395 ~	332 ~	283 ~	244 ~		
50	250	1 982 •	1 982 •	1 982 •	1 658 -	1 390 -	1 195 -	1 025 ~	810 ~	656 ~	542 ~	456 ~	388 ~	335 ~	292 ~	256 ~
65	125	1 387 -	939 -	667 ~	427 ~	296 ~	218 ~	167 ~								
65	150	1 911 -	1 298 -	981 -	737 ~	512 ~	376 ~	288 ~	228 ~	184 ~						
65	175	1 803 •	1 750 -	1 326 -	1 066 -	813 ~	597 ~	457 ~	361 ~	293 ~	242 ~	203 ~				
65	200		2 061 •	1 725 -	1 389 -	1 160 -	891 ~	683 ~	539 ~	437 ~	361 ~	303 ~	258 ~	223 ~		
65	225		2 319 •	2 173 -	1 752 -	1 466 -	1 259 -	972 ~	768 ~	622 ~	514 ~	432 ~	368 ~	317 ~	276 ~	243 ~
65	250		2 576 •	2 576 •	2 156 -	1 806 -	1 553 -	1 333 ~	1 053 ~	853 ~	705 ~	592 ~	505 ~	435 ~	379 ~	333 ~
75	125	1 600 -	1 083 -	769 ~	492 ~	342 ~	251 ~	192 ~	152 ~							
75	150		1 498 -	1 132 -	851 ~	591 ~	434 ~	332 ~	263 ~	213 ~	176 ~					
75	175		2 019 -	1 530 -	1 230 -	938 ~	689 ~	528 ~	417 ~	338 ~	279 ~	234 ~	200 ~			
75	200		2 378 •	1 990 -	1 602 -	1 339 -	1 029 ~	788 ~	622 ~	504 ~	417 ~	350 ~	298 ~	257 ~		
75	225		2 675 •	2 507 -	2 022 -	1 692 -	1 453 -	1 121 ~	886 ~	718 ~	593 ~	498 ~	425 ~	366 ~	319 ~	280 ~
75	250		2 973 •	2 973 •	2 487 -	2 084 -	1 792 -	1 538 ~	1 215 ~	984 ~	814 ~	684 ~	583 ~	502 ~	438 ~	385 ~
75	300			3 567 •	3 556 -	2 985 -	2 571 -	2 256 -	2 008 -	1 701 ~	1 406 ~	1 181 ~	1 007 ~	868 ~	756 ~	664 ~
100	100	1 439 -	933 ~	525 ~	336 ~	233 ~	171 ~	131 ~								
100	125		1 445 -	1 025 ~	656 ~	456 ~	335 ~	256 ~	203 ~	164 ~						
100	150		1 998 -	1 510 -	1 134 ~	788 ~	579 ~	443 ~	350 ~	284 ~	234 ~	197 ~				
100	175		2 692 -	2 040 -	1 639 -	1 251 ~	919 ~	703 ~	556 ~	450 ~	372 ~	313 ~	266 ~	230 ~		
100	200			2 653 -	2 136 -	1 785 -	1 372 ~	1 050 ~	830 ~	672 ~	555 ~	467 ~	398 ~	343 ~	299 ~	263 ~
100	225			3 343 -	2 696 -	2 256 -	1 937 -	1 495 ~	1 181 ~	957 ~	791 ~	664 ~	566 ~	488 ~	425 ~	374 ~
100	250			3 963 •	3 317 -	2 779 -	2 389 -	2 051 ~	1 620 ~	1 313 ~	1 085 ~	912 ~	777 ~	670 ~	583 ~	513 ~
100	300				4 741 -	3 980 -	3 428 -	3 008 -	2 678 -	2 268 ~	1 875 ~	1 575 ~	1 342 ~	1 157 ~	1 008 ~	886 ~
BMR																
80	200		2 641 •	2 253 -	1 814 -	1 516 -	1 190 ~	911 ~	720 ~	583 ~	482 ~	405 ~	345 ~	297 ~	259 ~	
80	220		2 905 •	2 716 -	2 190 -	1 833 -	1 573 -	1 212 ~	958 ~	776 ~	641 ~	539 ~	459 ~	396 ~	345 ~	303 ~
80	240			3 169 •	2 599 -	2 177 -	1 871 -	1 574 ~	1 243 ~	1 007 ~	832 ~	699 ~	596 ~	514 ~	448 ~	393 ~
100	200			2 816 -	2 268 -	1 895 -	1 487 ~	1 138 ~	900 ~	729 ~	602 ~	506 ~	431 ~	372 ~	324 ~	285 ~
100	220			3 395 -	2 738 -	2 291 -	1 966 -	1 515 ~	1 197 ~	970 ~	801 ~	673 ~	574 ~	495 ~	431 ~	379 ~
100	240			3 962 •	3 249 -	2 722 -	2 339 -	1 967 ~	1 554 ~	1 259 ~	1 041 ~	874 ~	745 ~	642 ~	560 ~	492 ~
120	200			3 380 -	2 722 -	2 274 -	1 784 ~	1 366 ~	1 079 ~	874 ~	723 ~	607 ~	517 ~	446 ~	389 ~	342 ~
120	220				3 285 -	2 749 -	2 359 -	1 818 ~	1 437 ~	1 164 ~	962 ~	808 ~	689 ~	594 ~	517 ~	455 ~
120	240				3 899 -	3 266 -	2 806 -	2 361 ~	1 865 ~	1 511 ~	1 249 ~	1 049 ~	894 ~	771 ~	671 ~	590 ~

Élément dimensionnant : déformation : ~ ; contrainte de flexion : - ; cisaillement : •

Remarque

Les chiffres ne sont pas affichés lorsque la charge de résistance est inférieure à 30 daN par mètre et supérieure à 2 000 daN par mètre.

Exemple : un arbalétrier de 75 × 225 de 3 000 mm de portée peut supporter une charge totale de 1 692 daN sur toute sa longueur, soit une charge répartie de 1 692/3 = 564 daN/m de longueur.

Table 8 - Bois lamellé-collé

– Sur deux appuis
– Avec voile travaillant
– Pente de 30 %
– Charge totale maximale en daN (G + S)

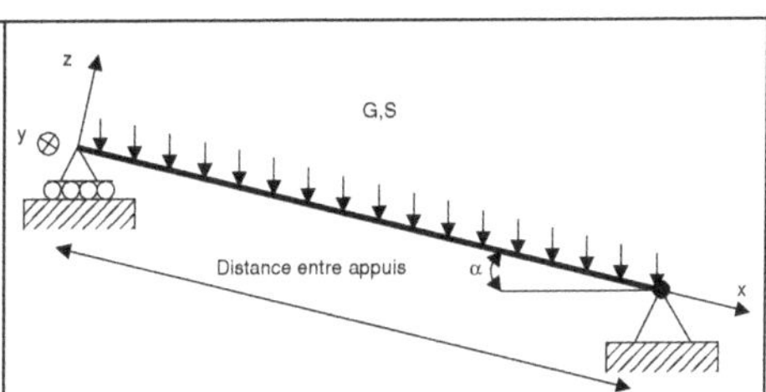

Exemple de section		3 000	3 500	4 000	4 500	5 000	5 500	6 000	6 500	7 000	8 000	9 000	10 000	11 000	12 000	13 000
0	180	1 400 ~	1 029 ~	788 ~	622 ~	504 ~	417 ~	350 ~	298 ~	257 ~						
90	225	2 479 -	2 009 ~	1 538 ~	1 216 ~	985 ~	814 ~	684 ~	583 ~	502 ~	385 ~	304 ~				
90	270	3 499 -	3 013 -	2 644 -	2 100 ~	1 701 ~	1 406 ~	1 182 ~	1 007 ~	868 ~	665 ~	525 ~	425 ~	352 ~		
90	315	4 666 -	4 022 -	3 533 -	3 149 -	2 702 ~	2 233 ~	1 876 ~	1 599 ~	1 378 ~	1 055 ~	834 ~	675 ~	558 ~	469 ~	400 ~
90	360	5 604 •	5 161 -	4 538 -	4 048 -	3 652 -	3 326 -	2 801 ~	2 386 ~	2 058 ~	1 575 ~	1 245 ~	1 008 ~	833 ~	700 ~	597 ~
90	405		6 304 •	5 655 -	5 047 -	4 557 -	4 153 -	3 813 -	3 398 ~	2 930 ~	2 243 ~	1 772 ~	1 436 ~	1 186 ~	997 ~	849 ~
115	225	3 168 -	2 568 ~	1 966 ~	1 553 ~	1 258 ~	1 040 ~	874 ~	744 ~	642 ~	491 ~	388 ~	315 ~			
115	270	4 470 -	3 850 -	3 378 -	2 684 ~	2 174 ~	1 797 ~	1 510 ~	1 286 ~	1 109 ~	849 ~	671 ~	543 ~	449 ~	377 ~	
115	315	5 961 -	5 139 -	4 515 -	4 024 -	3 452 ~	2 853 ~	2 397 ~	2 043 ~	1 761 ~	1 349 ~	1 065 ~	863 ~	713 ~	599 ~	511 ~
115	360		6 595 -	5 798 -	5 172 -	4 667 -	4 250 -	3 579 ~	3 049 ~	2 629 ~	2 013 ~	1 590 ~	1 288 ~	1 065 ~	895 ~	762 ~
115	405			7 226 -	6 449 -	5 823 -	5 306 -	4 872 -	4 342 ~	3 743 ~	2 866 ~	2 265 ~	1 834 ~	1 516 ~	1 274 ~	1 085 ~
115	450				7 853 -	7 094 -	6 467 -	5 941 -	5 494 -	5 107	3 932 ~	3 106 ~	2 516 ~	2 079 ~	1 747 ~	1 489 ~
140	198	2 899 ~	2 130 ~	1 631 ~	1 289 ~	1 044 ~	863 ~	725 ~	618 ~	533 ~	408 ~	322 ~				
140	264	5 218 -	4 493 -	3 866 ~	3 054 ~	2 474 ~	2 045 ~	718 ~	1 464 ~	1 262 ~	966 ~	764 ~	619 ~	511 ~	430 ~	
140	330		6 824 -	5 997 -	5 347 -	4 822 -	3 993 ~	3 356 ~	2 859 ~	2 465 ~	1 888 ~	1 491 ~	1 208 ~	998 ~	839 ~	715 ~
140	396				7 528 -	6 796 -	6 192 -	5 685 -	4 941 ~	4 260 ~	3 262 ~	2 577 ~	2 087 ~	1 725 ~	1 450 ~	1 235 ~
140	462					9 071 -	8 271 -	7 600 -	7 028 -	6 534 -	5 179 ~	4 092 ~	3 315 ~	2 740 ~	2 302 ~	1 961 ~
140	528						10 620 -	9 763 -	9 033 -	8 403 -	7 372 -	6 109 ~	4 948 ~	4 089 ~	3 436 ~	2 928 ~
165	330			7 068 -	6 302 -	5 683 -	4 707 ~	3 955 ~	3 370 ~	2 906 ~	2 225 ~	1 758 ~	1 424 ~	1 177 ~	989 ~	842 ~
165	396				8 872 -	8 009 -	7 298 -	6 700 -	5 823 ~	5 021 ~	3 844 ~	3 037 ~	2 460 ~	2 033 ~	1 709 ~	1 456 ~
165	462					9 748 -	8 957 -	8 283 -	7 701 -	6 104 ~	4 823 ~	3 907 ~	3 229 ~	2 713 ~	2 312 ~
165	528						11 506 -	10 646 -	9 904 -	8 688 -	7 200 ~	5 832 ~	4 820 ~	4 050 ~	3 451 ~
165	594							12 354 -	10 847 -	9 663 -	8 303 ~	6 862 ~	5 766 ~	4 913 ~
165	660							13 343 -	11 895 -	10 726 -	9 413 ~	7 910 ~	6 740 ~
190	396					9 223 -	8 404 -	7 716 -	6 705 ~	5 782 ~	4 427 ~	3 498 ~	2 833 ~	2 341 ~	1 967 ~	1 676 ~
190	462							10 314 -	9 538 -	8 868 -	7 029 ~	5 554 ~	4 499 ~	3 718 ~	3 124 ~	2 662 ~
190	528								12 259 -	11 404 -	10 004 -	8 290 ~	6 715 ~	5 550 ~	4 663 ~	3 974 ~
190	594									12 491 -	11 127 -	9 561 ~	7 902 ~	6 640 ~	5 658 ~
190	660									15 365 -	13 697 -	12 351 -	10 839 ~	9 108 ~	7 761 ~
190	726										16 536 -	14 920 -	13 586	12 123 ~	10 330 ~
190	792											17 720 -	16 144 -	14 821 -	13 411 ~
190	858												18 913 -	17 371 -	16 057 -
210	462							11 400 -	10 542 -	9 801 -	7 769 ~	6 139 ~	4 972 ~	4 109 ~	3 453 ~	2 942 ~
210	528								12 605 -	11 057 -	9 163 ~	7 422 ~	6 134 ~	5 154 ~	4 392 ~
210	594									13 805 -	12 298 -	10 568 ~	8 734 ~	7 339 ~	6 253 ~
210	660										15 139 -	13 651 -	11 980 ~	10 067 ~	8 578 ~
210	726											16 490 -	15 017 -	13 399 ~	11 417 ~

Élément dimensionnant : déformation : ~ ; contrainte de flexion : - ; cisaillement : •

Remarque

Les chiffres ne sont pas affichés lorsque la charge de résistance est inférieure à 30 daN par mètre et supérieure à 2 000 daN par mètre.

Exemple : un arbalétrier de 90 × 315 de 4 000 mm de portée peut supporter une charge totale de 3 533 daN sur toute sa longueur, soit une charge répartie de 3 533/4 = 883,2 daN/m de longueur.

Table 9 - Bois massif ou BMR

– Sur deux appuis
– Sans lien d'antiflambement
– Pente de 50 %
– Charge totale maximale sur la poutre
en daN (G + S)

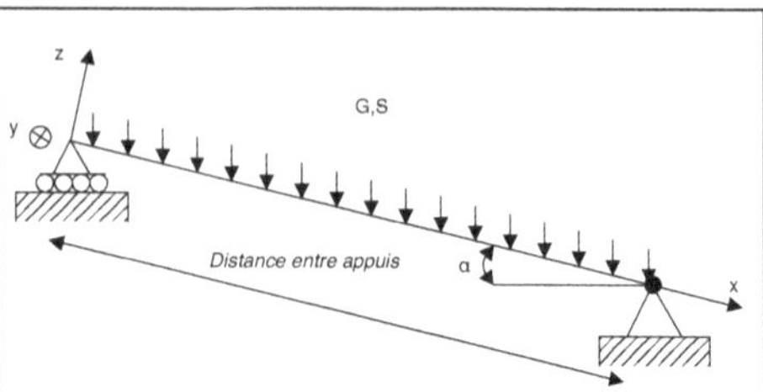

Section standard	(à 20 % d'humidité)	Distance entre appuis (mm)														
		1 000	1 250	1 500	1 750	2 000	2 250	2 500	2 750	3 000	3 500	4 000	4 500	5 000	5 500	6 000
50	125	1 029 -	805 -	654 -	546 -	465 -	403 -	351 ~								
50	150	1 395 -	1 089 -	881 -	733 -	623 -	531 -	456 -								
50	175	1 486 •	1 431 -	1 154 -	953 -	788 -	663 -	567 -								
50	200	1 698 •	1 698 •	1 440 -	1 158 -	954 -	800 -	681 -								
50	225	1 910 •	1 910 •	1 708 -	1 369 -	1 123 -	939 -	796 -								
50	250		2 122 •	1 979 -	1 581 -	1 292 -	1 076 -	910 -								
65	125	1 394 -	1 111 -	914 -	772 -	665 -	564 ~	457 ~	378 ~	317 ~						
65	150	1 901 -	1 514 -	1 244 -	1 048 -	901 -	786 -	694 -	619 -	548 ~						
65	175	1 931 •	1 931 •	1 648 -	1 385 -	1 187 -	1 033 -	910 -	811 -	728 -						
65	200		2 207 •	2 102 -	1 763 -	1 507 -	1 309 -	1 151 -	1 016 -	896 -						
65	225		2 483 •	2 483 •	2 175 -	1 856 -	1 608 -	1 386 -	1 208 -	1 063 -						
65	250			2 759 •	2 621 -	2 217 -	1 879 -	1 615 -	1 404 -	1 233 -						
75	125	1 627 -	1 307 -	1 084 -	920 -	795 -	651 ~	527 ~	436 ~	366 ~	269 ~					
75	150		1 787 -	1 480 -	1 254 -	1 083 -	949 -	842 -	753 ~	633 ~	465 ~					
75	175		2228 •	1 967 -	1 665 -	1 435 -	1 255 -	1 112 -	994 -	897 -	738 ~					
75	200			2 520 -	2 129 -	1 832 -	1 600 -	1 414 -	1 262 -	1 137 -	940 -					
75	225			2 865 •	2 640 -	2 267 -	1 976 -	1 744 -	1 554 -	1 397 -	1 131 -					
75	250				3 183 •	2 739 -	2 383 -	2 099 -	1 868 -	1 650 -	1 319 -					
75	300					3 781 -	3 239 -	2 794 -	2 438 -	2 147 -	1 704 -					
100	100	1 490 -	1 206 -	1 000 ~	734 ~	562 ~	444 ~	360 ~	297 ~	250 ~	184 ~	141 ~				
100	125		1 777 -	1 490 -	1 277 -	1 098 ~	868 ~	703 ~	581 ~	488 ~	359 ~	275 ~	217 ~	176 ~		
100	150		2 436 -	2 043 -	1 751 -	1 526 -	1 348 -	1 204 -	1 004 ~	843 ~	620 ~	474 ~	375 ~	304 ~		
100	175			2 730 -	2 340 -	2 038 -	1 798 -	1 605 -	1 445 -	1 313 -	984 ~	753 ~	595 ~	482 ~		
100	200				3 012 -	2 621 -	2 311 -	2 060 -	1 854 -	1 681 -	1 411 -	1 124 -	888 ~	720 ~		
100	225				3 268 -	2 879 -	2 564 -	2 304 -	2 088 -	1 748 -	1 494 -	1 265 ~	1 025 ~			
100	250				3 976 -	3 499 -	3 113 -	2 795 -	2 530 -	2 114 -	1 803 -	1 562 -	1 372 -			
100	300					4 340 -	3 890 -	3 513 -	2 923 -	2 484 -	2 119 -	1 818 -				
BMR																
80	200			2 828 •	2 446 -	2 110 -	1 846 -	1 635 -	1 462 -	1 318 -	1 094 -	928 -				
80	220				2 915 -	2 511 -	2 194 -	1 940 -	1 733 -	1 561 -	1 292 -	1 082 -				
80	240				3 394 •	2 940 -	2 566 -	2 266 -	2 022 -	1 819 -	1 492 -	1 229 -				
100	200				3 193 -	2 778 -	2 449 -	2 183 -	1 964 -	1 781 -	1 494 -	1 219 -	963 ~	780 ~		
100	220					3 321 -	2 925 -	2 605 -	2 342 -	2 122 -	1 776 -	1 518 -	1 282 -	1 039 ~		
100	240					3 905 -	3 437 -	3 059 -	2 747 -	2 487 -	2 078 -	1 773 -	1 537 -	1 348 ~		
120	200					3 422 -	3 034 -	2 717 -	2 454 -	2 234 -	1 887 -	1 463 -	1 156 ~	936 ~	774 ~	650 ~
120	220					3 634 -	3 253 -	2 937 -	2 672 -	2 253 -	1 939 -	1 539 -	1 246 ~	1 030 ~	865 ~	
120	240					4 281 -	3 831 -	3 457 -	3 143 -	2 647 -	2 275 -	1 986 -	1 618 ~	1 337 ~	1 124 ~	

Élément dimensionnant : déformation : ~ ; contrainte de flexion : - ; cisaillement : •

Remarque

Les chiffres ne sont pas affichés lorsque la charge de résistance est inférieure à 30 daN par mètre et supérieure à 2 000 daN par mètre.

Exemple : un arbalétrier de 75 × 225 de 2 000 mm de portée peut supporter une charge totale de 2 267 daN sur toute sa longueur, soit une charge répartie de 2 267/2 = 1 133,5 daN/m de longueur.

Table 10 - Bois lamellé-collé

– Sur deux appuis
– Sans lien d'antiflambement
– Pente de 50 %
– Charge totale maximale en daN (G + S)

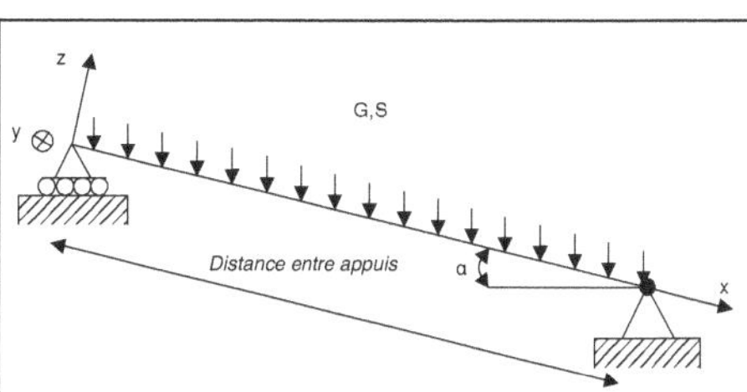

Exemple de section		Distance entre appuis (mm)														
		3 000	3 500	4 000	4 500	5 000	5 500	6 000	6 500	7 000	7 500	8 000	8 500	9 000	9 500	10 000
90	180	1 500 ~	1 102 ~	844 ~	666 ~											
90	225	2 289 -	1 913 -	1 633 -	1 302 ~											
90	270	3 150 -	2 623 -	2 230 -	1 928 -											
90	315	4 105 -	3 406 -	2 887 -	2 455 -											
90	360	5 149 -	4 251 -	3 510 -	2 953 -											
90	405		5 011 -	4 124 -	3 459 -											
115	225	3 118 -	2 630 -	2 105 ~	1 663 ~	1 347 ~	1 113 ~									
115	270	4 331 -	3 646 -	3 131 -	2 732 -	2 328 ~	1 924 ~									
115	315	5 695 -	4 782 -	4 097 -	3 567 -	3 145 -	2 802 -									
115	360		6 036 -	5 161 -	4 483 -	3 945 -	3 507 -									
115	405			6 314 -	5 474 -	4 807 -	4 236 -									
115	450			7 549 -	6 533 -	5 636 -	4 909 -									
140	198	3 068 -	2 281 ~	1 746 ~	1 380 ~	1 118 ~	924 ~	776 ~	661 ~	570 ~						
140	264	5 260 -	4 460 -	3 856 -	3 271 ~	2 649 ~	2 190 ~	1 840 ~	1 568 ~	1 352 ~						
140	330		6 660 -	5 744 -	5 029 -	4 459 -	3 993 -	3 593 ~	3 062 ~	2 640 ~						
140	396		7 927 -	6 925 -	6 126 -	5 474 -	4 933 -	4 478 -	4 089 -							
140	462				7 988 -	7 124 -	6 407 -	5 805 -	5 292 -							
140	528					8 925 -	7 978 -	7 114 -	6 387 -							
165	330			7 019 -	6 174 -	5 496 -	4 941 -	4 235 ~	3 609 ~	3 112 ~	2 711 ~	2 382 ~	2 110 ~			
165	396				8 554 -	7 602 -	6 823 -	6 175 -	5 628 -	5 160 -	4 684 ~	4 117 ~	3 647 ~			
165	462					9 976 -	8 939 -	8 077 -	7 350 -	6 729 -	6 193 -	5 726 -	5 316 -			
165	528							10 169 -	9 240 -	8 447 -	7 764 -	7 169 -	6 647 -			
165	594								11 283 -	10 302 -	9 423 -	8 590 -	7 866 -			
165	660									12 156 -	11 006 -	10 017 -	9 159 -			
190	396					9 055 -	8 153 -	7 401 -	6 764 -	6 191 ~	5 393 ~	4 740 ~	4 199 ~	3 745 ~	3 362 ~	
190	462						10 731 -	9 729 -	8 881 -	8 156 -	7 528 -	6 981 -	6 499 -	5 948 ~	5 338 ~	
190	528								11 220 -	10 291	9 489 -	8 789 -	8 173 -	7 628 -	7 142 -	
190	594									12 612 -	11 616 -	10 748 -	9 984 -	9 309 -	8 707 -	
190	660										14 001 -	12 940 -	12 008 -	11 158 -	10 324 -	
190	726											15 221 -	13 960 -	12 855 -	11 880 -	
190	792												15 860 -	14 587 -	13 466 -	
190	858													16 345 -	15 072 -	
210	462							11 034 -	10 092 -	9 285 -	8 587 -	7 976 -	7 370 ~	6 574 ~	5 900 ~	5 325 ~
210	528								12 788 -	11 754 -	10 859 -	10 077 -	9 388 -	8 778 -	8 233 -	7 744 -
210	594										13 335 -	12 363 -	11 508 -	10 750 -	10 074 -	9 467 -
210	660											14 935 -	13 889 -	12 962 -	12 136 -	11 395 -
210	726												16 450 -	15 338 -	14 347 -	13 431 -

Élément dimensionnant : déformation : ~ ; contrainte de flexion : - ; cisaillement : •

Remarque

Les chiffres ne sont pas affichés lorsque la charge de résistance est inférieure à 30 daN par mètre et supérieure à 2 000 daN par mètre.

Exemple : un arbalétrier de 90 × 225 de 3 000 mm de portée peut supporter une charge totale de 2 289 daN sur toute sa longueur, soit une charge répartie de 2 289/3 = 763 daN/m de longueur.

Table 11 - Bois massif ou BMR

– Sur deux appuis
– Un lien d'antiflambement
– Pente de 50 %
– Charge totale maximale en daN (G + S)

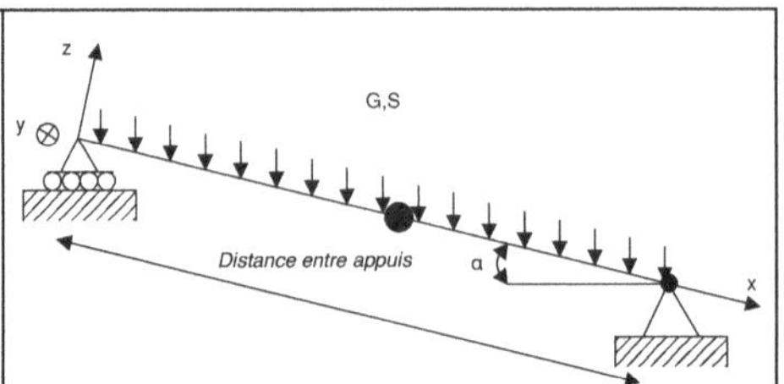

Section standard (à 20 % d'humidité)		Distance entre appuis (mm)														
		1 000	1 250	1 500	1 750	2 000	2 500	3 000	3 500	4 000	4 500	5 000	5 500	6 000	6 500	7 000
50	125	1 096 -	889 -	745 -	638 -	549 ~	351 ~	244 ~	179 ~	137 ~						
50	150	1 499 -	1 218 -	1 022 -	876 -	763 -	602 -	422 ~	310 ~	237 ~	187 ~	152 ~				
50	175	1 486 •	1 486 •	1 365 -	1 170 -	1 019 -	802 -	656 -	492 ~	377 ~	298 ~	241 ~				
50	200	1 698 •	1 698 •	1 698 •	1 506 -	1 311 -	1 030 -	829 -	674 -	561 -	444 ~	360 ~				
50	225	1 910 •	1 910 •	1 910 •	1 879 -	1 634 -	1 260 -	991 -	803 -	665 -	561 -	480 -				
50	250		2 122 •	2 122 •	2 122 •	1 961 -	1 477 -	1 157 -	934 -	771 -	647 -	551 -				
65	125	1 430 -	1 162 -	978 -	842 -	714 ~	457 ~	317 ~	233 ~	178 ~	141 ~					
65	150	1 959 -	1 595 -	1 344 -	1 160 -	1 017 -	789 ~	548 ~	403 ~	308 ~	244 ~	197 ~				
65	175	1 931 •	1 931 •	1 799 -	1 554 -	1 364 -	1 088 -	871 ~	640 ~	490 ~	387 ~	313 ~	259 ~	218 ~		
65	200		2 207 •	2 207 •	2 005 -	1 761 -	1 404 -	1 159 -	955 ~	731 ~	578 ~	468 ~	387 ~	325 ~	277 ~	
65	225		2 483 •	2 483 •	2 483 •	2 203 -	1 757 -	1 448 -	1 225 -	1 041 ~	822 ~	666 ~	550 ~	463 ~	394 ~	
65	250			2 759 •	2 759 •	2 690 -	2 144 -	1 765 -	1 491 -	1 275 -	1 090 -	914 ~	755 ~	634 ~	541 ~	
75	125	1 650 -	1 341 -	1 128 -	972 -	824 ~	527 ~	366 ~	269 ~	206 ~	163 ~					
75	150		1 845 -	1 556 -	1 344 -	1 182 -	911 ~	633 ~	465 ~	356 ~	281 ~	228 ~	188 ~			
75	175		2 228 •	2 084 -	1 802 -	1 586 -	1 273 -	1 004 ~	738 ~	565 ~	446 ~	362 ~	299 ~	251 ~	214 ~	
75	200			2 547 •	2 328 -	2 050 -	1 646 -	1 365 -	1 102 ~	843 ~	666 ~	540 ~	446 ~	375 ~	319 ~	275 ~
75	225			2 865 •	2 865 •	2 567 -	2 062 -	1 710 -	1 453 -	1 201 ~	949 ~	769 ~	635 ~	534 ~	455 ~	392 ~
75	250				3 183 •	3 137 -	2 521 -	2 090 -	1 774 -	1 535 -	1 302 ~	1 054 ~	871 ~	732 ~	624 ~	538 ~
75	300					3 820 •	3 561 -	2 949 -	2 499 -	2 158 -	1 865 -	1 620 -	1 423 -	1 262 -	1 078 ~	929 ~
100	100	1 490 -	1 206 -	1 000 ~	734 ~	562 ~	360 ~	250 ~	184 ~	141 ~						
100	125		1 788 -	1 504 -	1 296 -	1 098 ~	703 ~	488 ~	359 ~	275 ~	217 ~	176 ~				
100	150		2 460 -	2 075 -	1 792 -	1 576 -	1 214 ~	843 ~	620 ~	474 ~	375 ~	304 ~	251 ~	211 ~		
100	175			2 786 -	2 411 -	2 124 -	1 712 -	1 339 ~	984 ~	753 ~	595 ~	482 ~	398 ~	335 ~	285 ~	246 ~
100	200				3 123 -	2 756 -	2 228 -	1 865 -	1 469 ~	1 124 ~	888 ~	720 ~	595 ~	500 ~	426 ~	367 ~
100	225					3 455 -	2 797 -	2 342 -	2 008 -	1 601 ~	1 265 ~	1 025 ~	847 ~	712 ~	606 ~	523 ~
100	250						3 425 -	2 870 -	2 460 -	2 145 -	1 735 ~	1 406 ~	1 162 ~	976 ~	832 ~	717 ~
100	300						4 854 -	4 071 -	3 489 -	3 040 -	2 685 -	2 399 -	2 007 ~	1 687 ~	1 437 ~	1 239 ~
BMR																
80	200			2 828 •	2 638 -	2 325 -	1 871 -	1 556 -	1 274 ~	975 ~	771 ~	624 ~	516 ~	433 ~	369 ~	318 ~
80	220				3 111 •	2 791 -	2 247 -	1 869 -	1 591 -	1 298 ~	1 026 ~	831 ~	687 ~	577 ~	492 ~	424 ~
80	240				3 394 •	3 294 -	2 654 -	2 207 -	1 878 -	1 628 -	1 332 ~	1 079 ~	891 ~	749 ~	638 ~	550 ~
100	200				3 313 -	2 924 -	2 364 -	1 979 -	1 592 ~	1 219 ~	963 ~	780 ~	645 ~	542 ~	462 ~	398 ~
100	220					3 511 -	2 841 -	2 380 -	2 040 -	1 623 ~	1 282 ~	1 039 ~	858 ~	721 ~	615 ~	530 ~
100	240						3 359 -	2 814 -	2 412 -	2 103 -	1 665 ~	1 348 ~	1 114 ~	936 ~	798 ~	688 ~
120	200					3 508 -	2 837 -	2 375 -	1 911 ~	1 463 ~	1 156 ~	936 ~	774 ~	650 ~	554 ~	478 ~
120	220						3 419 -	2 868 -	2 464 -	1 947 ~	1 539 ~	1 246 ~	1 030 ~	865 ~	737 ~	636 ~
120	240						4 051 -	3 404 -	2 930 -	2 528 ~	1 997 ~	1 618 ~	1 337 ~	1 124 ~	957 ~	825 ~

Élément dimensionnant : déformation : ~ ; contrainte de flexion : - ; cisaillement : •

Remarque

Les chiffres ne sont pas affichés lorsque la charge de résistance est inférieure à 30 daN par mètre et supérieure à 2 000 daN par mètre.

Exemple : un arbalétrier de 100 × 300 de 4 000 mm de portée peut supporter une charge totale de 3 040 daN sur toute sa longueur, soit une charge répartie de 3 040/4 = 760 daN/m de longueur.

Table 12 - Bois lamellé-collé

– Sur deux appuis
– Un lien d'antiflambement
– Pente de 50 %
– Charge totale maximale en daN (G + S)

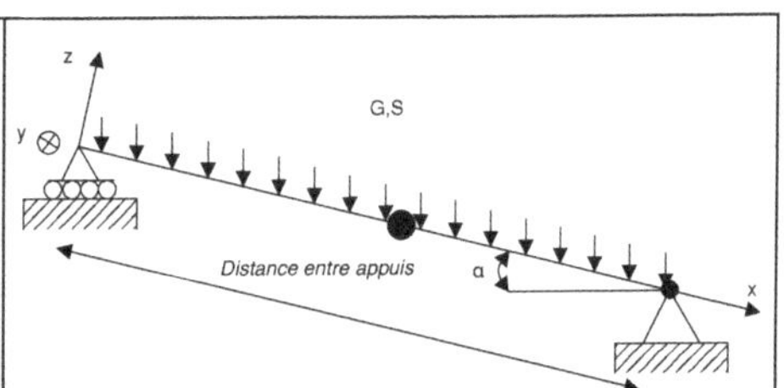

Exemple de section		Distance entre appuis (mm)														
		3 000	3 500	4 000	4 500	5 000	5 500	6 000	6 500	7 000	8 000	9 000	10 000	11 000	12 000	13 000
90	180	1 500 ~	1 102 ~	844 ~	666 ~	540 ~	446 ~	375 ~	319 ~	275 ~						
90	225	2 578 -	2 152 ~	1 647 ~	1 302 ~	1 054 ~	871 ~	732 ~	624 ~	538 ~	412 ~	325 ~				
90	270	3 614 -	3 096 -	2 695 -	2 249 ~	1 822 ~	1 506 ~	1 265 ~	1 078 ~	930 ~	712 ~	562 ~				
90	315	4 792 -	4 104 -	3 570 -	3 149 -	2 809 -	2 391 ~	2 009 ~	1 712 ~	1 476 ~	1 130 ~	893 ~				
90	360		5 233 -	4 549 -	4 009 -	3 573 -	3 216 -	2 918 -	2 555 ~	2 203 ~	1 687 ~	1 333 ~				
90	405		6 478 -	5 628 -	4 954 -	4 412 -	3 967 -	3 571 -	3 210 -	2 904 -	2 402 ~	1 898 ~				
115	225	3 316 -	2 750 ~	2 105 ~	1 663 ~	1 347 ~	1 113 ~	936 ~	797 ~	687 ~	526 ~	416 ~	337 ~			
115	270	4 656 -	4 015 -	3 521 -	2 874 ~	2 328 ~	1 924 ~	1 617 ~	1 378 ~	1 188 ~	909 ~	719 ~	582 ~	481 ~		
115	315		5 334 -	4 679 -	4 154 -	3 697 ~	3 055 ~	2 567 ~	2 188 ~	1 886 ~	1 444 ~	1 141 ~	924 ~	764 ~		
115	360		6 814 -	5 980 -	5 308 -	4 759 -	4 303 -	3 832 ~	3 265 ~	2 816 ~	2 156 ~	1 703 ~	1 380 ~	1 140 ~		
115	405			7 418 -	6 584 -	5 900 -	5 333 -	4 857 -	4 453 -	4 009 ~	3 069 ~	2 425 ~	1 964 ~	1 623 ~		
115	450				7 978 -	7 146 -	6 456 -	5 876 -	5 385 -	4 962 -	4 210 ~	3 327 ~	2 695 ~	2 227 ~		
140	198	3 105 ~	2 281 ~	1 746 ~	1 380 ~	1 118 ~	924 ~	776 ~	661 ~	570 ~	437 ~	345 ~				
140	264	5 447 -	4 703 -	4 134 -	3 271 ~	2 649 ~	2 190 ~	1 840 ~	1 568 ~	1 352 ~	1 035 ~	818 ~	662 ~	547 ~	460 ~	392 ~
140	330			6 255 -	5 579 -	5 026 -	4 277 ~	3 593 ~	3 062 ~	2 640 ~	2 021 ~	1 597 ~	1 294 ~	1 069 ~	898 ~	765 ~
140	396				7 808 -	7 034 -	6 387 -	5 838 -	5 291 -	4 562 ~	3 493 ~	2 760 ~	2 235 ~	1 847 ~	1 552 ~	1 323 ~
140	462					9 336 -	8 474 -	7 743 -	7 117 -	6 577 -	5 547 ~	4 382 ~	3 550 ~	2 934 ~	2 465 ~	2 100 ~
140	528						10 815 -	9 878 -	9 075 -	8 382 -	7 251 -	6 369 -	5 299 ~	4 379 ~	3 680 ~	3 135 ~
165	330			7 392 -	6 603 -	5 962 -	5 040 ~	4 235 ~	3 609 ~	3 112 ~	2 382 ~	1 882 ~	1 525 ~	1 260 ~	1 059 ~	902 ~
165	396					8 355 -	7 611 -	6 979 -	6 236 ~	5 377 ~	4 117 ~	3 253 ~	2 635 ~	2 177 ~	1 830 ~	1 559 ~
165	462						10 115 -	9 275 -	8 550 -	7 921 -	6 537 ~	5 165 ~	4 184 ~	3 458 ~	2 905 ~	2 476 ~
165	528							11 855 -	10 927 -	10 120 -	8 793 -	7 710 ~	6 245 ~	5 161 ~	4 337 ~	3 695 ~
165	594								12 551 -	10 897 -	9 599	8 558 -	7 349 ~	6 175 ~	5 261 ~
165	660									13 305 -	11 710 -	10 430 -	9 383 -	8 470 ~	7 217 ~
190	396					9 650 -	8 804 -	8 088 -	7 181 ~	6 191 ~	4 740 ~	3 745 ~	3 034 ~	2 507 ~	2 107 ~	1 795 ~
190	462							10 759 -	9 943 -	9 232 -	7 527 ~	5 948 ~	4 818 ~	3 981 ~	3 346 ~	2 851 ~
190	528								12 722 -	11 813 -	10 303 -	8 878 ~	7191 ~	5 943 ~	4 994 ~	4 255 ~
190	594										12 792 -	11 305 -	10 106 -	8 462 ~	7 111 ~	6 059 ~
190	660										15 650 -	13 822 -	12 348 -	11 138 -	9 754 ~	8 311 ~
190	726											16 581 -	14 802 -	13 342 -	12 124 -	11 062 ~
190	792												17 454 -	15 721 -	14 276 -	13 053 -
190	858													18 270 -	16 579 -	14 948 -
210	462							11 925 -	11 033 -	10 258 -	8 320 ~	6 574 ~	5 325 ~	4 401 ~	3 698 ~	3 151 ~
210	528									13 133 -	11 489 -	9 813 ~	7 948 ~	6 569 ~	5 520 ~	4 703 ~
210	594										14 277 -	12 648 -	11 317 ~	9 353 ~	7 859 ~	6 696 ~
210	660										15 484 -	13 860 -	12 523 -	10 780 ~	9 186 ~
210	726											16 638 -	15 025 -	13 676 -	12 226 ~

Élément dimensionnant : déformation : ~ ; contrainte de flexion : - ; cisaillement : •

Remarque
Les chiffres ne sont pas affichés lorsque la charge de résistance est inférieure à 30 daN par mètre et supérieure à 2 000 daN par mètre.

Exemple : un arbalétrier de 90 × 225 de 3 000 mm de portée peut supporter une charge totale de 2 578 daN sur toute sa longueur, soit une charge répartie de 2 578/3 = 859,3 daN/m de longueur.

Table 13 - Bois massif ou BMR

– Sur deux appuis
– Deux liens d'antiflambement
– Pente de 50 %
– Charge totale maximale en daN (G + S)

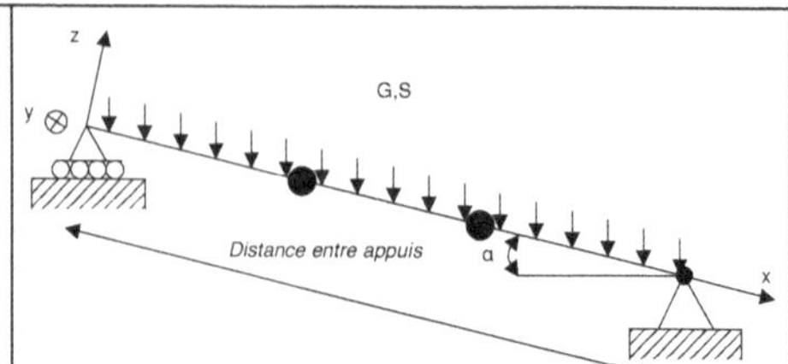

Section standard (à 20 % d'humidité)		Distance entre appuis (mm)														
		1 000	1 500	2 000	2 500	3 000	3 500	4 000	4 500	5 000	5 500	6 000	6 500	7 000	7 500	8 000
50	125	1 100 -	752 -	549 ~	351 ~	244 ~	179 ~	137 ~								
50	150	1 509 -	1 037 -	788 -	607 ~	422 ~	310 ~	237 ~	187 ~	152 ~						
50	175	1 486 •	1 389 -	1 057 -	848 -	670 ~	492 ~	377 ~	298 ~	241 ~	199 ~					
50	200	1 698 •	1 698 •	1 366 -	1 097 -	910 -	734 ~	562 ~	444 ~	360 ~	297 ~	250 ~	213 ~			
50	225	1 910 •	1 910 •	1 712 -	1 375 -	1 140 -	964 -	801 ~	633 ~	512 ~	423 ~	356 ~	303 ~	261 ~	228 ~	
50	250		2 122 •	2 092 -	1 681 -	1 373 -	1 134 -	955 -	818 -	703 ~	581 ~	488 ~	416 ~	359 ~	312 ~	
65	125	1 430 -	978 -	714 ~	457 ~	317 ~	233 ~	178 ~	141 ~							
65	150	1 962 -	1 348 -	1 024 -	789 ~	548 ~	403 ~	308 ~	244 ~	197 ~						
65	175	1 931 •	1 811 -	1 381 -	1 113 -	871 ~	640 ~	490 ~	387 ~	313 ~	259 ~	218 ~				
65	200		2 207 •	1 790 -	1 447 -	1 211 -	955 ~	731 ~	578 ~	468 ~	387 ~	325 ~	277 ~	239 ~		
65	225		2 483 •	2 245 -	1 816 -	1 520 -	1 302 -	1 041 ~	822 ~	666 ~	550 ~	463 ~	394 ~	340 ~	296 ~	260 ~
65	250		2 759 •	2 746 -	2 224 -	1 862 -	1 595 -	1 390 -	1 128 ~	914 ~	755 ~	634 ~	541 ~	466 ~	406 ~	357 ~
75	125	1 650 -	1 128 -	824 ~	527 ~	366 ~	269 ~	206 ~	163 ~							
75	150		1 556 -	1 182 -	911 ~	633 ~	465 ~	356 ~	281 ~	228 ~	188 ~					
75	175		2 089 -	1 593 -	1 284 -	1 004 ~	738 ~	565 ~	446 ~	362 ~	299 ~	251 ~	214 ~			
75	200		2 547 •	2 067 -	1 671 -	1 399 -	1102 ~	843 ~	666 ~	540 ~	446 ~	375 ~	319 ~	275 ~	240 ~	
75	225		865 •	2 597 -	2 104 -	1 766 -	1518 -	1 201 ~	949 ~	769 ~	635 ~	534 ~	455 ~	392 ~	342 ~	300 ~
75	250			3 177 -	2 578 -	2 165 -	1861 -	1 627 -	1 302 ~	1 054 ~	871 ~	732 ~	624 ~	538 ~	469 ~	412 ~
75	300			3 820 •	3 656 -	3 074 -	2 644 -	2 312 -	2 048 -	1 822 ~	1 506 ~	1 265 ~	1 078 ~	929 ~	810 ~	712 ~
100	100	1 490 -	1 000 ~	562 ~	360 ~	250 ~	184 ~	141 ~								
100	125		1 504 -	1 098 ~	703 ~	488 ~	359 ~	275 ~	217 ~	176 ~						
100	150		2 075 -	1 576 -	1 214 ~	843 ~	620 ~	474 ~	375 ~	304 ~	251 ~	211 ~				
100	175		2 786 -	2 124 -	1 712 -	1 339 ~	984 ~	753 ~	595 ~	482 ~	398 ~	335 ~	285 ~	246 ~		
100	200			2 756 -	2 228 -	1 865 -	1 469 ~	1 124 ~	888 ~	720 ~	595 ~	500 ~	426 ~	367 ~	320 ~	281 ~
100	225			3 462 -	2 806 -	2 355 -	2 024 -	1 601 ~	1 265 ~	1 025 ~	847 ~	712 ~	606 ~	523 ~	455 ~	400 ~
100	250			3 445 -	2 896 -	2 495 -	2 186 -	1 735 ~	1 406 ~	1 162 ~	976 ~	832 ~	717 ~	625 ~	549 ~	
100	300			4 902 -	4 134 -	3 571 -	3 140 -	2 797 -	2 429 ~	2 007 ~	1 687 ~	1 437 ~	1 239 ~	1 080 ~	949 ~	
BMR																
80	200		2 828 •	2 339 -	1 891 -	1 583 -	1 274 ~	975 ~	771 ~	624 ~	516 ~	433 ~	369 ~	318 ~	277 ~	244 ~
80	220			2 813 -	2 279 -	1 912 -	1 643 -	1 298 ~	1 026 ~	831 ~	687 ~	577 ~	492 ~	424 ~	369 ~	325 ~
80	240			3 327 -	2 701 -	2 269 -	1 953 -	1 685 ~	1 332 ~	1079 ~	891 ~	749 ~	638 ~	550 ~	479 ~	421 ~
100	200			2 924 -	2 364 -	1 979 -	1 592 ~	1 219 ~	963 ~	780 ~	645 ~	542 ~	462 ~	398 ~	347 ~	305 ~
100	220			3 516 -	2 849 -	2 390 -	2 053 -	1 623 ~	1 282 ~	1 039 ~	858 ~	721 ~	615 ~	530 ~	462 ~	406 ~
100	240				3 376 -	2 837 -	2 442 -	2 107 ~	1 665 ~	1 348 ~	1 114 ~	936 ~	798 ~	688 ~	599 ~	527 ~
120	200			3 508 -	2 837 -	2 375 -	1 911 ~	1 463 ~	1 156 ~	936 ~	774 ~	650 ~	554 ~	478 ~	416 ~	366 ~
120	220				3 419 -	2 868 -	2 464 -	1 947 ~	1 539 ~	1 246 ~	1 030 ~	865 ~	737 ~	636 ~	554 ~	487 ~
120	240				4 051 -	3 404 -	2 930 -	2 528 ~	1 997 ~	1 618 ~	1 337 ~	1 124 ~	957 ~	825 ~	719 ~	632 ~

Élément dimensionnant : déformation : ~ ; contrainte de flexion : - ; cisaillement : •

Remarque

Les chiffres ne sont pas affichés lorsque la charge de résistance est inférieure à 30 daN par mètre et supérieure à 2 000 daN par mètre.

Exemple : un arbalétrier de 100 × 300 de 4 000 mm de portée peut supporter une charge totale de 3 140 daN sur toute sa longueur, soit une charge répartie de 3 140/4 = 785 daN/m de longueur.

Table 14 - Bois lamellé-collé

– Sur deux appuis
– Deux liens d'antiflambement
– Pente de 50 %
– Charge totale maximale en daN (G + S)

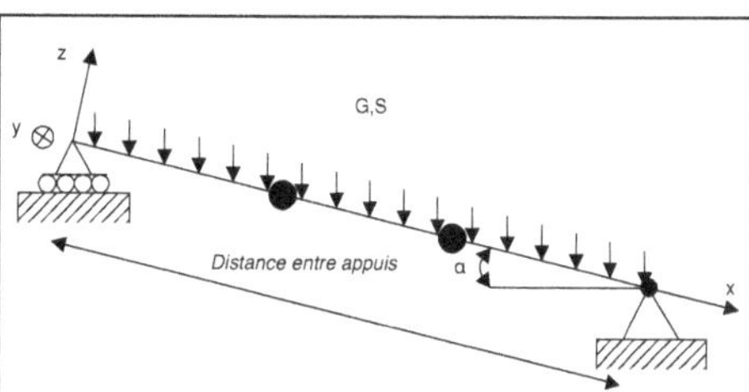

Exemple de section		Distance entre appuis (mm)														
		3 000	3 500	4 000	4 500	5 000	5 500	6 000	6 500	7 000	8 000	9 000	10 000	11 000	12 000	13 000
90	180	1 500 ~	1 102 ~	844 ~	666 ~	540 ~	446 ~	375 ~	319 ~	275 ~						
90	225	2 595 -	2 152 ~	1 647 ~	1 302 ~	1 054 ~	871 ~	732 ~	624 ~	538 ~	412 ~	325 ~				
90	270	3 651 -	3 153 -	2 772 -	2 249 ~	1 822 ~	1 506 ~	1 265 ~	1 078 ~	930 ~	712 ~	562 ~	455 ~	376 ~		
90	315	4 847 -	4 190 -	3 687 -	3 286 -	2 893 ~	2 391 ~	2 009 ~	1 712 ~	1 476 ~	1 130 ~	893 ~	723 ~	598 ~	502 ~	428 ~
90	360		5 356 -	4 715 -	4 204 -	3 784 -	3 433 -	2 999 ~	2 555 ~	2 203 ~	1 687 ~	1 333 ~	1 080 ~	892 ~	750 ~	639 ~
90	405		6 646 -	5 854 -	5 221 -	4 700 -	4 263 -	3 894 -	3 579	3 137 ~	2 402 ~	1 898 ~	1 537 ~	1270 ~	1068 ~	910 ~
115	225	3 316 -	2 750 ~	2 105 ~	1 663 ~	1 347 ~	1 113 ~	936 ~	797 ~	687 ~	526 ~	416 ~	337 ~			
115	270	4 665 -	4 029 -	3 542 -	2 874 ~	2 328 ~	1 924 ~	1 617 ~	1 378 ~	1 188 ~	909 ~	719 ~	582 ~	481 ~	404 ~	
115	315		5 364 -	4 725 -	4 219 -	3 697 ~	3 055 ~	2 567 ~	2 188 ~	1 886 ~	1 444 ~	1 141 ~	924 ~	764 ~	642 ~	547 ~
115	360		6 864 -	6 052 -	5 410 -	4 888 -	4 454 -	3 832 ~	3 265 ~	2 816 ~	2 156 ~	1 703 ~	1 380 ~	1 140 ~	958 ~	816 ~
115	405			7 517 -	6 723 -	6 077 -	5 540 -	5 083 -	4 649 ~	4 009 ~	3 069 ~	2 425 ~	1 964 ~	1 623 ~	1 364 ~	1 162 ~
115	450				8 162 -	7 381 -	6 729 -	6 176 -	5 698 -	5 283 -	4 210 ~	3 327 ~	2 695 ~	2 227 ~	1 871 ~	1 594 ~
140	198	3 105 ~	2 281 ~	1 746 ~	1 380 ~	1 118 ~	924 ~	776 ~	661 ~	570 ~	437 ~	345 ~				
140	264	5 447 -	4 703 -	4 134 -	3 271 ~	2 649 ~	2 190 ~	1 840 ~	1 568 ~	1 352 ~	1 035 ~	818 ~	662 ~	547 ~	460 ~	392 ~
140	330			6 272 -	5 603 -	5 059 -	4 277 ~	3 593 ~	3 062 ~	2 640 ~	2 021 ~	1 597 ~	1 294 ~	1 069 ~	898 ~	765 ~
140	396				7 866 -	7 115 -	6 492 -	5 967 -	5 291 ~	4 562 ~	3 493 ~	2 760 ~	2 235 ~	1 847 ~	1 552 ~	1 323 ~
140	462					9 465 -	8 643 -	7 950 -	7 355	6 839 -	5 547 ~	4 382 ~	3 550 ~	2 934 ~	2 465 ~	2 100 ~
140	528							10 174 -	9 415 -	8 756 -	7 659 -	6 542 ~	5 299 ~	4 379 ~	3 680 ~	3 135 ~
165	330			7 392 -	6 603 -	5 962 -	5 040 ~	4 235 ~	3 609 ~	3 112 ~	2 382 ~	1 882 ~	1 525 ~	1 260 ~	1 059 ~	902 ~
165	396				8 385 -	7 652 -	7 032 -	6 236 ~	5 377 ~	4 117 ~	3 253 ~	2 635 ~	2 177 ~	1 830 ~	1 559 ~	
165	462					10 199 -	9 385 -	8 688 -	8 085 -	6 537 ~	5 165 ~	4 184 ~	3 458 ~	2 905 ~	2 476 ~	
165	528							11 138 -	10 372 -	9 106 -	7 710 ~	6 245 ~	5 161 ~	4 337 ~	3 695 ~	
165	594								12 896 -	11 326 -	10 075 -	8 892 ~	7 349 ~	6 175 ~	5 261 ~	
165	660									13 884 -	12 351 -	11 096 -	10 053 -	8 470 ~	7 217 ~	
190	396				9 656 -	8 811 -	8 098 -	7 181 ~	6 191 ~	4 740 ~	3 745 ~	3 034 ~	2 507 ~	2 107 ~	1 795 ~	
190	462							10 807 -	10 005 -	9 310 -	7 527 ~	5 948 ~	4 818 ~	3 981 ~	3 346 ~	2 851 ~
190	528								12 837 -	11 956 -	10 506 -	8 878 ~	7 191 ~	5 943 ~	4 994 ~	4 255 ~
190	594									13 092 -	11 674 -	10 239 ~	8 462 ~	7 111 ~	6 059 ~	
190	660										14 321 -	12 904 -	11 608 ~	9 754 ~	8 311 ~	
190	726										17 234 -	15 531 -	14 108 -	12 903 -	11 062 ~	
190	792										18 387 -	16 701 -	15 272 -	14 050 -		
190	858											19 497 -	17 825 -	16 395 -		
210	462						11 944 -	11 058 -	10 290 -	8 320 ~	6 574 ~	5 325 ~	4 401 ~	3 698 ~	3 151 ~	
210	528								13 215 -	11 611 -	9 813 ~	7 948 ~	6 569 ~	5 520 ~	4 703 ~	
210	594									14 480 -	12 917 -	11 317 ~	9 353 ~	7 859 ~	6 696 ~	
210	660										15 869 -	14 320 -	12 830 ~	10 780 ~	9 186 ~	
210	726											17 243 -	15 692 -	14 349 ~	12 226 ~	

Élément dimensionnant : déformation : ~ ; contrainte de flexion : - ; cisaillement : •

Remarque

Les chiffres ne sont pas affichés lorsque la charge de résistance est inférieure à 30 daN par mètre et supérieure à 2 000 daN par mètre.

Exemple : un arbalétrier de 90 × 270 de 4 000 mm de portée peut supporter une charge totale de 2 772 daN sur toute sa longueur, soit une charge répartie de 2 772/4 = 693 daN/m de longueur.

Table 15 - Bois massif ou en BMR

– Sur deux appuis
– Avec voile travaillant
– Pente de 50 %
– Charge totale maximale en daN (G + S)

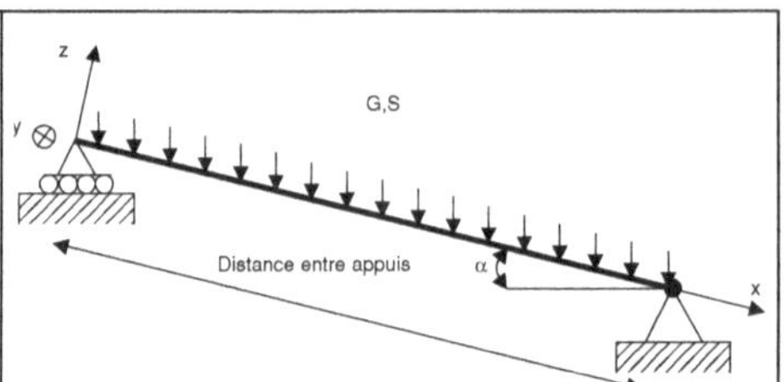

Section standard (à 20 % d'humidité)		Distance entre appuis (mm)														
		1 000	1 500	2 000	2 500	3 000	3 500	4 000	4 500	5 000	5 500	6 000	6 500	7 000	7500	8 000
50	125	1 100 -	752 -	549 ~	351 ~	244 ~	179 ~	137 ~								
50	150	1 509 -	1 037 -	788 -	607 ~	422 ~	310 ~	237 ~	187 ~	152 ~						
50	175	1 486 •	1 393 -	1 062 -	856 -	670 ~	492 ~	377 ~	298 ~	241 ~	199 ~					
50	200	1 698 •	1 698 •	1 378 -	1 114 -	932 -	734 ~	562 ~	444 ~	360 ~	297 ~	250 ~	213 ~			
50	225	1 910 •	1 910 •	1 731 -	1 403 -	1 177 -	1 012 -	801 ~	633 ~	512 ~	423 ~	356 ~	303 ~	261 ~	228 ~	
50	250		2 122 •	2 121 -	1 722 -	1 448 -	1 247 -	1 093 -	868 ~	703 ~	581 ~	488 ~	416 ~	359 ~	312 ~	275 ~
65	125	1 430 -	978 -	714 ~	457 ~	317 ~	233 ~	178 ~	141 ~							
65	150	1 962 -	1 348 -	1 024 -	789 ~	548 ~	403 ~	308 ~	244 ~	197 ~						
65	175	1 931 •	1 811 -	1 381 -	1 113 -	871 ~	640 ~	490 ~	387 ~	313 ~	259 ~	218 ~				
65	200		2 207 •	1 791 -	1 448 -	1 212 -	955 ~	731 ~	578 ~	468 ~	387 ~	325 ~	277 ~	239 ~		
65	225		2 483 •	2 250 -	1 824 -	1 531 -	1 315 -	1 041 ~	822 ~	666 ~	550 ~	463 ~	394 ~	340 ~	296 ~	260 ~
65	250		2 759 •	2 757 -	2 239 -	1 883 -	1 622 -	1 421 -	1 128 ~	914 ~	755 ~	634 ~	541 ~	466 ~	406 ~	357 ~
75	125	1 650 -	1 128 -	824 ~	527 ~	366 ~	269 ~	206 ~	163 ~							
75	150		1 556 -	1 182 -	911 ~	633 ~	465 ~	356 ~	281 ~	228 ~	188 ~					
75	175		2 089 -	1 593 -	1 284 -	1 004 ~	738 ~	565 ~	446 ~	362 ~	299 ~	251 ~	214 ~			
75	200		2 547 •	2 067 -	1 671 -	1 399 -	1 102 ~	843 ~	666 ~	540 ~	446 ~	375 ~	319 ~	275 ~	240 ~	
75	225		2 865 •	2 597 -	2 104 -	1 766 -	1 518 -	1 201 ~	949 ~	769 ~	635 ~	534 ~	455 ~	392 ~	342 ~	300 ~
75	250			3 182 -	2 584 -	2 172 -	1 871 -	1 640 -	1 302 ~	1 054 ~	871 ~	732 ~	624 ~	538 ~	469 ~	412 ~
75	300			3 820 •	3 676 -	3 100 -	2 678 -	2 355 -	2 098 -	1 822 ~	1 506 ~	1 265 ~	1 078 ~	929 ~	810 ~	712 ~
100	100	1 490 -	1 000 ~	562 ~	360 ~	250 ~	184 ~	141 ~								
100	125		1 504 -	1 098 ~	703 ~	488 ~	359 ~	275 ~	217 ~	176 ~						
100	150		2 075 -	1 576 -	1 214 ~	843 ~	620 ~	474 ~	375 ~	304 ~	251 ~	211 ~				
100	175		2 786 -	2 124 -	1 712 -	1 339 ~	984 ~	753 ~	595 ~	482 ~	398 ~	335 ~	285 ~	246 ~		
100	200			2 756 -	2 228 -	1 865 -	1 469 ~	1 124 ~	888 ~	720 ~	595 ~	500 ~	426 ~	367 ~	320 ~	281 ~
100	225			3 462 -	2 806 -	2 355 -	2 024 -	1 601 ~	1 265 ~	1 025 ~	847 ~	712 ~	606 ~	523 ~	455 ~	400 ~
100	250				3 445 -	2 896 -	2 495 -	2 186 -	1 735 ~	1 406 ~	1 162 ~	976 ~	832 ~	717 ~	625 ~	549 ~
100	300				4 902 -	4 134 -	3 571 -	3 140 -	2 797 -	2 429 ~	2 007 ~	1 687 ~	1 437 ~	1 239 ~	1 080 ~	949 ~
BMR																
80	200		2 828 •	2 339 -	1 891 -	1 583 -	1 274 ~	975 ~	771 ~	624 ~	516 ~	433 ~	369 ~	318 ~	277 ~	244 ~
80	220			2 813 -	2 279 -	1 912 -	1 643 -	1 298 ~	1 026 ~	831 ~	687 ~	577 ~	492 ~	424 ~	369 ~	325 ~
80	240			3 327 -	2 701 -	2 269 -	1 953 -	1 685 ~	1 332 ~	1 079 ~	891 ~	749 ~	638 ~	550 ~	479 ~	421 ~
100	200			2 924 -	2 364 -	1 979 -	1 592 ~	1 219 ~	963 ~	780 ~	645 ~	542 ~	462 ~	398 ~	347 ~	305 ~
100	220			3 516 -	2 849 -	2 390 -	2 053 -	1 623 ~	1 282 ~	1 039 ~	858 ~	721 ~	615 ~	530 ~	462 ~	406 ~
100	240				3 376 -	2 837 -	2 442 -	2 107 ~	1 665 ~	1 348 ~	1 114 ~	936 ~	798 ~	688 ~	599 ~	527 ~
120	200			3 508 -	2 837 -	2 375 -	1 911 ~	1 463 ~	1 156 ~	936 ~	774 ~	650 ~	554 ~	478 ~	416 ~	366 ~
120	220				3 419 -	2 868 -	2 464 -	1 947 ~	1 539 ~	1 246 ~	1 030 ~	865 ~	737 ~	636 ~	554 ~	487 ~
120	240				4 051 -	3 404 -	2 930 -	2 528 -	1 997 ~	1 618 ~	1 337 ~	1 124 ~	957 ~	825 ~	719 ~	632 ~

Élément dimensionnant : déformation : ~ ; contrainte de flexion : - ; cisaillement : •

Remarque

Les chiffres ne sont pas affichés lorsque la charge de résistance est inférieure à 30 daN par mètre et supérieure à 2 000 daN par mètre.

Exemple : un arbalétrier de 100 × 300 de 4 000 mm de portée peut supporter une charge totale de 3 140 daN sur toute sa longueur, soit une charge répartie de 3 140/4 = 785 daN/m de longueur.

Table 16 - Bois lamellé-collé

– Sur deux appuis
– Avec voile travaillant
– Pente de 50 %
– Charge totale maximale en daN (G + S)

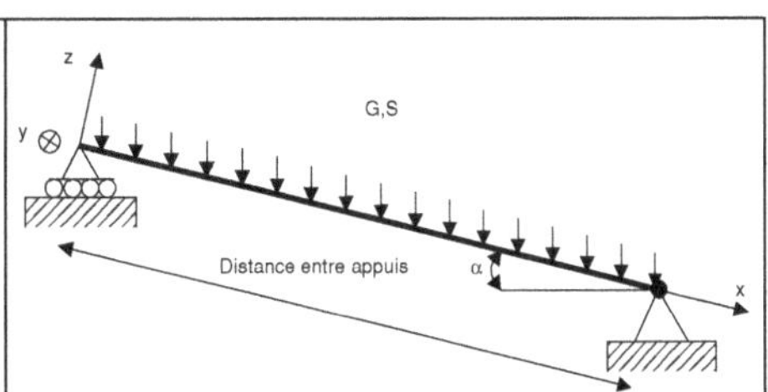

Exemple de section		Distance entre appuis (mm)														
		3 000	3 500	4 000	4 500	5 000	5 500	6 000	6 500	7 000	8 000	9 000	10 000	11 000	12 000	13 000
90	180	1 500 ~	1 102 ~	844 ~	666 ~	540 ~	446 ~	375 ~	319 ~	275 ~						
90	225	2 595 -	2 152 ~	1 647 ~	1 302 ~	1 054 ~	871 ~	732 ~	624 ~	538 ~	412 ~	325 ~				
90	270	3 651 -	3 153 -	2 772 -	2 249 ~	1 822 ~	1 506 ~	1 265 ~	1 078 ~	930 ~	712 ~	562 ~	455 ~	376 ~		
90	315	4 853 -	4 198 -	3 698 -	3 302 -	2 893 ~	2 391 ~	2 009 ~	1 712 ~	1 476 ~	1 130 ~	893 ~	723 ~	598 ~	502 ~	428 ~
90	360		5 373 -	4 738 -	4 236 -	3 829 -	3 490 -	2 999 ~	2 555 ~	2 203 ~	1 687 ~	1 333 ~	1 080 ~	892 ~	750 ~	639 ~
90	405		6 674 -	5 891 -	5 272 -	4 769 -	4 353 -	4 001 -	3 639 ~	3 137 ~	2 402 ~	1 898 ~	1 537 ~	1 270 ~	1 068 ~	910 ~
115	225	3 316 -	2 750 ~	2 105 ~	1 663 ~	1 347 ~	1 113 ~	936 ~	797 ~	687 ~	526 ~	416 ~	337 ~			
115	270	4 665 -	4 029 -	3 542 -	2 874 ~	2 328 ~	1 924 ~	1 617 ~	1 378 ~	1 188 ~	909 ~	719 ~	582 ~	481 ~	404 ~	
115	315		5 364 -	4 725 -	4 219 -	3 697 -	3 055 ~	2 567 ~	2 188 ~	1 886 ~	1 444 ~	1 141 ~	924 ~	764 ~	642 ~	547 ~
115	360		6 866 -	6 054 -	5 413 -	4 892 -	4 460 -	3 832 ~	3 265 ~	2 816 ~	2 156 ~	1 703 ~	1 380 ~	1 140 ~	958 ~	816 ~
115	405			7 528 -	6 736 -	6 094 -	5 562 -	5 113 -	4 649 ~	4 009 ~	3 069 ~	2 425 ~	1 964 ~	1 623 ~	1 364 ~	1 162 ~
115	450				8 186 -	7 411 -	6 769 -	6 227 -	5 764 -	5 363 -	4 210 ~	3 327 ~	2 695 ~	2 227 ~	1 871 ~	1 594 ~
140	198	3 105 ~	2 281 ~	1 746 ~	1 380 ~	1 118 ~	924 ~	776 ~	661 ~	570 ~	437 ~	345 ~				
140	264	5 447 -	4 703 -	4 134 -	3 271 ~	2 649 ~	2 190 ~	1 840 ~	1 568 ~	1 352 ~	1 035 ~	818 ~	662 ~	547 ~	460 ~	392 ~
140	330			6 272 -	5 603 -	5 059 -	4 277 ~	3 593 ~	3 062 ~	2 640 ~	2 021 ~	1 597 ~	1 294 ~	1 069 ~	898 ~	765 ~
140	396				7 866 -	7 115 -	6 492 -	5 967 -	5 291 ~	4 562 ~	3 493 ~	2 760 ~	2 235 ~	1 847 ~	1 552 ~	1 323 ~
140	462					9 473 -	8 654 -	7 963 -	7 372	6 860 -	5 547 ~	4 382 ~	3 550 ~	2 934 ~	2 465 ~	2 100 ~
140	528							10 208 -	9 459 -	8 810 -	7 741 -	6 542 ~	5 299 ~	4 379 ~	3 680 ~	3 135 ~
165	330			7 392 -	6 603 -	5 962 -	5 040 ~	4 235 ~	3 609 ~	3 112 ~	2 382 ~	1 882 ~	1 525 ~	1 260 ~	1 059 ~	902 ~
165	396					8 385 -	7 652 -	7 032	6 236 ~	5 377 ~	4 117 ~	3 253 ~	2 635 ~	2 177 ~	1 830 ~	1 559 ~
165	462						10 199 -	9 385 -	8 688 -	8 085 -	6 537 ~	5 165 ~	4 184 ~	3 458 ~	2 905 ~	2 476 ~
165	528								11 148 -	10 383 -	9 123 -	7 710 ~	6 245 ~	5 161 ~	4 337 ~	3 695 ~
165	594									12 930 -	11 377 -	10 149 -	8 892 ~	7 349 ~	6 175 ~	5 261 ~
165	660										13 973 -	12 479 -	11 266 -	10 080 ~	8 470 ~	7 217 ~
190	396					9 656 -	8 811 -	8 098 -	7 181 ~	6 191 ~	4 740 ~	3 745 ~	3 034 ~	2 507 ~	2 107 ~	1 795 ~
190	462							10 807 -	10 005 -	9 310 -	7 527 ~	5 948 ~	4 818 ~	3 981 ~	3 346 ~	2 851 ~
190	528								12 837 -	11 956 -	10 506 -	8 878 ~	7 191 ~	5 943 ~	4 994 ~	4 255 ~
190	594										13 101 -	11 687 -	10 239 ~	8 462 ~	7 111 ~	6 059 ~
190	660											14 370 -	12 973 -	11 608 ~	9 754 ~	8 311 ~
190	726											17 323 -	15 654 -	14 270 -	12 982 ~	11 062 ~
190	792												18 568 -	16 941 -	15 568 -	14 361 ~
190	858													19 823 -	18 229 -	16 865 -
210	462							11 944 -	11 058 -	10 290 -	8 320 ~	6 574 ~	5 325 ~	4 401 ~	3 698 ~	3 151 ~
210	528									13 215 -	11 611 -	9 813 ~	7 948 ~	6 569 ~	5 520 ~	4 703 ~
210	594										14 480 -	12 917 -	11 317 ~	9 353 ~	7 859 ~	6 696 ~
210	660											15 882 -	14 339 -	12 830 ~	10 780 ~	9 186 ~
210	726												17 302 -	15 773 -	14 349 ~	12 226 ~

Élément dimensionnant : déformation : ~ ; contrainte de flexion : - ; cisaillement : •

Remarque
Les chiffres ne sont pas affichés lorsque la charge de résistance est inférieure à 30 daN par mètre et supérieure à 2 000 daN par mètre.

Exemple : un arbalétrier de 90 × 315 de 4 000 mm de portée peut supporter une charge totale de 3 698 daN sur toute sa longueur, soit une charge répartie de 3 698/4 = 924,5 daN/m de longueur.

Table 17 - Bois massif ou BMR

– Sur deux appuis
– Sans lien d'antiflambement
– Pente de 70 %
– Charge totale maximale sur la poutre en daN (G + S)

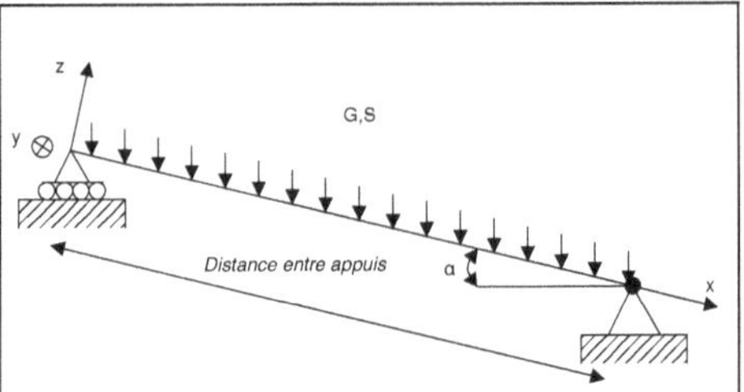

Section standard (à 20 % d'humidité)		Distance entre appuis (mm)														
		1 000	1250	1 500	1750	2 000	2 250	2 500	2750	3 000	3 500	4 000	4 500	5 000	5 500	6 000
50	125	1 059 -	823 -	663 -	549 -	464 -	399 -	348 -								
50	150	1 426 -	1 104 -	886 -	731 -	616 -	522 -	446 -								
50	175	1 622 •	1 439 -	1 149 -	940 -	773 -	647 -	550 -								
50	200	1 854 •	1 807 -	1 422 -	1 137 -	930 -	776 -	658 -								
50	225		2 085 •	1 678 -	1 336 -	1 090 -	906 -	765 -								
50	250		2 317 •	1 937 -	1 537 -	1 249 -	1 035 -	872 -								
65	125	1 455 -	1 158 -	949 -	797 -	683 -	594 -	499 ~	412 ~	346 ~						
65	150	1 973 -	1 569 -	1 283 -	1 075 -	918 -	797 -	700 -	621 -	556 -						
65	175		2 067 -	1 686 -	1 409 -	1 200 -	1 038 -	909 -	805 -	719 -						
65	200		2 410 •	2 136 -	1 779 -	1 511 -	1 304 -	1 139 -	1 000 -	879 -						
65	225			2 624 -	2 180 -	1 847 -	1 589 -	1 363 -	1 183 -	1 037 -						
65	250				2 608 -	2 191 -	1 848 -	1 581 -	1 368 -	1 197 -						
75	125	1 704 -	1 372 -	1 135 -	960 -	827 -	710 ~	575 ~	476 ~	400 ~	294 ~					
75	150		1 865 -	1 541 -	1 301 -	1 119 -	976 -	862 -	769 -	691 ~	507 ~					
75	175		2 433 •	2 036 -	1 716 -	1 471 -	1 281 -	1 129 -	1 005 -	902 -	742 -					
75	200			2 592 -	2 179 -	1 865 -	1 620 -	1 424 -	1 265 -	1 133 -	929 -					
75	225				2 685 -	2 293 -	1 988 -	1 744 -	1 546 -	1 382 -	1 110 -					
75	250				3 229 -	2 752 -	2 381 -	2 085 -	1 844 -	1 623 -	1 288 -					
75	300					3 755 -	3 200 -	2 748 -	2 387 -	2 094 -	1 650 -					
100	100	1 576 -	1 280 -	1 074 -	802 ~	614 ~	485 ~	393 ~	325 ~	273 ~	200 ~	153 ~				
100	125		1 878 -	1 577 -	1 352 -	1 177 -	947 ~	767 ~	634 ~	533 ~	391 ~	300 ~	237 ~	192 ~		
100	150			2 153 -	1 846 -	1 606 -	1 415 -	1 261 -	1 096 ~	921 ~	676 ~	518 ~	409 ~	331 ~		
100	175			2 863 -	2 454 -	2 133 -	1 878 -	1 671 -	1 501 -	1 359 -	1 074 ~	822 ~	650 ~	526 ~		
100	200				3 143 -	2 730 -	2 401 -	2 133 -	1 913 -	1 730 -	1 441 -	1 226 -	970 ~	786 ~		
100	225					3 388 -	2 975 -	2 640 -	2 365 -	2 135 -	1 774 -	1 506 -	1 299 -	1 119 ~		
100	250						3 598 -	3 189 -	2 853 -	2 572 -	2 132 -	1 805 -	1 553 -	1 355 -		
100	300							4 403 -	3 929 -	3 533 -	2 915 -	2 457 -	2 083 -	1 778 -		
BMR																
80	200			2 979 -	2 515 -	2 159 -	1 880 -	1 657 -	1 474 -	1 323 -	1 088 -	915 -				
80	220				2 983 -	2 557 -	2 223 -	1 955 -	1 738 -	1 557 -	1 277 -	1 061 -				
80	240				3 480 -	2 979 -	2 586 -	2 272 -	2 016 -	1 804 -	1 467 -	1 200 -				
100	200				3 329 -	2 892 -	2 542 -	2 258 -	2 025 -	1 830 -	1 524 -	1 296 -	1 052 ~	852 ~		
100	220					3 442 -	3 023 -	2 683 -	2 403 -	2 170 -	1 803 -	1 530 -	1 320 -	1 134 ~		
100	240						3 538 -	3 137 -	2 807 -	2 531 -	2 099 -	1 778 -	1 531 -	1 336 -		
120	200					3 593 -	3 182 -	2 845 -	2 565 -	2 329 -	1 957 -	1 597 ~	1 262 ~	1 022 ~	845 ~	710 ~
120	220						3 799 -	3 394 -	3 058 -	2 775 -	2 328 -	1 992 -	1 680 ~	1 361 ~	1 124 ~	945 ~
120	240						4 461 -	3 984 -	3 586 -	3 252 -	2 723 -	2 327 -	2 020 -	1 766 ~	1 460 ~	1 227 ~

Élément dimensionnant : déformation : ~ ; contrainte de flexion : - ; cisaillement : •

Remarque

Les chiffres ne sont pas affichés lorsque la charge de résistance est inférieure à 30 daN par mètre et supérieure à 2 000 daN par mètre.

Exemple : un arbalétrier de 75 × 225 de 2 000 mm de portée peut supporter une charge totale de 2 293 daN sur toute sa longueur, soit une charge répartie de 2 293/2 = 1 146,5 daN/m de longueur.

Table 18 - Bois lamellé-collé

– Sur deux appuis
– Sans lien d'antiflambement
– Pente de 70 %
– Charge totale maximale en daN (G + S)

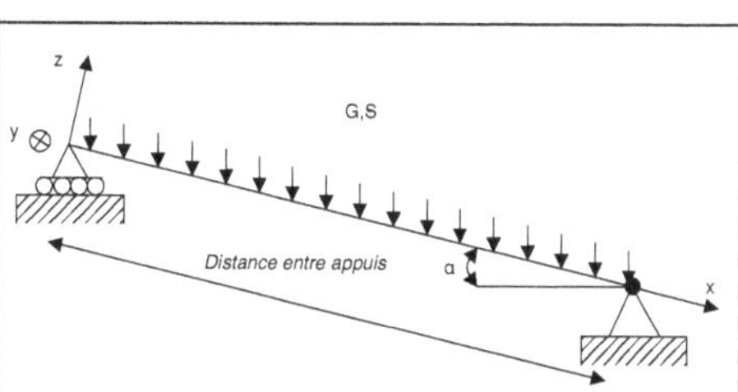

Exemple de section		Distance entre appuis (mm)														
		3 000	3 500	4 000	4 500	5 000	5 500	6 000	6 500	7 000	7500	8 000	8500	9 000	9500	10 000
90	180	1 568 -	1 203 ~	921 ~	728 ~											
90	225	2 342 -	1 942 -	1 645 -	1 417 -											
90	270	3 194 -	2 636 -	2 224 -	1 908 -											
90	315	4 127 -	3 393 -	2 852 -	2 408 -											
90	360	5 137 -	4 201 -	3 446 -	2 882 -											
90	405		4 930 -	4 031 -	3 361 -											
115	225	3 257 -	2 733 -	2 298 ~	1 816 ~	1 471 ~	1 216 ~									
115	270	4 494 -	3 760 -	3 210 -	2 785 -	2 447 -	2 101 ~									
115	315	5 871 -	4 898 -	4 170 -	3 607 -	3 162 -	2 800 -									
115	360		6 143 -	5 216 -	4 501 -	3 935 -	3 478 -									
115	405			6 340 -	5 458 -	4 761 -	4 171 -									
115	450			7 534 -	6 472 -	5 554 -	4 814 -									
140	198	3 253 -	2 490 ~	1 907 ~	1 507 ~	1 220 ~	1 009 ~	847 ~	722 ~	623 ~						
140	264	5 532 -	4 674 -	4 023 -	3 517 -	2 893 ~	2 391 ~	2 009 ~	1 712 ~	1 476 ~						
140	330		6 925 -	5 943 -	5 179 -	4 569 -	4 073 -	3 661 -	3 315 -	2 882 ~						
140	396				7 072 -	6 222 -	5 532 -	4 960 -	4 481 -	4 073 -						
140	462					8 048 -	7 137 -	6 385 -	5 755 -	5 221 -						
140	528						8 872 -	7 890 -	7 007 -	6 267 -						
165	330			7 351 -	6 444 -	5 715 -	5 119 -	4 624 -	3 940 ~	3 397 ~	2 959 ~	2 601 ~	2 304 ~			
165	396				8 867 -	7 848 -	7 015 -	6 323 -	5 740 -	5 242 -	4 814 -	4 441 -	3 981 ~			
165	462					9 125 -	8 209 -	7 438 -	6 781 -	6 215 -	5 724 -	5 294 -				
165	528						10 262 -	9 282 -	8 448 -	7 731 -	7 109 -	6 565 -				
165	594							11 258 -	10 231 -	9 319 -	8 468 -	7 731 -				
165	660								12 005 -	10 832 -	9 827 -	8 959 -				
190	396				9 452 -	8 484 -	7 676 -	6 993 -	6 409 -	5 889 ~	5 175 ~	4 584 ~	4 089 ~	3 670 ~		
190	462						10 027 -	9 121 -	8 347 -	7 678 -	7 096 -	6 584 -	6 132 -	5 729 -		
190	528							11 451 -	10 464 -	9 613 -	8 871 -	8 221 -	7 646 -	7 135 -		
190	594								12 746 -	11 693 -	10 778 -	9 976 -	9 267 -	8 638 -		
190	660									14 001 -	12 889 -	11 914 -	11 031 -	10 180 -		
190	726										15 070 -	13 779 -	12 652 -	11 662 -		
190	792											15 593 -	14 301 -	13 167 -		
190	858												15 969 -	14 686 -		
210	462							11 468 -	10 458 -	9 593 -	8 845 -	8 192 -	7 617 -	7 108 -	6 441 ~	5 813 ~
210	528									12 073 -	11 118 -	10 285 -	9 552 -	8 904 -	8 326 -	7 809 -
210	594										13 576 -	12 544 -	11 638 -	10 836 -	10 123 -	9 484 -
210	660											15 061 -	13 957 -	12 981 -	12 113 -	11 337 -
210	726												16 430 -	15 265 -	14 230 -	13 279 -

Élément dimensionnant : déformation : ~ ; contrainte de flexion : - ; cisaillement : •

Remarque

Les chiffres ne sont pas affichés lorsque la charge de résistance est inférieure à 30 daN par mètre et supérieure à 2 000 daN par mètre.

Exemple : un arbalétrier de 90 × 225 de 3 000 mm de portée peut supporter une charge totale de 2 342 daN sur toute sa longueur, soit une charge répartie de 2 342/3 = 780,7 daN/m de longueur.

Table 19 - Bois massif ou BMR

– Sur deux appuis
– Un lien d'antiflambement
– Pente de 70 %
– Charge totale maximale en daN (G + S)

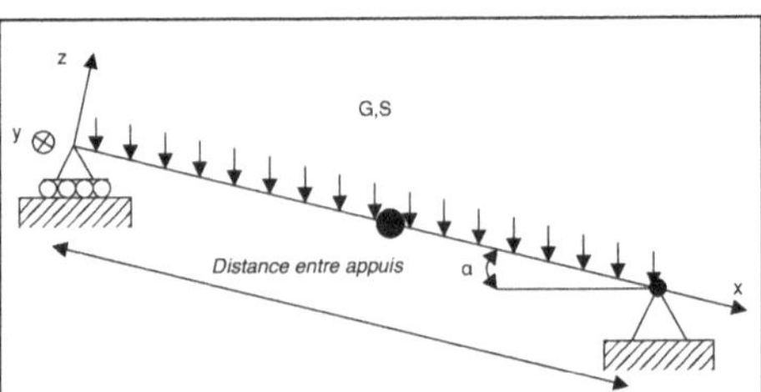

Section standard (à 20 % d'humidité)		Distance entre appuis (mm)														
		1 000	1250	1 500	1750	2 000	2 500	3 000	3 500	4 000	4 500	5 000	5 500	6 000	6 500	7 000
50	125	1 153 -	939 -	788 -	676 -	588 -	384 ~	266 ~	196 ~	150 ~						
50	150	1 568 -	1 281 -	1 077 -	923 -	803 -	630 -	460 ~	338 ~	259 ~	205 ~	166 ~				
50	175	1 622 •	1 622 •	1 432 -	1 227 -	1 067 -	835 -	679 -	537 ~	411 ~	325 ~	263 ~				
50	200	1 854 •	1 854 •	1 834 -	1 572 -	1 365 -	1 067 -	853 -	691 -	572 -	482 -	393 ~				
50	225		2 085 •	2 085 •	1 951 -	1 694 -	1 299 -	1 017 -	820 -	676 -	568 -	484 -				
50	250		2 317 •	2 317 •	2 317 •	2 024 -	1 518 -	1 183 -	951 -	781 -	654 -	555 -				
65	125	1 506 -	1 230 -	1 038 -	896 -	779 ~	499 ~	346 ~	254 ~	195 ~	154 ~					
65	150		1 682 -	1 423 -	1 230 -	1 080 -	862	599 ~	440 ~	337 ~	266 ~	215 ~	178 ~			
65	175		2 108 •	1 896 -	1 641 -	1 442 -	1 150 -	947 -	698 ~	535 ~	422 ~	342 ~	283 ~	238 ~	202 ~	
65	200		2 410 •	2 410 •	2 110 -	1 855 -	1 478 -	1 215 -	1 025 -	798 ~	631 ~	511 ~	422 ~	355 ~	302 ~	
65	225			2 711 •	2 629 -	2 312 -	1 841 -	1 512 -	1 273 -	1 093 -	898 ~	727 ~	601 ~	505 ~	430 ~	
65	250				3 012 •	2 812 -	2 238 -	1 836 -	1 543 -	1 313 -	1 118 -	965 -	824 ~	693 ~	590 ~	
75	125	1 738 -	1 420 -	1 198 -	1 034 -	899 ~	575 ~	400 ~	294 ~	225 ~	178 ~					
75	150		1 947 -	1 649 -	1 429 -	1 258 -	994 ~	691 ~	507 ~	388 ~	307 ~	249 ~	205 ~			
75	175		2 433 •	2 199 -	1 908 -	1 682 -	1 351 -	1 097 ~	806 ~	617 ~	487 ~	395 ~	326 ~	274 ~	234 ~	
75	200			2 780 •	2 454 -	2 166 -	1 741 -	1 443 -	1 203 ~	921 ~	728 ~	589 ~	487 ~	409 ~	349 ~	301 ~
75	225				3 061 -	2 703 -	2 174 -	1 800 -	1 525 -	1 311 ~	1 036 ~	839 ~	693 ~	583 ~	496 ~	428 ~
75	250				3 476 •	3 292 -	2 649 -	2 192 -	1 855 -	1 598 -	1 398 -	1 151 ~	951 ~	799 ~	681 ~	587 ~
75	300						3 717 -	3 072 -	2 594 -	2 230 -	1 920 -	1 663 -	1 456 -	1 287 -	1 147 -	1 015 ~
100	100	1 576 -	1 280 -	1 074 -	802 ~	614 ~	393 ~	273 ~	200 ~	153 ~						
100	125		1 893 -	1 598 -	1 379 -	1 199 ~	767 ~	533 ~	391 ~	300 ~	237 ~	192 ~				
100	150			2 199 -	1 905 -	1 678 -	1 326 ~	921 ~	676 ~	518 ~	409 ~	331 ~	274 ~	230 ~	196 ~	
100	175			2 942 -	2 556 -	2 257 -	1 824 -	1 462 ~	1 074 ~	822 ~	650 ~	526 ~	435 ~	366 ~	311 ~	269 ~
100	200				3 300 -	2 921 -	2 370 -	1 987 -	1 604 ~	1 228 ~	970 ~	786 ~	649 ~	546 ~	465 ~	401 ~
100	225					3 650 -	2 967 -	2 489 -	2 133 -	1 748 ~	1 381 ~	1 119 ~	925 ~	777 ~	662 ~	571 ~
100	250					3 623 -	3 041 -	2 607 -	2 270 -	1 895 ~	1 535 ~	1 268 ~	1 066 ~	908 ~	783 ~	
100	300					4 292 -	3 678 -	3 200	2 820 -	2 513 -	2 192 ~	1 842 ~	1 569 ~	1 353 ~		
BMR																
80	200				2 782 -	2 458 -	1 982 -	1 648 -	1 391 ~	1 065 ~	841 ~	681 ~	563 ~	473 ~	403 ~	348 ~
80	220				3 327 -	2 942 -	2 374 -	1 973 -	1 676 -	1 417 ~	1 120 ~	907 ~	750 ~	630 ~	537 ~	463 ~
80	240					3 463 -	2 797 -	2 323 -	1 972 -	1 704 -	1 454 ~	1 178 ~	973 ~	818 ~	697 ~	601 ~
100	200				3 498 -	3 097 -	2 514 -	2 108 -	1 739 ~	1 331 ~	1 052 ~	852 ~	704 ~	592 ~	504 ~	435 ~
100	220					3 709 -	3 014 -	2 529 -	2 168 -	1 772 ~	1 400 ~	1 134 ~	937 ~	787 ~	671 ~	578 ~
100	240					3 555 -	2 984 -	2 558 -	2 228 -	1 817 ~	1 472 ~	1 217 ~	1 022 ~	871 ~	751 ~	
120	200					3 716 -	3 017 -	2 529 -	2 086 ~	1 597 ~	1 262 ~	1 022 ~	845 ~	710 ~	605 ~	522 ~
120	220					3 631 -	3 053 -	2 625 -	2 126 ~	1 680 ~	1 361 ~	1 124 ~	945 ~	805 ~	694 ~	
120	240					4 295 -	3 620 -	3 120 -	2 733 -	2 181 ~	1 766 ~	1 460 ~	1 227 ~	1 045 ~	901 ~	

Élément dimensionnant : déformation : ~ ; contrainte de flexion : - ; cisaillement : •

Remarque

Les chiffres ne sont pas affichés lorsque la charge de résistance est inférieure à 30 daN par mètre et supérieure à 2 000 daN par mètre.

Exemple : un arbalétrier de 100 × 300 de 4 000 mm de portée peut supporter une charge totale de 3 200 daN sur toute sa longueur, soit une charge répartie de 3 200/4 = 800 daN/m de longueur.

Table 20 - Bois lamellé-collé

– Sur deux appuis
– Un lien d'antiflambement
– Pente de 70 %
– Charge totale maximale en daN (G + S)

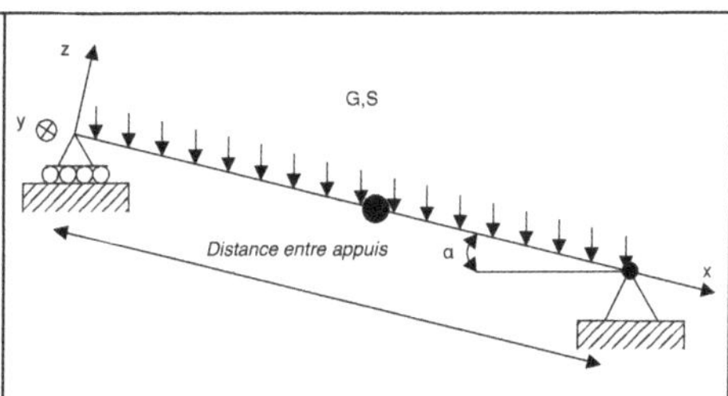

Exemple de section		Distance entre appuis (mm)														
		3 000	3 500	4 000	4 500	5 000	5 500	6 000	6 500	7 000	8 000	9 000	10 000	11 000	12 000	13 000
90	180	1 637 ~	1 203 ~	921 ~	728 ~	589 ~	487 ~	409 ~	349 ~	301 ~						
90	225	2 746 -	2 349 ~	1 799 ~	1 421 ~	1 151 ~	951 ~	799 ~	681 ~	587 ~	450 ~	355 ~				
90	270	3 834 -	3 283 -	2 853 -	2 456 ~	1 989 ~	1 644 ~	1 381 ~	1 177 ~	1 015 ~	777 ~	614 ~				
90	315	5 063 -	4 335 -	3 763 -	3 310 -	2 944 -	2 611 ~	2 194 ~	1 869 ~	1 612 ~	1 234 ~	975 ~				
90	360		5 507 -	4 777 -	4 196 -	3 728 -	3 344 -	3 025 -	2 755 -	2 406 ~	1 842 ~	1 455 ~				
90	405		6 792 -	5 886 -	5 165 -	4 583 -	4 107 -	3 684 -	3 303 -	2 981 -	2 468 -	2 072 ~				
115	225	3 540 -	3 002 ~	2 298 ~	1 816 ~	1 471 ~	1 216 ~	1 021 ~	870 ~	750 ~	575 ~	454 ~	368 ~			
115	270	4 953 -	4 281 -	3 757 -	3 138 ~	2 542 ~	2 101 ~	1 765 ~	1 504 ~	1 297 ~	993 ~	784 ~	635 ~	525 ~		
115	315		5 668 -	4 977 -	4 417 -	3 956 -	3 336 ~	2 803 ~	2 388 ~	2 059 ~	1 577 ~	1 246 ~	1 009 ~	834 ~		
115	360			6 341 -	5 627 -	5 037 -	4 546 -	4 135 -	3 565 ~	3 074 ~	2 353 ~	1 860 ~	1 506 ~	1 245 ~		
115	405			7 844 -	6 958 -	6 226 -	5 616 -	5 103 -	4 668 -	4 295 -	3 351 ~	2 648 ~	2 145 ~	1 772 ~		
115	450				8 407 -	7 518 -	6 777 -	6 154 -	5 625 -	5 170 -	4 433 -	3 632 ~	2 942 ~	2 431 ~		
140	198	3 357 -	2 490 ~	1 907 ~	1 507 ~	1 220 ~	1 009 ~	847 ~	722 ~	623 ~	477 ~	377 ~	305 ~			
140	264	5 802 -	5 022 -	4 422 -	3 571 ~	2 893 ~	2 391 ~	2 009 ~	1 712 ~	1 476 ~	1 130 ~	893 ~	723 ~	598 ~	502 ~	428 ~
140	330			6 666 -	5 953 -	5 364 -	4 669 ~	3 923 ~	3 343 ~	2 882 ~	2 207 ~	1 744 ~	1 412 ~	1 167 ~	981 ~	836 ~
140	396				8 300 -	7 481 -	6 789 -	6 199 -	5 693 -	4 981 ~	3 813 ~	3 013 ~	2 441 ~	2 017 ~	1 695 ~	1 444 ~
140	462					9 893 -	8 975 -	8 191 -	7 518 -	6 936 -	5 985 -	4 785 ~	3 876 ~	3 203 ~	2 691 ~	2 293 ~
140	528							10 412 -	9 550 -	8 805 -	7 587 -	6 637 -	5 785 ~	4 781 ~	4 017 ~	3 423 ~
165	330			7 885 -	7 057 -	6 380 -	5 503 ~	4 624 ~	3 940 ~	3 397 ~	2 601 ~	2 055 ~	1 665 ~	1 376 ~	1 156 ~	985 ~
165	396					8 911 -	8 123 -	7 449 -	6 808 ~	5 870 ~	4 494 ~	3 551 ~	2 876 ~	2 377 ~	1 998 ~	1 702 ~
165	462						10 762 -	9 869 -	9 094 -	8 418 -	7 137 ~	5 639 ~	4 568 ~	3 775 ~	3 172 ~	2 703 ~
165	528								11 587 -	10 721 -	9 291 -	8 168 -	6 818 ~	5 635 ~	4 735 ~	4 034 ~
165	594									13 256 -	11 477 -	10 078 -	8 956 -	8 023 ~	6 742 ~	5 744 ~
165	660										13 965 -	12 249 -	10 872 -	9 746 -	8 809 -	7 880 ~
190	396						9 412 -	8 654 -	7 840 ~	6 760 ~	5 175 ~	4 089 ~	3 312 ~	2 737 ~	2 300 ~	1 960 ~
190	462							11 480 -	10 614 -	9 855 -	8 218 ~	6 494 ~	5 260 ~	4 347 ~	3 653 ~	3 112 ~
190	528								12 575 -	10 956 -	9 669 -	7 851 ~	6 489 ~	5 452 ~	4 646 ~
190	594									13 566 -	11 964 -	10 669 -	9 239 ~	7 763 ~	6 615 ~
190	660										14 583 -	12 994 -	11 688 -	10 599 -	9 074 ~
190	726										17 440 -	15 526 -	13 953 -	12 642 -	11 533 -
190	792											18 249 -	16 386 -	14 833 -	13 519 -
190	858												18 980 -	17 166 -	15 437 -
210	462								11 794 -	10 971 -	9 084 ~	7 177 ~	5 813 ~	4 804 ~	4 037 ~	3 440 ~
210	528									12 257 -	10 713 ~	8 678 ~	7 172 ~	6 026 ~	5 135 ~	
210	594										15 195 -	13 444 -	12 019 -	10 211 ~	8 580 ~	7 311 ~
210	660										16 414 -	14 665 -	13 221 -	11 770 ~	10 029 ~
210	726											17 555 -	15 815 -	14 360 -	13 127 -

Élément dimensionnant ; déformation : ~ ; contrainte de flexion : - ; cisaillement : •

Remarque

Les chiffres ne sont pas affichés lorsque la charge de résistance est inférieure à 30 daN par mètre et supérieure à 2 000 daN par mètre.

Exemple : un arbalétrier de 90 × 225 de 3 000 mm de portée peut supporter une charge totale de 2 746 daN sur toute sa longueur, soit une charge répartie de 2 746/3 = 915,3 daN/m de longueur.

Table 21 - Bois massif ou BMR

– Sur deux appuis
– Deux liens d'antiflambement
– Pente de 70 %
– Charge totale maximale en daN (G + S)

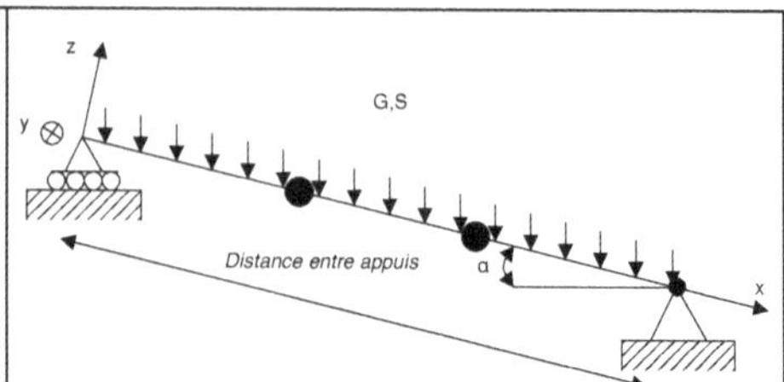

Section standard	(à 20 % d'humidité)	Distance entre appuis (mm)														
		1 000	1 500	2 000	2 500	3 000	3 500	4 000	4 500	5 000	5 500	6 000	6 500	7 000	7500	8 000
50	125	1 159 -	799 -	599 ~	384 ~	266 ~	196 ~	150 ~								
50	150	1 582 -	1 099 -	839 -	663 ~	460 ~	338 ~	259 ~	205 ~	166 ~						
50	175	1 622 •	1 466 -	1 121 -	901 -	731 ~	537 ~	411 ~	325 ~	263 ~	218 ~	183 ~				
50	200	1 854 •	1 854 •	1 444 -	1 161 -	962 -	802 ~	614 ~	485 ~	393 ~	325 ~	273 ~	232 ~			
50	225		2 085 •	1 802 -	1 449 -	1 200 -	1 011 -	852 -	691 ~	559 ~	462 ~	388 ~	331 ~	285 ~	249 ~	
50	250		2 317 •	2 194 -	1 766 -	1 441 -	1 187 -	998 -	852 -	737 -	634 ~	533 ~	454 ~	391 ~	341 ~	
65	125	1 506 -	1 038 -	779 ~	499 ~	346 ~	254 ~	195 ~	154 ~							
65	150		1 429 -	1 090 -	862 ~	599 ~	440 ~	337 ~	266 ~	215 ~	178 ~					
65	175		1 912 -	1 467 -	1 186 -	950 ~	698 ~	535 ~	422 ~	342 ~	283 ~	238 ~	202 ~			
65	200		2 410 •	1 897 -	1 539 -	1 289 -	1 042 ~	798 ~	631 ~	511 ~	422 ~	355 ~	302 ~	261 ~	227 ~	
65	225		2 711 •	2 371 -	1 926 -	1 615 -	1 383 -	1 136 ~	898 ~	727 ~	601 ~	505 ~	430 ~	371 ~	323 ~	284 ~
65	250			2 890 -	2 352 -	1 973 -	1 689 -	1 469 -	1 232 ~	998 ~	824 ~	693 ~	590 ~	509 ~	443 ~	390 ~
75	125	1 738 -	1 198 -	899 ~	575 ~	400 ~	294 ~	225 ~	178 ~							
75	150		1 649 -	1 258 -	994 ~	691 ~	507 ~	388 ~	307 ~	249 ~	205 ~					
75	175		2 207 -	1 693 -	1 368 -	1 097 ~	806 ~	617 ~	487 ~	395 ~	326 ~	274 ~	234 ~			
75	200		2 780 •	2 191 -	1 778 -	1 490 -	1 203 ~	921 ~	728 ~	589 ~	487 ~	409 ~	349 ~	301 ~	262 ~	
75	225			2 745 -	2 235 -	1 880 -	1 618 -	1 311 ~	1 036 ~	839 ~	693 ~	583 ~	496 ~	428 ~	373 ~	328 ~
75	250			3 347 -	2 730 -	2 299 -	1 979 -	1 730 -	1 421 ~	1 151 ~	951 ~	799 ~	681 ~	587 ~	512 ~	450 ~
75	300				3 851 -	3 249 -	2 798 -	2 446 -	2 164 -	1 934 -	1 644 ~	1 381 ~	1 177 ~	1 015 ~	884 ~	777 ~
100	100	1 576 -	1 074 -	614 ~	393 ~	273 ~	200 ~	153 ~								
100	125		1 598 -	1 199 ~	767 ~	533 ~	391 ~	300 ~	237 ~	192 ~						
100	150		2 199 -	1 678 -	1 326 ~	921 ~	676 ~	518 ~	409 ~	331 ~	274 ~	230 ~	196 ~			
100	175		2 942 -	2 257 -	1 824 -	1 462 ~	1 074 ~	822 ~	650 ~	526 ~	435 ~	366 ~	311 ~	269 ~	234 ~	
100	200			2 921 -	2 370 -	1 987 -	1 604 ~	1 228 ~	970 ~	786 ~	649 ~	546 ~	465 ~	401 ~	349 ~	307 ~
100	225			3 660 -	2 980 -	2 507 -	2 157 -	1 748 ~	1 381 ~	1 119 ~	925 ~	777 ~	662 ~	571 ~	497 ~	437 ~
100	250				3 651 -	3 080 -	2 657 -	2 330 -	1 895 ~	1 535 ~	1 268 ~	1 066 ~	908 ~	783 ~	682 ~	599 ~
100	300					4 381 -	3 795 -	3 343 -	2 981 -	2 652 ~	2 192 ~	1 842 ~	1 569 ~	1 353 ~	1 179 ~	1 036 ~
BMR																
80	200			2 478 -	2 011 -	1 686 -	1 391 ~	1 065 ~	841 ~	681 ~	563 ~	473 ~	403 ~	348 ~	303 ~	266 ~
80	220			2 974 -	2 420 -	2 035 -	1 750 -	1 417 ~	1 120 ~	907 ~	750 ~	630 ~	537 ~	463 ~	403 ~	354 ~
80	240			3 509 -	2 863 -	2 413 -	2 080 -	1 822 -	1 454 ~	1 178 ~	973 ~	818 ~	697 ~	601 ~	523 ~	460 ~
100	200			3 097 -	2 514 -	2 108 -	1 739 ~	1 331 ~	1 052 ~	852 ~	704 ~	592 ~	504 ~	435 ~	379 ~	333 ~
100	220			3 717 -	3 025 -	2 544 -	2 187 -	1 772 ~	1 400 ~	1 134 ~	937 ~	787 ~	671 ~	578 ~	504 ~	443 ~
100	240				3 579 -	3 017 -	2 600 -	2 278 -	1 817 ~	1 472 ~	1 217 ~	1 022 ~	871 ~	751 ~	654 ~	575 ~
120	200			3 716 -	3 017 -	2 529 -	2 086 ~	1 597 ~	1 262 ~	1 022 ~	845 ~	710 ~	605 ~	522 ~	454 ~	399 ~
120	220				3 631 -	3 053 -	2 625 -	2 126 ~	1 680 ~	1 361 ~	1 124 ~	945 ~	805 ~	694 ~	605 ~	531 ~
120	240				4 295 -	3 620 -	3 120 -	2 733 -	2 181 ~	1 766 ~	1 460 ~	1 227 ~	1 045 ~	901 ~	785 ~	690 ~

Élément dimensionnant : déformation : ~ ; contrainte de flexion : - ; cisaillement : •

Remarque

Les chiffres ne sont pas affichés lorsque la charge de résistance est inférieure à 30 daN par mètre et supérieure à 2 000 daN par mètre.

Exemple : un arbalétrier de 100 × 300 de 4 000 mm de portée peut supporter une charge totale de 3 343 daN sur toute sa longueur, soit une charge répartie de 3 343/4 = 835,7 daN/m de longueur.

Table 22 - Bois lamellé-collé

– Sur deux appuis
– Deux liens d'antiflambement
– Pente de 70 %
– Charge totale maximale en daN (G + S)

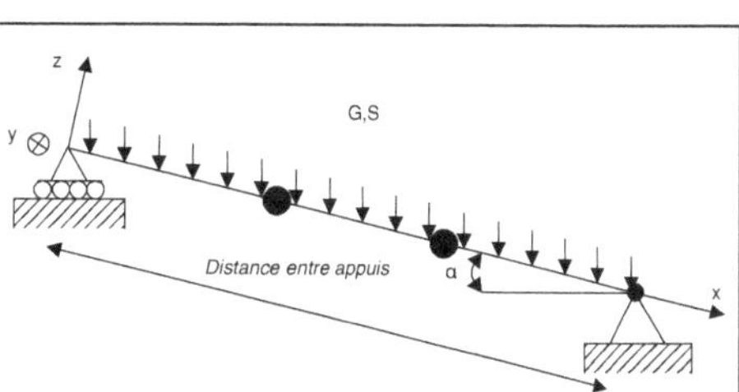

Distance entre appuis (mm)

Exemple de section		3 000	3 500	4 000	4 500	5 000	5 500	6 000	6 500	7 000	8 000	9 000	10 000	11 000	12 000	13 000
90	180	1 637 ~	1 203 ~	921 ~	728 ~	589 ~	487 ~	409 ~	349 ~	301 ~						
90	225	2 771 -	2 349 ~	1 799 ~	1 421 ~	1 151 ~	951 ~	799 ~	681 ~	587 ~	450 ~	355 ~				
90	270	3 887 -	3 366 -	2 964 -	2 456 ~	1 989 ~	1 644 ~	1 381 ~	1 177 ~	1 015 ~	777 ~	614 ~	497 ~	411 ~		
90	315	5 142 -	4 460 -	3 931 -	3 507 -	3 157 -	2 611 ~	2 194 ~	1 869 ~	1 612 ~	1 234 ~	975 ~	790 ~	653 ~	548 ~	467 ~
90	360		5 683 -	5 014 -	4 476 -	4 029 -	3 653 -	3 274 ~	2 790 ~	2 406 ~	1 842 ~	1 455 ~	1 179 ~	974 ~	819 ~	698 ~
90	405			6 209 -	5 544 -	4 991 -	4 524 -	4 126 -	3 786 ~	3 425 ~	2 623 ~	2 072 ~	1 678 ~	1 387 ~	1 166 ~	993 ~
115	225	3 540 -	3 002 ~	2 298 ~	1 816 ~	1 471 ~	1 216 ~	1 021 ~	870 ~	750 ~	575 ~	454 ~	368 ~			
115	270	4 966 -	4 301 -	3 788 -	3 138 ~	2 542 ~	2 101 ~	1 765 ~	1 504 ~	1 297 ~	993 ~	784 ~	635 ~	525 ~	441 ~	
115	315		5 713 -	5 044 -	4 511 -	4 036 ~	3 336 ~	2 803 ~	2 388 ~	2 059 ~	1 577 ~	1 246 ~	1 009 ~	834 ~	701 ~	597 ~
115	360			6 446 -	5 774 -	5 225 -	4 765 -	4 184 ~	3 565 ~	3 074 ~	2 353 ~	1 860 ~	1 506 ~	1 245 ~	1 046 ~	891 ~
115	405			7 987 -	7 159 -	6 482 -	5 914 -	5 429 -	5 009 -	4 377 ~	3 351 ~	2 648 ~	2 145 ~	1 772 ~	1 489 ~	1 269 ~
115	450				8 671 -	7 855 -	7 169 -	6 582 -	6 072 -	5 626 -	4 597 ~	3 632 ~	2 942 ~	2 431 ~	2 043 ~	1 741 ~
140	198	3 357 -	2 490 ~	1 907 ~	1 507 ~	1 220 ~	1 009 ~	847 ~	722 ~	623 ~	477 ~	377 ~	305 ~			
140	264	5 802 -	5 022 -	4 422 -	3 571 ~	2 893 ~	2 391 ~	2 009 ~	1 712 ~	1 476 ~	1 130 ~	893 ~	723 ~	598 ~	502 ~	428 ~
140	330			6 691 -	5 988 -	5 414 -	4 669 ~	3 923 ~	3 343 ~	2 882 ~	2 207 ~	1 744 ~	1 412 ~	1 167 ~	981 ~	836 ~
140	396				8 385 -	7 598 -	6 943 -	6 387 -	5 777 ~	4 981 ~	3 813 ~	3 013 ~	2 441 ~	2 017 ~	1 695 ~	1 444 ~
140	462						9 220 -	8 491 -	7 863 -	7 314 -	6 056 ~	4 785 ~	3 876 ~	3 203 ~	2 691 ~	2 293 ~
140	528							10 838 -	10 040 -	9 341 -	8 171 -	7 142 ~	5 785 ~	4 781 ~	4 017 ~	3 423 ~
165	330			7 885 -	7 057 -	6 380 -	5 503 ~	4 624 ~	3 940 ~	3 397 ~	2 601 ~	2 055 ~	1 665 ~	1 376 ~	1 156 ~	985 ~
165	396					8 955 -	8 183 -	7 527 -	6 808 ~	5 870 ~	4 494 ~	3 551 ~	2 876 ~	2 377 ~	1 998 ~	1 702 ~
165	462						10 885 -	10 030 -	9 296 -	8 657 -	7 137 ~	5 639 ~	4 568 ~	3 775 ~	3 172 ~	2 703 ~
165	528								11 893 -	11 086 -	9 746 -	8 418 -	6 818 ~	5 635 ~	4 735 ~	4 034 ~
165	594									13 754 -	12 097 -	10 763 -	9 665 -	8 023 ~	6 742 ~	5 744 ~
165	660										14 795 -	13 165 -	11 819 -	10 696 -	9 248 ~	7 880 ~
190	396						9 422 -	8 668 -	7 840 -	6 760 ~	5 175 ~	4 089 ~	3 312 ~	2 737 ~	2 300 ~	1 960 ~
190	462							11 549 -	10 704 -	9 968 -	8 218 ~	6 494 ~	5 260 ~	4 347 ~	3 653 ~	3 112 ~
190	528									12 785 -	11 251 -	9 693 ~	7 851 ~	6 489 ~	5 452 ~	4 646 ~
190	594										14 002 -	12 500 -	11 179 -	9 239 ~	7 763 ~	6 615 ~
190	660											15 303 -	13 796 -	12 529 -	10 649 ~	9 074 ~
190	726											16 573 -	15 049 -	13 753 -	12 077 ~
190	792											19 582 -	17 780 -	16 244 -	14 927 ~
190	858												20 717 -	18 923 -	17 382 ~
210	462								11 831 -	11 018 -	9 084 ~	7 177 ~	5 813 ~	4 804 ~	4 037 ~	3 440 ~
210	528										12 436 -	10 713 ~	8 678 ~	7 172 ~	6 026 ~	5 135 ~
210	594										15 491 -	13 837 -	12 356 ~	10 211 ~	8 580 ~	7 311 ~
210	660											16 975 -	15 333 -	13 958 -	11 770 ~	10 029 ~
210	726											18 429 -	16 779 -	15 369 -	13 348 ~

Élément dimensionnant : déformation : ~ ; contrainte de flexion : - ; cisaillement : •

Remarque

Les chiffres ne sont pas affichés lorsque la charge de résistance est inférieure à 30 daN par mètre et supérieure à 2 000 daN par mètre.

Exemple : un arbalétrier de 90 × 270 de 4 000 mm de portée peut supporter une charge totale de 2 964 daN sur toute sa longueur, soit une charge répartie de 2 964/4 = 741 daN/m de longueur.

Table 23 - Bois massif ou en BMR

– Sur deux appuis
– Avec voile travaillant
– Pente de 70 %
– Charge totale maximale en daN (G + S)

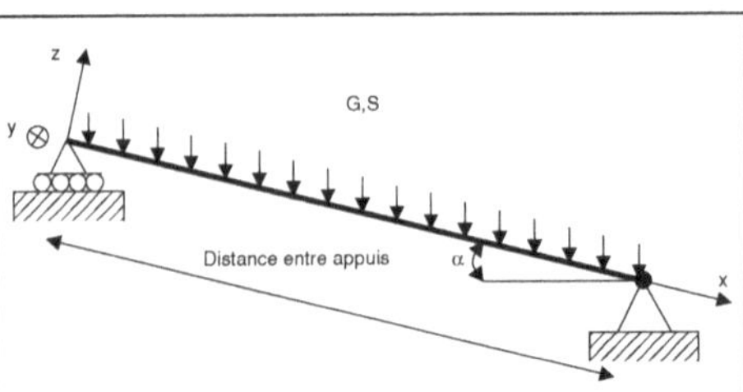

Section standard (à 20 % d'humidité)		Distance entre appuis (mm)															
		1 000	1 500	2 000	2 500	3 000	3 500	4 000	4 500	5 000	5 500	6 000	6 500	7 000	7500	8 000
50	125	1 159 -	799 -	599 ~	384 ~	266 ~	196 ~	150 ~								
50	150	1 582 -	1 099 -	839 -	663 ~	460 ~	338 ~	259 ~	205 ~	166 ~						
50	175	1 622 •	1 471 -	1 129 -	912 -	731 ~	537 ~	411 ~	325 ~	263 ~	218 ~	183 ~				
50	200	1 854 •	1 854 •	1 460 -	1 185 -	994 -	802 ~	614 ~	485 ~	393 ~	325 ~	273 ~	232 ~			
50	225		2 085 •	1 830 -	1 490 -	1 254 -	1 078 -	874 ~	691 ~	559 ~	462 ~	388 ~	331 ~	285 ~	249 ~	
50	250		2 317 •	2 236 -	1 826 -	1 540 -	1 329 -	1 165 -	947 ~	767 ~	634 ~	533 ~	454 ~	391 ~	341 ~	300 ~
65	125	1 506 -	1 038 -	779 ~	499 ~	346 ~	254 ~	195 ~	154 ~							
65	150		1 429 -	1 090 -	862 ~	599 ~	440 ~	337 ~	266 ~	215 ~	178 ~					
65	175		1 912 -	1 467 -	1 186 -	950 ~	698 ~	535 ~	422 ~	342 ~	283 ~	238 ~	202 ~			
65	200		2 410 •	1 899 -	1 541 -	1 292 -	1 042 ~	798 ~	631 ~	511 ~	422 ~	355 ~	302 ~	261 ~	227 ~	
65	225		2 711 •	2 379 -	1 937 -	1 630 -	1 402 -	1 136 ~	898 ~	727 ~	601 ~	505 ~	430 ~	371 ~	323 ~	284 ~
65	250			2 907 -	2 373 -	2 002 -	1 727 -	1 515 -	1 232 ~	998 ~	824 ~	693 ~	590 ~	509 ~	443 ~	390 ~
75	125	1 738 -	1 198 -	899 ~	575 ~	400 ~	294 ~	225 ~	178 ~							
75	150		1 649 -	1 258 -	994 ~	691 ~	507 ~	388 ~	307 ~	249 ~	205 ~					
75	175		2 207 -	1 693 -	1 368 -	1 097 ~	806 ~	617 ~	487 ~	395 ~	326 ~	274 ~	234 ~			
75	200		2 780 •	2 191 -	1 778 -	1 490 -	1 203 ~	921 ~	728 ~	589 ~	487 ~	409 ~	349 ~	301 ~	262 ~	
75	225			2 745 -	2 235 -	1 880 -	1 618 -	1 311 ~	1 036 ~	839 ~	693 ~	583 ~	496 ~	428 ~	373 ~	328 ~
75	250			3 354 -	2 738 -	2 310 -	1 993 -	1 748 -	1 421 ~	1 151 ~	951 ~	799 ~	681 ~	587 ~	512 ~	450 ~
75	300				3 880 -	3 286 -	2 847 -	2 507 -	2 236 -	1 989 ~	1 644 ~	1 381 ~	1 177 ~	1 015 ~	884 ~	777 ~
100	100	1 576 -	1 074 -	614 ~	393 ~	273 ~	200 ~	153 ~								
100	125		1 598 -	1 199 ~	767 ~	533 ~	391 ~	300 ~	237 ~	192 ~						
100	150		2 199 -	1 678 -	1 326 ~	921 ~	676 ~	518 ~	409 ~	331 ~	274 ~	230 ~	196 ~			
100	175		2 942 -	2 257 -	1 824 -	1 462 ~	1 074 ~	822 ~	650 ~	526 ~	435 ~	366 ~	311 ~	269 ~	234 ~	
100	200			2 921 -	2 370 -	1 987 -	1 604 ~	1 228 ~	970 ~	786 ~	649 ~	546 ~	465 ~	401 ~	349 ~	307 ~
100	225			3 660 -	2 980 -	2 507 -	2 157 -	1 748 ~	1 381 ~	1 119 ~	925 ~	777 ~	662 ~	571 ~	497 ~	437 ~
100	250				3 651 -	3 080 -	2 657 -	2 330 -	1 895 ~	1 535 ~	1 268 ~	1 066 ~	908 ~	783 ~	682 ~	599 ~
100	300					4 381 -	3 795 -	3 343 -	2 981 -	2 652 ~	2 192 ~	1 842 ~	1 569 ~	1 353 ~	1 179 ~	1 036 ~
BMR																
80	200			2 478 -	2 011 -	1 686 -	1 391 ~	1 065 ~	841 ~	681 ~	563 ~	473 ~	403 ~	348 ~	303 ~	266 ~
80	220			2 974 -	2 420 -	2 035 -	1 750 -	1 417 ~	1 120 ~	907 ~	750 ~	630 ~	537 ~	463 ~	403 ~	354 ~
80	240			3 509 -	2 863 -	2 413 -	2 080 -	1 822 -	1 454 ~	1 178 ~	973 ~	818 ~	697 ~	601 ~	523 ~	460 ~
100	200			3 097 -	2 514 -	2 108 -	1 739 ~	1 331 ~	1 052 ~	852 ~	704 ~	592 ~	504 ~	435 ~	379 ~	333 ~
100	220			3 717 -	3 025 -	2 544 -	2 187 -	1 772 ~	1 400 ~	1 134 ~	937 ~	787 ~	671 ~	578 ~	504 ~	443 ~
100	240				3 579 -	3 017 -	2 600 -	2 278 -	1 817 ~	1 472 ~	1 217 ~	1 022 ~	871 ~	751 ~	654 ~	575 ~
120	200			3 716 -	3 017 -	2 529 -	2 086 ~	1 597 ~	1 262 ~	1 022 ~	845 ~	710 ~	605 ~	522 ~	454 ~	399 ~
120	220				3 631 -	3 053 -	2 625 -	2 126 ~	1 680 ~	1 361 ~	1 124 ~	945 ~	805 ~	694 ~	605 ~	531 ~
120	240				4 295 -	3 620 -	3 120 -	2 733 -	2 181 ~	1 766 ~	1 460 ~	1 227 ~	1 045 ~	901 ~	785 ~	690 ~

Élément dimensionnant : déformation : ~ ; contrainte de flexion : - ; cisaillement : •

Remarque

Les chiffres ne sont pas affichés lorsque la charge de résistance est inférieure à 30 daN par mètre et supérieure à 2 000 daN par mètre.

Exemple : un arbalétrier de 100 × 300 de 4 000 mm de portée peut supporter une charge totale de 3 343 daN sur toute sa longueur, soit une charge répartie de 3 343/4 = 835,7 daN/m de longueur.

Table 24 - Bois lamellé-collé

– Sur deux appuis
– Avec voile travaillant
– Pente de 70 %
– Charge totale maximale en daN (G + S)

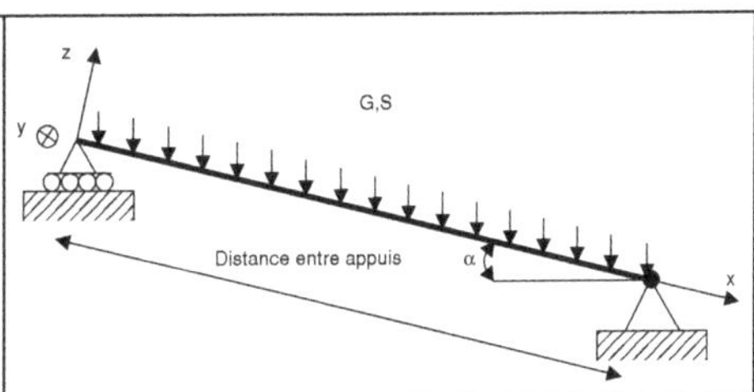

Exemple de section		3 000	3 500	4 000	4 500	5 000	5 500	6 000	6 500	7 000	8 000	9 000	10 000	11 000	12 000	13 000
90	180	1 637 ~	1 203 ~	921 ~	728 ~	589 ~	487 ~	409 ~	349 ~	301 ~						
90	225	2 771 -	2 349 ~	1 799 ~	1 421 ~	1 151 ~	951 ~	799 ~	681 ~	587 ~	450 ~	355 ~				
90	270	3 887 -	3 366 -	2 964 -	2 456 ~	1 989 ~	1 644 ~	1 381 ~	1 177 ~	1 015 ~	777 ~	614 ~	497 ~	411 ~		
90	315	5 151 -	4 471 -	3 947 -	3 530 -	3 159 ~	2 611 ~	2 194 ~	1 869 ~	1 612 ~	1 234 ~	975 ~	790 ~	653 ~	548 ~	467 ~
90	360		5 708 -	5 048 -	4 522 -	4 094 -	3 736 -	3 274 ~	2 790 ~	2 406 ~	1 842 ~	1 455 ~	1 179 ~	974 ~	819 ~	698 ~
90	405			6 262 -	5 618 -	5 092 -	4 654 -	4 282 -	3 962 -	3 425 ~	2 623 ~	2 072 ~	1 678 ~	1 387 ~	1 166 ~	993 ~
115	225	3 540 -	3 002 ~	2 298 ~	1 816 ~	1 471 ~	1 216 ~	1 021 ~	870 ~	750 ~	575 ~	454 ~	368 ~			
115	270	4 966 -	4 301 -	3 788 -	3 138 ~	2 542 ~	2 101 ~	1 765 ~	1 504 ~	1 297 ~	993 ~	784 ~	635 ~	525 ~	441 ~	
115	315		5 713 -	5 044 -	4 511 -	4 036 ~	3 336 ~	2 803 ~	2 388 ~	2 059 ~	1 577 ~	1 246 ~	1 009 ~	834 ~	701 ~	597 ~
115	360			6 450 -	5 778 -	5 231 -	4 774 -	4 184 ~	3 565 ~	3 074 ~	2 353 ~	1 860 ~	1 506 ~	1 245 ~	1 046 ~	891 ~
115	405				7 178 -	6 506 -	5 946 -	5 472 -	5 063 -	4 377 ~	3 351 ~	2 648 ~	2 145 ~	1 772 ~	1 489 ~	1 269 ~
115	450				8 707 -	7 899 -	7 227 -	6 658 -	6 169 -	5 743	4 597 ~	3 632 ~	2 942 ~	2 431 ~	2 043 ~	1 741 ~
140	198	3 357 -	2 490 ~	1 907 ~	1 507 ~	1 220 ~	1 009 ~	847 ~	722 ~	623 ~	477 ~	377 ~	305 ~			
140	264	5 802 -	5 022 -	4 422 -	3 571 ~	2 893 ~	2 391 ~	2 009 ~	1 712 ~	1 476 ~	1 130 ~	893 ~	723 ~	598 ~	502 ~	428 ~
140	330			6 691 -	5 988 -	5 414 -	4 669 ~	3 923 ~	3 343 ~	2 882 ~	2 207 ~	1 744 ~	1 412 ~	1 167 ~	981 ~	836 ~
140	396			8 385 -	7 598 -	6 943 -	6 387 -	5 777 ~	4 981 ~	3 813 ~	3 013 ~	2 441 ~	2 017 ~	1 695 ~	1 444 ~
140	462				9 235 -	8 510 -	7 887 -	7 345	6 056 ~	4 785 ~	3 876 ~	3 203 ~	2 691 ~	2 293 ~
140	528					10 889 -	10 103 -	9 421 -	8 291 -	7 142 ~	5 785 ~	4 781 ~	4 017 ~	3 423 ~
165	330			7 885 -	7 057 -	6 380 -	5 503 ~	4 624 ~	3 940 ~	3 397 ~	2 601 ~	2 055 ~	1 665 ~	1 376 ~	1 156 ~	985 ~
165	396				8 955 -	8 183 -	7 527 -	6 808 ~	5 870 ~	4 494 ~	3 551 ~	2 876 ~	2 377 ~	1 998 ~	1 702 ~
165	462					10 885 -	10 030 -	9 296 -	8 657 -	7 137 ~	5 639 ~	4 568 ~	3 775 ~	3 172 ~	2 703 ~
165	528							11 907 -	11 103 -	9 771 -	8 418 ~	6 818 ~	5 635 ~	4 735 ~	4 034 ~
165	594								13 805 -	12 171 -	10 872 -	9 708 ~	8 023 ~	6 742 ~	5 744 ~
165	660									14 925 -	13 352 -	12 069 -	10 996 -	9 248 ~	7 880 ~
190	396						9 422 -	8 668 -	7 840 -	6 760 ~	5 175 ~	4 089 ~	3 312 ~	2 737 ~	2 300 ~	1 960 ~
190	462							11 549 -	10 704 -	9 968 -	8 218 ~	6 494 ~	5 260 ~	4 347 ~	3 653 ~	3 112 ~
190	528									12 785 -	11 251 -	9 693 ~	7 851 ~	6 489 ~	5 452 ~	4 646 ~
190	594										14 016 -	12 519 -	11 179 ~	9 239 ~	7 763 ~	6 615 ~
190	660											15 376 -	13 897 -	12 662 -	10 649 ~	9 074 ~
190	726												16 752 -	15 287 -	14 043 -	12 077 ~
190	792												19 846 -	18 131 -	16 677 -	15 425 -
190	858													21 192 -	19 511 -	18 067 -
210	462								11 831 -	11 018 -	9 084 ~	7 177 ~	5 813 ~	4 804 ~	4 037 ~	3 440 ~
210	528										12 436 -	10 713 ~	8 678 ~	7 172 ~	6 026 ~	5 135 ~
210	594										15 491 -	13 837 -	12 356 -	10 211 ~	8 580 ~	7 311 ~
210	660										16 994 -	15 360 -	13 995 -	11 770 ~	10 029 ~
210	726											18 515 -	16 896 -	15 521 -	13 348 ~

Élément dimensionnant : déformation : ~ ; contrainte de flexion : - - ; cisaillement : •

Remarque

Les chiffres ne sont pas affichés lorsque la charge de résistance est inférieure à 30 daN par mètre et supérieure à 2 000 daN par mètre.

Exemple : un arbalétrier de 90 × 315 de 4 000 mm de portée peut supporter une charge totale de 3 947 daN sur toute sa longueur, soit une charge répartie de 3 947/4 = 987,7 daN/m de longueur.

Table 25 - Bois massif ou BMR

– Sur deux appuis
– Sans lien d'antiflambement
– Pente de 100 %
– Charge totale maximale sur la poutre en daN (G + S)

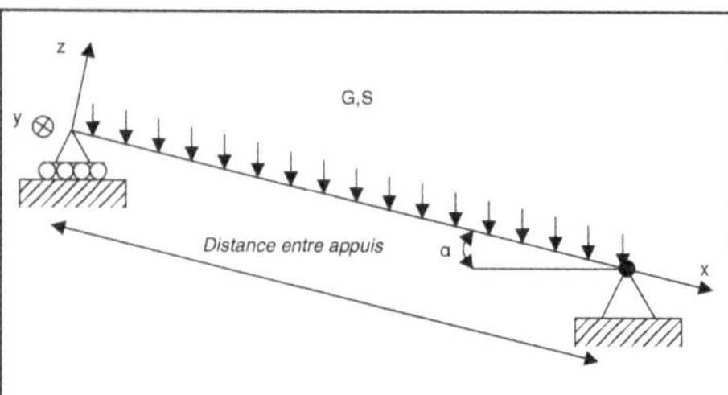

Section standard (à 20% d'humidité)		Distance entre appuis (mm)														
		1 000	1250	1 500	1750	2 000	2250	2 500	2750	3 000	3 500	4 000	4 500	5 000	5 500	6 000
50	125	1 131 -	870 -	694 -	569 -	477 -	407 -	351 -								
50	150	1 507 -	1 156 -	918 -	749 -	625 -	526 -	446 -								
50	175	1 879 •	1 489 -	1 177 -	953 -	777 -	647 -	547 -								
50	200		1 851 -	1 442 -	1 143 -	929 -	771 -	649 -								
50	225		2 209 -	1 691 -	1 336 -	1 082 -	895 -	752 -								
50	250			1 942 -	1 529 -	1 235 -	1 018 -	853 -								
65	125	1 581 -	1 256 -	1 024 -	854 -	727 -	628 -	550 -	478 ~	401 ~						
65	150		1 688 -	1 372 -	1 142 -	968 -	834 -	727 -	642 -	571 -						
65	175		2 203 -	1 786 -	1 481 -	1 251 -	1 074 -	934 -	821 -	729 -						
65	200			2 242 -	1 852 -	1 560 -	1 335 -	1 158 -	1 010 -	883 -						
65	225			2 730 -	2 249 -	1 889 -	1 612 -	1 374 -	1 186 -	1 035 -						
65	250				2 668 -	2 223 -	1 863 -	1 585 -	1 365 -	1 189 -						
75	125	1 862 -	1 502 -	1 239 -	1 043 -	894 -	777 -	667 ~	551 ~	463 ~	340 ~					
75	150		2 026 -	1 670 -	1 403 -	1 199 -	1 040 -	913 -	810 -	725 -	588 ~					
75	175			2 187 -	1 833 -	1 563 -	1 352 -	1 183 -	1 047 -	934 -	760 -					
75	200			2 762 -	2 309 -	1 963 -	1 693 -	1 479 -	1 305 -	1 162 -	941 -					
75	225				2 822 -	2 393 -	2 059 -	1 794 -	1 580 -	1 403 -	1 116 -					
75	250				3 367 -	2 849 -	2 446 -	2 127 -	1 869 -	1 636 -	1 288 -					
75	300					3 831 -	3 244 -	2 771 -	2 395 -	2 091 -	1 635 -					
100	100	1 743 -	1 424 -	1 198 -	929 ~	711 ~	562 ~	455 ~	376 ~	316 ~	232 ~	178 ~	140 ~			
100	125		2 075 -	1 747 -	1 498 -	1 301 -	1 098 ~	889 ~	735 ~	617 ~	454 ~	347 ~	274 ~	222 ~		
100	150			2 372 -	2 033 -	1 765 -	1 551 -	1 377 -	1 234 -	1 067 ~	784 ~	600 ~	474 ~	384 ~		
100	175				2 684 -	2 328 -	2 043 -	1 811 -	1 620 -	1 460 -	1 210 -	953 ~	753 ~	610 ~		
100	200				3 415 -	2 959 -	2 592 -	2 294 -	2 049 -	1 844 -	1 523 -	1 285 -	1 103 -	910 ~		
100	225					3 648 -	3 191 -	2 819 -	2 513 -	2 258 -	1 860 -	1 564 -	1 338 -	1 161 -		
100	250						3 834 -	3 382 -	3 011 -	2 701 -	2 217 -	1 860 -	1 587 -	1 373 -		
100	300							4 610 -	4 092 -	3 661 -	2 989 -	2 495 -	2 099 -	1 781 -		
BMR																
80	200				2 680 -	2 287 -	1 979 -	1 733 -	1 533 -	1 368 -	1 113 -	926 -				
80	220				3 158 -	2 690 -	2 323 -	2 031 -	1 793 -	1 598 -	1 295 -	1 066 -				
80	240					3 115 -	2 686 -	2 343 -	2 066 -	1 838 -	1 478 -	1 200 -				
100	200					3 131 -	2 742 -	2 426 -	2 165 -	1 948 -	1 609 -	1 357 -	1 163 -	987 ~		
100	220					3 707 -	3 243 -	2 865 -	2 555 -	2 295 -	1 890 -	1 590 -	1 361 -	1 180 -		
100	240						3 775 -	3 331 -	2 966 -	2 662 -	2 187 -	1 835 -	1 567 -	1 356 -		
120	200					3 937 -	3 483 -	3 107 -	2 793 -	2 528 -	2 110 -	1 797 -	1 462 ~	1 184 ~	979 ~	822 ~
120	220						4 138 -	3 688 -	3 312 -	2 996 -	2 495 -	2 120 -	1 831 -	1 576 ~	1 303 ~	1 095 ~
120	240							4 308 -	3 866 -	3 493 -	2 904 -	2 463 -	2 122 -	1 853 -	1 635 -	1 421 ~

Élément dimensionnant : déformation : ~ ; contrainte de flexion : - ; cisaillement : •

Remarque

Les chiffres ne sont pas affichés lorsque la charge de résistance est inférieure à 30 daN par mètre et supérieure à 2 000 daN par mètre.

Exemple : un arbalétrier de 75 × 225 de 2 000 mm de portée peut supporter une charge totale de 2 393 daN sur toute sa longueur, soit une charge répartie de 2 393/2 = 1 196,5 daN/m de longueur.

Table 26 - Bois lamellé-collé

– Sur deux appuis
– Sans lien d'antiflambement
– Pente de 100 %
– Charge totale maximale en daN (G + S)

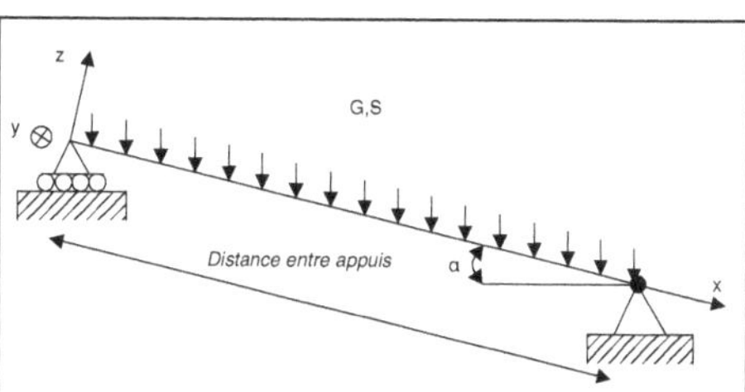

Exemple de section		Distance entre appuis (mm)														
		3 000	3 500	4 000	4 500	5 000	5 500	6 000	6 500	7 000	7500	8 000	8500	9 000	9500	10 000
90	180	1 684 -	1 391 -	1 067 ~	843 ~											
90	225	2 480 -	2 036 -	1 709 -	1 459 -											
90	270	3 342 -	2 730 -	2 280 -	1 938 -											
90	315	4 274 -	3 475 -	2 890 -	2 422 -											
90	360	5 270 -	4 261 -	3 468 -	2 880 -											
90	405		4 974 -	4 036 -	3 342 -											
115	225	3 543 -	2 953 -	2 511 -	2 104 ~	1 704 ~	1 408 ~									
115	270	4 845 -	4 022 -	3 407 -	2 934 -	2 560 -	2 258 -									
115	315		5 193 -	4 385 -	3 763 -	3 274 -	2 879 -									
115	360		6 459 -	5 437 -	4 653 -	4 036 -	3 541 -									
115	405			6 556 -	5 596 -	4 842 -	4 214 -									
115	450			7 733 -	6 584 -	5 614 -	4 839 -									
140	198	3 613 -	2 885 ~	2 209 ~	1 745 ~	1 414 ~	1 168 ~	982 ~	837 ~	721 ~						
140	264		5 107 -	4 371 -	3 799 -	3 343 -	2 770 ~	2 327 ~	1 983 ~	1 710 ~						
140	330			6 385 -	5 529 -	4 848 -	4 295 -	3 839 -	3 457 -	3 133 -						
140	396				7 469 -	6 527 -	5 765 -	5 138 -	4 614 -	4 171 -						
140	462					8 357 -	7 361 -	6 542 -	5 860 -	5 285 -						
140	528						9 062 -	8 008 -	7 079 -	6 304 -						
165	330				7 002 -	6 180 -	5 509 -	4 952 -	4 483 -	3 936 ~	3 429 ~	3 013 ~	2 669 ~			
165	396					8 406 -	7 473 -	6 701 -	6 052 -	5 500 -	5 027 -	4 616 -	4 257 -			
165	462						9 632 -	8 616 -	7 765 -	7 042 -	6 423 -	5 887 -	5 419 -			
165	528							10 678 -	9 603 -	8 693 -	7 914 -	7 240 -	6 654 -			
165	594								11 551 -	10 438 -	9 460 -	8 564 -	7 791 -			
165	660									12 167 -	10 934 -	9 883 -	8 978 -			
190	396						9 183 -	8 272 -	7 505 -	6 849 -	6 284 -	5 793 -	5 311 ~	4 738 ~	4 252 ~	
190	462							10 716 -	9 703 -	8 840 -	8 096 -	7 450 -	6 885 -	6 386 -	5 943 -	
190	528								12 085 -	10 991 -	10 050 -	9 233 -	8 519 -	7 890 -	7 333 -	
190	594									13 285 -	12 129 -	11 127 -	10 252 -	9 483 -	8 802 -	
190	660										14 406 -	13 197 -	12 142 -	11 195 -	10 298 -	
190	726											15 318 -	13 956 -	12 772 -	11 735 -	
190	792												15 720 -	14 370 -	13 189 -	
190	858													15 980 -	14 652 -	
210	462								11 257 -	10 285 -	9 446 -	8 715 -	8 074 -	7 507 -	7 003 -	6 552 -
210	528									12 847 -	11 781 -	10 854 -	10 041 -	9 324 -	8 686 -	8 117 -
210	594										14 282 -	13 140 -	12 141 -	11 259 -	10 476 -	9 778 -
210	660											15 656 -	14 446 -	13 380 -	12 434 -	11 592 -
210	726												16 880 -	15 615 -	14 495 -	13 475 -

Élément dimensionnant : déformation : ~ ; contrainte de flexion : - ; cisaillement : •

Remarque

Les chiffres ne sont pas affichés lorsque la charge de résistance est inférieure à 30 daN par mètre et supérieure à 2 000 daN par mètre.

Exemple : un arbalétrier de 90 × 225 de 3 000 mm de portée peut supporter une charge totale de 2 480 daN sur toute sa longueur, soit une charge répartie de 2 480/3 = 826,7 daN/m de longueur.

Table 27 - Bois massif ou BMR

– Sur deux appuis
– Un lien d'antiflambement
– Pente de 100 %
– Charge totale maximale en daN (G + S)

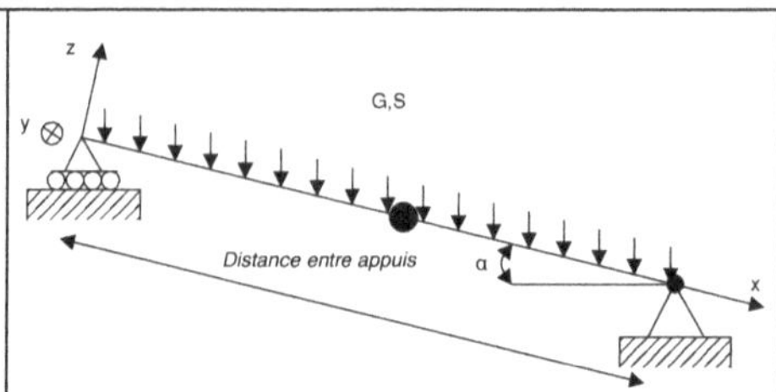

Section standard (à 20 % d'humidité)		Distance entre appuis (mm)														
		1 000	1250	1 500	1750	2 000	2 500	3 000	3 500	4 000	4 500	5 000	5 500	6 000	6 500	7 000
50	125	1 265 -	1 037 -	874 -	749 -	651 -	444 ~	309 ~	227 ~	174 ~	137 ~					
50	150	1 710 -	1 406 -	1 186 -	1 016 -	883 -	689 -	533 ~	392 ~	300 ~	237 ~	192 ~				
50	175	1 879 •	1 854 -	1 566 -	1 342 -	1 164 -	905 -	730 -	603 -	476 ~	376 ~	305 ~				
50	200		2 148 •	1 992 -	1 708 -	1 480 -	1 147 -	910 -	733 -	603 -	506 -	431 -				
50	225		2 416 •	2 416 •	2 107 -	1 824 -	1 389 -	1 080 -	866 -	710 -	594 -	504 -				
50	250			2 684 •	2 537 -	2 168 -	1 616 -	1 252 -	1 000 -	817 -	681 -	576 -				
65	125	1 656 -	1 364 -	1 156 -	1 000 -	878 -	578 ~	401 ~	295 ~	226 ~	178 ~					
65	150		1 854 -	1 577 -	1 367 -	1 203 -	958 -	693 ~	509 ~	390 ~	308 ~	250 ~	206 ~			
65	175		2 443 •	2 088 -	1 814 -	1 596 -	1 271 -	1 042 -	809 ~	619 ~	489 ~	396 ~	328 ~	275 ~	235 ~	
65	200			2 664 -	2 318 -	2 041 -	1 624 -	1 329 -	1 115 -	925 ~	731 ~	592 ~	489 ~	411 ~	350 ~	
65	225				2 872 -	2 531 -	2 012 -	1 644 -	1 376 -	1 174 -	1 017 -	842 -	696 ~	585 ~	499 ~	
65	250				3 473 -	3 062 -	2 433 -	1 985 -	1 657 -	1 402 -	1 188 -	1 021 -	888 -	780 -	684 ~	
75	125	1 911 -	1 573 -	1 334 -	1 154 -	1 013 -	667 ~	463 ~	340 ~	260 ~	206 ~	167 ~				
75	150		2 148 -	1 830 -	1 592 -	1 405 -	1 130 -	800 ~	588 ~	450 ~	356 ~	288 ~	238 ~	200 ~		
75	175			2 426 -	2 114 -	1 869 -	1 504 -	1 244 -	933 ~	715 ~	565 ~	457 ~	378 ~	318 ~	271 ~	233 ~
75	200				2 705 -	2 394 -	1 928 -	1 594 -	1 347 -	1 067 ~	843 ~	683 ~	564 ~	474 ~	404 ~	348 ~
75	225				3 355 -	2 973 -	2 396 -	1 979 -	1 670 -	1 434 -	1 200 ~	972 ~	803 ~	675 ~	575 ~	496 ~
75	250					3 603 -	2 905 -	2 398 -	2 020 -	1 732 -	1 507 -	1 328 -	1 102 ~	926 ~	789 ~	680 ~
75	300						4 040 -	3 329 -	2 797 -	2 391 -	2 049 -	1 767 -	1 542 -	1 358 -	1 205 -	1 078 -
100	100	1 743 -	1 424 -	1 198 -	929 ~	711 ~	455 ~	316 ~	232 ~	178 ~	140 ~					
100	125		2 098 -	1 779 -	1 539 -	1 351 -	889 ~	617 ~	454 ~	347 ~	274 ~	222 ~	184 ~			
100	150			2 440 -	2 122 -	1 874 -	1 507 -	1 067 ~	784 ~	600 ~	474 ~	384 ~	317 ~	267 ~	227 ~	
100	175				2 837 -	2 514 -	2 039 -	1 694 ~	1 245 ~	953 ~	753 ~	610 ~	504 ~	424 ~	361 ~	311 ~
100	200					3 242 -	2 645 -	2 223 -	1 858 ~	1 422 ~	1 124 ~	910 ~	752 ~	632 ~	539 ~	464 ~
100	225						3 297 -	2 773 -	2 377 -	2 025 ~	1 600 ~	1 296 ~	1 071 ~	900 ~	767 ~	661 ~
100	250						4 010 -	3 375 -	2 893 -	2 515 -	2 195 ~	1 778 ~	1 469 ~	1 235 ~	1 052 ~	907 ~
100	300							4 728 -	4 052 -	3 518 -	3 091 -	2 745 -	2 460 -	2 134 ~	1 818 ~	1 568 ~
BMR																
80	200				3 066 -	2 718 -	2 199 -	1 826 -	1 547 -	1 234 ~	975 ~	790 ~	653 ~	548 ~	467 ~	403 ~
80	220					3 240 -	2 623 -	2 177 -	1 844 -	1 588 -	1 297 ~	1 051 ~	869 ~	730 ~	622 ~	536 ~
80	240					3 799 -	3 079 -	2 555 -	2 161 -	1 859 -	1 623 -	1 364 ~	1 128 ~	947 ~	807 ~	696 ~
100	200					3 435 -	2 803 -	2 356 -	2 014 ~	1 542 ~	1 218 ~	987 ~	816 ~	685 ~	584 ~	504 ~
100	220						3 350 -	2 818 -	2 415 -	2 053 ~	1 622 ~	1 314 ~	1 086 ~	912 ~	777 ~	670 ~
100	240						3 938 -	3 315 -	2 841 -	2 470 -	2 105 ~	1 705 ~	1 409 ~	1 184 ~	1 009 ~	870 ~
120	200						3 364 -	2 827 -	2 417 ~	1 851 ~	1 462 ~	1 184 ~	979 ~	822 ~	701 ~	604 ~
120	220						4 040 -	3 409 -	2 934 -	2 463 ~	1 946 ~	1 576 ~	1 303 ~	1 095 ~	933 ~	804 ~
120	240						4 769 -	4 037 -	3 487 -	3 055 -	2 527 ~	2 047 ~	1 691 ~	1 421 ~	1 211 ~	1 044 ~

Élément dimensionnant : déformation : ~ ; contrainte de flexion : - ; cisaillement : •

Remarque
Les chiffres ne sont pas affichés lorsque la charge de résistance est inférieure à 30 daN par mètre et supérieure à 2 000 daN par mètre.

Exemple : un arbalétrier de 100 × 300 de 4 000 mm de portée peut supporter une charge totale de 3 518 daN sur toute sa longueur, soit une charge répartie de 3 518/4 = 879,5 daN/m de longueur.

Table 28 - Bois lamellé-collé

– Sur deux appuis
– Un lien d'antiflambement
– Pente de 100 %
– Charge totale maximale en daN (G + S)

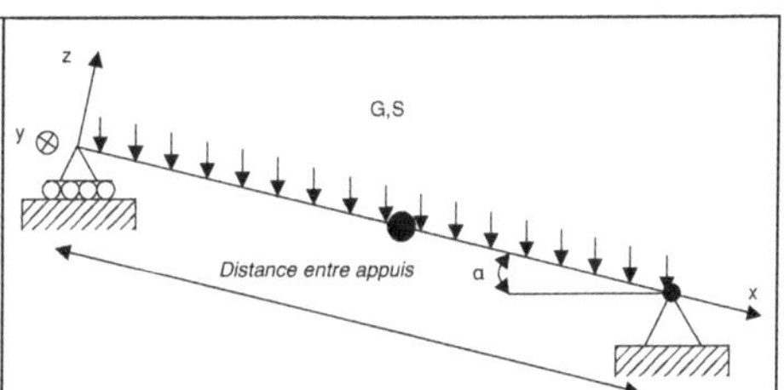

Exemple de section		Distance entre appuis (mm)														
		3 000	3 500	4 000	4 500	5 000	5 500	6 000	6 500	7 000	8 000	9 000	10 000	11 000	12 000	13 000
90	180	1 897 ~	1 394 ~	1 067 ~	843 ~	683 ~	564 ~	474 ~	404 ~	348 ~	267 ~					
90	225	3 069 -	2 627 -	2 084 ~	1 647 ~	1 334 ~	1 102 ~	926 ~	789 ~	680 ~	521 ~	412 ~				
90	270	4 260 -	3 646 -	3 160 -	2 773 -	2 305 ~	1 905 ~	1 600 ~	1 364 ~	1 176 ~	900 ~	711 ~				
90	315	5 596 -	4 789 -	4 146 -	3 632 -	3 218 -	2 878 -	2 541 ~	2 165 ~	1 867 ~	1 430 ~	1 130 ~				
90	360		6 052 -	5 233 -	4 578 -	4 050 -	3 617 -	3 256 -	2 953 -	2 688 -	2 134 ~	1 686 ~				
90	405			6 416 -	5 605 -	4 950 -	4 414 -	3 943 -	3 523 -	3 169 -	2 609 -	2 187 -				
115	225	3 970 -	3 435 -	2 663 ~	2 104 ~	1 704 ~	1 408 ~	1 183 ~	1 008 ~	869 ~	666 ~	526 ~	426 ~	352 ~		
115	270	5 525 -	4 791 -	4 210 -	3 636 ~	2 945 ~	2 434 ~	2 045 ~	1 742 ~	1 502 ~	1 150 ~	909 ~	736 ~	608 ~		
115	315		6 315 -	5 552 -	4 924 -	4 402 -	3 865 ~	3 247 ~	2 767 ~	2 386 ~	1 827 ~	1 443 ~	1 169 ~	966 ~		
115	360			7 044 -	6 246 -	5 580 -	5 024 -	4 556 -	4 130 ~	3 561 ~	2 727 ~	2 154 ~	1 745 ~	1 442 ~		
115	405				7 692 -	6 868 -	6 177 -	5 597 -	5 103 -	4 680 -	3 882 ~	3 068 ~	2 485 ~	2 053 ~		
115	450					8 259 -	7 422 -	6 718 -	6 119 -	5 606 -	4 774 -	4 132 -	3 408 ~	2 817 ~		
140	198	3 773 -	2 885 ~	2 209 ~	1 745 ~	1 414 ~	1 168 ~	982 ~	837 ~	721 ~	552 ~	436 ~	353 ~			
140	264		5 633 -	4 971 -	4 137 ~	3 351 ~	2 770 ~	2 327 ~	1 983 ~	1 710 ~	1 309 ~	1 034 ~	838 ~	692 ~	582 ~	496 ~
140	330			7 456 -	6 670 -	6 014 -	5 409 ~	4 545 ~	3 873 ~	3 340 ~	2 557 ~	2 020 ~	1 636 ~	1 352 ~	1 136 ~	968 ~
140	396					8 343 -	7 566 -	6 898 -	6 323 -	5 771 ~	4 418 ~	3 491 ~	2 828 ~	2 337 ~	1 964 ~	1 673 ~
140	462						9 952 -	9 068 -	8 305 -	7 644 -	6 564 -	5 543 ~	4 490 ~	3 711 ~	3 118 ~	2 657 ~
140	528							11 469 -	10 496 -	9 652 -	8 272 -	7 198 -	6 342 -	5 539 ~	4 655 ~	3 966 ~
165	330				7 925 -	7 178 -	6 375 ~	5 357 ~	4 565 ~	3 936 ~	3 013 ~	2 381 ~	1 929 ~	1 594 ~	1 339 ~	1 141 ~
165	396					9 978 -	9 105 -	8 351 -	7 692 -	6 801 ~	5 207 ~	4 114 ~	3 333 ~	2 754 ~	2 314 ~	1 972 ~
165	462							11 015 -	10 144 -	9 378 -	8 109 -	6 533 ~	5 292 ~	4 374 ~	3 675 ~	3 131 ~
165	528								12 869 -	11 892 -	10 269 -	8 992 -	7 899 ~	6 528 ~	5 486 ~	4 674 ~
165	594										12 628 -	11 042 -	9 769 -	8 728 -	7 811 ~	6 655 ~
165	660										15 293 -	13 352 -	11 795 -	10 523 -	9 468 -	8 542 -
190	396						10 575 -	9 735 -	9 004 -	7 832 ~	5 996 ~	4 738 ~	3 838 ~	3 171 ~	2 665 ~	2 271 ~
190	462								11 899 -	11 048 -	9 522 ~	7 523 ~	6 094 ~	5 036 ~	4 232 ~	3 606 ~
190	528										12 216 -	10 753 -	9 096 ~	7 518 ~	6 317 ~	5 382 ~
190	594										15 069 -	13 251 -	11 778 -	10 568 -	8 994 ~	7 664 ~
190	660											16 084 -	14 280 -	12 797 -	11 561 -	10 513 ~
190	726												16 987 -	15 206 -	13 722 -	12 468 -
190	792												19 881 -	17 776 -	16 023 -	14 544 -
190	858													20 500 -	18 458 -	16 543 -
210	462									12 334 -	10 524 ~	8 315 ~	6 735 ~	5 566 ~	4 677 ~	3 985 ~
210	528										13 729 -	12 133 -	10 054 ~	8 309 ~	6 982 ~	5 949 ~
210	594											14 982 -	13 361 -	11 831 ~	9 941 ~	8 470 ~
210	660												16 238 -	14 595 -	13 221 -	11 619 ~
210	726												19 362 -	17 387 -	15 734 -	14 335 -

Élément dimensionnant : déformation : ~ ; contrainte de flexion : - ; cisaillement : •

Remarque

Les chiffres ne sont pas affichés lorsque la charge de résistance est inférieure à 30 daN par mètre et supérieure à 2 000 daN par mètre.

Exemple : un arbalétrier de 90 × 225 de 3 000 mm de portée peut supporter une charge totale de 3 069 daN sur toute sa longueur, soit une charge répartie de 3 069/3 = 1 023 daN/m de longueur.

Table 29 - Bois massif ou BMR

– Sur deux appuis
– Deux liens d'antiflambement
– Pente de 100 %
– Charge totale maximale en daN (G + S)

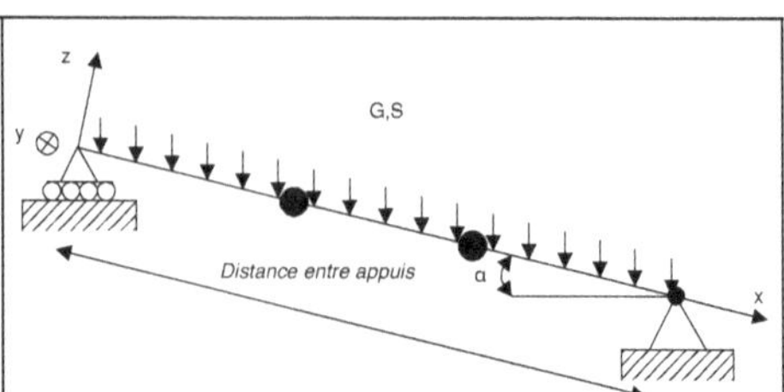

Section standard (à 20 % d'humidité)		Distance entre appuis (mm)														
		1 000	1 500	2 000	2 500	3 000	3 500	4 000	4 500	5 000	5 500	6 000	6 500	7 000	7500	8 000
50	125	1 274 -	889 -	675 -	444 ~	309 ~	227 ~	174 ~	137 ~							
50	150	1 730 -	1 220 -	937 -	753 -	533 ~	392 ~	300 ~	237 ~	192 ~						
50	175	1 879 •	1 617 -	1 246 -	1 003 -	830 -	622 ~	476 ~	376 ~	305 ~	252 ~	212 ~				
50	200		2 065 -	1 596 -	1 285 -	1 063 -	898 -	711 ~	562 ~	455 ~	376 ~	316 ~	269 ~	232 ~		
50	225		2 416 •	1 982 -	1 597 -	1 319 -	1 108 -	930 -	793 -	648 ~	536 ~	450 ~	383 ~	331 ~	288 ~	
50	250		2 684 •	2 402 -	1 937 -	1 578 -	1 296 -	1 086 -	924 -	796 -	694 -	611 -	526 ~	454 ~	395 ~	
65	125	1 656 -	1 156 -	878 -	578 ~	401 ~	295 ~	226 ~	178 ~							
65	150		1 586 -	1 218 -	979 -	693 ~	509 ~	390 ~	308 ~	250 ~	206 ~					
65	175		2 112 -	1 634 -	1 325 -	1 101 ~	809 ~	619 ~	489 ~	396 ~	328 ~	275 ~	235 ~			
65	200		2 706 -	2 105 -	1 717 -	1 441 -	1 208 ~	925 ~	731 ~	592 ~	489 ~	411 ~	350 ~	302 ~	263 ~	
65	225			2 619 -	2 140 -	1 797 -	1 539 -	1 316 ~	1 040 ~	842 ~	696 ~	585 ~	499 ~	430 ~	374 ~	329 ~
65	250			3 178 -	2 602 -	2 187 -	1 872 -	1 625 -	1 427 ~	1 156 ~	955 ~	803 ~	684 ~	590 ~	514 ~	451 ~
75	125	1 911 -	1 334 -	1 013 -	667 ~	463 ~	340 ~	260 ~	206 ~	167 ~						
75	150		1 830 -	1 405 -	1 130 -	800 ~	588 ~	450 ~	356 ~	288 ~	238 ~	200 ~				
75	175		2 437 -	1 886 -	1 529 -	1 271 ~	933 ~	715 ~	565 ~	457 ~	378 ~	318 ~	271 ~	233 ~		
75	200			2 431 -	1 984 -	1 667 -	1 393 ~	1 067 ~	843 ~	683 ~	564 ~	474 ~	404 ~	348 ~	303 ~	267 ~
75	225			3 036 -	2 488 -	2 100 -	1 809 -	1 519 ~	1 200 ~	972 ~	803 ~	675 ~	575 ~	496 ~	432 ~	380 ~
75	250			3 686 -	3 027 -	2 559 -	2 206 -	1 928 -	1 646 ~	1 333 ~	1 102 ~	926 ~	789 ~	680 ~	593 ~	521 ~
75	300				4 237 -	3 591 -	3 098 -	2 707 -	2 391 -	2 132 -	1 904 ~	1 600 ~	1 363 ~	1 176 ~	1 024 ~	900 ~
100	100	1 743 -	1 198 -	711 ~	455 ~	316 ~	232 ~	178 ~	140 ~							
100	125		1 779 -	1 351 -	889 ~	617 ~	454 ~	347 ~	274 ~	222 ~	184 ~					
100	150		2 440 -	1 874 -	1 507 -	1 067 ~	784 ~	600 ~	474 ~	384 ~	317 ~	267 ~	227 ~			
100	175			2 514 -	2 039 -	1 694 ~	1 245 ~	953 ~	753 ~	610 ~	504 ~	424 ~	361 ~	311 ~	271 ~	
100	200			3 242 -	2 645 -	2 223 -	1 858 ~	1 422 ~	1 124 ~	910 ~	752 ~	632 ~	539 ~	464 ~	405 ~	356 ~
100	225				3 317 -	2 801 -	2 413 -	2 025 ~	1 600 ~	1 296 ~	1 071 ~	900 ~	767 ~	661 ~	576 ~	506 ~
100	250				4 052 -	3 434 -	2 970 -	2 607 -	2 195 ~	1 778 ~	1 469 ~	1 235 ~	1 052 ~	907 ~	790 ~	695 ~
100	300					4 863 -	4 229 -	3 734 -	3 334 -	3 003 -	2 539 ~	2 134 ~	1 818 ~	1 568 ~	1 365 ~	1 200 ~
BMR																
80	200			2 748 -	2 243 -	1 885 -	1 611 ~	1 234 ~	975 ~	790 ~	653 ~	548 ~	467 ~	403 ~	351 ~	308 ~
80	220			3 288 -	2 693 -	2 273 -	1 956 -	1 642 ~	1 297 ~	1 051 ~	869 ~	730 ~	622 ~	536 ~	467 ~	411 ~
80	240			3 869 -	3 179 -	2 691 -	2 325 -	2 037 -	1 684 ~	1 364 ~	1 128 ~	947 ~	807 ~	696 ~	606 ~	533 ~
100	200			3 435 -	2 803 -	2 356 -	2 014 ~	1 542 ~	1 218 ~	987 ~	816 ~	685 ~	584 ~	504 ~	439 ~	386 ~
100	220				3 367 -	2 841 -	2 445 -	2 053 ~	1 622 ~	1 314 ~	1 086 ~	912 ~	777 ~	670 ~	584 ~	513 ~
100	240				3 974 -	3 364 -	2 906 -	2 546 -	2 105 ~	1 705 ~	1 409 ~	1 184 ~	1 009 ~	870 ~	758 ~	666 ~
120	200				3 364 -	2 827 -	2 417 ~	1 851 ~	1 462 ~	1 184 ~	979 ~	822 ~	701 ~	604 ~	526 ~	463 ~
120	220				4 040 -	3 409 -	2 934 -	2 463 ~	1 946 ~	1 576 ~	1 303 ~	1 095 ~	933 ~	804 ~	701 ~	616 ~
120	240				4 769 -	4 037 -	3 487 -	3 055 -	2 527 ~	2 047 ~	1 691 ~	1 421 ~	1 211 ~	1 044 ~	910 ~	799 ~

Élément dimensionnant : déformation : ~ ; contrainte de flexion : - ; cisaillement : •

Remarque

Les chiffres ne sont pas affichés lorsque la charge de résistance est inférieure à 30 daN par mètre et supérieure à 2 000 daN par mètre.

Exemple : un arbalétrier de 100 × 300 de 4 000 mm de portée peut supporter une charge totale de 3 734 daN sur toute sa longueur, soit une charge répartie de 3 734/4 = 933,5 daN/m de longueur.

Table 30 - Bois lamellé-collé

– Sur deux appuis
– Deux liens d'antiflambement
– Pente de 100 %
– Charge totale maximale en daN (G + S)

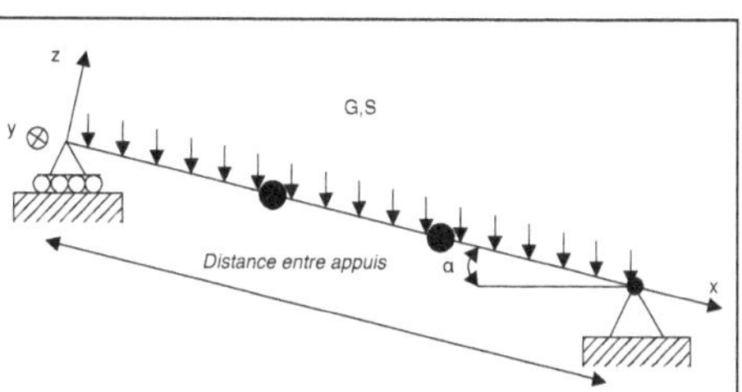

Exemple de section		Distance entre appuis (mm)														
		3 000	3 500	4 000	4 500	5 000	5 500	6 000	6 500	7 000	8 000	9 000	10 000	11 000	12 000	13 000
90	180	1 897 ~	1 394 ~	1 067 ~	843 ~	683 ~	564 ~	474 ~	404 ~	348 ~	267 ~					
90	225	3 107 -	2 688 -	2 084 ~	1 647 ~	1 334 ~	1 102 ~	926 ~	789 ~	680 ~	521 ~	412 ~	333 ~			
90	270	4 341 -	3 774 -	3 332 -	2 845 ~	2 305 ~	1 905 ~	1 600 ~	1 364 ~	1 176 ~	900 ~	711 ~	576 ~	476 ~	400 ~	
90	315	5 716 -	4 978 -	4 401 -	3 932 -	3 540 -	3 025 ~	2 541 ~	2 165 ~	1 867 ~	1 430 ~	1 130 ~	915 ~	756 ~	635 ~	541 ~
90	360		6 318 -	5 592 -	4 999 -	4 500 -	4 076 -	3 713 -	3 232 ~	2 787 ~	2 134 ~	1 686 ~	1 366 ~	1 129 ~	948 ~	808 ~
90	405			6 898 -	6 169 -	5 554 -	5 028 -	4 579 -	4 192 -	3 859 -	3 038 ~	2 401 ~	1 945 ~	1 607 ~	1 350 ~	1 151 ~
115	225	3 970 -	3 435 -	2 663 ~	2 104 ~	1 704 ~	1 408 ~	1 183 ~	1 008 ~	869 ~	666 ~	526 ~	426 ~	352 ~		
115	270	5 546 -	4 822 -	4 258 -	3 636 ~	2 945 ~	2 434 ~	2 045 ~	1 742 ~	1 502 ~	1 150 ~	909 ~	736 ~	608 -	511 ~	436 ~
115	315		6 383 -	5 655 -	5 070 -	4 586 -	3 865 ~	3 247 ~	2 767 ~	2 386 ~	1 827 ~	1 443 ~	1 169 ~	966 ~	812 ~	692 ~
115	360			7 204 -	6 472 -	5 868 -	5 359 -	4 847 ~	4 130 ~	3 561 ~	2 727 ~	2 154 ~	1 745 ~	1 442 ~	1 212 ~	1 033 ~
115	405				7 998 -	7 257 -	6 631 -	6 090 -	5 618 -	5 071 ~	3 882 ~	3 068 ~	2 485 ~	2 053 ~	1 725 ~	1 470 ~
115	450					8 768 -	8 015 -	7 363 -	6 791 -	6 287 -	5 326 ~	4 208 ~	3 408 ~	2 817 ~	2 367 ~	2 017 ~
140	198	3 773 -	2 885 ~	2 209 ~	1 745 ~	1 414 ~	1 168 ~	982 ~	837 ~	721 ~	552 ~	436 ~	353 ~			
140	264		5 633 -	4 971 -	4 137 ~	3 351 ~	2 770 ~	2 327 ~	1 983 ~	1 710 ~	1 309 ~	1 034 ~	838 ~	692 ~	582 ~	496 ~
140	330			7 494 -	6 725 -	6 090 -	5 409 ~	4 545 ~	3 873 ~	3 340 ~	2 557 ~	2 020 ~	1 636 ~	1 352 ~	1 136 ~	968 ~
140	396				8 524 -	7 804 -	7 189 -	6 655 -	5 771 ~	4 418 ~	3 491 ~	2 828 ~	2 337 ~	1 964 ~	1 673 ~	
140	462					10 327 -	9 527 -	8 833 -	8 222 -	7 016 ~	5 543 ~	4 490 ~	3 711 ~	3 118 ~	2 657 ~	
140	528						11 239 -	10 465 -	9 153 -	8 089 -	6 703 ~	5 539 ~	4 655 ~	3 966 ~		
165	330				7 925 -	7 178 -	6 375 ~	5 357 ~	4 565 ~	3 936 ~	3 013 ~	2 381 ~	1 929 ~	1 594 ~	1 339 ~	1 141 ~
165	396						9 197 -	8 473 -	7 843 -	6 801 ~	5 207 ~	4 114 ~	3 333 ~	2 754 ~	2 314 ~	1 972 ~
165	462							11 263 -	10 455 -	9 748 -	8 269 ~	6 533 ~	5 292 ~	4 374 ~	3 675 ~	3 131 ~
165	528									12 452 -	10 967 -	9 752 ~	7 899 ~	6 528 ~	5 486 ~	4 674 ~
165	594										13 572 -	12 080 -	10 838 -	9 295 ~	7 811 ~	6 655 ~
165	660											14 730 -	13 211 -	11 935 -	10 714 ~	9 129 ~
190	396						10 591 -	9 756 -	9 032 -	7 832 ~	5 996 ~	4 738 ~	3 838 ~	3 171 ~	2 665 ~	2 271 ~
190	462							12 039 -	11 225 -	9 522 ~	7 523 ~	6 094 ~	5 036 ~	4 232 ~	3 606 ~	
190	528										12 674 -	11 230 ~	9 096 ~	7 518 ~	6 317 ~	5 382 ~
190	594										15 741 -	14 076 -	12 695 -	10 704 ~	8 994 ~	7 664 ~
190	660											17 184 -	15 501 -	14 072 -	12 338 -	10 513 ~
190	726												18 569 -	16 855 -	15 385 -	13 992 ~
190	792													19 859 -	18 121 -	16 623 -
190	858														21 049 -	19 301 -
210	462									12 406 -	10 524 ~	8 315 ~	6 735 ~	5 566 ~	4 677 ~	3 985 ~
210	528										14 008 -	12 412 ~	10 054 ~	8 309 ~	6 982 ~	5 949 ~
210	594											15 591 -	14 078 -	11 831 ~	9 941 ~	8 470 ~
210	660												17 265 -	15 725 -	13 636 ~	11 619 ~
210	726													18 854 -	17 266 -	15 465 ~

Élément dimensionnant : déformation : ~ ; contrainte de flexion : - ; cisaillement : •

Remarque

Les chiffres ne sont pas affichés lorsque la charge de résistance est inférieure à 30 daN par mètre et supérieure à 2 000 daN par mètre.

Exemple : un arbalétrier de 90 × 270 de 4 000 mm de portée peut supporter une charge totale de 3 332 daN sur toute sa longueur, soit une charge répartie de 3 332/4 = 833 daN/m de longueur.

Table 31 - Bois massif ou en BMR

– Sur deux appuis
– Avec voile travaillant
– Pente de 100 %
– Charge totale maximale en daN (G + S)

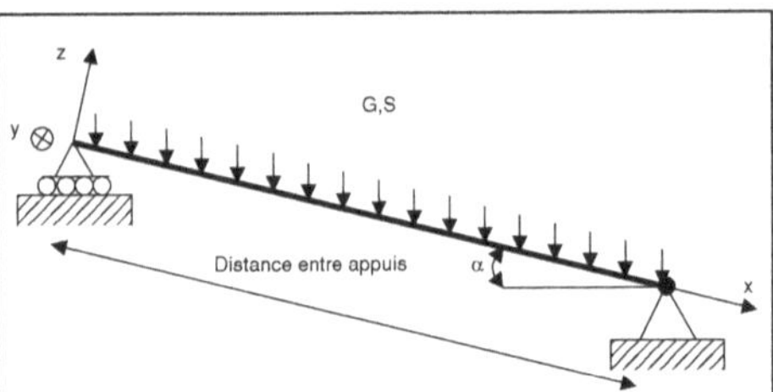

Section standard (à 20 % d'humidité)		Distance entre appuis (mm)														
		1 000	1 500	2 000	2 500	3 000	3 500	4 000	4 500	5 000	5 500	6 000	6 500	7 000	7500	8 000
50	125	1 274 -	889 -	675 -	444 ~	309 ~	227 ~	174 ~	137 ~							
50	150	1 730 -	1 220 -	937 -	753 -	533 ~	392 ~	300 ~	237 ~	192 ~						
50	175	1 879 •	1 625 -	1 257 -	1 020 -	847 ~	622 ~	476 ~	376 ~	305 ~	252 ~	212 ~				
50	200		2 083 -	1 621 -	1 323 -	1 111 -	929 ~	711 ~	562 ~	455 ~	376 ~	316 ~	269 ~	232 ~		
50	225		2 416 •	2 024 -	1 658 -	1 400 -	1 206 -	1 013 ~	800 ~	648 ~	536 ~	450 ~	383 ~	331 ~	288 ~	253 ~
50	250		2 684 •	2 464 -	2 026 -	1 717 -	1 485 -	1 303 -	1 098 ~	889 ~	735 ~	617 ~	526 ~	454 ~	395 ~	347 ~
65	125	1 656 -	1 156 -	878 -	578 ~	401 ~	295 ~	226 ~	178 ~							
65	150		1 586 -	1 218 -	979 -	693 ~	509 ~	390 ~	308 ~	250 ~	206 ~					
65	175		2 112 -	1 634 -	1 325 -	1 101 ~	809 ~	619 ~	489 ~	396 ~	328 ~	275 ~	235 ~			
65	200		2 708 -	2 107 -	1 719 -	1 445 -	1 208 ~	925 ~	731 ~	592 ~	489 ~	411 ~	350 ~	302 ~	263 ~	
65	225			2 631 -	2 156 -	1 820 -	1 568 -	1 316 ~	1 040 ~	842 ~	696 ~	585 ~	499 ~	430 ~	374 ~	329 ~
65	250			3 203 -	2 634 -	2 232 -	1 931 -	1 694 -	1 427 ~	1 156 ~	955 ~	803 ~	684 ~	590 ~	514 ~	451 ~
75	125	1 911 -	1 334 -	1 013 -	667 ~	463 ~	340 ~	260 ~	206 ~	167 ~						
75	150		1 830 -	1 405 -	1 130 -	800 ~	588 ~	450 ~	356 ~	288 ~	238 ~	200 ~				
75	175		2 437 -	1 886 -	1 529 -	1 271 ~	933 ~	715 ~	565 ~	457 ~	378 ~	318 ~	271 ~	233 ~		
75	200			2 431 -	1 984 -	1 667 -	1 393 ~	1 067 ~	843 ~	683 ~	564 ~	474 ~	404 ~	348 ~	303 ~	267 ~
75	225			3 036 -	2 488 -	2 100 -	1 809 -	1 519 ~	1 200 ~	972 ~	803 ~	675 ~	575 ~	496 ~	432 ~	380 ~
75	250			3 696 -	3 039 -	2 576 -	2 228 -	1 955 -	1 646 ~	1 333 ~	1 102 ~	926 ~	789 ~	680 ~	593 ~	521 ~
75	300				4 281 -	3 647 -	3 172 -	2 801 -	2 500 -	2 252 -	1 904 ~	1 600 ~	1 363 ~	1 176 ~	1 024 ~	900 ~
100	100	1 743 -	1 198 -	711 ~	455 ~	316 ~	232 ~	178 ~	140 ~							
100	125		1 779 -	1 351 -	889 ~	617 ~	454 ~	347 ~	274 ~	222 ~	184 ~					
100	150		2 440 -	1 874 -	1 507 -	1 067 ~	784 ~	600 ~	474 ~	384 ~	317 ~	267 ~	227 ~			
100	175			2 514 -	2 039 -	1 694 ~	1 245 ~	953 ~	753 ~	610 ~	504 ~	424 ~	361 ~	311 ~	271 ~	
100	200			3 242 -	2 645	2 223 -	1 858 ~	1 422 ~	1 124 ~	910 ~	752 ~	632 ~	539 ~	464 ~	405 ~	356 ~
100	225				3 317 -	2 801 -	2 413 -	2 025 ~	1 600 ~	1 296 ~	1 071 ~	900 ~	767 ~	661 ~	576 ~	506 ~
100	250				4 052 -	3 434 -	2 970 -	2 607 -	2 195 ~	1 778 ~	1 469 ~	1 235 ~	1 052 ~	907 ~	790 ~	695 ~
100	300					4 863 -	4 229 -	3 734 -	3 334 -	3 003 -	2 539 ~	2 134 ~	1 818 ~	1 568 ~	1 365 ~	1 200 ~
BMR																
80	200			2 748 -	2 243 -	1 885 -	1 611 ~	1 234 ~	975 ~	790 ~	653 ~	548 ~	467 ~	403 ~	351 ~	308 ~
80	220			3 288 -	2 693 -	2 273 -	1 956 ~	1 642 ~	1 297 ~	1 051 ~	869 ~	730 ~	622 ~	536 ~	467 ~	411 ~
80	240			3 869 -	3 179 -	2 691 -	2 325 -	2 037 -	1 684 ~	1 364 ~	1 128 ~	947 ~	807 ~	696 ~	606 ~	533 ~
100	200			3 435 -	2 803 -	2 356 -	2 014 ~	1 542 ~	1 218 ~	987 ~	816 ~	685 ~	584 ~	504 ~	439 ~	386 ~
100	220				3 367 -	2 841 -	2 445 -	2 053 ~	1 622 ~	1 314 ~	1 086 ~	912 ~	777 ~	670 ~	584 ~	513 ~
100	240				3 974 -	3 364 -	2 906 -	2 546 -	2 105 ~	1 705 ~	1 409 ~	1 184 ~	1 009 ~	870 ~	758 ~	666 ~
120	200				3 364 -	2 827 -	2 417 ~	1 851 ~	1 462 ~	1 184 ~	979 ~	822 ~	701 ~	604 ~	526 ~	463 ~
120	220				4 040 -	3 409 -	2 934 -	2 463 ~	1 946 ~	1 576 ~	1 303 ~	1 095 ~	933 ~	804 ~	701 ~	616 ~
120	240				4 769 -	4 037 -	3 487 -	3 055 -	2 527 ~	2 047 ~	1 691 ~	1 421 ~	1 211 ~	1 044 ~	910 ~	799 ~

Élément dimensionnant : déformation : ~ ; contrainte de flexion : - ; cisaillement : •

Remarque

Les chiffres ne sont pas affichés lorsque la charge de résistance est inférieure à 30 daN par mètre et supérieure à 2 000 daN par mètre.

Exemple : un arbalétrier de 100 × 300 de 4 000 mm de portée peut supporter une charge totale de 3 734 daN sur toute sa longueur, soit une charge répartie de 3 734/4 = 933,5 daN/m de longueur.

Table 32 - Bois lamellé-collé

– Sur deux appuis
– Avec voile travaillant
– Pente de 100 %
– Charge totale maximale en daN (G + S)

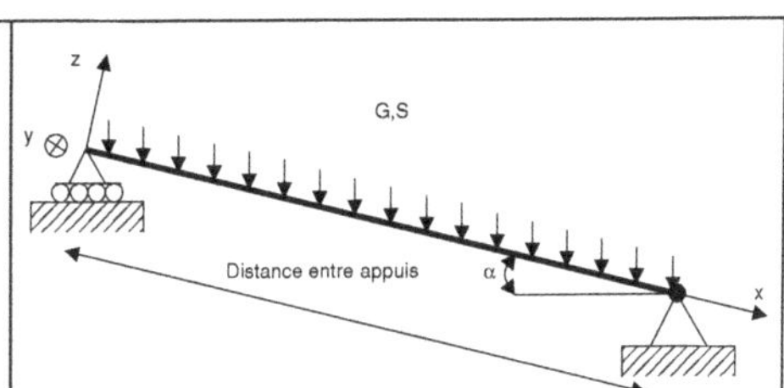

Distance entre appuis (mm)

Exemple de section		3 000	3 500	4 000	4 500	5 000	5 500	6 000	6 500	7 000	8 000	9 000	10 000	11 000	12 000	13 000
90	180	1 897 ~	1 394 ~	1 067 ~	843 ~	683 ~	564 ~	474 ~	404 ~	348 ~	267 ~					
90	225	3 107 -	2 688 -	2 084 ~	1 647 ~	1 334 ~	1 102 ~	926 ~	789 ~	680 ~	521 ~	412 ~	333 ~			
90	270	4 341 -	3 774 -	3 332 -	2 845 ~	2 305 ~	1 905 ~	1 600 ~	1 364 ~	1 176 ~	900 ~	711 ~	576 ~	476 ~	400 ~	
90	315	5 729 -	4 996 -	4 426 -	3 968 -	3 589 -	3 025 ~	2 541 ~	2 165 ~	1 867 ~	1 430 ~	1 130 ~	915 ~	756 ~	635 ~	541 ~
90	360		6 356 -	5 643 -	5 070	4 600 -	4 204 -	3 794 ~	3 232 ~	2 787 ~	2 134 ~	1 686 ~	1 366 ~	1 129 ~	948 ~	808 ~
90	405			6 979 -	6 282 -	5 709 -	5 229 -	4 819 -	4 463 -	3 968 -	3 038 ~	2 401 ~	1 945 ~	1 607 ~	1 350 ~	1 151 ~
115	225	3 970 -	3 435 -	2 663 ~	2 104 ~	1 704 ~	1 408 ~	1 183 ~	1 008 ~	869 ~	666 ~	526 ~	426 ~	352 ~		
115	270	5 546 -	4 822 -	4 258 ~	3 636 ~	2 945 ~	2 434 ~	2 045 ~	1 742 ~	1 502 ~	1 150 ~	909 ~	736 ~	608 ~	511 ~	436 ~
115	315		6 383 -	5 655 -	5 070 -	4 586 -	3 865 -	3 247 ~	2 767 ~	2 386 ~	1 827 ~	1 443 ~	1 169 ~	966 ~	812 ~	692 ~
115	360			7 210 -	6 479 -	5 878 -	5 372 -	4 847 ~	4 130 ~	3 561 ~	2 727 ~	2 154 ~	1 745 ~	1 442 ~	1 212 ~	1 033 ~
115	405				8 027 -	7 295 -	6 681 -	6 157 -	5 703 -	5 071 -	3 882 ~	3 068 ~	2 485 ~	2 053 ~	1 725 ~	1 470 ~
115	450					8 836 -	8 104 -	7 480 -	6 941 -	6 468 -	5 326 ~	4 208 ~	3 408 ~	2 817 ~	2 367 ~	2 017 ~
140	198	3 773 -	2 885 ~	2 209 ~	1 745 ~	1 414 ~	1 168 ~	982 ~	837 ~	721 ~	552 ~	436 ~	353 ~			
140	264		5 633 -	4 971 -	4 137 ~	3 351 ~	2 770 ~	2 327 ~	1 983 ~	1 710 ~	1 309 ~	1 034 ~	838 ~	692 ~	582 ~	496 ~
140	330			7 494 -	6 725 -	6 090 -	5 409 ~	4 545 ~	3 873 ~	3 340 ~	2 557 ~	2 020 ~	1 636 ~	1 352 ~	1 136 ~	968 ~
140	396					8 524 -	7 804 -	7 189 -	6 655 -	5 771 ~	4 418 ~	3 491 ~	2 828 ~	2 337 ~	1 964 ~	1 673 ~
140	462						10 351 -	9 557 -	8 871 -	8 271 -	7 016 ~	5 543 ~	4 490 ~	3 711 ~	3 118 ~	2 657 ~
140	528								11 336 -	10 588 -	9 338 -	8 275 ~	6 703 ~	5 539 ~	4 655 ~	3 966 ~
165	330				7 925 -	7 178 -	6 375 ~	5 357 ~	4 565 ~	3 936 ~	3 013 ~	2 381 ~	1 929 ~	1 594 ~	1 339 ~	1 141 ~
165	396						9 197 -	8 473 -	7 843 -	6 801 ~	5 207 ~	4 114 ~	3 333 ~	2 754 ~	2 314 ~	1 972 ~
165	462							11 263 -	10 455 -	9 748 -	8 269 ~	6 533 ~	5 292 ~	4 374 ~	3 675 ~	3 131 ~
165	528									12 478 -	11 006 -	9 752 ~	7 899 ~	6 528 ~	5 486 ~	4 674 ~
165	594										13 688 -	12 250 -	11 061 -	9 295 ~	7 811 ~	6 655 ~
165	660											15 020 -	13 599 -	12 401	10 714 ~	9 129 ~
190	396						10 591 -	9 756 -	9 032 -	7 832 ~	5 996 ~	4 738 ~	3 838 ~	3 171 ~	2 665 ~	2 271 ~
190	462								12 039 -	11 225 -	9 522 ~	7 523 ~	6 094 ~	5 036 ~	4 232 ~	3 606 ~
190	528										12 674 -	11 230 ~	9 096 ~	7 518 ~	6 317 ~	5 382 ~
190	594										15 762 -	14 106 -	12 737 -	10 704 ~	8 994 ~	7 664 ~
190	660											17 296 -	15 659 -	14 280 -	12 338 ~	10 513 ~
190	726												18 848 -	17 225 -	15 836 -	13 992 ~
190	792													20 402 -	18 791 -	17 394 -
190	858														21 958 -	20 357 -
210	462									12 406 -	10 524 ~	8 315 ~	6 735 ~	5 566 ~	4 677 ~	3 985 ~
210	528										14 008 -	12 412 ~	10 054 ~	8 309 ~	6 982 ~	5 949 ~
210	594											15 591 -	14 078 -	11 831 ~	9 941 ~	8 470 ~
210	660												17 308 -	15 783 -	13 636 -	11 619 ~
210	726													19 038 -	17 503 -	15 465 ~

Élément dimensionnant : déformation : ~ ; contrainte de flexion : - - ; cisaillement : •

Remarque

Les chiffres ne sont pas affichés lorsque la charge de résistance est inférieure à 30 daN par mètre et supérieure à 2 000 daN par mètre.

Exemple : un arbalétrier de 90 × 315 de 4 000 mm de portée peut supporter une charge totale de 4 426 daN sur toute sa longueur, soit une charge répartie de 4 426/4 = 1 106,5 daN/m de longueur.

Coefficients de variation des hypothèses

Les coefficients dans les tableaux suivants correspondent aux coefficients les plus défavorables en fonction de l'élément dimensionnant : la contrainte de rupture en flexion, en cisaillement en compression ou la déformation. Le coefficient doit être appliqué à la charge précisée dans les tables lorsque le cas étudié est différent des hypothèses des tables.

Coefficient k1 : classement d'essence

C18	0,75
C30	1,09
GL28h	1,10

Reprenons l'exemple de la table 1 : un arbalétrier de 75 × 225 de 2 000 mm de portée classé C18 peut supporter une charge totale de 2 300 × 0,75 = 1 725 daN.

Coefficient k2 : déformation

l/300	0,667
l/400	0,50

Reprenons l'exemple de la table 1 : un arbalétrier de 75 × 225 de 2 000 mm de portée classé C24, mais avec une flèche limitée à L/300 soit 2 000/300 = 7 mm, pourra supporter une charge totale de 2 300 × 0,667 = 1 534 daN.

Coefficient k3 : proportion de chargement différente

Matériau	Proportion de charges de structure	Coefficient à appliquer sur les charges du tableau et à comparer uniquement aux charges de structure
Bois massif	$G \geq 2,2S$	0,667
Bois lamellé-collé	$2,2S \leq G < 2,33S$	0,667
Bois lamellé-collé	$G \geq 2,33S$	0,449

Reprenons l'exemple de la table 1 : un arbalétrier de 75 × 225 de 2 000 mm de portée classé C24. La charge de structure est égale à 2,5 fois la charge de neige (G = 2,5S). Elle pourra supporter une charge de structure de 2 300 × 0,667 = 1 534 daN. Cette vérification est suffisante.

Application de plusieurs coefficients

Si plusieurs critères sont différents des hypothèses de calcul des tables, il suffit de multiplier entre eux les coefficients. La charge finale est égale à la charge de la table multipliée par l'ensemble des coefficients.

Charge finale = charge table × k1 × k2 × k3.

Reprenons l'exemple de la table 1 : un arbalétrier de 75 × 225 de 2 000 mm de portée, classé C18, une flèche limitée à L/300 et une charge de structure égale à 2,5 fois la charge d'exploitation (G = 2,5S) pourra supporter une charge totale de structure de 2 300 × 0,75 × 0,667 × 0,667 = 767 daN.

Remarque

Si la charge de structure est inférieure à 2,2 fois la charge de neige (G < 2,2S), le coefficient k3 = 1, la panne pourra supporter une charge totale (structure et neige) de 2 300 × 0,75 × 0,667 × 1 = 1 150 daN.

L'application de ces coefficients est pénalisante, car ils correspondent aux coefficients les plus défavorables en fonction de l'élément dimensionnant : la contrainte de rupture en flexion, en cisaillement en compression ou la déformation. Une étude complète de la pièce permettrait de définir une charge limite plus importante.

Pente différente

Lorsque la pente est différente des tables, prendre la valeur de charge la plus faible des tables encadrant la valeur de la pente.

Par exemple, considérons un arbalétrier avec une pente de 40 % de 90 × 270 de section, en bois lamellé-collé de section, avec un lien d'antiflambement et d'une portée de 4 m. Il peut supporter une charge de 2 598 daN avec une pente de 30 % (table 4) et une charge de 2 695 daN avec une pente de 50 % (table 12). Retenir la valeur de 2 598 daN.

Partie 3
Vérification des assemblages aux Eurocodes

Cette partie permet de vérifier de nombreux types d'assemblages réalisés avec des tiges métalliques, comme les boulons, les tirefonds (ou vis) et les pointes. Ces tiges peuvent relier les pièces de bois (arbalétrier et entraits moisés par exemple) ou une pièce de bois avec une ferrure (pied de poteau par exemple). Le dernier chapitre de cette partie est consacré aux embrèvements.

Un premier chapitre présente les différentes étapes pour définir et vérifier un assemblage ainsi que des applications résolues qui permettent de montrer à partir d'exemples la mise en œuvre de la méthode proposée. Lorsque la résistance d'une tige est définie, pour un boulon par exemple, il faut veiller à la placer dans l'espace disponible en respectant les conditions d'espacement et de distance des tiges.

Des tableaux proposent des coefficients à appliquer à la résistance d'une tige pour obtenir la résistance de l'assemblage. Il faut ensuite comparer cette valeur à la charge supportée par l'assemblage. Les assemblages des pointes et vis de faible diamètre sont aussi définis. Dans ce cas, la méthode est simplifiée, car l'orientation de l'effort n'intervient plus. Lorsque la résistance des tiges est examinée, il reste à vérifier que la section du bois au droit de l'assemblage est suffisante.

Le dernier chapitre de cette partie est consacré aux embrèvements. Ils sont plus simples à vérifier, un tableau et des coefficients d'adaptation sont suffisants pour réaliser cette opération.

13 Méthode et applications résolues

Méthode

La recherche des sollicitations dans les différentes parties d'un assemblage doit être effectuée avec beaucoup de rigueur. Il est nécessaire d'effectuer la vérification en deux temps : les tiges métalliques (boulons, vis, pointes…) et puis la résistance de la section au droit de l'assemblage. Après avoir collecté les données, il faut déterminer les efforts subis par les différentes parties de l'assemblage ainsi que leur inclinaison par rapport au fil du bois pour certains types d'assembleur ou d'organe.

Les différentes étapes de justification des tiges dans le bois sont :

- le calcul du nombre de tiges nécessaire ;

- la sélection du nombre de tiges ;

- leur position dans la section ;

- le calcul de la résistance de l'ensemble des tiges.

Pour vérifier la résistance de la section au droit de l'assemblage, il faut définir la hauteur cisaillée. L'effort subi par l'assemblage doit être inférieur à la résistance de l'ensemble des tiges et à la résistance de la section au droit de l'assemblage.

Collecte des données

Cette opération consiste à définir les éléments pour calculer les efforts repris par l'assemblage et à choisir le type d'assemblage et sa composition :

- type de chargement, structure, neige, exploitation et vent ;

- mode de transmission des efforts jusqu'à l'assemblage ;

- valeur et éventuellement inclinaison de ces efforts ;

- dimensions des pièces composant l'assemblage ;

- angle entre les pièces ;

- matériaux (bois-bois, bois-métal), qualité de ces matériaux ;

- mode de travail (simple cisaillement ou double cisaillement) ;

- type de tiges métalliques, vis, boulons ou pointes ;

- diamètre et longueur des tiges.

Calcul des efforts dans les pièces de l'assemblage

Le calcul des efforts dans les assemblages est fréquemment un travail délicat. Les cas simples sont résolus avec la statique, les cas complexes avec des logiciels.

Résistance des tiges (boulon, vis ou pointe) dans le bois

Les tables 1 à 9 et les coefficients d'adaptation permettent de définir l'effort maximal que peut supporter une tige. La résistance des tiges dans l'assemblage est calculée en multipliant la résistance d'une tige par un coefficient de tige défini en fonction de l'assemblage.

Définition de la résistance d'une tige dans les tables

Les tables 1 à 9 définissent l'effort maximal que peut supporter une tige pour un angle entre l'effort et la direction du fil du bois des pièces.

Recherche des coefficients

- Qualité du matériau.
- Diamètre des tiges et qualité de l'acier.
- Épaisseur des pièces.
- Durée d'application de la charge.

Résistance d'une tige

La résistance d'une tige s'obtient en multipliant la valeur des tables 1 à 9 par les coefficients.

Calcul du nombre théorique de tiges nécessaires dans l'assemblage

Le nombre théorique de tiges s'obtient en divisant l'effort subi par l'assemblage par la résistance d'une tige.

Choix du nombre réel de tiges

Le nombre réel de tiges doit être supérieur au nombre théorique de tiges nécessaire pour l'assemblage.

Position des tiges dans l'assemblage

La position des tiges dans l'assemblage doit respecter les cotes minimales définies par la réglementation. Elle permet notamment de définir l'espacement entre les boulons (a1) dans une file, espacement indispensable pour le calcul du nombre efficace. Les conditions de distance et d'espacement des tiges dans l'assemblage peuvent conduire à augmenter les dimensions des bois.

Résistance des tiges dans l'assemblage

La résistance des tiges dans l'assemblage est obtenue en multipliant la résistance d'une tige par le coefficient de tige le plus faible des deux pièces assemblées.

Résistance de la section au droit de l'assemblage

La résistance de la section au droit de l'assemblage dépend de l'effort perpendiculaire au fil du bois au niveau des tiges (cisaillement et fendage du bois). Une première table donne la résistance du bois pour ce cas de figure, puis des coefficients permettent d'adapter la table aux cas étudiés.

Lecture de la table C1 ou C2

La lecture des tables C1 (bois massif) et C2 (bois lamellé-collé) permet de définir l'effort maximal que peut supporter le bois lorsque l'effort est perpendiculaire au fil de l'une des pièces.

Recherche des coefficients de variation des hypothèses

- Épaisseur des bois.

- Angle entre les pièces différent de 90°.

- Proportion de chargement (charges de structure ou charges variables).

- Durée de la charge.

Résistance de la section au droit de l'assemblage

La résistance de la section au droit de l'assemblage est obtenue en multipliant la résistance de la table par les coefficients.

Applications résolues

La justification des assemblages comporte deux parties :

- les tiges métalliques doivent être suffisamment résistantes ;

- la résistance de la section au droit de l'assemblage doit être suffisante.

Élément de contreventement en K cloué

Soit une toiture contreventée par des diagonales en K clouées. Les caractéristiques du contreventement sont les suivantes (figure 13.1) :

- assemblage des diagonales en K avec des clous de 6 mm de diamètre (longueur = 140 mm) ;

- pannes recevant les diagonales en bois massif classé C18 de 75×225 ;

- diagonale en bois massif classé C18 de 75×150 ;

- effort dans la diagonale de 327 daN (déterminé par une étude statique).

Résistance des pointes dans le bois

La résistance d'une pointe est définie à partir de la table de référence (table 9, chapitre 15, pour cet exemple) et des coefficients d'adaptation. Le ratio de l'effort dans la diagonale sur la résistance d'une pointe donne le nombre théorique de pointes nécessaire pour l'assemblage. À partir de ce résultat, il faut choisir le nombre de pointes et les placer dans l'espace disponible de l'assemblage en calculant les conditions de distance et d'espacement. Lorsque cette étape est réalisée, il est possible de définir la résistance réelle de l'assemblage et de la comparer à l'effort qu'il reçoit. La résistance doit être supérieure à l'effort supporté.

Figure 13.1. Exemple de système de contreventement avec des diagonales en K.

Définition de la résistance d'une pointe de la table 9

Voir le paragraphe « Résistance d'une tige isolée dans un assemblage » du chapitre 15.
La lecture de la table 9 mentionne que la résistance d'une pointe est de 85 daN.

Recherche des coefficients pour des hypothèses différentes des tables

Voir le paragraphe « Résistance d'une tige isolée dans un assemblage » du chapitre 15 :

- le bois est classé C18 et le diamètre de la pointe est de 6 mm donc le coefficient $k_1 = 1$;

- l'épaisseur de la pièce $t_1 = 75$ mm est supérieure à 65, la longueur de pénétration côté pointe est de $t_2 = 140 - 75 = 65$ mm, donc le coefficient $k_2 = 1$;

- le vent correspond à une charge instantanée. Donc le coefficient $k_3 = 1,375$;

- application de l'ensemble des coefficients : résistance finale $= 85 \times 1 \times 1 \times 1,375 = 117$ daN.

> Remarque
> L'application de ces coefficients est pénalisante, car ils correspondent aux coefficients les plus défavorables. Une étude complète de l'assemblage permettrait de définir une charge limite plus importante.

Nombre minimal de pointes dans l'assemblage

L'effort subi par l'assemblage et la résistance d'une pointe permettent de définir le nombre théorique de pointes nécessaire.

$$\text{Nombre minimum} = \frac{\text{Effort subi par l'assemblage}}{\text{Résistance d'une pointe}} = \frac{327}{117} = 2,8$$

Choix et répartition des clous dans l'assemblages

Voir chapitre 15, paragraphe « Position des pointes et autres tiges de diamètre inférieur ou égal à 8 mm ».

Choix de 3 pointes, 3 files de 1 pointe dans la diagonale et la panne.

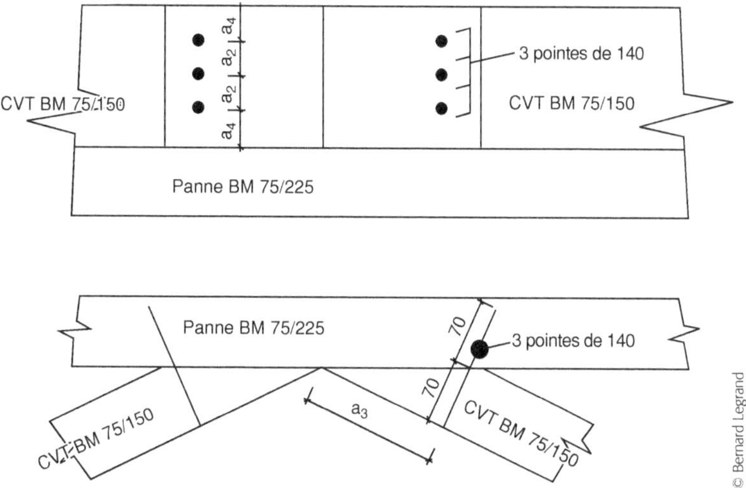

Figure 13.2. La panne à 3 files de 2 clous et la diagonale à 3 files de 1 clou.

Position des clous dans l'assemblage

La panne et la diagonale étant parallèles, la position des pointes doit être étudiée pour la section la moins haute ($h_{diagonale}$ = 150 ; h_{panne} = 225). Le déroulement consiste à placer la cote a_4, distance entre la rive et la pointe, puis à calculer la cote a_2, espacement entre files (figure 13.2). Les différentes étapes de calcul sont définies dans la première colonne des tableaux. Il faut vérifier que $2 \times a_4 + 2 \times a_2 < h_{diagonale}$.

Tableau 13.1. Détermination des distances et espacements de la diagonale et de la panne

Étape	Cote	Valeur mini	Calcul	Valeur retenue
1	Rive : a_4	7d = 42 mm		45 mm
2	Espacement entre file : a_2	5d = 30 mm	$a_2 = (L - 2a_4)/2 = (150 - 2 \times 45)2 = 30$	30 mm
3	Extrémité a_3	15d = 90mm	$a_3 = (\text{Épaisseur})/\tan \alpha = 70/\tan 20° = 192$ avec α inclinaison de la diagonale	192 mm

Comparaison de l'effort subi et de la résistance des pointes

Effort subi par l'assemblage < Résistance des pointes de l'assemblage

$$327 < 3 \times 117$$

$$327 < 351$$

Résistance de la section au droit de l'assemblage

L'effort est parallèle au fil du bois pour la diagonale et la panne. Le calcul de la résistance du bois autour des pointes n'est pas nécessaire pour cet assemblage.

Élément de contreventement

Soit un bâtiment contreventé par des diagonales. Les caractéristiques du contreventement sont les suivantes (figure 13.3).

- Assemblage des diagonales par boulons de 16 mm de diamètre de classe 4-6.

- Poteaux moisés en bois lamellé-collé classé GL28h de 80 × 270.

- Diagonale en bois lamellé-collé classé GL28h de 100 × 200.

- Distance entre éléments de contreventement 7 m.

- Hauteur des murs 6 m.

- Effort dans la diagonale de 5 607 daN (déterminé par une étude statique).

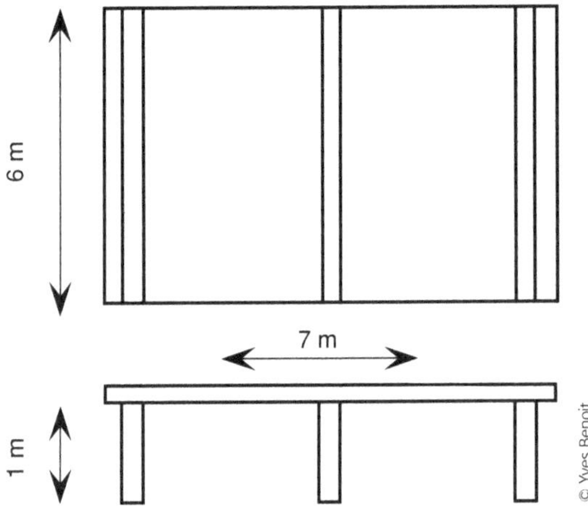

Figure 13.3. Caractéristiques du contreventement.

Résistance des boulons dans le bois

La résistance d'un boulon est déterminée à partir de la valeur lue dans la table de référence (la table 1 pour cet exemple) corrigée par des coefficients d'adaptation. Le ratio de l'effort dans la diagonale sur la résistance d'un boulon donne le nombre théorique de boulons nécessaire pour l'assemblage. À partir de ce résultat, il faut choisir le nombre réel de boulons et les placer dans l'espace disponible de l'assemblage en vérifiant les conditions de distance et d'espacement. Lorsque cette étape est réalisée, il est possible de définir la résistance réelle de l'assemblage en fonction de la position des boulons et de la comparer à l'effort qu'il reçoit. La résistance doit être supérieure à l'effort supporté.

Définition de la résistance d'un boulon de la table 1

Voir le paragraphe « Résistance d'une tige isolée dans un assemblage » du chapitre 14.

- Angle de l'effort dans la diagonale : 0°.

- Angle de l'effort dans le poteau : 90 − 70,3° = 19,7°.
- Lecture de la table 1 résistance d'un boulon : 1 538 daN.

Figure 13.4. Exemple de système de contreventement.

Recherche des coefficients pour hypothèses différentes des tables

Voir le paragraphe « Résistance d'une tige isolée dans un assemblage » du chapitre 14.

- Le bois est classé GL28h, les boulons ont un diamètre de 16 mm et sont classés 4-6, donc le coefficient k_1 = 0,608.

- L'épaisseur des poteaux (les moises) est de 80 et l'épaisseur de la diagonale (la pièce centrale) est de 100, donc le coefficient k_2 = 0,937.

- Le vent correspond à une charge instantanée, donc le coefficient k_3 = 1,375.

- Application de l'ensemble des coefficients :
  résistance finale = 1 538 × 0,608 × 0,937 × 1,375 = 1 205 daN.

> **Remarque**
> L'application de ces coefficients est pénalisante, car ils correspondent aux coefficients les plus défavorables en fonction de l'inclinaison de l'effort par rapport au fil du bois. Une étude complète de l'assemblage permettrait de définir une charge limite plus importante.

Nombre minimum de boulons dans l'assemblage

L'effort subi par l'assemblage et la résistance d'un boulon permettent de définir le nombre théorique de boulons nécessaire. Dans cet exemple, le choix de cinq boulons était possible, mais six boulons permettent une disposition symétrique.

$$\text{Nombre minimum} = \frac{\text{Effort subi par l'assemblage}}{\text{Résistance d'un boulon}} = \frac{5\ 607}{1\ 203} = 4,65 \ .$$

Choix et répartition des boulons dans l'assemblage

Voir le paragraphe « Conditions d'espacement et de distance des tiges » du chapitre 14.

Choix de 6 boulons, 3 files de 2 boulons dans le poteau et 2 files de 3 boulons dans la diagonale.

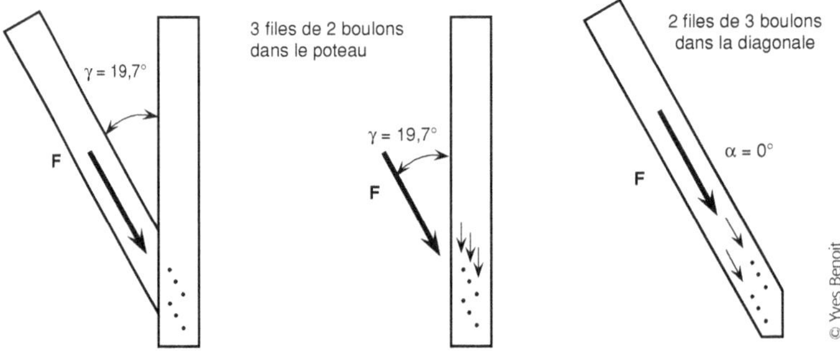

Figure 13.5. Le poteau a 3 files de 2 boulons et la diagonale a 2 files de 3 boulons.

Position des boulons dans l'assemblage

La cote a_1 (espacement entre boulons sur une file) influence la résistance de l'assemblage. Elle doit être la plus importante possible. Le déroulement consiste à placer la cote a_4, distance entre la rive et le boulon, puis à calculer la cote a_2, espacement entre files (figure 13.6). La cote a_2 du poteau permet de définir la cote a_1 de la diagonale, et la cote a_2 de la diagonale permet de définir la cote a_1 du poteau (figure 13.7). Les différentes étapes de calcul sont définies dans la première colonne des tableaux.

Tableau 13.2. Détermination des distances et espacements de la diagonale

Étape	Cote	Valeur mini	Calcul	Valeur retenue
1	Rive : a_4	4d = 64 mm	Sans objet	64 mm
2	Espacement entre files : a_2	4d = 64 mm	$a_2 = L - 2a_4 = 200 - 2 \times 64$	72 mm
5	Espacement entre boulons : a_1	5d = 80 mm	$a_1 = a_{2,\text{ poteau}} / \sin(\gamma)$ $a_1 = 71 \times 1/\sin(19,7) = 210$ mm	210 mm
6	Extrémité chargée : a_3	Max (7d ; 80 mm) = 112 mm	Doit être supérieur à 112 mm par construction	190 mm

Tableau 13.3. Détermination des distances et espacements du poteau

Étape	Cote	Valeur mini	Calcul	Valeur retenue
3	Rive : a_4	4d = 64 mm	Sans objet	64 mm
4	Espacement entre files : a_2	4d = 64 mm	$a_2 = (L - 2a_4)/2 = (270 - 2 \times 64)/2 = 71$	71 mm
7	Espacement entre boulons : a_1	5d = 80 mm	$a_1 = a_{2,\text{ diagonale}} / \sin(\gamma)$ $a_1 = 72 / \sin(19,7) = 213$ mm	213 mm
8	Extrémité chargée : a_3	Max (7d ; 80 mm) = 112 mm	Défini par construction de l'assemblage	179 mm

Tableau 13.4. Valeur de sin (γ) en fonction de l'angle de l'effort par rapport au fil du bois

Angle	0	5	10	15	20	25	30	35	40	45	50	55	60	65	70	75	80	85	90
sin (γ)	1*	0,09	0,17	0,26	0,34	0,42	0,50	0,57	0,64	0,71	0,77	0,82	0,87	0,91	0,94	0,97	0,98	1,00	1,00

Remarques

* Lorsque l'angle est nul les cotes a_1 et a_2 sont identiques pour la diagonale et le poteau. Lorsque l'angle est de 90°, la cote a_1 du poteau est égale à la cote a_2 de la diagonale, et la cote a_2 du poteau est égale à la cote a_1 de la diagonale.

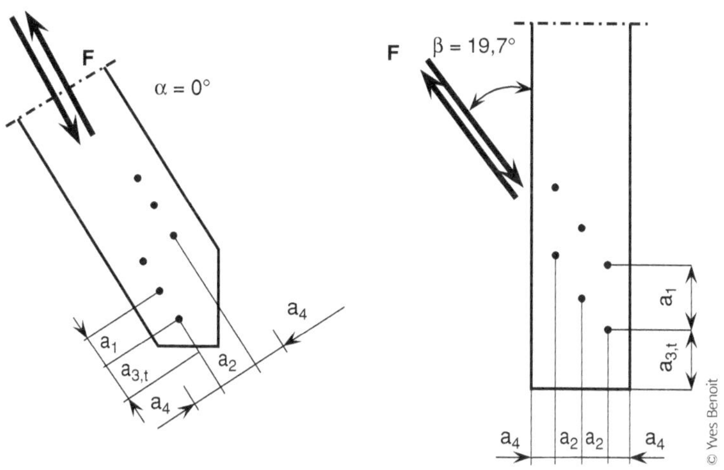

Figure 13.6. Position des boulons dans l'assemblage.

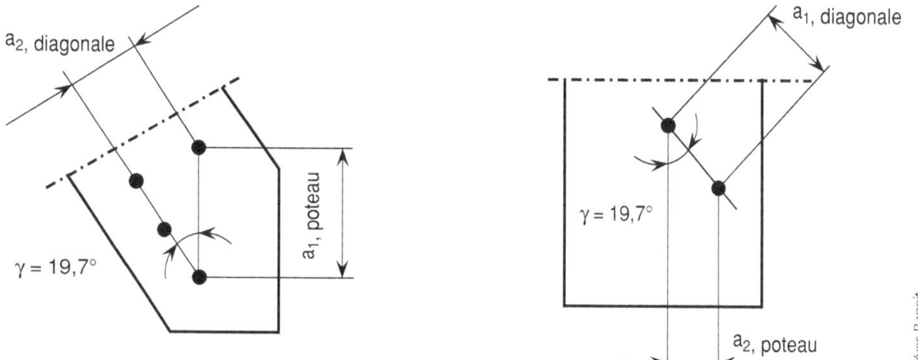

Figure 13.7. Calcul des espacements entre boulons de la diagonale et du poteau.

Recherche de la résistance de l'assemblage en fonction de la position des boulons

Voir le paragraphe « Résistance des boulons ou des vis de l'assemblage. Assemblage avec six boulons » du chapitre 14.

La résistance des boulons de l'assemblage dépend :

- de la distance entre boulons dans une file (cote a_1) ;

- de l'angle entre l'effort et le fil du bois ;

- du nombre de files de boulons ;

- du nombre de boulons dans une file.

Rappel des éléments

Pièce	Distance entre boulons dans une file (a_1)	Angle entre l'effort et le fil du bois	Nombre de files et nombre de boulons dans une file
Diagonale	210 mm ou 210/16 = 13d	$\alpha = 0°$	2 files de 3 boulons
Poteau	213 mm ou 213/16 = 13d	$\gamma = 19,7°$	3 files de 2 boulons

Remarque

Il faut exprimer la cote a_1 en fonction du diamètre du boulon, soit 16 mm, puis l'arrondir à la valeur inférieure.

Procédé

- Définir le coefficient de la diagonale (tableau 14.6) : 5,376.

- Définir le coefficient du poteau (tableau 14.7) : 5,687.

- Sélectionner le plus faible : 5,376.

- Multiplier la résistance d'une tige isolée définie dans la table 1 par ce coefficient :

$$1\ 203 \times 5,376 = 6\ 467 \text{ daN.}$$

Comparaison de l'effort subi et de la résistance des boulons

$$\text{Effort subi par l'assemblage} < \text{Résistance des boulons de l'assemblage}$$

$$5\ 607 < 6\ 467$$

Résistance de la section au droit de l'assemblage

L'angle entre l'effort et le fil du bois de la diagonale est de 0°, l'effort perpendiculaire au fil du bois pour cette pièce est nul. Le calcul de la résistance du bois autour des boulons n'est pas nécessaire pour cette pièce. Par contre, l'effort est incliné par rapport au poteau. Il faut donc vérifier cette pièce. Les tables C1 et C2 donnent la résistance du bois lorsque l'effort est perpendiculaire au fil (cisaillement et fendage du bois), puis des coefficients permettent d'adapter la table aux cas étudiés.

Dans le cadre de cet ouvrage, l'étude des assemblages très sollicités n'est pas envisagée. C'est pourquoi l'hypothèse d'une rupture de bloc en bout de pièce tendue sous l'action d'un groupe d'organe n'est pas envisagée. En cas de doute, ce calcul doit être conduit selon EC5.

Rappel des caractéristiques de l'assemblage

- Poteau en bois lamellé-collé.
- Les efforts sont provoqués uniquement par le vent, la durée de chargement est instantanée.
- L'angle entre l'effort et le fil du bois du poteau est de 19,7°.
- Section des poteaux moisés : 2 × 80 × 270 mm, hauteur efficace he = h − a_4 = 270 − 64 = 206 mm.
- Épaisseur du poteau de 2 × 80 = 160 mm (pièces moisées).

Lecture de la table C2 : effort maximal que peut supporter du bois lamellé-collé lorsque l'effort est perpendiculaire au fil de l'une des pièces.
Poteaux : hauteur (h) = 270, hauteur efficace (he) = 206 $\Rightarrow$ 1 313 daN.

Recherche des coefficients de variation des hypothèses

	Coefficient	Valeur
k1	Épaisseur de la pièce différente de 100 mm	1,6
k2	Angle entre l'effort et le fil du bois de 19,7°	2,924
k3	Effort provoqué par le vent uniquement, les charges de structure n'interviennent pas (ici G/Q = 0 car G = 0)	1
k4	Effort instantané (provoqué par le vent)	1,375

Application des coefficients
Résistance finale = résistance table × k1 × k2 × k3 × k4.
Le bois autour des boulons peut supporter 1 313 × 1,6 × 2,924 × 1 × 1,375 = 8 446 daN.

Comparaison de l'effort subi et de la résistance de la section au droit de l'assemblage

Effort subi par l'assemblage < Résistance de la section au droit de l'assemblage

5 607 < 8 446

14 Boulons et vis de diamètre supérieur à 8 mm

Résistance d'une tige isolée dans un assemblage

Une tige métallique est un boulon, une vis ou une pointe.

Les tables de 1 à 9 proposent la résistance d'une tige dans les assemblages à partir de quatre critères : le matériau (bois massif ou lamellé-collé), le type d'assemblage (double ou simple cisaillement, bois/bois ou bois/métal), l'épaisseur des bois et le diamètre des tiges. Ces tables définissent l'effort maximal que peut supporter une tige pour un angle entre l'effort et le fil du bois des pièces composant l'assemblage.

Ensuite, 3 coefficients k_1, k_2 et k_3 permettent de déterminer la résistance pour d'autres assemblages à partir de critères différents.

Tableau 14.1. Liste des tables disponibles

Type	Matériau	Épaisseur	Boulon/vis/pointe	Table
Double cisaillement bois/bois	BLC	90-138-90	20	1
		72-113-72	16	2
	BM ou BMR	80-140-80	18	3
		60-90-60	16	4
Double cisaillement bois/ferrure de 6 mm en âme	BLC	138	20	5
	BM ou BMR	120	16	6
Simple cisaillement	BLC	90	8 (vis ou boulons)	7
		72	6 (vis ou pointes)	8
	BM ou BMR	80	6 (vis ou pointes)	9

BLC : bois lamellé-collé.

BM ou BMR : bois massif ou bois massif reconstitué.

Assemblage travaillant en double cisaillement bois/bois

Les assemblages travaillant en double cisaillement concernent généralement les assemblages moisés (figure 15.2) Ils sont définis par les tables de 1 à 4.

Figure 14.1. L'assemblage de l'arbalétrier avec les poteaux moisés travaille en double cisaillement.

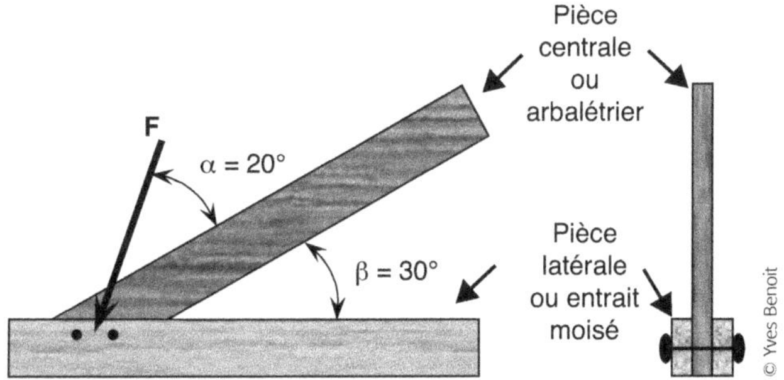

Figure 14.2. Pour cet assemblage moisé, l'angle entre la pièce centrale (l'arbalétrier) et l'effort est de 20°, et l'angle entre les pièces latérales (l'entrait) et l'effort est de 50°.

Table 1

– Assemblage moise bois/bois 90-138-90
– Bois lamellé-collé
– Résistance d'un boulon isolé de 20 mm
(en daN)

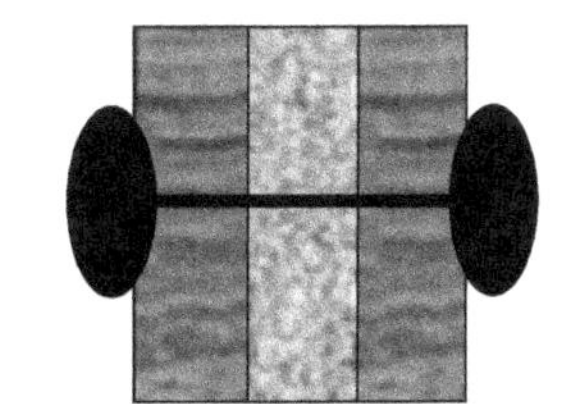

Pièce centrale	Angle de l'effort par rapport au fil du bois : pièces latérales (moises)									
	0	10	20	30	40	50	60	70	80	90
0	1 606	1 588	1 538	1 470	1 397	1 331	1 277	1 237	1 213	1 205
10	1 600	1 582	1 533	1 465	1 393	1 327	1 273	1 233	1 210	1 202
20	1 584	1 566	1 517	1 451	1 380	1 315	1 262	1 223	1 200	1 192
30	1 560	1 542	1 495	1 430	1 361	1 297	1 245	1 208	1 185	1 177
40	1 531	1 514	1 468	1 406	1 338	1 277	1 226	1 190	1 168	1 160
50	1 503	1 487	1 442	1 381	1 316	1 256	1 207	1 172	1 150	1 143
60	1 478	1 462	1 419	1 360	1 296	1 238	1 190	1 155	1 134	1 127
70	1 459	1 443	1 401	1 343	1 281	1 224	1 177	1 143	1 122	1 115
80	1 447	1 432	1 390	1 332	1 271	1 215	1 169	1 135	1 114	1 108
90	1 443	1 427	1 386	1 329	1 268	1 212	1 166	1 132	1 112	1 105

Exemple (figure 14.2) : considérons un assemblage d'un arbalétrier simple et d'un entrait moisé formant un angle de 30°. L'effort est incliné de 20° par rapport à l'arbalétrier et de 50° par rapport à l'entrait (20° + 30°). Un boulon de cet assemblage peut supporter 1 315 daN. Pour un angle de 23° et 47°, lire 1 297 daN (plus l'angle est important, plus la résistance diminue).

Hypothèses de la table 1

Les calculs ont été réalisés sur la base des éléments suivants :

- bois lamellé-collé classé Gl24h de masse volumique caractéristique de 380 kg/m³ ;
- moises (pièces latérales) de 90 mm d'épaisseur ;
- pièce centrale de 138 mm d'épaisseur ;
- diamètre du boulon de 20 mm en acier de classe 6-8 (f_{uk} = 600 n/mm²) ;
- assemblage situé sous abri ou dans un local chauffé ;

- durée de l'effort de 1 semaine à 6 mois (exploitation ou neige avec une altitude ≥ 1 000 m au sens de l'Eurocode 5) ;

- charge de structure supérieure à 10 % des charges variables ($G \geq 0{,}1Q$) ;

- taux de travail de 0,95.

Coefficients de variation des hypothèses de la table 1

Les coefficients dans les tableaux suivants correspondent aux coefficients les plus défavorables en fonction de l'inclinaison de l'effort par rapport au fil du bois.

Coefficient k1 : caractéristiques du bois, diamètre et classe du boulon

GL24h			GL28h		
	Acier			Acier	
Diamètre	4-6	6-8	Diamètre	4-6	6-8
16	0,585	0,717	16	0,608	0,745
18	0,711	0,871	18	0,739	0,905
20	0,844	1,000*	20	0,876	1,054
22	0,984	1,053	22	1,022	1,136
24	1,092	1,100	24	1,152	1,186

* Hypothèses de la table.

Exemple : pour des pièces de bois GL28h assemblées par des boulons de 22 mm de classe 4-6, la résistance sera celle de la table 1 corrigée par le coefficient $k1 = 1{,}022$. Un boulon de 20 mm de diamètre en acier 6-8 pouvant supporter 1 315 daN avec du bois lamellé-collé classé GL24h (hypothèse de la table 1), chaque boulon de 22 pourra supporter $1\ 315 \times 1{,}022 = 1\ 387$ daN.

Coefficient k2 : modification des épaisseurs des pièces

Moise	Pièce centrale				
	80	90	100	110	120 et plus
80	0,789	0,887	0,937	0,937	0,937
85		0,887	0,968	0,968	0,968
90		0,887	0,986	1,000	1,000*
95			0,986	1,023	1,023
100			0,986	1,046	1,046
105				1,071	1,071
110				1,085	1,096
115					1,123
120 et plus					1,134

* Pas de variations par rapport aux hypothèses de la table.

Remarque

Un boulon dans un assemblage de 90-138-90 aura la même résistance si la pièce centrale fait 110 mm d'épaisseur.

Exemple : pour un arbalétrier de 120 mm et un entrait moisé de 2×120 mm, chaque boulon de 20 mm pourra supporter $1\ 315 \times 1{,}134 = 1\ 491$ daN .

Coefficients k3 : durée de la charge

La résistance des assemblages est liée à la durée de la charge la plus courte de l'ensemble des charges.

Nature de la charge	Durée de la charge	Coefficient
Structure	Permanente	0,750
Stockage	6 mois à 10 ans	0,875
Exploitation ou neige avec une altitude ≥ 1 000 m	1 semaine à 6 mois	1,000*
Entretien ou neige avec une altitude < 1 000 m	Inférieure à 1 semaine	1,125
Vent, neige exceptionnelle	Instantanée	1,375

* Hypothèse de la table.

Exemple : un boulon pouvant supporter 1 315 daN avec une durée de charge de 1 semaine à 6 mois (hypothèse de la table 1) pourra supporter 1 315 × 1,125 = 1 479 daN si la durée de charge est inférieure à 1 semaine.

> **Remarque**
>
> Pour une combinaison de charges, la résistance est liée à la durée de la charge la plus courte. Si l'assemblage reçoit des efforts provenant du poids de la structure et du poids de la neige par exemple, il faut appliquer le coefficient correspondant à la durée la plus courte, la neige.

Application de plusieurs coefficients

Si plusieurs critères sont différents, il suffit de multiplier entre eux les coefficients. La résistance finale du boulon est égale à la résistance de la table corrigée par l'ensemble des coefficients.

Résistance finale = résistance table × k1 × k2 × k3.

Exemple : si l'assemblage comporte les caractéristiques suivantes :

- bois lamellé-collé classé GL28h ;

- boulon de 24 mm de diamètre en acier classé 4-6 ;

- épaisseur de l'arbalétrier 120 mm et de l'entrait moisé de 2 × 120 mm ;

- effort incliné de 15° par rapport à l'arbalétrier ;

- inclinaison de l'arbalétrier de 30° par rapport à l'entrait ;

- l'assemblage reçoit des efforts provenant du poids de la structure et du poids de la neige (altitude < 1 000 m).

Résistance finale = 1 315 × 1,152 × 1,134 × 1,125 = 1 933 daN.

> **Remarque**
>
> L'application de ces coefficients est pénalisante, car ils correspondent aux coefficients les plus défavorables en fonction de l'inclinaison de l'effort par rapport au fil du bois. Une étude complète de l'assemblage permettrait de définir une charge limite plus importante.

Table 2

– Assemblage moise bois/bois 72-113-72 ;
– Bois lamellé-collé ;
– Résistance d'un boulon isolé de 16 mm
(en daN).

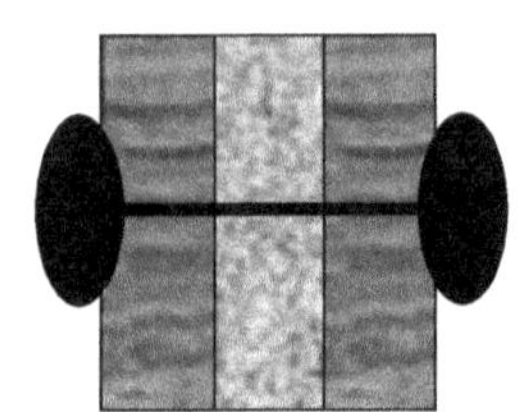

Pièce centrale	Angle de l'effort par rapport au fil du bois : pièces latérales (moises)									
	0	**10**	**20**	**30**	**40**	**50**	**60**	**70**	**80**	**90**
0	1 089	1 078	1 047	1 005	960	918	883	857	842	837
10	1 085	1 074	1 044	1 002	957	915	880	855	840	834
20	1 075	1 064	1 034	993	948	907	873	848	833	828
30	1 060	1 049	1 020	980	936	896	863	838	824	819
40	1 042	1 032	1 004	964	922	883	851	827	812	807
50	1 025	1 015	987	949	908	870	838	815	801	796
60	1 009	999	972	935	895	858	827	804	791	786
70	997	987	961	924	885	849	818	796	783	778
80	989	980	954	918	879	843	813	791	778	773
90	987	977	951	915	877	841	811	789	776	771

Exemple (figure 14.2) : considérons l'assemblage d'un arbalétrier simple et d'un entrait moisé formant un angle de 30°. L'effort est incliné de 20° par rapport à l'arbalétrier et de 50° par rapport à l'entrait (20° + 30°). Un boulon de cet assemblage peut supporter 907 daN. Pour un angle de 23° et 47°, lire 896 daN.

Hypothèses de la table 2

Les calculs ont été réalisés sur la base des éléments suivants :

- bois lamellé-collé classé GL24h de masse volumique caractéristique de 380 kg/m³ ;

- moises (pièces latérales) de 72 mm d'épaisseur ;

- pièce centrale de 113 mm d'épaisseur ;

- diamètre du boulon de 16 mm en acier de classe 6-8 (f_{uk} = 600 N/mm²) ;

- assemblage situé sous abri ou dans un local chauffé ;

- durée de l'effort de 1 semaine à 6 mois (exploitation ou neige avec une altitude $\geq$ 1 000 m au sens de l'Eurocode 5) ;

- charges de structure supérieures à 10 % des charges variables ($G \geq 0,1Q$) ;

- taux de travail de 0,95.

Coefficients de variation des hypothèses de la table 2

Les coefficients dans les tableaux suivants correspondent aux coefficients les plus défavorables en fonction de l'inclinaison de l'effort par rapport au fil du bois.

Coefficient k1 : caractéristiques du bois, diamètre et classe du boulon

GL24h			GL28h		
	Acier			**Acier**	
Diamètre	**4-6**	**6-8**	**Diamètre**	**4-6**	**6-8**
12	0,521	0,639	12	0,542	0,663
14	0,677	0,828	14	0,703	0,861
16	0,845	1*	16	0,878	1,056
18	1,027	1,077	18	1,066	1,162
20	1,146	1,146	20	1,225	1,237

* Hypothèse de la table.

Exemple : pour des pièces de bois GL28h assemblées par des boulons de 18 mm, de classe 4-6, la résistance sera celle de la table 2 corrigée par le coefficient k1 = 1,066. Un boulon de 16 mm de diamètre en acier 6-8 pouvant supporter 907 daN avec du bois lamellé-collé classé GL24h (hypothèse de la table 2), chaque boulon de 18 mm pourra supporter 907 × 1,066 = 967 daN.

Coefficient k2 : modification des épaisseurs des pièces

	Pièce centrale				
Moise	**60**	**70**	**80**	**90**	**100 et plus**
60	0,743	0,867	0,909	0,909	0,909
65		0,867	0,946	0,946	0,946
70		0,867	0,984	0,984	0,984
75			0,991	1,017	1,017
80			0,991	1,046	1,046
85				1,077	1,077
90				1,11	1,11
95					1,143
100 et plus					1,15

Exemple : pour un arbalétrier de 100 mm et un entrait moisé de 2 × 100 mm, chaque boulon pourra supporter 907 × 1,15 = 1 043 daN.

Coefficients k3 : durée de la charge

La résistance des assemblages est liée à la durée de la charge la plus courte de l'ensemble des charges.

Nature de la charge	**Durée de la charge**	**Coefficient**
Structure	Permanente	0,750
Stockage	6 mois à 10 ans	0,875
Exploitation ou neige avec une altitude ≥ 1 000 m	1 semaine à 6 mois	1,000*
Entretien ou neige avec une altitude < 1 000 m	Inférieure à 1 semaine	1,125
Vent, neige exceptionnelle	Instantanée	1,375

* Hypothèse de la table.

Exemple : un boulon pouvant supporter 907 daN avec une durée de charge de 1 semaine à 6 mois (hypothèse de la table 2) pourra supporter 907 × 1,125 = 1 020 daN si la durée de charge est inférieure à 1 semaine.

Remarque

Pour une combinaison de charges, la résistance des assemblages est liée à la durée de la charge la plus courte. Si l'assemblage reçoit des efforts provenant du poids de la structure et du poids de la neige par exemple, il faut appliquer le coefficient correspondant à la durée la plus courte, la neige.

Application de plusieurs coefficients

Si plusieurs critères sont différents, il suffit de multiplier entre eux les coefficients. La résistance finale du boulon est égale à la résistance de la table corrigée par l'ensemble des coefficients.

Résistance finale = résistance table × k1 × k2 × k3.

Exemple : si l'assemblage comporte les caractéristiques suivantes :

• bois lamellé-collé classé GL28h ;

• boulon de 18 mm de diamètre en acier classé 4-6 ;

• épaisseur de l'arbalétrier 100 mm et de l'entrait moisé de 2 × 100 mm ;

• effort incliné de 20° par rapport à l'arbalétrier ;

• inclinaison de l'arbalétrier de 27° par rapport à l'entrait ;

• l'assemblage reçoit des efforts provenant du poids de la structure et du poids de la neige (altitude < 1 000 m) ;

Résistance finale = 907 × 1,066 × 1,15 × 1,125 = 1 251 daN.

Remarque

L'application de ces coefficients est pénalisante, car ils correspondent aux coefficients les plus défavorables en fonction de l'inclinaison de l'effort par rapport au fil du bois. Une étude complète de l'assemblage permettrait de définir une charge limite plus importante.

Table 3

– Assemblage moise bois/bois 80-140-80
– Bois massif
– Résistance d'un boulon isolé de 18 mm
(en daN)

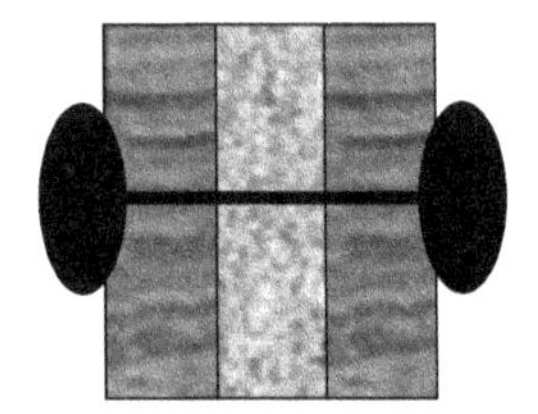

Pièce centrale	Angle de l'effort par rapport au fil du bois : pièces latérales (moises)									
	0	10	20	30	40	50	60	70	80	90
0	1 248	1 234	1 199	1 149	1 097	1 048	1 008	979	961	956
10	1 243	1 230	1 194	1 146	1 093	1 045	1 005	976	959	953
20	1 231	1 218	1 183	1 135	1 083	1 036	997	968	951	945
30	1 212	1 200	1 166	1 119	1 069	1 022	984	956	939	934
40	1 191	1 179	1 146	1 101	1 052	1 007	970	942	926	921
50	1 170	1 158	1 126	1 082	1 035	991	955	928	912	907
60	1 151	1 140	1 109	1 065	1 019	977	942	916	900	895
70	1 137	1 125	1 095	1 053	1 007	966	931	906	891	886
80	1 127	1 116	1 086	1 045	1 000	959	925	900	885	880
90	1 124	1 113	1 083	1 042	997	956	922	898	883	878

Exemple (figure 14.2) : considérons un assemblage d'un arbalétrier simple et d'un entrait moisé formant un angle de 30°. L'effort est incliné de 20° par rapport à l'arbalétrier et de 50° par rapport à l'entrait (20° + 30°). Un boulon de cet assemblage peut supporter 1 036 daN. Pour un angle de 23° et 47°, lire 1 022 daN (plus l'angle est important, plus la résistance diminue).

Hypothèses de la table 3

Les calculs ont été réalisés sur la base des éléments suivants :

- bois massif classé C24 de masse volumique caractéristique de 350 kg/m³ ;
- moises (pièces latérales) de 80 mm d'épaisseur ;
- pièces centrales de 140 mm d'épaisseur ;
- diamètre du boulon de 18 mm en acier de classe 6-8 (f_{uk} = 600 N/mm²) ;
- assemblage situé sous abri ou dans un local chauffé ;
- durée de l'effort de 1 semaine à 6 mois (exploitation ou neige avec une altitude ≥ 1 000 m au sens de l'Eurocode 5) ;
- charges de structure supérieures à 10 % des charges variables (G ≥ 0,1Q) ;
- taux de travail de 0,95.

Coefficients de variation des hypothèses de la table 3

Les coefficients dans les tableaux suivants correspondent aux coefficients les plus défavorables en fonction de l'inclinaison de l'effort par rapport au fil du bois.

Coefficient k1 : caractéristiques du bois, diamètre et classe du boulon

C24			C18		
	Acier			Acier	
Diamètre	4-6	6-8	Diamètre	4-6	6-8
14	0,538	0,659	14	0,514	0,63
16	0,672	0,823	16	0,642	0,787
18	0,816	1*	18	0,78	0,914
20	0,969	1,063	20	0,926	0,973
22	1,12	1,12	22	1,025	1,025

* Hypothèse de la table.

Exemple : pour des pièces de bois C18 assemblées par des boulons de 20 mm de classe 4-6, la résistance sera celle de la table 3 corrigée par le coefficient k1 = 0,926. Un boulon de 18 mm de diamètre en acier 6-8 pouvant supporter 1 036 daN avec du bois massif classé C24 (hypothèse de la table 3), chaque boulon de 20 mm pourra supporter 1 036 × 0,926 = 959 daN.

Coefficient k2 : modification des épaisseurs des pièces

	Pièce centrale				
Moise	70	80	100	110	120 et plus
70	0,753	0,861	0,934	0,934	0,934
80		0,861	1	1	1
90			1,048	1,048	1,048
100			1,076	1,101	1,101
110				1,159	1,159
120 et plus					1,176

Remarque

Un boulon dans un assemblage de 80-140-80 aura la même résistance si la pièce centrale fait 110 mm d'épaisseur.

Exemple : pour un arbalétrier de 120 mm et un entrait moisé de 2 × 120 mm, chaque boulon de 18 mm pourra supporter 1 036 × 1,176 = 1 218 daN .

Coefficients k3 : durée de la charge

La résistance des assemblages est liée à la durée de la charge la plus courte de l'ensemble des charges.

Nature de la charge	Durée de la charge	Coefficient
Structure	Permanente	0,750
Stockage	6 mois à 10 ans	0,875
Exploitation ou neige avec une altitude ≥ 1 000 m	1 semaine à 6 mois	1,000*
Entretien ou neige avec une altitude < 1 000 m	Inférieure à 1 semaine	1,125
Vent, neige exceptionnelle	Instantanée	1,375

* Hypothèse de la table.

Exemple : un boulon pouvant supporter 1 036 daN avec une durée de charge de 1 semaine à 6 mois (hypothèse de la table 3) pourra supporter 1 036 × 1,125 = 1 165 daN si la durée de charge est inférieure à 1 semaine.

Remarque

Pour une combinaison de charges, la résistance des assemblages est liée à la durée de la charge la plus courte. Si l'assemblage reçoit des efforts provenant du poids de la structure et du poids de la neige par exemple, il faut appliquer le coefficient correspondant à la durée la plus courte, la neige.

Application de plusieurs coefficients

Si plusieurs critères sont différents, il suffit de multiplier entre eux les coefficients. La résistance finale du boulon est égale à la résistance de la table corrigée par l'ensemble des coefficients.

Résistance finale = résistance table × k1 × k2 × k3.

Exemple : si l'assemblage comporte les caractéristiques suivantes :

- bois massif classé C18 ;

- boulon de 20 mm de diamètre en acier classé 4-6 ;

- épaisseur de l'arbalétrier 120 mm et de l'entrait moisé de 2 × 120 mm ;

- effort incliné de 20° par rapport à l'arbalétrier ;

- inclinaison de l'arbalétrier de 30° par rapport à l'entrait ;

- l'assemblage reçoit des efforts provenant du poids de la structure et du poids de la neige (altitude < 1 000 m) ;

Résistance finale = 1 036 × 0,926 × 1,176 × 1,125 = 1 269 daN.

Remarque

L'application de ces coefficients est pénalisante, car ils correspondent aux coefficients les plus défavorables en fonction de l'inclinaison de l'effort par rapport au fil du bois. Une étude complète de l'assemblage permettrait de définir une charge limite plus importante.

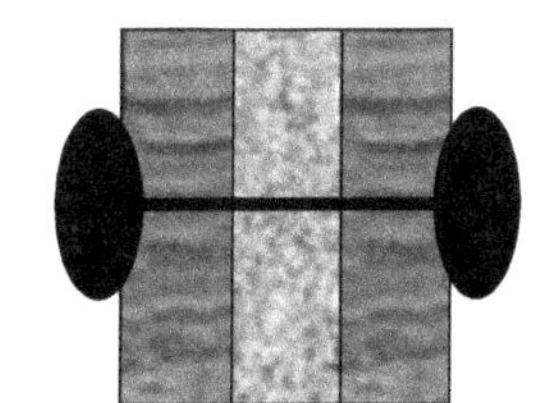

Table 4

– Assemblage moise bois/bois 60-90-60
– Bois massif
– Résistance d'un boulon isolé de 16 mm (en daN).

Pièce centrale	Angle de l'effort par rapport au fil du bois : pièces latérales (moises)									
	0	10	20	30	40	50	60	70	80	90
0	937	928	906	874	840	808	782	763	751	747
10	934	925	902	871	837	806	779	760	749	745
20	924	916	894	863	829	799	773	754	743	739
30	911	903	881	851	818	788	763	745	733	730
40	895	887	866	837	805	776	752	734	723	719
50	879	872	851	823	792	764	740	723	712	708
60	865	858	838	810	780	753	730	713	702	699
70	854	847	827	800	771	744	722	705	695	691
80	847	840	821	794	765	739	716	700	690	687
90	845	838	819	792	764	737	715	698	688	685

Exemple (figure 14.2) : considérons un assemblage d'un arbalétrier simple et d'un entrait moisé formant un angle de 30°. L'effort est incliné de 20° par rapport à l'arbalétrier et de 50° par rapport à l'entrait (20° + 30°). Un boulon de cet assemblage peut supporter 799 daN. Pour un angle de 23° et 47°, lire 788 daN (plus l'angle est important, plus la résistance diminue).

Hypothèses de la table 4

Les calculs ont été réalisés sur la base des éléments suivants :

- bois massif classé C24 de masse volumique caractéristique de 350 kg/m³ ;
- moises (pièces latérales) de 60 mm d'épaisseur ;
- pièces centrales de 90 mm d'épaisseur ;
- diamètre du boulon de 16 mm en acier de classe 6-8 (f_{uk} = 600 N/mm²) ;
- assemblage situé sous abri ou dans un local chauffé ;
- durée de l'effort de 1 semaine à 6 mois (exploitation ou neige avec une altitude ≥ 1 000 m au sens de l'Eurocode 5) ;
- charges de structure supérieures à 10 % des charges variables (G ≥ 0,1Q) ;
- taux de travail de 0,95.

Coefficients de variation des hypothèses de la table 4

Les coefficients dans les tableaux suivants correspondent aux coefficients les plus défavorables en fonction de l'inclinaison de l'effort par rapport au fil du bois.

Coefficient k1 : caractéristiques du bois, diamètre et classe du boulon

C24			C18		
	Acier			Acier	
Diamètre	4-6	6-8	Diamètre	4-6	6-8
12	0,587	0,678	12	0,562	0,636
14	0,736	0,832	14	0,69	0,784
16	0,871	1*	16	0,819	0,913
18	1,015	1,077	18	0,956	0,984
20	1,146	1,146	20	1,048	1,048

* Hypothèse de la table.

Exemple : pour des pièces de bois C18 assemblées par des boulons de 20 mm de classe 4-6, la résistance sera celle de la table 4 corrigée par le coefficient k1 = 1,048. Un boulon de 16 mm de diamètre en acier 6-8 pouvant supporter 799 daN avec du bois massif classé C24 (hypothèse de la table 4), chaque boulon de 20 pourra supporter 799 × 1,048 = 837 daN

Coefficient k2 : modification des épaisseurs des pièces

	Pièce centrale			
Moise	60	70	80	90 et plus
60	0,767	0,894	1	1
65		0,894	1,022	1,023
70		0,894	1,022	1,048
75			1,022	1,075
80			1,022	1,104
85				1,135
90 et plus				1,15

Remarque
Un boulon dans un assemblage de 60-90-60 aura la même résistance si la pièce centrale fait 80 mm d'épaisseur

Exemple : pour un arbalétrier de 90 mm et un entrait moisé de 2 × 90 mm, chaque boulon de 16 mm pourra supporter 799 × 1,15 = 919 daN.

Coefficients k3 : durée de la charge

La résistance des assemblages est liée à la durée de la charge la plus courte de l'ensemble des charges.

Nature de la charge	Durée de la charge	Coefficient
Structure	Permanente	0,750
Stockage	6 mois à 10 ans	0,875
Exploitation ou neige avec une altitude 1 000 m	1 semaine à 6 mois	1,000*
Entretien ou neige avec une altitude < 1 000 m	Inférieure à 1 semaine	1,125
Vent, neige exceptionnelle	Instantanée	1,375

* Hypothèse de la table.

Exemple : un boulon pouvant supporter 788 daN avec une durée de charge de 1 semaine à 6 mois (hypothèse de la table 4) pourra supporter 788 × 1,125 = 886 daN si la durée de charge est inférieure à 1 semaine.

Remarque
Pour une combinaison de charges, la résistance des assemblages est liée à la durée de la charge la plus courte. Si l'assemblage reçoit des efforts provenant du poids de la structure et du poids

de la neige par exemple, il faut appliquer le coefficient correspondant à la durée la plus courte, la neige.

Application de plusieurs coefficients

Si plusieurs critères sont différents, il suffit de multiplier entre eux les coefficients. La résistance finale du boulon est égale à la résistance de la table corrigée par l'ensemble des coefficients.

Résistance finale = résistance table × k1 × k2 × k3.

Exemple : si l'assemblage comporte les caractéristiques suivantes :

* bois massif classé C18 ;

* boulon de 20 mm de diamètre en acier classé 4-6 ;

* épaisseur de l'arbalétrier 90 mm et de l'entrait moisé de 2 × 90 mm ;

* effort incliné de 20° par rapport à l'arbalétrier ;

* inclinaison de l'arbalétrier de 30° par rapport à l'entrait ;

* l'assemblage reçoit des efforts provenant du poids de la structure et du poids de la neige (altitude < 1 000 m) ;

Résistance finale = 799 × 1,048 × 1,15 × 1,125 = 1 083 daN.

> Remarque
>
> L'application de ces coefficients est pénalisante, car ils correspondent aux coefficients les plus défavorables en fonction de l'inclinaison de l'effort par rapport au fil du bois. Une étude complète de l'assemblage permettrait de définir une charge limite plus importante.

Assemblage travaillant en double cisaillement bois et ferrure en âme

Les assemblages travaillant en double cisaillement avec une ferrure en âme dans la pièce de bois sont définis par les tables 5 et 6.

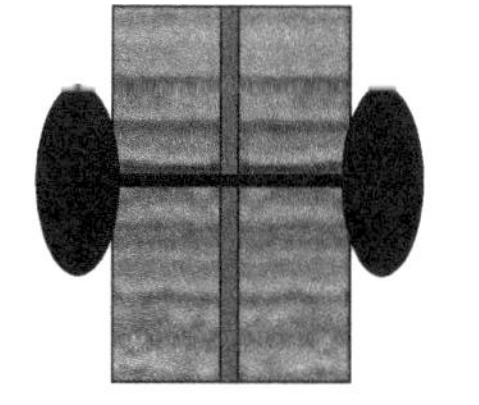

Table 5

– Assemblage bois de 138 mm d'épaisseur avec une ferrure de 6 mm en âme
– Bois lamellé-collé
– Résistance d'un boulon isolé de 20 mm (en daN)

Angle de l'effort par rapport au fil du bois									
0	**10**	**20**	**30**	**40**	**50**	**60**	**70**	**80**	**90**
1 735	1 714	1 657	1 579	1 498	1 424	1 365	1 322	1296	1288

Figure 14.3. Ce contreventement (pièce inclinée) est assemblé avec une ferrure en âme.

Exemple (figure 14.3) : considérons un assemblage recevant un effort parallèle au fil du bois. Un boulon de cet assemblage peut supporter 1 735 daN. Pour un angle de 23°, lire 1 579 daN (plus l'angle est important, plus la résistance diminue).

Hypothèses de la table 5

Les calculs ont été réalisés sur la base des éléments suivants :
- bois lamellé-collé classé GL24h de masse volumique caractéristique de 380 kg/m³ ;
- épaisseur de la pièce de bois de 138 mm ;
- plaque centrale d'épaisseur 6 mm avec un usinage dans le bois de 8 mm ;
- diamètre du boulon de 20 mm en acier de classe 6-8 (f_{uk} = 600 N/mm²) ;
- assemblage situé sous abri ou dans un local chauffé ;
- durée de l'effort de 1 semaine à 6 mois (exploitation ou neige avec une altitude ≥ 1 000 m au sens de l'Eurocode 5) ;
- charges de structure supérieures à 10 % des charges variables (G ≥ 0,1Q) ;
- taux de travail de 0,95.

Coefficients de variation des hypothèses de la table 5

Les coefficients dans les tableaux suivants correspondent aux coefficients les plus défavorables en fonction de l'inclinaison de l'effort par rapport au fil du bois.

Coefficient k1 : caractéristique du bois et du boulon

GL24h			GL28h		
Acier			**Acier**		
Diamètre	**4-6**	**6-8**	**Diamètre**	**4-6**	**6-8**
16	0,619	0,713	16	0,650	0,749
18	0,732	0,851	18	0,766	0,890
20	0,848	1*	20	0,890	1,044
22	0,964	1,053	22	1,009	1,137
24	1,087	1,099	24	1,135	1,186

* Hypothèse de la table.

Exemple : pour des pièces de bois GL28h assemblées par des boulons de 22 mm de classe 4-6, la résistance sera celle de la table 5 corrigée par le coefficient k_1 = 1,009. Un boulon de 20 mm de diamètre en acier 6-8 pouvant supporter 1 735 daN avec du bois lamellé-collé classé GL24h (hypothèse de la table 5), chaque boulon de 22 pourra supporter 1 735 × 1,009 = 1 751 daN.

Coefficient k2 : modification des épaisseurs des pièces

Épaisseur des pièces (mm)												
80	**90**	**100**	**110**	**120**	**130**	**140**	**150**	**160**	**170**	**180**	**190**	**200**
0,682	0,774	0,866	0,952	0,966	0,983	1,002	1,013	1,026	1,042	1,06	1,08	1,101

Exemple : un boulon pouvant supporter 1 735 daN avec une pièce de 138 mm d'épaisseur (hypothèse de la table 5) pourra supporter 1 735 × 0,866 = 1 502 daN si la pièce fait 100 mm d'épaisseur.

Coefficients k3 : durée de la charge

La résistance des assemblages est liée à la durée de la charge la plus courte de l'ensemble des charges.

Nature de la charge	Durée de la charge	Coefficient
Structure	Permanente	0,750
Stockage	6 mois à 10 ans	0,875
Exploitation ou neige avec une altitude $\geq$ 1 000 m	1 semaine à 6 mois	1,000*
Entretien ou neige avec une altitude < 1 000 m	Inférieure à 1 semaine	1,125
Vent, neige exceptionnelle	Instantanée	1,375

* Hypothèse de la table.

Exemple : un boulon pouvant supporter 1 735 daN avec une durée de charge de 1 semaine à 6 mois (hypothèse de la table 2) pourra supporter 1 735 × 1,125 = 1 952 daN si la durée de charge est inférieure à 1 semaine.

> **Remarque**
> Pour une combinaison de charges, la résistance des assemblages est liée à la durée de la charge la plus courte. Si l'assemblage reçoit des efforts provenant du poids de la structure et du poids de la neige par exemple, il faut appliquer le coefficient correspondant à la durée la plus courte, la neige.

Application de plusieurs coefficients

Si plusieurs critères sont différents, il suffit de multiplier entre eux les coefficients. La résistance finale du boulon est égale à la résistance de la table corrigée par l'ensemble des coefficients.

Résistance finale = résistance table × k_1 × k_2 × k_3.

Exemple : si l'assemblage comporte les caractéristiques suivantes :

- bois lamellé-collé classé GL28h ;

- boulon de 22 mm de diamètre en acier classé 4-6 ;

- épaisseur de la pièce de 100 mm ;

- effort parallèle à la pièce ;

- l'assemblage reçoit des efforts provenant du poids de la structure et du poids de la neige (altitude < 1 000 m).

Résistance finale = 1 735 × 1,009 × 0,866 × 1,125 = 1 705 daN.

Remarque

L'application de ces coefficients est pénalisante, car ils correspondent aux coefficients les plus défavorables en fonction de l'inclinaison de l'effort par rapport au fil du bois. Une étude complète de l'assemblage permettrait de définir une charge limite plus importante.

Table 6

– Assemblage bois de 120 mm d'épaisseur avec une ferrure de 6 mm en âme
– Bois massif
– Résistance d'un boulon isolé de 16 mm (en daN)

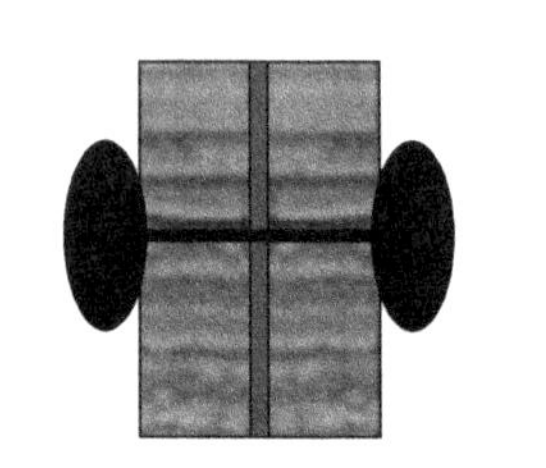

Angle de l'effort par rapport au fil du bois									
0	**10**	**20**	**30**	**40**	**50**	**60**	**70**	**80**	**90**
1 083	1 071	1 039	995	948	905	870	845	829	824

Exemple (figure 14.3) : considérons un assemblage recevant un effort parallèle au fil du bois. Un boulon de cet assemblage peut supporter 1 083 daN. Pour un angle de 23°, lire 995 daN (plus l'angle est important, plus la résistance diminue).

Hypothèses de la table 6

Les calculs ont été réalisés sur la base des éléments suivants :

- bois massif classé C18 de masse volumique caractéristique de 320 kg/m³ ;
- épaisseur de la pièce de bois de 120 mm ;
- plaque centrale d'épaisseur 6 mm avec un usinage de 8 mm ;
- diamètre du boulon de 16 mm en acier de classe 6-8 (f_{uk} = 600 N/mm²) ;
- assemblage situé sous abri ou dans un local chauffé ;
- durée de l'effort de 1 semaine à 6 mois (exploitation ou neige avec une altitude $\geq$ 1 000 m au sens de l'Eurocode 5) ;
- charge de structure supérieure à 10 % des charges variables (G $\geq$ 0,1Q) ;
- taux de travail de 0,95.

Coefficients de variation des hypothèses de la table 6

Les coefficients dans les tableaux suivants correspondent aux coefficients les plus défavorables en fonction de l'inclinaison de l'effort par rapport au fil du bois.

Coefficient k1 : caractéristique du bois et du boulon

	C18			C24		
	Acier				**Acier**	
Diamètre	**4-6**	**6-8**	**Diamètre**	**4-6**	**6-8**
12	0,560	0,646	12	0,594	0,685
14	0,696	0,812	14	0,736	0,859
16	0,847	1*	16	0,894	1,052
18	1,000	1,078	18	1,055	1,179
20	1,147	1,147	20	1,226	1,254

* Hypothèse de la table.

Exemple : pour des pièces de bois massif classé C24 assemblées par des boulons de 20 mm de classe 4-6, la résistance sera celle de la table 6 corrigée par le coefficient k1 = 1,226. Un boulon de 16 mm de diamètre en acier 6-8 pouvant supporter 1 083 daN avec du bois massif classé C18 (hypothèse de la table 6), chaque boulon de 20 mm pourra supporter 1 083 × 1,226 = 1 328 daN.

Coefficient k2 : modification des épaisseurs des pièces

Épaisseur des pièces (mm)												
80	**90**	**100**	**110**	**120**	**130**	**140**	**150**	**160**	**170**	**180**	**190**	**200**
0,782	0,887	0,962	0,979	1*	1,012	1,027	1,045	1,066	1,089	1,114	1,141	1,169

* Hypothèse de la table.

Exemple : un boulon pouvant supporter 1 088 daN avec une pièce de 120 mm d'épaisseur (hypothèse de la table 6) pourra supporter 1 083 × 0,962 = 1 042 daN si la pièce fait 100 mm d'épaisseur.

Coefficients k3 : durée de la charge

La résistance des assemblages est liée à la durée de la charge la plus courte de l'ensemble des charges.

Nature de la charge	Durée de la charge	Coefficient
Structure	Permanente	0,750
Stockage	6 mois à 10 ans	0,875
Exploitation ou neige avec une altitude ≥ 1 000 m	1 semaine à 6 mois	1,000*
Entretien ou neige avec une altitude < 1 000 m	Inférieure à 1 semaine	1,125
Vent, neige exceptionnelle	Instantanée	1,375

* Hypothèse de la table.

Exemple : un boulon pouvant supporter 1 083 daN avec une durée de charge de 1 semaine à 6 mois (hypothèse de la table 2) pourra supporter 1 083 × 1,125 = 1 218 daN si la durée de charge est inférieure à 1 semaine.

> Remarque
> Pour une combinaison de charges, la résistance des assemblages est liée à la durée de la charge la plus courte. Si l'assemblage reçoit des efforts provenant du poids de la structure et du poids de la neige par exemple, il faut appliquer le coefficient correspondant à la durée la plus courte, la neige.

Application de plusieurs coefficients

Si plusieurs critères sont différents, il suffit de multiplier entre eux les coefficients. La résistance finale du boulon est égale à la résistance de la table corrigée par l'ensemble des coefficients.

Résistance finale = résistance table × k1 × k2 × k3.

Exemple : si l'assemblage comporte les caractéristiques suivantes :

- bois massif classé C24 ;

- boulon de 20 mm de diamètre en acier classé 4-6 ;

- épaisseur de la pièce de 100 mm ;

- effort parallèle à la pièce ;

- l'assemblage reçoit des efforts provenant du poids de la structure et du poids de la neige (altitude < 1 000 m).

Résistance finale = 1 083 × 1,226 × 0,962 × 1,125 = 1 437 daN.

Remarque

L'application de ces coefficients est pénalisante, car ils correspondent aux coefficients les plus défavorables en fonction de l'inclinaison de l'effort par rapport au fil du bois. Une étude complète de l'assemblage permettrait de définir une charge limite plus importante.

Assemblage travaillant en simple cisaillement bois/bois

Les assemblages travaillant en simple cisaillement avec deux pièces en bois sont définis par les tables 7, 8 et 9.

Figure 14.4. Ces diagonales sont assemblées par simple cisaillement.

Table 7

– Assemblage simple cisaillement bois/bois 90 (t_1)-90-(t_2)
– Bois lamellé-collé
– Résistance d'une tige isolée de 8 mm (en daN)

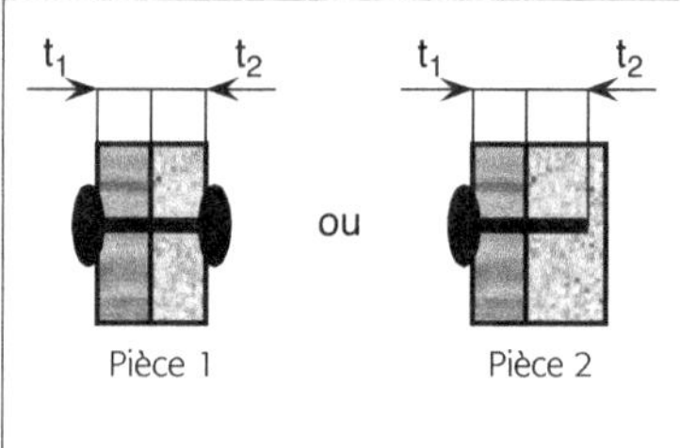

Pièce 2 ou t_2	Angle de l'effort par rapport au fil du bois : Pièces 1 (t_1)									
	0	10	20	30	40	50	60	70	80	90
0	194	193	191	189	185	182	179	177	175	175
10	193	193	191	188	185	181	178	176	175	174
20	191	191	189	186	183	180	177	175	173	173
30	189	188	186	184	180	177	175	172	171	171
40	185	185	183	180	178	175	172	170	169	168
50	182	181	180	177	175	172	169	167	166	166
60	179	178	177	175	172	169	167	165	164	163
70	177	176	175	172	170	167	165	163	162	162
80	175	175	173	171	169	166	164	162	161	160
90	175	174	173	171	168	166	163	162	160	160

Remarques

Une tige peut-être un boulon, une broche, une vis ou une pointe.

Lorsqu'une vis est employée, elle doit pénétrer de 90 mm du côté de la pointe. Le coefficient k_2 permet de faire varier cette valeur.

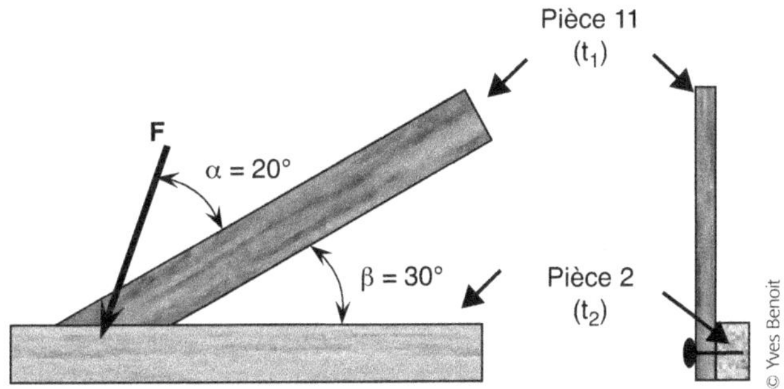

Figure 14.5. Pour cet assemblage travaillant en simple cisaillement, l'angle entre la pièce 1 et l'effort est de 20°, et l'angle entre la pièce 2 et l'effort est de 50°.

Exemple (figure 14.5) : considérons l'assemblage des pièces 1 et 2 formant un angle de 30°. L'effort est incliné de 20° par rapport à la pièce 1 et de 50° par rapport à la pièce 2 (20°+30°). Une tige de cet assemblage peut supporter 180 daN. Pour un angle de 23° et 47°, lire 177 daN (plus l'angle est important, plus la résistance diminue).

Hypothèses de la table 7

Les calculs ont été réalisés sur la base des éléments suivants :

- bois lamellé-collé classé GL24h de masse volumique caractéristique de 380 kg/m³ ;
- pièces 1 et 2 de 90 mm d'épaisseur ;
- si la tige est une vis, l'épaisseur du bois côté tête (pièce 1 ou t_1) doit être de 90 mm et l'épaisseur du bois côté pointe (pièce 2 ou t_2) doit être de 90 mm ;
- diamètre de la tige de 8 mm en acier de classe 6-8 (f_{uk} = 600 N/mm²) ;
- assemblage situé sous abri ou dans un local chauffé ;
- durée de l'effort de 1 semaine à 6 mois (exploitation ou neige avec une altitude ≥ 1 000 m au sens de l'Eurocode 5) ;
- charges de structure supérieures à 10 % des charges variables (G ≥ 0,1Q) ;
- taux de travail de 0,95.

Coefficients de variation des hypothèses de la table 7

Les coefficients dans les tableaux suivants correspondent aux coefficients les plus défavorables en fonction de l'inclinaison de l'effort par rapport au fil du bois.

Coefficient k1 : caractéristique du bois et de la tige

GL24h			GL28h		
Acier			**Acier**		
Diamètre	**4-6**	**6-8**	**Diamètre**	**4-6**	**6-8**
8	0,816	1*	8	0,848	1,039
10	1,195	1,198	10	1,241	1,294
12	1,377	1,378	12	1,485	1,485

* Hypothèse de la table.

Exemple : pour des pièces de bois lamellé-collé de classe GL28h assemblées par des boulons de 10 mm de classe 4-6, la résistance sera celle de la table 7 corrigée par le coefficient k1 = 1,241. Un boulon de 8 mm de diamètre en acier 6-8 pouvant supporter 180 daN avec du bois lamellé-collé classé GL24h (hypothèse de la table 7), chaque boulon de 10 mm pourra supporter 180 × 1,241 = 223 daN.

Coefficient k2 : modification des épaisseurs des pièces et/ou de la pénétration d'une vis dans le bois côté pointe

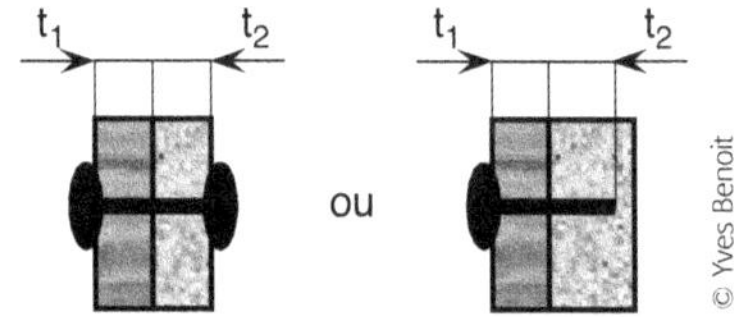

Figure 14.6. Épaisseur des pièces 1 et 2 ou longueur de pénétration d'une vis côté pointe (t_2).

	Pièce 2 ou t_2				
Pièce 1 (t_1)	**55**	**60**	**65**	**70**	**75 et plus**
55	0,874	0,895	0,895	0,895	0,895
60		0,946	0,946	0,946	0,946
65			1	1	1
70 et plus				1	1

Remarque

Une tige dans un assemblage de 90-90 aura la même résistance si les pièces 1 et 2 font 65 mm d'épaisseur.

Exemples

- Une vis de 8 mm assemble une pièce de 55 mm d'épaisseur (t1) et pénètre de 60 mm dans le bois du côté de la pointe (t2). Elle pourra supporter 180 × 0,895 = 161 daN.

- Un boulon de 8 mm assemble deux pièces de 60 mm d'épaisseur, il pourra supporter 180 × 0,946 = 170 daN.

Coefficients k3 : durée de la charge

La résistance des assemblages est liée à la durée de la charge la plus courte de l'ensemble des charges.

Nature de la charge	Durée de la charge	Coefficient
Structure	Permanente	0,750
Stockage	6 mois à 10 ans	0,875
Exploitation ou neige avec une altitude ≥ 1 000 m	1 semaine à 6 mois	1,000*
Entretien ou neige avec une altitude < 1 000 m	Inférieure à 1 semaine	1,125
Vent, neige exceptionnelle	Instantanée	1,375

* Hypothèse de la table.

Exemple : un boulon pouvant supporter 180 daN avec une durée de charge de 1 semaine à 6 mois (hypothèse de la table 7) pourra supporter 180 × 1,125 = 202 daN si la durée de charge est inférieure à 1 semaine.

Remarque

Pour une combinaison de charges, la résistance des assemblages est liée à la durée de la charge la plus courte. Si l'assemblage reçoit des efforts provenant du poids de la structure et du poids de la neige par exemple, il faut appliquer le coefficient correspondant à la durée la plus courte, la neige.

Application de plusieurs coefficients

Si plusieurs critères sont différents, il suffit de multiplier entre eux les coefficients. La résistance finale du boulon est égale à la résistance de la table corrigée par l'ensemble des coefficients.

Résistance finale = résistance table × k1 × k2 × k3.

Exemple : si l'assemblage comporte les caractéristiques suivantes :

- bois lamellé-collé classé GL28h ;

- boulon de 10 mm de diamètre en acier classé 4-6 ;

- épaisseur des deux pièces de 60 mm ;

- effort incliné de 20° par rapport à la pièce 1 ;

- effort incliné de 50° par rapport à la pièce 2 ;

- l'assemblage reçoit des efforts provenant du poids de la structure et du poids de la neige (altitude < 1 000 m).

Résistance finale = 180 × 1,241 × 0,946 × 1,125 = 238 daN.

Remarque

L'application de ces coefficients est pénalisante, car ils correspondent aux coefficients les plus défavorables en fonction de l'inclinaison de l'effort par rapport au fil du bois. Une étude complète de l'assemblage permettrait de définir une charge limite plus importante.

Conditions d'espacement et de distance des tiges de diamètre supérieur à 8 mm

Ces conditions d'espacement et de distance s'appliquent pour des boulons et des vis de diamètre supérieur à 8 mm, mais inférieur à 30 mm. Lorsque le diamètre est inférieur ou égal à 8 mm, il faut appliquer les conditions d'espacement et de distance des pointes. Les conditions d'espacement concernent les cotes entre les axes des boulons et les conditions de distance concernent les cotes entre les axes des boulons et les bords des pièces. Les conditions d'espacement et de distance sont exprimées en fonction du diamètre des boulons ou des pointes (tableaux 14.1 et 15.1).

Position des boulons et autres tiges de diamètre supérieur à 8 mm

Tableau 14.1. Conditions d'espacement et de distance des boulons et des vis en fonction de leur diamètre (d)

Désignation	Schémas	Valeur minimum
Espacement sur une file : a_1		5d
Espacement entre file : a_2		4d
Extrémité : a_3		Max (7d ;80 mm)
Rive : a_4		4d

Remarque

Ces valeurs peuvent être optimisées en tenant compte de la direction de l'effort et de la valeur de l'angle entre l'effort et le fil du bois (NF EN 1995-1-1, 8-5-1-1(3) – tableau 8-4).

Résistance des boulons ou des vis de l'assemblage

Assemblage avec deux boulons

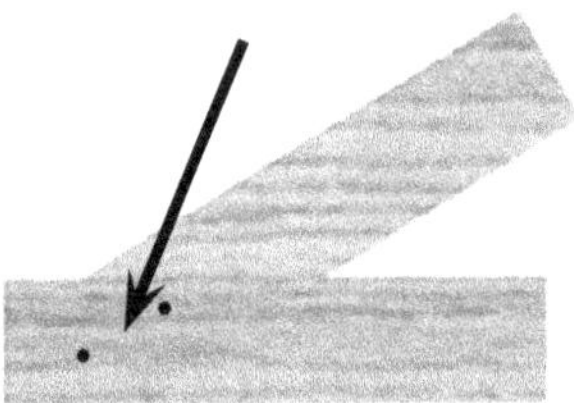

Pour calculer la résistance des boulons ou des vis de l'assemblage, il faut :

- définir le coefficient de la pièce 1 (tableau 14.2) ;
- définir le coefficient de la pièce 2 (tableau 14.2) ;
- sélectionner le plus faible ;
- multiplier la résistance d'une tige isolée par ce coefficient.

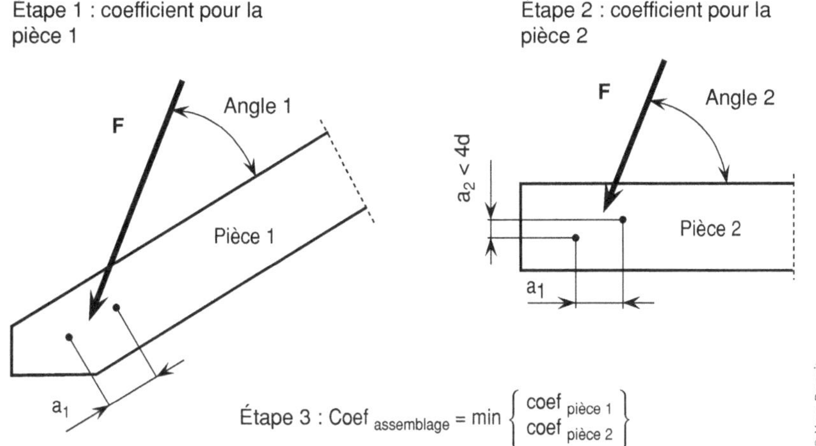

Tableau 14.2. Coefficient à appliquer à la résistance d'un boulon ou d'une vis (d > 6 mm) pour obtenir la résistance d'un assemblage de 2 boulons

	Angles entre l'effort et le fil du bois								
	0°	10°	20°	30°	40°	50°	60°	70°	80°
5d	1,470	1,528	1,587	1,646	1,705	1,764	1,823	1,882	1,941
5,5d	1,505	1,560	1,615	1,670	1,725	1,780	1,835	1,890	1,945
6d	1,538	1,589	1,641	1,692	1,743	1,795	1,846	1,897	1,949
6,5d	1,569	1,617	1,665	1,713	1,761	1,809	1,856	1,904	1,952
7d	1,599	1,643	1,688	1,732	1,777	1,822	1,866	1,911	1,955
7,5d	1,626	1,668	1,709	1,751	1,792	1,834	1,875	1,917	1,958
8d	1,653	1,691	1,730	1,769	1,807	1,846	1,884	1,923	1,961
8,5d	1,678	1,714	1,750	1,785	1,821	1,857	1,893	1,928	1,964
9d	1,702	1,735	1,768	1,801	1,835	1,868	1,901	1,934	1,967
9,5d	1,725	1,756	1,786	1,817	1,847	1,878	1,908	1,939	1,969
10d	1,748	1,776	1,804	1,832	1,860	1,888	1,916	1,944	1,972
10,5d	1,769	1,795	1,820	1,846	1,872	1,897	1,923	1,949	1,974
11d	1,790	1,813	1,836	1,860	1,883	1,907	1,930	1,953	1,977
11,5d	1,810	1,831	1,852	1,873	1,894	1,915	1,937	1,958	1,979
12d	1,829	1,848	1,867	1,886	1,905	1,924	1,943	1,962	1,981
12,5d	1,848	1,865	1,882	1,899	1,915	1,932	1,949	1,966	1,983
13d	1,866	1,881	1,896	1,911	1,926	1,940	1,955	1,970	1,985
13,5d	1,884	1,897	1,910	1,923	1,935	1,948	1,961	1,974	1,987
14d	1,901	1,912	1,923	1,934	1,945	1,956	1,967	1,978	1,989
14,5d	1,918	1,927	1,936	1,945	1,954	1,963	1,973	1,982	1,991
15d	1,934	1,941	1,949	1,956	1,963	1,971	1,978	1,985	1,993
15,5d	1,950	1,956	1,961	1,967	1,972	1,978	1,983	1,989	1,994
16d	1,965	1,969	1,973	1,977	1,981	1,985	1,988	1,992	1,996
16,5d	1,981	1,983	1,985	1,987	1,989	1,991	1,994	1,996	1,998
17d	1,996	1,996	1,997	1,997	1,998	1,998	1,999	1,999	2,000
17,5d	2,000	2,000	2,000	2,000	2,000	2,000	2,000	2,000	2,000
18d	2,000	2,000	2,000	2,000	2,000	2,000	2,000	2,000	2,000

Distance entre boulons dans une ligne (en diamètre de boulons)

Exemple (figure 14.5) : considérons un boulon pouvant supporter 1 315 daN (exemple de la table 1 de ce chapitre). L'angle entre l'effort et l'arbalétrier ou la pièce centrale est de 20° et l'angle entre l'effort et les moises ou les pièces latérales est de 50° (20° + 30°).

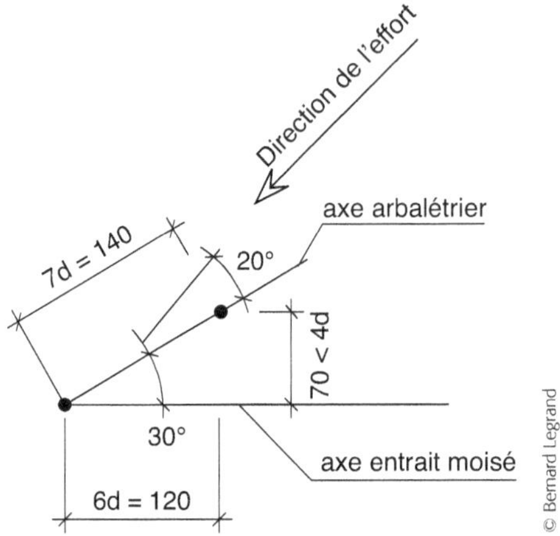

Figure 14.7. Position des boulons par rapport aux axes de l'entrait et de l'arbalétrier.

- Coefficient de la pièce 1 (arbalétrier) :

    angle entre l'effort et le fil du bois : 20°

    espacements entre boulons (cote a_1) : 7d = 7 × 20 = 140 mm $\Big\}$ coefficient = 1,688

- Définir le coefficient de la pièce 2 (entrait) :

    angle entre l'effort et le fil du bois : 50°

    espacements entre boulons (cote a_1) : 6d = 6 × 20 = 120 mm $\Big\}$ coefficient = 1,795

- Sélectionner le plus faible : 1,688

- Multiplier la résistance d'une tige isolée définie dans les tables 1 par ce coefficient. Résistance assemblage = 1 315 × 1,688 = 2 220 daN

Remarques (figure 14.7)

Lorsque la distance a_2 est supérieure ou égale à 4d ($a_2 \geq$ 4d) pour la pièce centrale, il faut prendre un coefficient de 2. Même remarque pour les pièces latérales.

Si la distance a_2 est supérieure ou égale à 4d pour la pièce centrale et les pièces latérales, il faut prendre un coefficient de 2 pour l'assemblage (voir le paragraphe « Conditions d'espacement et de distance tiges »).

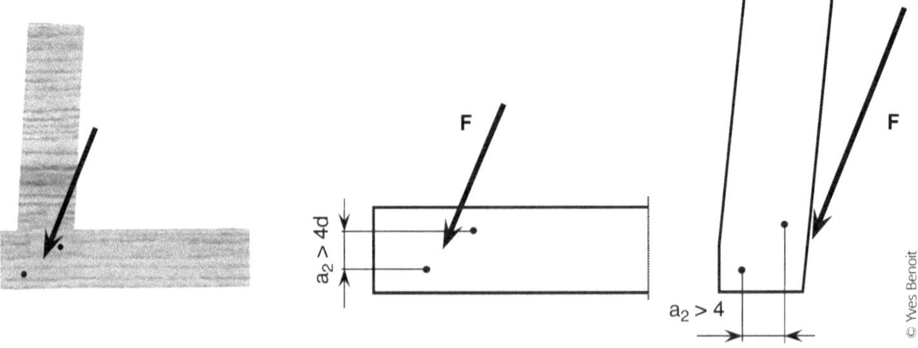

Figure 14.8. Le coefficient à appliquer pour cet assemblage est de 2 car l'espacement a_2 est supérieur ou égal à 4d ($a_2 \geq$ 4d) pour les deux pièces.

Assemblage avec trois boulons

Pour calculer la résistance des boulons ou des vis de l'assemblage, il faut :

- définir le coefficient de la pièce 1 (tableau 14.3) ;
- définir le coefficient de la pièce 2 (tableau 14.3) ;
- sélectionner le plus faible ;
- multiplier la résistance d'une tige isolée définie dans les tables 1 à 9 par ce coefficient.

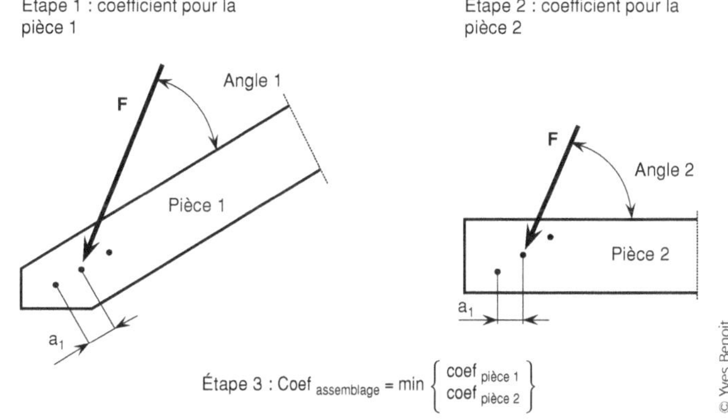

Tableau 14.3. Coefficient à appliquer à la résistance d'un boulon ou d'une vis (d > 6 mm) pour obtenir la résistance d'un assemblage de 3 boulons

Distance entre boulons dans une ligne (en diamètres de boulons)	Angles entre l'effort et le fil du bois								
	0°	10°	20°	30°	40°	50°	60°	70°	80°
5d	2,117	2,215	2,313	2,411	2,509	2,607	2,706	2,804	2,902
5,5d	2,168	2,260	2,353	2,445	2,538	2,630	2,723	2,815	2,908
6d	2,215	2,303	2,390	2,477	2,564	2,651	2,738	2,826	2,913
6,5d	2,260	2,342	2,425	2,507	2,589	2,671	2,753	2,836	2,918
7d	2,302	2,380	2,457	2,535	2,612	2,690	2,767	2,845	2,922
7,5d	2,343	2,416	2,489	2,562	2,635	2,708	2,781	2,854	2,927
8d	2,381	2,449	2,518	2,587	2,656	2,725	2,794	2,862	2,931
8,5d	2,417	2,482	2,547	2,611	2,676	2,741	2,806	2,870	2,935
9d	2,452	2,513	2,574	2,635	2,695	2,756	2,817	2,878	2,939
9,5d	2,485	2,542	2,600	2,657	2,714	2,771	2,828	2,886	2,943
10d	2,517	2,571	2,625	2,678	2,732	2,785	2,839	2,893	2,946
10,5d	2,548	2,598	2,649	2,699	2,749	2,799	2,849	2,900	2,950
11d	2,578	2,625	2,672	2,719	2,766	2,812	2,859	2,906	2,953
11,5d	2,607	2,650	2,694	2,738	2,782	2,825	2,869	2,913	2,956
12d	2,635	2,675	2,716	2,756	2,797	2,838	2,878	2,919	2,959
12,5d	2,662	2,699	2,737	2,774	2,812	2,850	2,887	2,925	2,962
13d	2,688	2,723	2,757	2,792	2,827	2,861	2,896	2,931	2,965
13,5d	2,713	2,745	2,777	2,809	2,841	2,873	2,904	2,936	2,968
14d	2,738	2,767	2,796	2,825	2,855	2,884	2,913	2,942	2,971
14,5d	2,762	2,789	2,815	2,842	2,868	2,894	2,921	2,947	2,974
15d	2,786	2,810	2,833	2,857	2,881	2,905	2,929	2,952	2,976
15,5d	2,809	2,830	2,851	2,872	2,894	2,915	2,936	2,957	2,979
16d	2,831	2,850	2,869	2,887	2,906	2,925	2,944	2,962	2,981
16,5d	2,853	2,869	2,886	2,902	2,918	2,935	2,951	2,967	2,984
17d	2,874	2,888	2,902	2,916	2,930	2,944	2,958	2,972	2,986
17,5d	2,895	2,907	2,919	2,930	2,942	2,953	2,965	2,977	2,988
18d	2,916	2,925	2,934	2,944	2,953	2,963	2,972	2,981	2,991

Exemple : considérons un boulon pouvant supporter 1 315 daN (exemple de la table 1 de ce chapitre). L'angle entre l'effort et l'arbalétrier ou la pièce centrale est de 20° et l'angle entre l'effort et les moises ou les pièces latérales est de 50°.

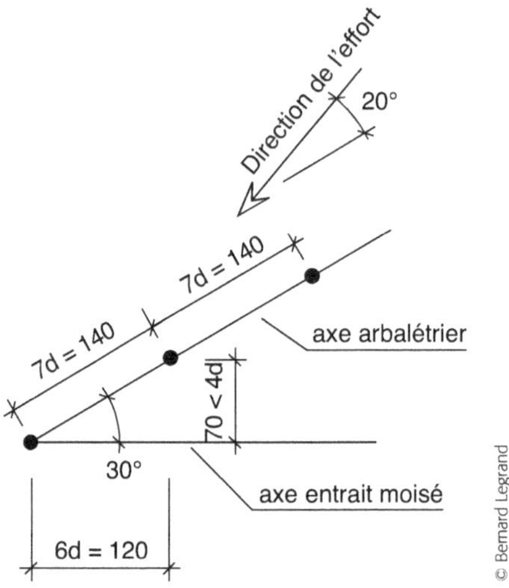

Figure 14.9. Position des boulons par rapport aux axes de l'entrait et de l'arbalétrier.

- Coefficient de la pièce 1 (arbalétrier) :

  angle entre l'effort et le fil du bois : 20°
  espacements entre boulons (a_1) : 7d = 7 × 20 = 140 mm } coefficient = 2,457 .

- Définir le coefficient de la pièce 2 (entrait) :

  angle entre l'effort et le fil du bois : 50°
  espacements entre boulons (cote a_1) : 6d = 6 × 20 = 120 mm } coefficient = 2,651

- Sélectionner le plus faible : 2,457
- Multiplier la résistance d'une tige isolée définie dans les tables 1 par ce coefficient.
- Résistance assemblage = 1 315 × 2,457 = 3 231 daN

Assemblage avec quatre boulons

Ici, les boulons sont disposés sur 2 files et 2 colonnes.

Pour calculer la résistance des boulons ou des vis de l'assemblage, il faut :

- définir le coefficient de la pièce 1 (tableau 14.4) ;
- définir le coefficient de la pièce 2 (tableau 14.4) ;
- sélectionner le plus faible ;
- multiplier la résistance d'une tige isolée définie dans les tables 1 à 9 par ce coefficient.

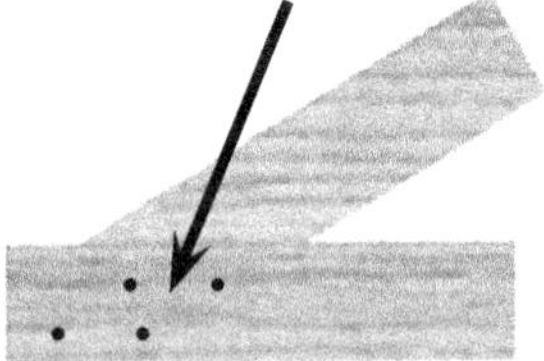

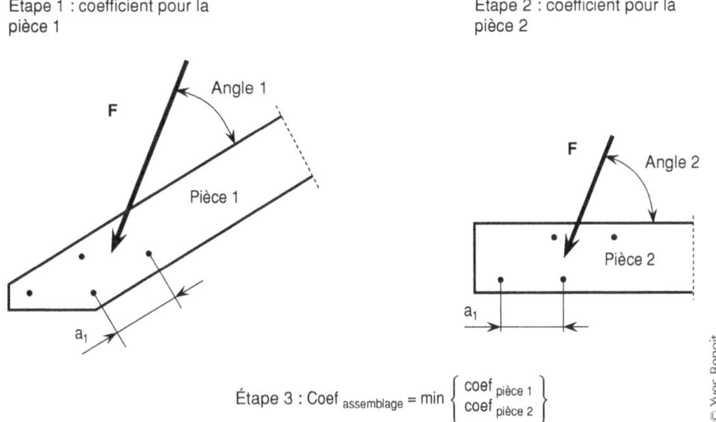

Étape 3 : $\text{Coef}_{\text{assemblage}} = \min\left\{ \begin{array}{l} \text{coef}_{\text{pièce 1}} \\ \text{coef}_{\text{pièce 2}} \end{array} \right\}$

Tableau 14.4. Coefficient à appliquer à la résistance d'un boulon ou d'une vis pour obtenir la résistance d'un assemblage de 4 boulons disposés en 2 files de 2 colonnes

	Angles entre l'effort et le fil du bois								
	0°	10°	20°	30°	40°	50°	60°	70°	80°
5d	2,939	3,057	3,175	3,293	3,411	3,528	3,646	3,764	3,882
5,5d	3,010	3,120	3,230	3,340	3,450	3,560	3,670	3,780	3,890
6d	3,076	3,179	3,281	3,384	3,487	3,589	3,692	3,795	3,897
6,5d	3,138	3,234	3,330	3,426	3,521	3,617	3,713	3,809	3,904
7d	3,197	3,286	3,375	3,465	3,554	3,643	3,732	3,822	3,911
7,5d	3,253	3,336	3,419	3,502	3,585	3,668	3,751	3,834	3,917
8d	3,306	3,383	3,460	3,537	3,614	3,691	3,769	3,846	3,923
8,5d	3,356	3,428	3,499	3,571	3,642	3,714	3,785	3,857	3,928
9d	3,404	3,471	3,537	3,603	3,669	3,735	3,801	3,868	3,934
9,5d	3,451	3,512	3,573	3,634	3,695	3,756	3,817	3,878	3,939
10d	3,495	3,551	3,607	3,663	3,720	3,776	3,832	3,888	3,944
10,5d	3,538	3,589	3,641	3,692	3,743	3,795	3,846	3,897	3,949
11d	3,579	3,626	3,673	3,720	3,766	3,813	3,860	3,907	3,953
11,5d	3,619	3,662	3,704	3,746	3,789	3,831	3,873	3,915	3,958
12d	3,658	3,696	3,734	3,772	3,810	3,848	3,886	3,924	3,962
12,5d	3,696	3,730	3,763	3,797	3,831	3,865	3,899	3,932	3,966
13d	3,732	3,762	3,792	3,821	3,851	3,881	3,911	3,940	3,970
13,5d	3,768	3,793	3,819	3,845	3,871	3,897	3,923	3,948	3,974
14d	3,802	3,824	3,846	3,868	3,890	3,912	3,934	3,956	3,978
14,5d	3,835	3,854	3,872	3,890	3,909	3,927	3,945	3,963	3,982
15d	3,868	3,883	3,897	3,912	3,927	3,941	3,956	3,971	3,985
15,5d	3,900	3,911	3,922	3,933	3,944	3,956	3,967	3,978	3,989
16d	3,931	3,939	3,946	3,954	3,962	3,969	3,977	3,985	3,992
16,5d	3,961	3,966	3,970	3,974	3,979	3,983	3,987	3,991	3,996
17d	3,991	3,992	3,993	3,994	3,995	3,996	3,997	3,998	3,999
17,5d	4,000	4,000	4,000	4,000	4,000	4,000	4,000	4,000	4,000
18d	4,000	4,000	4,000	4,000	4,000	4,000	4,000	4,000	4,000

Remarque

Les valeurs du tableau ci-dessus correspondent au double des valeurs du tableau 14.2.

Exemple : considérons un boulon pouvant supporter 1 315 daN (exemple de la table 1 de ce chapitre). L'angle entre l'effort et l'arbalétrier ou la pièce centrale est de 20° et l'angle entre l'effort et les moises ou les pièces latérales est de 50°.

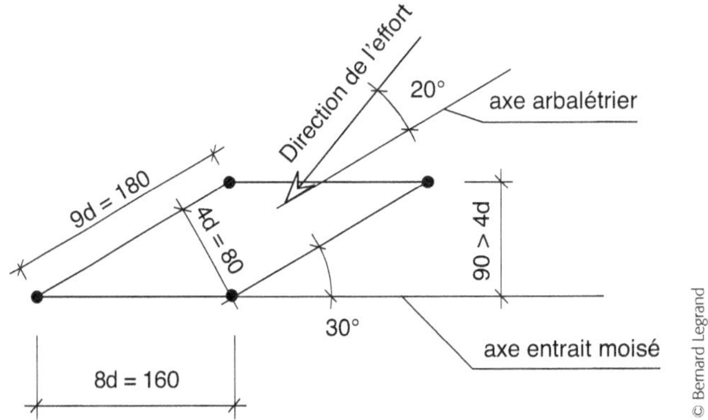

Figure 14.10. Position des boulons par rapport aux axes de l'entrait et de l'arbalétrier.

- Coefficient de la pièce 1 (arbalétrier) :

  angle entre l'effort et le fil du bois : 20°
  espacements entre boulons (cote a_1) : 9d = 9 × 20 = 180 mm $\Big\}$ coefficient = 3,537

- Définir le coefficient de la pièce 2 (entrait) :

  angle entre l'effort et le fil du bois : 50°
  espacements entre boulons (cote a_1) × 20 = 160 mm $\Big\}$ coefficient = 3,691

- Sélectionner le plus faible : 3,537.
- Multiplier la résistance d'une tige isolée définie dans les tables 1 par ce coefficient.
- Résistance assemblage = 1 315 × 3,537 = 4 651 daN

Assemblage avec cinq boulons

Ici les boulons sont disposés sur 3 files et 3 colonnes.
Pour calculer la résistance des boulons ou des vis de l'assemblage, il faut :

- définir le coefficient de la pièce 1 (tableau 14.5) ;
- définir le coefficient de la pièce 2 (tableau 14.5) ;
- sélectionner le plus faible ;
- multiplier la résistance d'une tige isolée définie dans les tables 1 à 9 par ce coefficient.

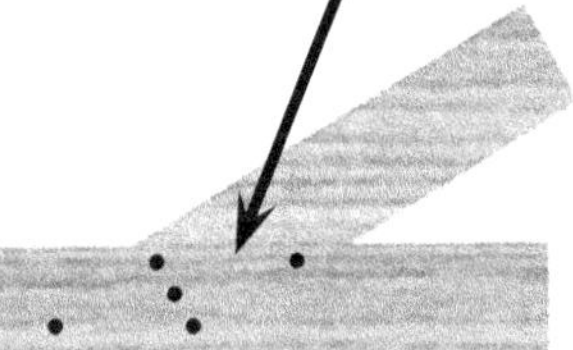

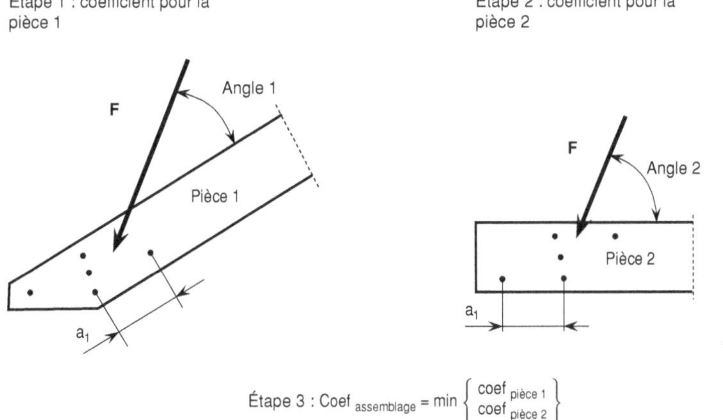

Tableau 14.5. Coefficient à appliquer à la résistance d'un boulon ou d'une vis pour obtenir la résistance d'un assemblage de 5 boulons

	Angles entre l'effort et le fil du bois								
	0°	10°	20°	30°	40°	50°	60°	70°	80°
5d	3,939	4,057	4,175	4,293	4,411	4,528	4,646	4,764	4,882
5,5d	4,010	4,120	4,230	4,340	4,450	4,560	4,670	4,780	4,890
6d	4,076	4,179	4,281	4,384	4,487	4,589	4,692	4,795	4,897
6,5d	4,138	4,234	4,330	4,426	4,521	4,617	4,713	4,809	4,904
7d	4,197	4,286	4,375	4,465	4,554	4,643	4,732	4,822	4,911
7,5d	4,253	4,336	4,419	4,502	4,585	4,668	4,751	4,834	4,917
8d	4,306	4,383	4,460	4,537	4,614	4,691	4,769	4,846	4,923
8,5d	4,356	4,428	4,499	4,571	4,642	4,714	4,785	4,857	4,928
9d	4,404	4,471	4,537	4,603	4,669	4,735	4,801	4,868	4,934
9,5d	4,451	4,512	4,573	4,634	4,695	4,756	4,817	4,878	4,939
10d	4,495	4,551	4,607	4,663	4,720	4,776	4,832	4,888	4,944
10,5d	4,538	4,589	4,641	4,692	4,743	4,795	4,846	4,897	4,949
11d	4,579	4,626	4,673	4,720	4,766	4,813	4,860	4,907	4,953
11,5d	4,619	4,662	4,704	4,746	4,789	4,831	4,873	4,915	4,958
12d	4,658	4,696	4,734	4,772	4,810	4,848	4,886	4,924	4,962
12,5d	4,696	4,730	4,763	4,797	4,831	4,865	4,899	4,932	4,966
13d	4,732	4,762	4,792	4,821	4,851	4,881	4,911	4,940	4,970
13,5d	4,768	4,793	4,819	4,845	4,871	4,897	4,923	4,948	4,974
14d	4,802	4,824	4,846	4,868	4,890	4,912	4,934	4,956	4,978
14,5d	4,835	4,854	4,872	4,890	4,909	4,927	4,945	4,963	4,982
15d	4,868	4,883	4,897	4,912	4,927	4,941	4,956	4,971	4,985
15,5d	4,900	4,911	4,922	4,933	4,944	4,956	4,967	4,978	4,989
16d	4,931	4,939	4,946	4,954	4,962	4,969	4,977	4,985	4,992
16,5d	4,961	4,966	4,970	4,974	4,979	4,983	4,987	4,991	4,996
17d	4,991	4,992	4,993	4,994	4,995	4,996	4,997	4,998	4,999
17,5d	5,000	5,000	5,000	5,000	5,000	5,000	5,000	5,000	5,000
18d	5,000	5,000	5,000	5,000	5,000	5,000	5,000	5,000	5,000

Distance entre boulons dans une ligne (en diamètres de boulons)

Exemple : considérons un boulon pouvant supporter 1 315 daN (exemple de la table 1 de ce chapitre). L'angle entre l'effort et l'arbalétrier ou la pièce centrale est de 20° et l'angle entre l'effort et les moises ou les pièces latérales est de 50°.

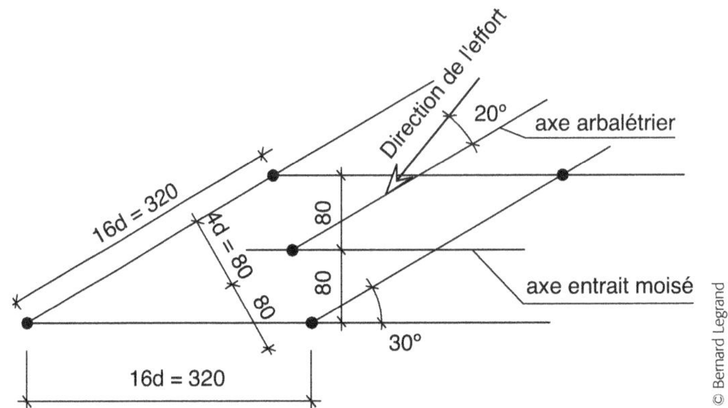

Figure 14.11. Position des boulons par rapport aux axes de l'entrait et de l'arbalétrier.

- Coefficient de la pièce 1 (arbalétrier) :

    angle entre l'effort et le fil du bois : 20°
    espacements entre boulons (cote a_1) : 16d = 16 × 20 = 320 mm $\Big\}$ coefficient = 4,946

- Définir le coefficient de la pièce 2 (entrait) :

    angle entre l'effort et le fil du bois : 50°
    espacements entre boulons (cote a_1) : 16d = 16 × 20 = 320 mm $\Big\}$ coefficient = 4,969

- Sélectionner le plus faible : 4,946.
- Multiplier la résistance d'une tige isolée définie dans les tables 1 par ce coefficient.
- Résistance assemblage = 1 315 × 4,945 = 6 504 daN.

Assemblage avec six boulons

Ici les boulons sont disposés sur 2 files et 3 colonnes pour la pièce 1 et l'inverse, soit 3 files et 2 colonnes pour la pièce 2. Pour calculer la résistance des boulons ou des vis de l'assemblage, il faut :

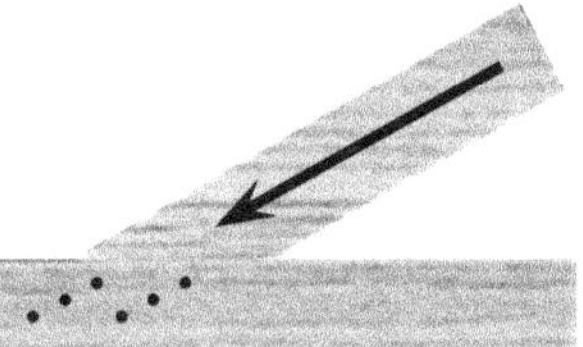

- définir le coefficient de la pièce 1 (tableau 14.6) ;
- définir le coefficient de la pièce 2 (tableau 14.7) ;
- sélectionner le plus faible ;
- multiplier la résistance d'une tige isolée définie dans les tables 1 à 9 par ce coefficient.

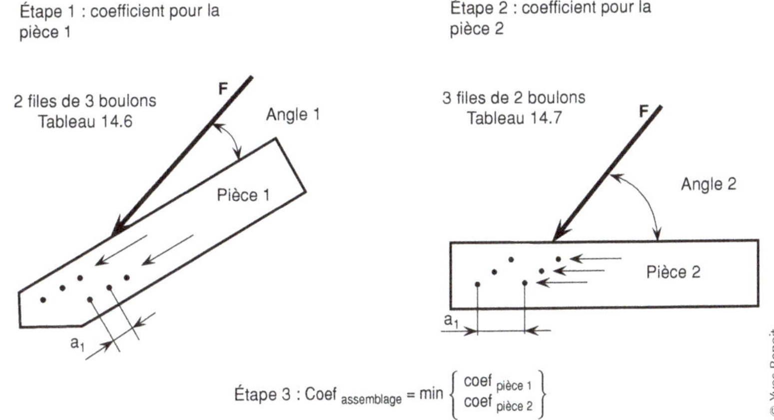

$$\text{Étape 3 : Coef}_{\text{assemblage}} = \min \left\{ \begin{array}{l} \text{coef}_{\text{pièce 1}} \\ \text{coef}_{\text{pièce 2}} \end{array} \right\}$$

Tableau 14.6. Tableau de la pièce 1. Coefficient à appliquer à la résistance d'un boulon ou d'une vis pour obtenir la résistance d'une pièce comportant 2 files de 3 boulons

	Angles entre l'effort et le fil du bois								
	0°	10°	20°	30°	40°	50°	60°	70°	80°
5d	4,233	4,430	4,626	4,822	5,019	5,215	5,411	5,607	5,804
5,5d	4,336	4,520	4,705	4,890	5,075	5,260	5,445	5,630	5,815
6d	4,431	4,605	4,780	4,954	5,128	5,303	5,477	5,651	5,826
6,5d	4,520	4,685	4,849	5,014	5,178	5,342	5,507	5,671	5,836
7d	4,605	4,760	4,915	5,070	5,225	5,380	5,535	5,690	5,845
7,5d	4,685	4,831	4,977	5,123	5,269	5,416	5,562	5,708	5,854
8d	4,761	4,899	5,037	5,174	5,312	5,449	5,587	5,725	5,862
8,5d	4,834	4,964	5,093	5,223	5,352	5,482	5,611	5,741	5,870
9d	4,904	5,025	5,147	5,269	5,391	5,513	5,635	5,756	5,878
9,5d	4,970	5,085	5,199	5,314	5,428	5,542	5,657	5,771	5,886
10d	5,034	5,142	5,249	5,356	5,464	5,571	5,678	5,785	5,893
10,5d	5,096	5,197	5,297	5,397	5,498	5,598	5,699	5,799	5,900
11d	5,156	5,250	5,343	5,437	5,531	5,625	5,719	5,812	5,906
11,5d	5,213	5,301	5,388	5,476	5,563	5,650	5,738	5,825	5,913
12d	5,269	5,350	5,432	5,513	5,594	5,675	5,756	5,838	5,919
12,5d	5,323	5,398	5,474	5,549	5,624	5,699	5,774	5,850	5,925
13d	5,376	5,445	5,514	5,584	5,653	5,723	5,792	5,861	5,931
13,5d	5,427	5,490	5,554	5,618	5,682	5,745	5,809	5,873	5,936
14d	5,476	5,534	5,593	5,651	5,709	5,767	5,825	5,884	5,942
14,5d	5,525	5,577	5,630	5,683	5,736	5,789	5,842	5,894	5,947
15d	5,572	5,619	5,667	5,714	5,762	5,810	5,857	5,905	5,952
15,5d	5,617	5,660	5,702	5,745	5,787	5,830	5,872	5,915	5,957
16d	5,662	5,700	5,737	5,775	5,812	5,850	5,887	5,925	5,962
16,5d	5,706	5,739	5,771	5,804	5,837	5,869	5,902	5,935	5,967
17d	5,749	5,777	5,805	5,832	5,860	5,888	5,916	5,944	5,972
17,5d	5,790	5,814	5,837	5,860	5,884	5,907	5,930	5,953	5,977
18d	5,831	5,850	5,869	5,888	5,906	5,925	5,944	5,963	5,981

Le label vertical à gauche du tableau : **Distance entre boulons dans une ligne (en diamètres de boulons)**

Tableau 14.7. Tableau de la pièce 2. Coefficient à appliquer à la résistance d'un boulon ou d'une vis pour obtenir la résistance d'une pièce comportant 3 files de 2 boulons

	Angles entre l'effort et le fil du bois								
	0°	10°	20°	30°	40°	50°	60°	70°	80°
5d	4,409	4,585	4,762	4,939	5,116	5,293	5,470	5,646	5,823
5,5d	4,515	4,680	4,845	5,010	5,175	5,340	5,505	5,670	5,835
6d	4,614	4,768	4,922	5,076	5,230	5,384	5,538	5,692	5,846
6,5d	4,708	4,851	4,995	5,138	5,282	5,426	5,569	5,713	5,856
7d	4,796	4,929	5,063	5,197	5,331	5,465	5,599	5,732	5,866
7,5d	4,879	5,004	5,128	5,253	5,377	5,502	5,626	5,751	5,875
8d	4,958	5,074	5,190	5,306	5,421	5,537	5,653	5,769	5,884
8,5d	5,034	5,141	5,249	5,356	5,463	5,571	5,678	5,785	5,893
9d	5,106	5,206	5,305	5,404	5,504	5,603	5,702	5,801	5,901
9,5d	5,176	5,268	5,359	5,451	5,542	5,634	5,725	5,817	5,908
10d	5,243	5,327	5,411	5,495	5,579	5,663	5,748	5,832	5,916
10,5d	5,307	5,384	5,461	5,538	5,615	5,692	5,769	5,846	5,923
11d	5,369	5,439	5,509	5,579	5,650	5,720	5,790	5,860	5,930
11,5d	5,429	5,493	5,556	5,619	5,683	5,746	5,810	5,873	5,937
12d	5,487	5,544	5,601	5,658	5,715	5,772	5,829	5,886	5,943
12,5d	5,544	5,594	5,645	5,696	5,746	5,797	5,848	5,899	5,949
13d	5,598	5,643	5,687	5,732	5,777	5,821	5,866	5,911	5,955
13,5d	5,651	5,690	5,729	5,768	5,806	5,845	5,884	5,923	5,961
14d	5,703	5,736	5,769	5,802	5,835	5,868	5,901	5,934	5,967
14,5d	5,753	5,781	5,808	5,835	5,863	5,890	5,918	5,945	5,973
15d	5,802	5,824	5,846	5,868	5,890	5,912	5,934	5,956	5,978
15,5d	5,850	5,867	5,883	5,900	5,917	5,933	5,950	5,967	5,983
16d	5,896	5,908	5,919	5,931	5,942	5,954	5,965	5,977	5,988
16,5d	5,942	5,948	5,955	5,961	5,968	5,974	5,981	5,987	5,994
17d	5,987	5,988	5,990	5,991	5,993	5,994	5,996	5,997	5,999
17,5d	6,000	6,000	6,000	6,000	6,000	6,000	6,000	6,000	6,000
18d	6,000	6,000	6,000	6,000	6,000	6,000	6,000	6,000	6,000

(La colonne de gauche est intitulée : **Distance entre boulons dans une ligne (en diamètres de boulons)**.)

Exemple : considérons un boulon pouvant supporter 1 315 daN (exemple de la table 1 de ce chapitre). L'angle entre l'effort et l'arbalétrier ou la pièce centrale est de 20° et l'angle entre l'effort et les moises ou les pièces latérales est de 50°.

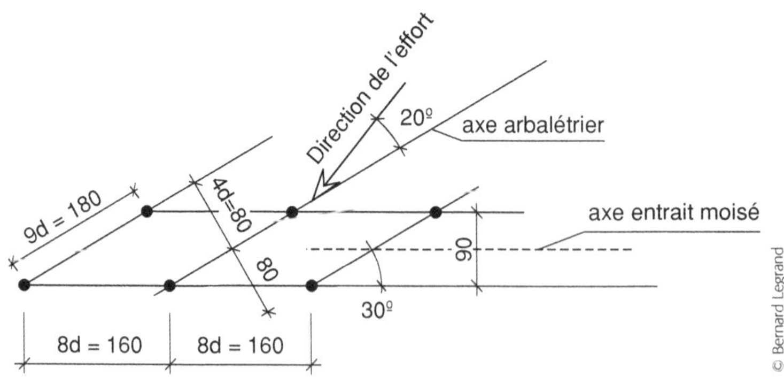

Figure 14.12. Position des boulons par rapport aux axes de l'entrait et de l'arbalétrier.

- Coefficient de la pièce 1 (arbalétrier), 3 files de 2 boulons :

  angle entre l'effort et le fil du bois : 20°

  espacements entre boulons (cote a_1) : 8d = 8 × 20 = 160 mm $\Big\}$ coefficient = 5,037

- Définir le coefficient de la pièce 2 (entrait), 2 files de 3 boulons :

  angle entre l'effort et le fil du bois : 50°

  espacements entre boulons (cote a_1) : 9d = 9 × 20 = 180 mm $\Big\}$ coefficient = 5,603

- Sélectionner le plus faible : 5,037.
- Multiplier la résistance d'une tige isolée définie dans les tables 1 par ce coefficient.
- Résistance assemblage = 1 315 × 5,037 = 6 624 da

Pointes et vis de faible diamètre, inférieur ou égal à 8 mm, pour un assemblage travaillant en simple cisaillement bois/bois

Résistance d'une tige isolée dans un assemblage

Le diamètre d'une vis est considéré comme faible lorsqu'il est inférieur ou égal à 8 mm. Le calcul de la résistance de l'assemblage est nettement plus simple, car la direction de l'effort n'a pas d'influence et la résistance de l'assemblage est égale à la résistance d'une tige isolée (tables 8 et 9) multipliée par le nombre de tiges. Lors de la mise en œuvre, les pointes ou vis parallèles au fil du bois doivent être décalées de la valeur d'un diamètre (figure 15.1).

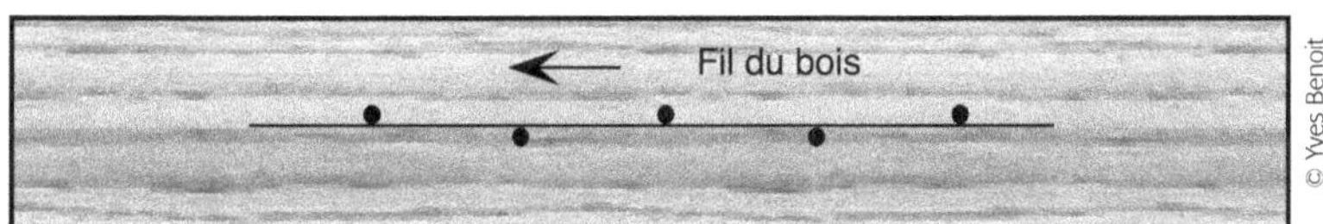

Figure 15.1. Les pointes ou vis doivent être décalées d'un diamètre pour obtenir une résistance de l'assemblage proportionnelle au nombre de pointes.

Résistance assemblage = résistance d'une tige × nombre de tiges.

Exemple : à voir avec les tables 8 et 9.

Table 8	
– Assemblage simple cisaillement bois/bois 72 (t_1)-72-(t_2) – Bois lamellé-collé – Résistance d'une vis ou d'un clou isolé de 6 mm (en daN)	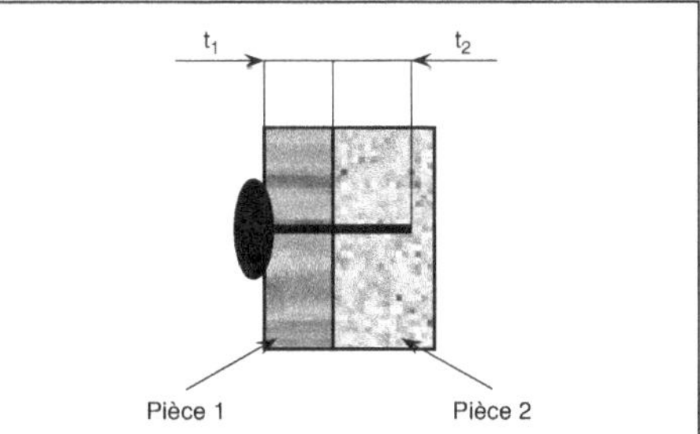
La résistance est indépendante de l'orientation de l'effort par rapport au fil du bois des pièces 1 et 2. Elle est de 92 daN.	

Remarque
La vis ou le clou doit pénétrer de 72 mm du côté de la pointe. Le coefficient k2 permet de faire varier cette valeur.

Hypothèses de la table 8

Les calculs ont été réalisés sur la base des éléments suivants :

* bois lamellé-collé classé GL24h de masse volumique caractéristique de 380 kg/m³ ;
* l'épaisseur du bois côté tête (pièce 1 ou t_1) doit être de 72 mm et la pénétration dans le bois côté pointe (t_2) doit être de 72 mm ;
* diamètre de la tige de 6 mm en acier de classe 6-8 (f_{uk} = 600 N/mm²) ;
* assemblage situé sous abri ou dans un local chauffé ;
* durée de l'effort de 1 semaine à 6 mois (exploitation ou neige avec une altitude ≥ 1 000 m au sens de l'Eurocode 5) ;
* charges de structure supérieures à 10 % des charges variables (G ≥ 0,1Q) ;
* taux de travail de 0,95.

Coefficients de variation des hypothèses de la table 8

Les coefficients dans les tableaux suivants correspondent aux coefficients les plus défavorables en fonction de la variation de l'épaisseur.

Coefficient k1 : caractéristique du bois et de la vis ou du clou

GL24h		GL28h	
	Acier		**Acier**
Diamètre	**6-8**	**Diamètre**	**6-8**
4	0,512	4	0,532
5	0,74	5	0,769
6	1*	6	1,039

* Hypothèse de la table.

Exemple : pour des pièces de bois lamellé-collé de classe GL28h assemblées par des vis de 5 mm de diamètre, la résistance sera celle de la table 8 corrigée par le coefficient k1 = 0,769. Une vis de 6 mm de diamètre en acier 6-8 pouvant supporter 92 daN avec du bois lamellé-collé classé GL24h (hypothèse de la table 8), chaque vis de 5 mm pourra supporter 92 × 0,769 = 71 daN.

Coefficient k2 : modification des épaisseurs des pièces et/ou de la pénétration d'une vis dans le bois côté pointe

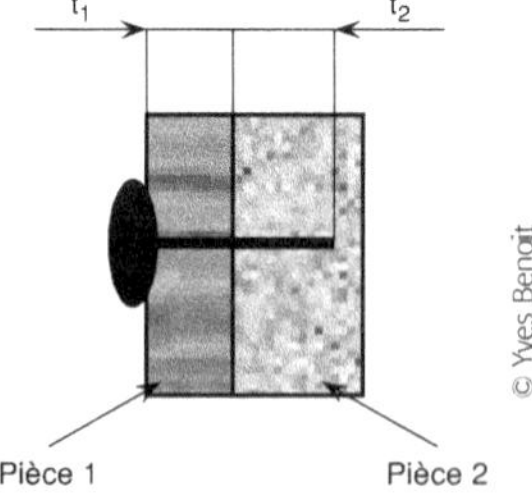

Figure 15.2. Épaisseur de la pièce 1 et longueur de pénétration d'une vis côté pointe (t_2).

	t_2 (pièce 2)				
Pièce 1 (t_1)	**50**	**55**	**60**	**65**	**70 et plus**
50	0,966	0,978	0,978	0,978	0,978
55		1	1	1	1
60			1	1	1
65 et plus				1	1

Remarque

Une tige dans un assemblage de 72-72 (dont la tige côté pointe pénètre de 72 mm) aura la même résistance si la pièce 1 fait 55 mm d'épaisseur et dont la tige côté pointe pénètre de 55 mm dans la pièce 2.

Exemple : une vis de 6 mm assemble une pièce de 50 mm d'épaisseur (t_1) et pénètre de 60 mm dans le bois du côté de la pointe (t_2). Elle pourra supporter $92 \times 0,978 = 90$ daN.

Coefficients k3 : durée de la charge

La résistance des assemblages est liée à la durée de la charge la plus courte de l'ensemble des charges.

Nature de la charge	Durée de la charge	Coefficient
Structure	Permanente	0,750
Stockage	6 mois à 10 ans	0,875
Exploitation ou neige avec une altitude $\geq 1\ 000$ m	1 semaine à 6 mois	1,000*
Entretien ou neige avec une altitude $< 1\ 000$ m	Inférieure à 1 semaine	1,125
Vent, neige exceptionnelle	Instantanée	1,375

* Hypothèse de la table.

Exemple : une vis pouvant supporter 92 daN avec une durée de charge de 1 semaine à 6 mois (hypothèse de la table 8) pourra supporter $92 \times 1,125 = 103$ daN si la durée de charge est inférieure à 1 semaine.

Remarque

Pour une combinaison de charges, la résistance des assemblages est liée à la durée de la charge la plus courte. Si l'assemblage reçoit des efforts provenant du poids de la structure et du poids de la neige par exemple, il faut appliquer le coefficient correspondant à la durée la plus courte, la neige.

Application de plusieurs coefficients

Si plusieurs critères sont différents, il suffit de multiplier entre eux les coefficients. La résistance finale de la vis est égale à la résistance de la table corrigée par l'ensemble des coefficients.

Résistance finale = résistance table $\times$ k1 $\times$ k2 $\times$ k3.

Exemple : si l'assemblage comporte les caractéristiques suivantes :

- bois lamellé-collé classé GL28h ;

- vis de 5 mm de diamètre ;

- épaisseur du bois côté tête (pièce 1 ou t_1) de 50 mm et pénétration dans le bois côté pointe (t_2) de 60 mm ;

- effort incliné de 20° par rapport à la pièce 1 ;

- effort incliné de 50° par rapport à la pièce 2 ;

- l'assemblage reçoit des efforts provenant du poids de la structure et du poids de la neige (altitude < 1 000 m) ;

Résistance finale = 92 × 0,769 × 0,978 × 1,125 = 78 daN.

Remarque

L'application de ces coefficients est pénalisante, car ils correspondent aux coefficients les plus défavorables en fonction de la variation des épaisseurs de bois. Une étude complète de l'assemblage permettrait de définir une charge limite plus importante.

Table 9 – Assemblage simple cisaillement bois/bois 80 (t_1)-80-(t_2) – Bois massif – Résistance d'une vis ou d'un clou isolé de 6 mm (en daN)	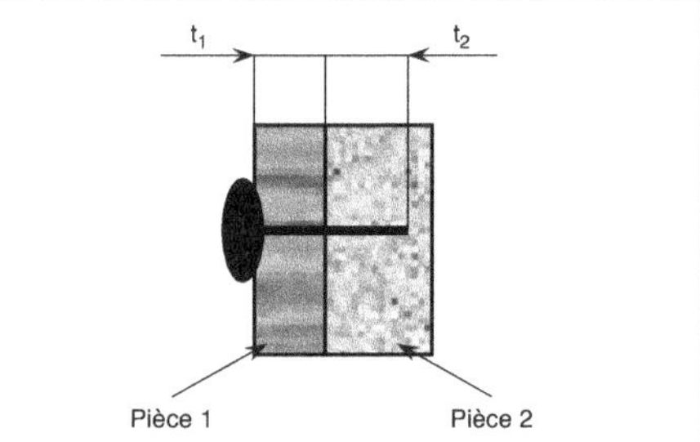

La résistance est indépendante de l'orientation de l'effort par rapport au fil du bois des pièces 1 et 2. Elle est de 85 daN.

Remarque

La vis ou le clou doit pénétrer de 80 mm du côté de la pointe. Le coefficient k2 permet de faire varier cette valeur.

Hypothèses de la table 9

Les calculs ont été réalisés sur la base des éléments suivants :

- bois massif classé C18 de masse volumique caractéristique de 320 kg/m³ ;

- l'épaisseur du bois côté tête (pièce 1 ou t_1) doit être de 80 mm et la pénétration dans le bois côté pointe (t_2) doit être de 80 mm ;

- diamètre de la tige de 6 mm en acier de classe 6-8 (f_{uk} = 600 N/mm²) ;

- assemblage situé sous abri ou dans un local chauffé ;

- durée de l'effort de 1 semaine à 6 mois (exploitation ou neige avec une altitude ≥ 1 000 m au sens de l'Eurocode 5) ;

- charges de structure supérieures à 10 % des charges variables (G ≥ 0,1Q) ;

- taux de travail de 0,95.

Coefficients de variation des hypothèses de la table 9

Les coefficients dans les tableaux suivants correspondent aux coefficients les plus défavorables en fonction de la variation de l'épaisseur.

Coefficient k1 : caractéristique du bois et de la vis ou du clou

C18		C24	
	Acier		**Acier**
Diamètre	**6-8**	**Diamètre**	**6-8**
4	0,512	4	0,536
5	0,74	5	0,774
6	1*	6	1,003

* Hypothèse de la table.

Exemple : pour des pièces de bois massif de classe C24 assemblées par des vis de 5 mm de diamètre, la résistance sera celle de la table 9 corrigée par le coefficient k_1 = 0,774. Une vis de 6 mm de diamètre en acier 6-8 pouvant supporter 85 daN avec du bois massif classé C18 (hypothèse de la table 9), chaque vis de 5 mm pourra supporter 85 × 0,774 = 66 daN.

Coefficient k2 : modification des épaisseurs des pièces et/ou de la pénétration d'une vis dans le bois côté pointe

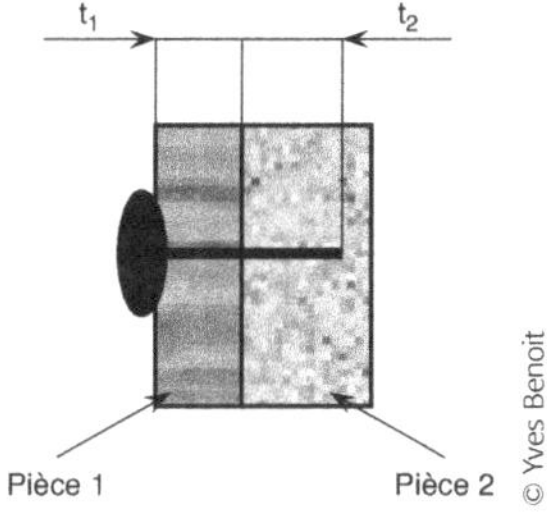

Figure 15.3. Épaisseur de la pièce 1 et longueur de pénétration d'une vis côté pointe (t_2).

Pièce 1 (t_1)	t_2 (pièce 2)				
	50	**55**	**60**	**65**	**70 et plus**
50	0,886	0,924	0,924	0,924	0,924
55		0,975	0,985	0,985	0,985
60			1	1	1
65 et plus				1	1

Remarque

Une tige dans un assemblage de 80-80 (dont la tige côté pointe pénètre de 80 mm) aura la même résistance si la pièce 1 fait 60 mm d'épaisseur et dont la tige côté pointe pénètre de 60 mm dans la pièce 2.

Exemple : une vis de 6 mm assemble une pièce de 55 mm d'épaisseur (t_1) et pénètre de 65 mm dans le bois du côté de la pointe (t_2). Elle pourra supporter 85 × 0,985 = 84 daN.

Coefficients k3 : durée de la charge

La résistance des assemblages est liée à la durée de la charge la plus courte de l'ensemble des charges.

Nature de la charge	Durée de la charge	Coefficient
Structure	Permanente	0,750
Stockage	6 mois à 10 ans	0,875
Exploitation ou neige avec une altitude $\geq$ 1 000 m	1 semaine à 6 mois	1,000*
Entretien ou neige avec une altitude < 1 000 m	Inférieure à 1 semaine	1,125
Vent, neige exceptionnelle	Instantanée	1,375

* Hypothèse de la table.

Exemple : une pointe pouvant supporter 85 daN avec une durée de charge de 1 semaine à 6 mois (hypothèse de la table 1) pourra supporter $85 \times 1{,}125 = 96$ daN si la durée de charge est inférieure à 1 semaine.

Remarque

Pour une combinaison de charges, la résistance des assemblages est liée à la durée de la charge la plus courte. Si l'assemblage reçoit des efforts provenant du poids de la structure et du poids de la neige par exemple, il faut appliquer le coefficient correspondant à la durée la plus courte, la neige.

Application de plusieurs coefficients

Si plusieurs critères sont différents, il suffit de multiplier entre eux les coefficients. La résistance finale de la vis est égale à la résistance de la table corrigée par l'ensemble des coefficients.

Résistance finale = résistance table $\times$ k1 $\times$ k2 $\times$ k3.

Exemple : si l'assemblage comporte les caractéristiques suivantes :

- bois massif classé C24 ;

- vis de 5 mm de diamètre ;

- épaisseur du bois côté tête (pièce 1 ou t_1) de 55 mm et pénétration dans le bois côté pointe (t_2) de 65 mm ;

- effort incliné de 20° par rapport à la pièce 1 ;

- effort incliné de 50° par rapport à la pièce 2 ;

- l'assemblage reçoit des efforts provenant du poids de la structure et du poids de la neige (altitude < 1 000 m) ;

Résistance finale = $85 \times 0{,}774 \times 0{,}985 \times 1{,}125 = 73$ daN.

Remarques

La résistance des pointes est indépendante de l'orientation des efforts par rapport au fil du bois.

L'application de ces coefficients est pénalisante, car ils correspondent aux coefficients les plus défavorables en fonction de la variation des épaisseurs de bois. Une étude complète de l'assemblage permettrait de définir une charge limite plus importante.

Position des pointes et autres tiges de diamètre inférieur ou égal à 8 mm

Tableau 15.1. Conditions d'espacement et de distance des pointes et des vis en fonction de leur diamètre (d)

Désignation	Schémas	Valeur minimum
Espacement sur une file : a_1		12d
Espacement entre file : a_2		5d
Extrémité : a_3		15d
Rive : a_4		10d

Remarque

Ces valeurs peuvent être optimisées en tenant compte de la direction de l'effort et de la valeur de l'angle entre l'effort et le fil du bois (NF EN 1995-1-1, 8-3-1-2(5) – tableau 8-2).

16 Résistance de la section au droit de l'assemblage

La deuxième vérification consiste à démontrer que l'assemblage résiste vis-à-vis du cisaillement et de la traction transversale. Les tables C1 et C2 précisent l'effort maximal perpendiculaire au fil que peut supporter l'une des pièces le bois de l'assemblage d'une épaisseur de 100 mm. Cet effort est défini en fonction de la hauteur de la pièce et de la hauteur efficace, distance entre la rive et la tige la plus éloignée (figure 16.1).

Le choix de la valeur he doit respecter la distance à la rive a4 (a4 = 4d pour des boulons).

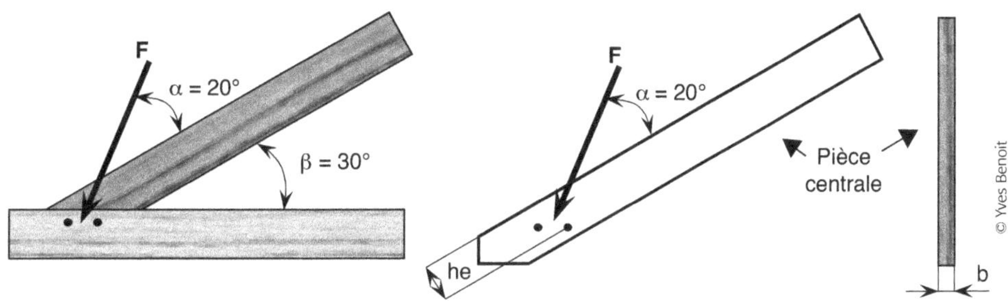

Figure 16.1. La hauteur efficace (he) est la distance entre la rive et l'axe du boulon le plus éloigné (ou dernier boulon chargé si l'on suit le sens de l'effort appliqué).

Table C1	Effort maximal perpendiculaire au fil que peut supporter l'une des pièces de bois massif de l'assemblage d'une épaisseur de 100 mm en daN

he	Hauteur (h)																
	130	140	150	160	170	180	190	200	210	220	230	240	250	260	270	280	290
110	972	972	972	651	651	651	651	651	651	651	651	651	651	651	651	651	651
120	1 060	1 060	1 060	710	710	710	710	710	710	710	710	710	710	710	710	710	710
130		1 148	1 148	769	769	769	769	769	769	769	769	769	769	769	769	769	769
140			1 237	829	829	829	829	829	829	829	829	829	829	829	829	829	829
150				888	888	888	888	888	888	888	888	888	888	888	888	888	888
160					947	947	947	947	947	947	947	947	947	947	947	947	947
170						1 006	1 006	1 006	1 006	1 006	1 006	1 006	1 006	1 006	1 006	1 006	1 006
180							1 065	1 065	1 065	1 065	1 065	1 065	1 065	1 065	1 065	1 065	1 065
190								1 125	1 125	1 125	1 125	1 125	1 125	1 125	1 125	1 125	1 125
200									1 184	1 184	1 184	1 184	1 184	1 184	1 184	1 184	1 184
210										1 243	1 243	1 243	1 243	1 243	1 243	1 243	1 243
220											1 302	1 302	1 302	1 302	1 302	1 302	1 302
230												1 361	1 361	1 361	1 361	1 361	1 361
240													1 421	1 421	1 421	1 421	1 421
250														1 480	1 480	1 480	1 480
260															1 539	1 539	1 539
270																1 598	1 598

Table C2	Effort maximal perpendiculaire au fil que peut supporter l'une des pièces de bois lamellé-collé de l'assemblage d'une épaisseur de 100 mm en daN

he	Hauteur (h)																
	180	225	270	315	360	405	450	495	540	585	630	675	720	765	810	855	900
135	985	985	932	872	834	808	788	773	761	752	744	737	731	727	722	718	715
180		1 313	1 313	1 163	1 077	1 021	983	954	932	915	901	889	879	871	863	857	851
225			1 642	1 592	1 390	1 277	1 204	1 153	1 114	1 085	1 062	1 043	1 027	1 013	1 002	992	983
270				1 970	1 865	1 615	1 474	1 383	1 319	1 271	1 234	1 204	1 179	1 159	1 142	1 127	1 114
315					2 298	2 136	1 839	1 670	1 560	1 482	1 424	1 379	1 343	1 313	1 288	1 267	1 249
360						2 627	2 408	2 062	1 865	1 736	1 645	1 576	1 523	1 480	1 445	1 415	1 390
405							2 955	2 678	2 284	2 059	1 911	1 806	1 727	1 665	1 615	1 574	1 540
450								3 283	2 949	2 506	2 252	2 085	1 966	1 876	1 806	1 749	1 702
495									3 612	3 219	2 727	2 445	2 258	2 125	2 025	1 946	1 882
540										3 940	3 489	2 949	2 637	2 432	2 284	2 173	2 085
585											4 268	3 759	3 170	2 830	2 604	2 442	2 320
630												4 596	4 029	3 391	3 021	2 777	2 600
675													4 925	4 298	3 611	3 213	2 949
720														5 253	4 568	3 832	3 405
765															5 581	4 838	4 053
810																5 910	5 107
855																	6 238

Exemple : la section au droit de l'assemblage d'une pièce en bois lamellé-collé d'une épaisseur de 100 mm, d'une hauteur efficace (he) de 270 mm et d'une hauteur de 360 mm peut supporter un effort perpendiculaire au fil de 1 865 daN.

Hypothèses des tables C1 et C2

Les calculs ont été réalisés sur la base des éléments suivants :
- épaisseur de la pièce de 100 mm ;
- bois massif classé C18 et bois lamellé-collé classé GL24h ;
- vérification vis-à-vis du risque de fendage et du cisaillement ;
- assemblage situé sous abri ou dans un local chauffé ;
- durée de l'effort de 1 semaine à 6 mois (exploitation ou neige avec une altitude $\geq$ 1 000 m au sens de l'Eurocode 5) ;
- charges de structure inférieures à 233 % des charges variables (G < 2,33Q) ;
- taux de travail de 0,95.

Coefficients de variation des hypothèses des tables C1 et C2

Les coefficients dans les tableaux suivants correspondent aux coefficients les plus défavorables en fonction de l'élément dimensionnant : le cisaillement ou le fendage. Ces coefficients doivent être appliqués à la résistance précisée dans les tables C1 et C2 lorsque le cas étudié est différent des hypothèses de départ.

Coefficient k1 : coefficient lorsque l'épaisseur de la pièce est différent de 100 mm

Épaisseur (mm)	60	65	70	75	80	90	100	110	120	130	140	150	160	170	180	190	200
Coefficient	0,60	0,65	0,70	0,75	0,80	0,90	1,00	1,10	1,20	1,30	1,40	1,50	1,60	1,70	1,80	1,90	2,00

Exemple : considérons une pièce de bois lamellé-collé d'un assemblage pouvant supporter un effort de 1 865 daN (hypothèse de la table C2), si l'épaisseur d'une pièce de bois est de 130 mm, elle pourra supporter 1 865 × 1,3 = 2 424 daN.

Coefficient k2 : coefficient lorsque l'angle entre les pièces est différent de 90°

Angle	10	15	20	25	30	40	50	60	70	80
Coefficient	5,759	3,864	2,924	2,366	2,000	1,556	1,305	1,155	1,064	1,015

Exemple : considérons une pièce de bois lamellé-collé d'un assemblage pouvant supporter un effort de 1 865 daN (hypothèse de la table C2), si l'angle entre l'effort et le fil du bois est de 20°, elle pourra supporter 1 865 × 2,924 = 5 453 daN. Ce coefficient traduit le fait que seule la part de l'effort perpendiculaire au fil du bois est déterminante pour cette vérification.

Coefficient k3 : coefficient lorsque la proportion de chargement
(charges de structure G/charges variables Q) change

Proportion de charges de structure	Matériau	Coefficient
2,33 < G/Q < 3,33	Bois lamellé-collé	0,67

Coefficient à appliquer sur les valeurs du tableau et à comparer **uniquement aux charges de structure.**		

Proportion de charges de structure	Matériau	Coefficient
G/Q ≥ 3,33	Bois massif	0,833
G/Q ≥ 3,33	Bois lamellé-collé	0,55

Remarque

Lorsque G/Q < 2,33 (BLC) ou G/Q < 3,33 (BM), k3 = 1.

Exemple : considérons une pièce de bois lamellé-collé d'un assemblage pouvant supporter un effort de 1 865 daN (hypothèse de la table C2), elle ne pourra supporter plus que 1 865 × 0,67 = 1 250 daN de charges de structure (G) si elles sont 2,33 fois plus grandes que les charges variables (neige par exemple).

Exemple : G = 1 100 daN ; S = 415 daN → G/S = 1 100/415 = 2,65.

Il faut vérifier G < 1 250 daN soit 1 100 < 1 250.

Si le même assemblage a des charges de structure G supérieures à 3,33 fois les charges variables, les charges de structure devront être inférieures ou égales à 1 865 × 0,55 = 1 026 daN.

Exemple : G = 950 daN ; Q = 270 daN → G/Q = 3,52.

Il faut vérifier G < 1 026 daN soit 950 < 1 026.

Coefficients k4 : durée de la charge

Nature de la charge	Durée de la charge	Coefficient
Structure	Permanente	0,833
Stockage	6 mois à 10 ans	0,875
Exploitation ou neige avec une altitude ≥ 1 000 m	1 semaine à 6 mois	1,000*
Entretien ou neige avec une altitude < 1 000 m	Inférieure à 1 semaine	1,125
Vent, neige exceptionnelle	Instantanée	1,375

* Hypothèses des tables.

Remarque

Pour une combinaison de charges, la résistance est liée à la durée de la charge la plus courte. Si l'assemblage reçoit des efforts provenant du poids de la structure et du poids de la neige par exemple, il faut appliquer le coefficient correspondant à la durée la plus courte, la neige.

Exemple : considérons une pièce de bois lamellé-collé d'un assemblage pouvant supporter un effort de 1 865 daN (hypothèse de la table C2), si l'assemblage est sollicité par des charges de structure et des charges de neige (altitude inférieure à 1 000 m), elle pourra supporter 1 865 × 1,125 = 2 098 daN.

Application de plusieurs coefficients

Si plusieurs critères sont différents, il suffit de multiplier les coefficients entre eux. La résistance finale de la section au droit de l'assemblage est égale à la résistance de la table fois l'ensemble des coefficients.

Résistance finale = résistance table × k1 × k2 × k3 × k4.

Exemple : si l'assemblage comporte les caractéristiques suivantes :

- hauteur efficace (he) = 270 mm ;

- hauteur = 360 mm ;

- épaisseur de l'arbalétrier et de l'entrait moisé = 130 mm ;

- angle entre l'effort et le fil du bois = 20° ;

- les charges de structure G sont 2,5 fois plus grandes que les charges variables (neige avec une altitude inférieure à 1 000 m par exemple) ;

- matériau GL24h.

La section au droit de l'assemblage peut supporter une charge de structure
(attention G = 2,5Q c'est-à-dire G > 2,33Q) 1 865 × 1,3 × 2,924 × 0,67 × 1,125 = 5 344 daN.

Remarque

L'application de ces coefficients est pénalisante, car ils correspondent aux coefficients les plus défavorables en fonction de l'élément dimensionnant, le cisaillement ou le fendage. Une étude complète de l'assemblage permettrait de définir une charge limite plus importante.

17 Assemblage par embrèvement

Les assemblages par embrèvement sont essentiellement employés pour transmettre des efforts de compression entre un arbalétrier et un entrait. Les embrèvements avant peuvent reprendre plus d'efforts que les embrèvements arrière car les abouts ont un angle moins important (figure 17.2). Par contre, par construction, les embrèvements arrière permettent d'obtenir un talon plus important (figure 17.3).

Figure 17.1. Cet embrèvement double comprend à gauche un embrèvement avant et un embrèvement arrière. L'embrèvement double n'est pas traité dans cet ouvrage.

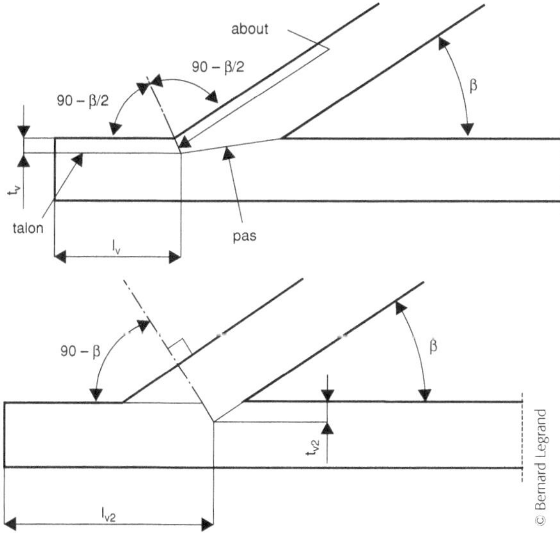

Figures 17.2 et 17.3. L'embrèvement avant (figure du haut) a un talon plus petit ($l_v < l_{v2}$) que l'embrèvement arrière (en bas). Par contre, l'about de l'embrèvement avant est plus résistant car son angle est plus près de 90°.

Les tables suivantes précisent la résistance d'un embrèvement réalisé dans des pièces de 100 mm d'épaisseur.

Type d'embrèvement	Matériau	Table
Embrèvement avant	Bois massif	I
Embrèvement avant	Bois lamellé-collé	II
Embrèvement arrière	Bois massif	III
Embrèvement arrière	Bois lamellé-collé	IV

Embrèvement avant en bois massif

Table I

– Embrèvement avant de 100 mm d'épaisseur
– Bois massif
– Résistance en daN

Angle de l'effort par rapport au fil du bois											
Pente (%)	30	35	40	50	60	70	80	100	120	150	200
Angle (°)	16,7	19,3	21,8	26,6	31,0	35,0	38,7	45,0	50,2	56,3	63,4
Fd (DaN)	2 105	2 136	2 171	2 254	2 269	2 124	2 002	1 819	1 695	1 577	1 475

Exemple : un embrèvement assemblant un entrait et un arbalétrier incliné à 25° pourra recevoir un effort de 2 254 daN.

Hypothèses de la table I

Les calculs ont été réalisés sur la base des éléments suivants :

• bois massif classé C18 de masse volumique caractéristique de 320 kg/m³ ;

• épaisseur des pièces de bois de 100 mm ;

• profondeur de l'embrèvement de 40 mm ;

• épaisseur du tenon inférieure ou égale à 30 % de l'épaisseur des pièces ;

• hauteur de l'arbalétrier et de l'entrait supérieure ou égale à 160 mm ;

• longueur du talon (lv) de 200 mm ;

• l'effort est parallèle à l'arbalétrier ;

• assemblage situé sous abri ou dans un local chauffé ;

• durée de l'effort inférieure à 1 semaine (neige avec une altitude < 1 000 m au sens de l'Eurocode 5) ;

• charges de structure supérieures à 10 % des charges variables ($G \geq 0{,}1Q$) ;

• taux de travail de 0,95.

Coefficients de variation des hypothèses de la table I

Les coefficients dans les tableaux suivants doivent être appliqués à la résistance précisée dans la table lorsque le cas étudié est différent des hypothèses de la table.

Coefficient k1 : caractéristique du bois C24 : 1,144

Exemple : un embrèvement assemblant un entrait et un arbalétrier incliné à 25° réalisé avec du bois massif classé C18 (hypothèse de la table I) pourra supporter 2 254 × 1,144 = 2 579 daN avec du bois massif classé C24.

Coefficient k2 : modification des épaisseurs des pièces

Épaisseur des pièces (mm)											
100	110	120	130	140	150	160	170	180	190	200	210
1*	1,1	1,2	1,3	1,4	1,5	1,6	1,7	1,8	1,9	2	2,1

* Hypothèse de la table.

Exemple : un embrèvement assemblant un entrait et un arbalétrier incliné à 25° réalisé avec du bois massif classé C18 (hypothèse de la table I) pourra supporter 2 254 × 1,4 = 3 156 daN si la pièce fait 140 mm d'épaisseur.

Coefficient k3 : profondeur maximale de l'about, hauteur minimale de l'entrait et de l'arbalétrier et longueur minimale du talon en mm

Profondeur de l'about	Hauteur de l'entrait et de l'arbalétrier	Longueur du talon	Coefficient
20	80	200	**0,500**
30	120	200	**0,750**
40	160	200	**1,000***
50	200	250	**1,250**
60	240	300	**1,500**
70	280	350	**1,750**
80	320	400	**2,000**
90	360	450	**2,250**
100	400	500	**2,500**

* Hypothèse de la table.

Exemple : un embrèvement assemblant un entrait et un arbalétrier incliné à 25° réalisé avec du bois massif classé C18 (hypothèse de la table I) pourra supporter 2 254 × 1,5 = 3 381 daN si l'about fait 60 mm, la hauteur de l'entrait et de l'arbalétrier est supérieure ou égale à 240 mm et la longueur du talon est supérieure ou égale à 300 mm.

Coefficient k4 : durée de la charge

La résistance des assemblages est liée à la durée de la charge la plus courte de l'ensemble des charges.

Nature de la charge	Durée de la charge	Coefficient
Structure	Permanente	0,667
Stockage	6 mois à 10 ans	0,778
Exploitation ou neige avec une altitude $\geq$ 1 000 m	1 semaine à 6 mois	0,889
Entretien ou neige avec une altitude < 1 000 m	Inférieure à 1 semaine	1*
Vent, neige exceptionnelle	Instantanée	1,222

* Hypothèse de la table.

Exemple : un embrèvement assemblant un entrait et un arbalétrier incliné à 25° réalisé avec du bois massif classé C18 avec une durée de charge inférieure à 1 semaine (hypothèse de la table I) pourra supporter 2 254 × 0,889 = 2 004 daN si la durée de charge est de 1 semaine à 6 mois.

> Remarque
> La résistance des assemblages est liée à la durée de la charge la plus courte de l'ensemble des charges. Si l'assemblage reçoit des efforts provenant du poids de la structure et du poids de la neige par exemple, il faut appliquer le coefficient correspondant à la durée la plus courte, la neige.

Application de plusieurs coefficients

Si plusieurs critères sont différents, il suffit de multiplier entre eux les coefficients. La résistance finale de l'embrèvement est égale à la résistance de la table fois l'ensemble des coefficients. La longueur du talon doit être multipliée par les mêmes coefficients.

Résistance finale = résistance table × k1 × k2 × k3 × k4.

Exemple : si l'assemblage comporte les caractéristiques suivantes :

- bois massif classé C24 ;
- arbalétrier incliné à 25° ;
- embrèvement d'un arbalétrier et d'un entrait de 240 mm de hauteur, de 140 mm d'épaisseur et avec un about de 60 mm de profondeur et un tablon de 300 mm de longueur ;
- effort parallèle à l'arbalétrier ;
- l'assemblage reçoit des efforts provenant du poids de la structure et du poids de la neige à une altitude > 1 000 m.

Résistance finale = 2 254 × 1,144 × 1,4 × 1,5 × 0,889 = 4 814 daN.

> Remarque
> L'application de ces coefficients est pénalisante, car ils correspondent aux coefficients les plus défavorables. Une étude complète de l'assemblage permettrait de définir une charge limite plus importante.

Embrèvement avant en bois lamellé-collé

<table>
<tr><td colspan="6">Table II

– Embrèvement avant de 100 mm d'épaisseur
– Bois lamellé-collé
– Résistance en daN</td><td colspan="6">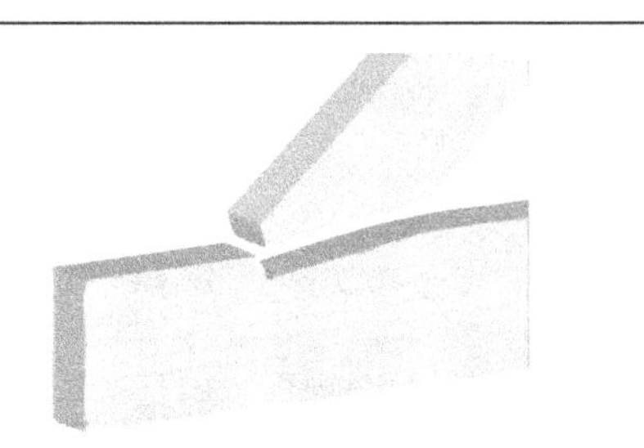</td></tr>
</table>

	Angle de l'effort par rapport au fil du bois										
Pente	30 %	35 %	40 %	50 %	60 %	70 %	80 %	100 %	120 %	150 %	200 %
Angle (°)	16,7	19,3	21,8	26,6	31,0	35,0	38,7	45,0	50,2	56,3	63,4
Fd (DaN)	2 594	2 633	2 676	2 778	2 898	2 835	2 661	2 401	2 227	2 062	1 920

Exemple : un embrèvement assemblant un entrait et un arbalétrier incliné à 25° pourra recevoir un effort de 2 778 daN.

Hypothèses de la table II

Les calculs ont été réalisés sur la base des éléments suivants :

- bois lamellé-collé classé GL24h de masse volumique caractéristique de 380 kg/m³ ;
- épaisseur des pièces de bois de 100 mm ;
- profondeur de l'embrèvement de 40 mm ;
- épaisseur du tenon inférieure ou égale à 30 % de l'épaisseur des pièces ;
- hauteur de l'arbalétrier et de l'entrait supérieure ou égale à 160 mm ;
- longueur du talon (lv) de 200 mm ;
- l'effort est parallèle à l'arbalétrier ;
- assemblage situé sous abri ou dans un local chauffé ;
- durée de l'effort inférieure à 1 semaine (neige avec une altitude < 1 000 m au sens de l'Eurocode 5) ;
- charges de structure supérieures à 10 % des charges variables (G ≥ 0,1Q) ;
- taux de travail de 0,95.

Coefficients de variation des hypothèses de la table II

Les coefficients dans les tableaux suivants doivent être appliqués à la résistance précisée dans la table lorsque le cas étudié est différent des hypothèses de la table.

Coefficient k1 : caractéristique du bois GL28h : 1,105

Exemple : un embrèvement assemblant un entrait et un arbalétrier incliné à 25° réalisé avec du bois lamellé-collé classé GL24h (hypothèse de la table II) pourra supporter 2 778 × 1,105 = 3 070 daN avec du bois lamellé-collé classé GL28h.

Coefficient k2 : modification des épaisseurs des pièces

Épaisseur des pièces (mm)											
100	110	120	130	140	150	160	170	180	190	200	210
1*	1,1	1,2	1,3	1,4	1,5	1,6	1,7	1,8	1,9	2	2,1

* Hypothèse de la table.

Exemple : un embrèvement assemblant un entrait et un arbalétrier incliné à 25° réalisé avec du bois lamellé-collé classé GL24h (hypothèse de la table II) pourra supporter 2 778 × 1,4 = 3 889 daN si la pièce fait 140 mm d'épaisseur.

Coefficient k3 : profondeur maximale de l'about, hauteur minimale de l'entrait et de l'arbalétrier et longueur minimale du talon en mm

Profondeur de l'about	Hauteur de l'entrait et de l'arbalétrier	Longueur du talon	Coefficient
20	80	200	**0,500**
30	120	200	**0,750**
40	160	200	**1,000***
50	200	250	**1,250**
60	240	300	**1,500**
70	280	350	**1,750**
80	320	400	**2,000**
90	360	450	**2,250**
100	400	500	**2,500**

* Hypothèse de la table.

Exemple : un embrèvement assemblant un entrait et un arbalétrier incliné à 25° réalisé avec du bois lamellé-collé classé GL24h (hypothèse de la table II) pourra supporter 2 778 × 1,5 = 4 167 daN si l'about fait 60 mm, la hauteur de l'entrait et de l'arbalétrier est supérieure ou égale à 240 mm et la longueur du talon est supérieure ou égale à 300 mm.

Coefficients k4 : durée de la charge

La résistance des assemblages est liée à la durée de la charge la plus courte de l'ensemble des charges.

Nature de la charge	Durée de la charge	Coefficient
Structure	Permanente	0,667
Stockage	6 mois à 10 ans	0,778
Exploitation ou neige avec une altitude ≥ 1 000 m	1 semaine à 6 mois	0,889
Entretien ou neige avec une altitude < 1 000 m	Inférieure à 1 semaine	1*
Vent, neige exceptionnelle	Instantanée	1,222

* Hypothèse de la table.

Exemple : un embrèvement assemblant un entrait et un arbalétrier incliné à 25° réalisé avec du bois lamellé-collé classé GL24h avec une durée de charge inférieure à 1 semaine (hypothèse de la table II) pourra supporter 2 778 × 0,889 = 2 470 daN si la durée de charge est de 1 semaine à 6 mois.

Remarque

La résistance des assemblages est liée à la durée de la charge la plus courte de l'ensemble des charges. Si l'assemblage reçoit des efforts provenant du poids de la structure et du poids de la neige par exemple, il faut appliquer le coefficient correspondant à la durée la plus courte, la neige.

Application de plusieurs coefficients

Si plusieurs critères sont différents, il suffit de multiplier entre eux les coefficients. La résistance finale de l'embrèvement est égale à la résistance de la table fois l'ensemble des coefficients. La longueur du talon doit-être multipliée par les mêmes coefficients.

Résistance finale = résistance table × k1 × k2 × k3 × k4.

Exemple : si l'assemblage comporte les caractéristiques suivantes :

- bois lamellé-collé classé GL28h ;

- un arbalétrier incliné à 25° ;

- embrèvement d'un arbalétrier et d'un entrait de 240 mm de hauteur, de 140 mm d'épaisseur avec un about de 60 mm de profondeur et un talon de 300 mm de longueur ;

- effort parallèle à l'arbalétrier ;

- l'assemblage reçoit des efforts provenant du poids de la structure et du poids de la neige à une altitude > 1 000 m.

Résistance finale = 2778 × 1,105 × 1,5 × 1,4 × 0,889 = 5731 daN.

Remarque

L'application de ces coefficients est pénalisante, car ils correspondent aux coefficients les plus défavorables. Une étude complète de l'assemblage permettrait de définir une charge limite plus importante.

Embrèvement arrière en bois massif

Table III

– Embrèvement arrière de 100 mm d'épaisseur
– Bois massif
– Résistance en daN

	Angle de l'effort par rapport au fil du bois										
Pente	30 %	35 %	40 %	50 %	60 %	70 %	80 %	100 %	120 %	150 %	200 %
Angle (°)	16,7	19,3	21,8	26,6	31,0	35,0	38,7	45,0	50,2	56,3	63,4
Fd (DaN)	2 088	1 892	1 724	1 462	1 281	1 157	1 073	981	950	962	1 056

Exemple : un embrèvement assemblant un entrait et un arbalétrier incliné à 25° pourra recevoir un effort de 1 462 daN.

Hypothèses de la table III

Les calculs ont été réalisés sur la base des éléments suivants :

* bois massif classé C18 de masse volumique caractéristique de 320 kg/m³ ;
* épaisseur des pièces de bois de 100 mm ;
* profondeur de l'embrèvement de 40 mm ;
* épaisseur du tenon inférieure ou égale à 30 % de l'épaisseur des pièces ;
* hauteur de l'arbalétrier et de l'entrait supérieure ou égale à 160 mm ;
* longueur du talon (lv) de 200 mm ;
* l'effort est parallèle à l'arbalétrier ;
* assemblage situé sous abri ou dans un local chauffé ;
* durée de l'effort inférieure à 1 semaine (neige avec une altitude < 1 000 m au sens de l'Eurocode 5) ;
* charges de structure supérieures à 10 % des charges variables ($G \geq 0{,}1Q$) ;
* taux de travail de 0,95.

Coefficients de variation des hypothèses de la table III

Les coefficients dans les tableaux suivants doivent être appliqués à la résistance précisée dans la table lorsque le cas étudié est différent des hypothèses de la table.

Coefficient k1 : caractéristique du bois C24 : 1,137

Exemple : un embrèvement assemblant un entrait et un arbalétrier incliné à 25° réalisé avec du bois massif classé C18 (hypothèse de la table III) pourra supporter 1 462 × 1,137 = 1 662 daN avec du bois massif classé C24.

Coefficient k2 : modification des épaisseurs des pièces

Épaisseur des pièces (mm)											
100	110	120	130	140	150	160	170	180	190	200	210
1*	1,1	1,2	1,3	1,4	1,5	1,6	1,7	1,8	1,9	2	2,1

* Hypothèse de la table.

Exemple : un embrèvement assemblant un entrait et un arbalétrier incliné à 25° réalisé avec du bois massif classé C18 (hypothèse de la table III) pourra supporter 1 462 × 1,4 = 2 047 daN si la pièce fait 140 mm d'épaisseur.

Coefficient k3 : profondeur maximale de l'about, hauteur minimale de l'entrait et de l'arbalétrier et longueur minimale du talon en mm

Profondeur de l'about	Hauteur de l'entrait et de l'arbalétrier	Longueur du talon	Coefficient
20	80	200	0,500
30	120	200	0,750
40	160	200	1,000*
50	200	250	1,250
60	240	300	1,500
70	280	350	1,750
80	320	400	2,000
90	360	450	2,250
100	400	500	2,500

* Hypothèse de la table.

Exemple : un embrèvement assemblant un entrait et un arbalétrier incliné à 25° réalisé avec du bois massif classé C18 (hypothèse de la table III) pourra supporter 1 462 × 1,5 = 2 193 daN si l'about fait 60 mm, la hauteur de l'entrait et de l'arbalétrier est supérieure ou égale à 240 mm et la longueur du talon est supérieure ou égale à 300 mm.

Coefficient k4 : durée de la charge

La résistance des assemblages est liée à la durée de la charge la plus courte de l'ensemble des charges.

Nature de la charge	Durée de la charge	Coefficient
Structure	Permanente	0,667
Stockage	6 mois à 10 ans	0,778
Exploitation ou neige avec une altitude ≥ 1 000 m	1 semaine à 6 mois	0,889
Entretien ou neige avec une altitude < 1 000 m	Inférieure à 1 semaine	1*
Vent, neige exceptionnelle	Instantanée	1,222

* Hypothèse de la table.

Exemple : un embrèvement assemblant un entrait et un arbalétrier incliné à 25° réalisé avec du bois massif classé C18 avec une durée de charge inférieure à 1 semaine (hypothèse de la table III) pourra supporter 1 462 × 0,889 = 1 300 daN si la durée de charge est de 1 semaine à 6 mois.

Remarque

La résistance des assemblages est liée à la durée de la charge la plus courte de l'ensemble des charges. Si l'assemblage reçoit des efforts provenant du poids de la structure et du poids de la neige par exemple, il faut appliquer le coefficient correspondant à la durée la plus courte, la neige.

Application de plusieurs coefficients

Si plusieurs critères sont différents, il suffit de multiplier entre eux les coefficients. La résistance finale de l'embrèvement est égale à la résistance de la table fois l'ensemble des coefficients. La longueur du talon doit être multipliée par les mêmes coefficients.

Résistance finale = résistance table × k1 × k2 × k3 × k4.

Exemple : si l'assemblage comporte les caractéristiques suivantes :

- bois massif classé C24 ;
- un arbalétrier incliné à 25° ;
- embrèvement d'un arbalétrier et d'un entrait de 240 mm de hauteur, de 140 mm d'épaisseur et avec un about de 60 mm de profondeur et un talon de 300 mm de longueur ;
- effort parallèle à l'arbalétrier ;
- l'assemblage reçoit des efforts provenant du poids de la structure et du poids de la neige à une altitude > 1 000 m.

Résistance finale = 1 462 × 1,137 × 1,5 × 1,4 × 0,889 = 3 103 daN.

Remarque

L'application de ces coefficients est pénalisante, car ils correspondent aux coefficients les plus défavorables. Une étude complète de l'assemblage permettrait de définir une charge limite plus importante.

Embrèvement arrière en bois lamellé-collé

Table IV

– Embrèvement arrière de 100 mm d'épaisseur
– Bois lamellé-collé
– Résistance en daN

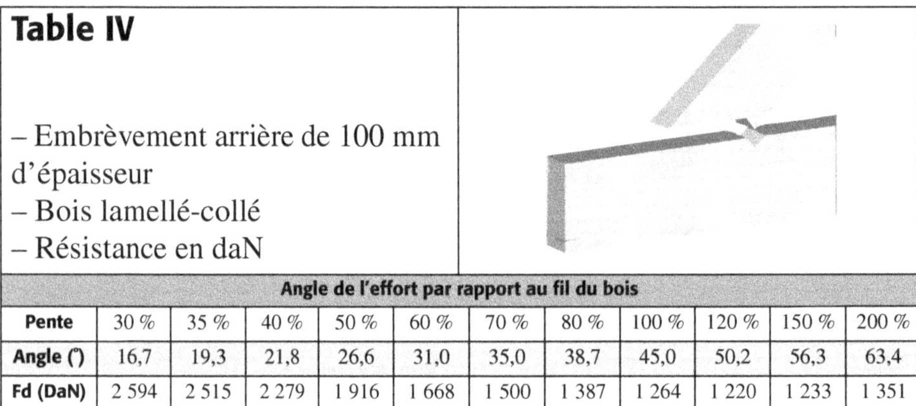

Angle de l'effort par rapport au fil du bois										
Pente	30 %	35 %	40 %	50 %	60 %	70 %	80 %	100 %	120 %	150 %	200 %
Angle (°)	16,7	19,3	21,8	26,6	31,0	35,0	38,7	45,0	50,2	56,3	63,4
Fd (DaN)	2 594	2 515	2 279	1 916	1 668	1 500	1 387	1 264	1 220	1 233	1 351

Exemple : un embrèvement assemblant un entrait et un arbalétrier incliné à 25° pourra recevoir un effort de 1 916 daN si le talon a une longueur de 200 mm.

Hypothèses de la table IV

Les calculs ont été réalisés sur la base des éléments suivants :

- bois lamellé-collé classé GL24h de masse volumique caractéristique de 380 kg/m³ ;
- épaisseur des pièces de bois de 100 mm ;
- profondeur de l'embrèvement de 40 mm ;
- épaisseur du tenon inférieure ou égale à 30 % de l'épaisseur des pièces ;
- hauteur de l'arbalétrier et de l'entrait supérieure ou égalc 160 mm ;
- longueur du talon (lv) de 200 mm ;
- l'effort est parallèle à l'arbalétrier ;
- assemblage situé sous abri ou dans un local chauffé ;

- durée de l'effort inférieure à 1 semaine (neige avec une altitude < 1 000 m au sens de l'Eurocode 5) ;

- charges de structure supérieures à 10 % des charges variables (G ≥ 0,1Q) ;

- taux de travail de 0,95.

Coefficients de variation des hypothèses de la table IV

Les coefficients dans les tableaux suivants doivent être appliqués à la résistance précisée dans la table lorsque le cas étudié est différent des hypothèses de la table.

Coefficient k1 : caractéristique du bois GL24h : 1,105

Exemple : un embrèvement assemblant un entrait et un arbalétrier incliné à 25° réalisé avec du bois lamellé-collé classé GL24h (hypothèse de la table IV) pourra supporter 1 916 × 1,107 = 2 121 daN avec du bois lamellé-collé classé GL28h.

Coefficient k2 : modification des épaisseurs des pièces

Épaisseur des pièces (mm)											
100	110	120	130	140	150	160	170	180	190	200	210
1*	1,1	1,2	1,3	1,4	1,5	1,6	1,7	1,8	1,9	2	2,1

* Hypothèse de la table.

Exemple : un embrèvement assemblant un entrait et un arbalétrier incliné à 25° réalisé avec du bois lamellé-collé classé GL24h (hypothèse de la table IV) pourra supporter 1 916 × 1,4 = 2 682 daN si la pièce fait 140 mm d'épaisseur.

Coefficient k3 : profondeur maximale de l'about, hauteur minimale de l'entrait et de l'arbalétrier et longueur minimale du talon en mm

Profondeur de l'about	Hauteur de l'entrait et de l'arbalétrier	Longueur du talon	Coefficient
20	80	200	0,500
30	120	200	0,750
40	160	200	1,000*
50	200	250	1,250
60	240	300	1,500
70	280	350	1,750
80	320	400	2,000
90	360	450	2,250
100	400	500	2,500

* Hypothèse de la table.

Exemple : un embrèvement assemblant un entrait et un arbalétrier incliné à 25° réalisé avec du bois lamellé-collé classé GL24h (hypothèse de la table IV) pourra supporter 1 916 × 1,5 = 2 874 daN si l'about fait 60 mm, la hauteur de l'entrait et de l'arbalétrier est supérieure ou égale à 240 mm et la longueur du talon est supérieure ou égale à 300 mm.

Coefficient k4 : durée de la charge

La résistance des assemblages est liée à la durée de la charge la plus courte de l'ensemble des charges.

Nature de la charge	Durée de la charge	Coefficient
Structure	Permanente	0,667
Stockage	6 mois à 10 ans	0,778
Exploitation ou neige avec une altitude 1 000 m	1 semaine à 6 mois	0,889
Entretien ou neige avec une altitude < 1 000 m	Inférieure à 1 semaine	1*
Vent, neige exceptionnelle	Instantanée	1,222

* Hypothèse de la table.

Exemple : un embrèvement assemblant un entrait et un arbalétrier incliné à 25° réalisé avec du bois lamellé-collé classé GL24h avec une durée de charge inférieure à 1 semaine (hypothèse de la table IV) pourra supporter 1 916 × 0,889 = 1 703 daN si la durée de la charge est de 1 semaine à 6 mois.

> ### Remarque
> La résistance des assemblages est liée à la durée de la charge la plus courte de l'ensemble des charges. Si l'assemblage reçoit des efforts provenant du poids de la structure et du poids de la neige par exemple, il faut appliquer le coefficient correspondant à la durée la plus courte, la neige.

Application de plusieurs coefficients

Si plusieurs critères sont différents, il suffit de multiplier entre eux les coefficients. La résistance finale de l'embrèvement est égale à la résistance de la table fois l'ensemble des coefficients. La longueur du talon doit être multipliée par les mêmes coefficients.

Résistance finale = résistance table $\times$ k1 $\times$ k2 $\times$ k3 $\times$ k4.

Exemple : si l'assemblage comporte les caractéristiques suivantes :

- bois lamellé-collé classé GL28h ;

- un arbalétrier incliné à 25° ;

- embrèvement d'un arbalétrier et d'un entrait de 240 mm de hauteur, de 140 mm d'épaisseur avec un about de 60 mm de profondeur et un talon de 300 mm de longueur ;

- effort parallèle à l'arbalétrier ;

- l'assemblage reçoit des efforts provenant du poids de la structure et du poids de la neige à une altitude > 1 000 m.

Résistance finale = 1 916 × 1,107 × 1,4 × 1,5 × 0,889 = 3 960 daN.

> ### Remarque
> L'application de ces coefficients est pénalisante, car ils correspondent aux coefficients les plus défavorables. Une étude complète de l'assemblage permettrait de définir une charge limite plus importante.

Les livres de construction et de menuiserie d'Yves Benoit chez le même éditeur

Construction

La maison à ossature bois par les schémas. Manuel de construction visuel, 368 p.

Maison à ossature bois et développement durable : conception, construction et exploitation 208 p.

La dalle bois, série « La maison à ossature bois par éléments », 144 p.

Murs & planchers, série « La maison à ossature bois par éléments », 192 p.

Construction bois : l'Eurocode 5 par l'exemple. Le dimensionnement des barres et des assemblages en 30 applications, coédition Eyrolles/Afnor, collection « Eurocode », 296 p.

Résistance au feu des constructions bois : barres en situation d'incendie et assemblages selon l'Eurocode 5, collection « Eurocode », 192 p.

Menuiserie

Guide des essences de bois. 100 essences : comment les reconnaître, les choisir et les employer, 4ᵉ éd., 192 p.

Le grand livre de la machine à bois combinée, collection « Le geste et l'outil », cartonné, 352 p.

Les parquets, 160 p.

Travailler le bois avec une machine combinée, 160 p.

Mieux utiliser sa machine à bois combinée, 176 p.

Réussir tous les assemblages avec une machine combinée, 416 p.

En collaboration

– avec Thierry Paradis, *Construction de maisons à ossature bois*, coédition Eyrolles/FCBA, 4ᵉ éd., 352 p.

– avec Bernard Legrand & Vincent Tastet, *Dimensionner les barres et les assemblages en bois. Guide d'application de l'Eurocode 5 à l'usage des artisans*, coédition Eyrolles/Afnor, collection « Eurocode », 256 p.

– avec Bernard Legrand et Vincent Tastet, *Calcul des structures en bois. Guide d'application de l'Eurocode 5*, coédition Eyrolles/Afnor, 3ᵉ éd., 496 p.

– avec Danièle Dirol, *Le coffret de reconnaissance des bois de France* (dont un livre de 56 pages), coédition Eyrolles/FCBA